ISBN 978-1-332-71384-4
PIBN 10559227

1 MONTH OF
FREE
READING

at

www.ForgottenBooks.com

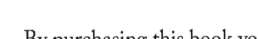

By purchasing this book you are eligible for one month membership to ForgottenBooks.com, giving you unlimited access to our entire collection of over 700,000 titles via our web site and mobile apps.

To claim your free month visit:
www.forgottenbooks.com/free559227

BULLETIN

DE LA

SOCIÉTÉ DES SCIENCES NATURELLES

DE SAONE-ET-LOIRE

BULLETIN

DE LA SOCIÉTÉ DES

SCIENCES NATURELLES

DE SAONE-ET-LOIRE

CHALON-SUR-SAONE

29ᴱ ANNEE — NOUVELLE SERIE — TOME IX

1903

CHALON-SUR-SAONE
E. BERTRAND, IMPRIMEUR-ÉDITEUR
5, RUE DES TONNELIERS, 5
—
1903

T. 9-10
1903-04

PROCÈS-VERBAUX

DES

Séances de la Société des Sciences Naturelles de Saône-et-Loire

(CHALON-SUR-SAONE)

ANNÉE 1903

Séance du 13 janvier 1903

PRÉSIDENCE DE M. JACQUIN, VICE-PRÉSIDENT

Présents : MM. Bertrand, Cianet, Dubois, Guillemin, H., Jacquin, Lemosy père, Lemosy fils, Navarre, Portier, Renault et Têtu.

Le procès-verbal de la précédente séance est lu et adopté sans observation.

Correspondance. — Lettre de la Société d'agriculture et de viticulture de Chalon-sur-Saône, invitant notre Société à se faire représenter à l'Assemblée générale de ses membres qui aura lieu le 18 janvier courant, à 10 heures du matin, à l'Hôtel de Ville.

Lettre de M. Paul Privat-Deschanel, nous communiquant une note pour le bulletin.

Lettre de remerciements du même pour la notice parue à son sujet dans notre bulletin de novembre dernier.

Publications. — Le Secrétaire général dépose sur le bureau les publications reçues du 10 décembre 1902 au 13 janvier 1903.

ANGERS. — Bul. de la Soc. d'études scientif., 1901.

AUXERRE. — Bul. de la Soc. des sc. hist. et nat. de l'Yonne, 1901.

BOURG. — Bul. de la Soc. des sc. nat. et arch. de l'Ain, n° 29.

BRUXELLES. — Bul. des séances de la Soc. royale malac., 1901.

CHALON-S-SAÔNE. — Bul. de la Soc. d'agr. et de viticult., n° 267.

CLERMONT-FERRAND.— Revue d'Auvergne, n° 5, 1902.

LIMOGES. — Revue scientifique du Limousin, n° 120.

LOUHANS. — La Bresse louhannaise, n° 1, 1903.

LUXEMBOURG. — Recueil des mémoires et travaux de la Soc. G. D.
de Botanique, 1900-1901.

LYON. — L'Horticulture nouvelle, n° 23, 1902.

MACON. — Le journal des naturalistes, n°s 11-12, 1902.

MANTES. — Bul. de la Soc. agr. et ort., n° 268.

MARSEILLE. — Revue orticole des B.-du-R., n° 580.

LE MANS. — Bul. de la Soc. d'agr., sc. et arts de la Sarthe,
4e fasc., 1902.

MONTMÉDY. — Bul. de la Soc. des nat. et archéol. du Nord de
la Meuse, 2e sem., 1901.

MOULINS. — Revue scientifique du Bourbonnais, n°s 179-180.

NEW-YORK. — Journal of the New-York Botanical garden, n° 35,
1902.

PARIS. — Bul. de la Soc. entomologique de France, n°s 17, 18 et
19, 1902.

—   Bul. et mém. de la Soc. d'anthrop., n°s 3 et 4, 1902.

—   Revue générale des sciences, n°s 23 et 24, 1902.

—   Ministère de l'Instruction publique: Bibliogr. des
Travaux ist. et arcéol. T. IV. 1re livr.

POLIGNY. — Revue d'agr. et de viticult., n° 12, 1902.

ROCHECHOUART. — Bul. de la Soc. des amis des sc. et arts, n°3,
1902.

STOCKOLM. — Journal entomologique, n°s 1 à 4, 1902.

STRASBOURG. — Bul. de la Soc. des sc., agr. et arts de la B.-A.,
n° 9.

TARARE. — Bul. de la Soc. des sc. nat., n° 12, 1902.

WASHINGTON. — U. S. Geological Survey: Glacial formations
and drainage features of the Erié and Oio
Basins by Frank Leverett, 1902.

Admissions. — L'assemblée vote à l'unanimité l'admission de
personnes suivantes, en qualité de membres titulaires :

MM. BESSON, Paul, droguiste, rue de la Banque, Chalon-sur-Saône.
DESBOIS, rentier, place du Châtelet, 4, Chalon-sur-Saône.

MM. GUILLOUX, loueur de voitures, rue de la Banque, Chalon-sur-Saône.

JUDET, greffier de paix du canton nord, rue Gloriette, Chalon-sur-Saône.

LAVERGNE, négociant, rue de Thiard, Chalon-sur-Saône.

SORDET, Jean, propriétaire, rue Fructidor, 1 *bis*, Chalon-sur-Saône.

TRAVERSE, greffier du tribunal civil au Palais de Justice, à Chalon-sur-Saône.

Ces Messieurs sont présentés par MM. Jacquin et Têtu.

BOURET, médecin-vétérinaire, place de l'Hôtel-de-Ville, 14, Chalon-sur-Saône, présenté par MM. Bardollet et H. Guillemin.

Distinction Honorifique. — Nous sommes heureux de porter à la connaissance de nos membres que M. Mauchamp, maire de la ville de Chalon-sur-Saône, président d'honneur de notre Société, vient d'être nommé Chevalier de la Légion d'honneur.

M. le Président, au nom de la Société, adresse à M. le Maire de respectueuses et bien vives félicitations au sujet de sa décoration sur laquelle le Bulletin reviendra.

Don au Musée. — Un corbeau mantelé *(Corvus cornix.* L.*)*, tué à Épervans, le 1er janvier 1903, par Mlle Noémi Michel.

Le Bureau, au nom de la Société, adresse ses remerciements à la donatrice.

L'ordre du jour étant épuisé la séance est levée à neuf heures et demie.

Le Secrétaire,
RENAULT.

Assemblée générale du 8 février 1903

PRÉSIDENCE DE M. JACQUIN, VICE-PRÉSIDENT

La Société s'est réunie ce jour, en assemblée générale, à l'Hôtel de Ville, salle de la justice de paix, que M. le Maire avait bien voulu mettre, pour cette circonstance, à la disposition de la Société.

La séance est ouverte à 10 heures du matin.

Sont présents : MM. Adenot (Paul), docteur Bauzon, Bertrand, Bigeard, Blanc, Cianet, Dubois (trésorier), Dubois (de Sevrey), Gentinat, Gras-Picard, Guillemin, H., Guilloux, Humbert, Jacquin, Lemosy père, Lemosy fils, Miédan, Nugue, Portier, Renault, Sordet et Thibert.

Excusés : MM. Arcelin, docteur Gillot, d'Autun, Gindre et Quincy.

Le procès-verbal de la précédente séance est lu et adopté sans observation.

Correspondance. — Cartes de la Société « United States Geological Survey » de Wasington, et de l' « Instituto geologico » de Mexico, nous accusant réception de l'envoi de nos dernières publications.

Lettre de notre cier et sympatiqne président, dans laquelle M. Arcelin informe M. Jacquin que des empêciements bien sérieux le privent du plaisir d'assister à notre réunion de ce jour.

Lettre de M. le Dr Gillot, d'Autun, qui nous fait connaître qu'il aurait assisté avec beaucoup de plaisir à notre réunion, mais qu'il ne le peut, étant retenu à la ciambre par la grippe.

Lettre de M. Ciarles Quincy, priant l'assemblée de l'excuser, ses occupations ne lui permettant pas d'assister à notre réunion.

Lettre de M. H. Gindre, piarmacien à Saint-Bonnet-de-Joux, dans laquelle il informe l'assemblée que, retenu par ses obligations professionnelles, il ne pourra assister à notre réunion; il nous adresse en même temps une note « sur l'utilité médicinale de quelques plantes vulgaires ». Cette note sera publiée dans le Bulletin.

Lettre de M. Cozette, membre correspondant de notre Société à Hanoï, adressée à M. Miédan, dans laquelle M. Cozette l'informe qu'il va rentrer en France en mars prociain et qu'il s'arrêtera à Cialon; il nous remettra à son passage, pour le musée, des échantillons de divers minerais. Dans la même lettre, il prie M. Miédan de bien vouloir présenter à l'acceptation de l'assemblée, en qualité de membre correspondant, M. Lutaud, vétérinaire militaire à Hanoï (Tonkin).

Lettre de M. J. Guillemin, relative à la présentation en qualité de membre correspondant de notre Société de M. André de Varenne, docteur ès-sciences naturelles à Paris.

Lettre de M. Brébion, professeur et membre correspondant de

notre Société à Thudaumot (Cochinchine), nous informant qu'il nous adresse une demi-douzaine de serpents dont deux très venimeux et un lémurien ; il nous promet de nous envoyer sous peu une certaine quantité d'insectes ; il donne aussi des détails très curieux sur la résistance vitale du scorpion.

Lettre de M. Davlot, de Gueugnon, par laquelle notre distingué et laborieux membre correspondant, offre à la Société un meuble analogue à celui qu'il a donné l'an dernier.

Publications.— Le secrétaire général dépose sur le bureau les publications suivantes reçues du 14 janvier au 8 février 1903.

Annecy. — Revue Savoisienne, 4e trim. 1902.

Bourg. — Annales de la Soc. d'émul. et d'agric. de l'Ain, 4e trim. 1902.

Cahan. — Revue bryologique, no 1, 1903.

Chalon-s.-Saône. — Bul. de la Soc. d'agr. et de viticulture, n° 268.

Chateaudun. — Bul. de la Soc. Dunoise, no 132.

Dax. — Bul. de la Soc. de Borda, 4e trim., 1902.

Dijon. — Mémoires de l'Académie, 1901-1902.

Grenoble. — Bul. de la Soc. de statistique des sc. nat. et arts ind. de l'Isère, t. VI.

Limoges. — Revue scientifique du Limousin, n° 121.

Louhans. — La Bresse louhannaise, n° 2, 1903.

Macon. — Annales de l'Académie, t. VI.

Marseille. — Revue horticole des B.-du-R., no 581.

      — Bul. de la Soc. scientif. industrielle, 29e année, 3e et 4e trim., et 30e année, 1er trim. 1902.

Moulins. — Revue scientifique du Bourbonnais, no 181.

Nancy. — Bul. de la Soc. des sc. et de la réunion biologique, fasc. III, 1902.

Paris. — Revue générale des sciences, nos 1 et 2, 1903.

      — Bul. de la Soc. entomol. de France, nos 20 et 21, 1902.

Saint-Pétersbourg. — Trav. de la Soc. Imp. des nat. : section de zoologie, livr. 4 du vol. XXXII; section de botanique, fasc. 3 du vol. XXXI; compte rendu des séances, n° 3, 1902.

Tarare. — Bul. de la Soc. des sc. nat. n° 1, 1903.

Washington. — Annual report of the Smithsonian Institution, 1901.

Flore des Champignons.— M. Jacquin entretient l'assemblée d'un nouveau travail à peine terminé de M. Bigeard. C'est une seconde flore, tout à fait différente de celle qu'il a publiée en 1898 avec la collaboration de M. Jacquin. Ce volume ne contient que les champignons dont la taille les désigne à l'attention des mycophages. Toutes les petites espèces ont été éliminées. Une heureuse disposition des tableaux synoptiques, rend cet ouvrage très pratique, même pour les personnes qui n'ont pas fait d'études spéciales. L'assemblée décide de demander une subvention au Ministère pour aider à l'impression de cette flore dont un exemplaire serait adressé gracieusement à tous les membres de la Société.

Géologie départementale. — L'assemblée décide de commencer la publication de la géologie de l'arrondissement de Charolles et de l'échelonner sur plusieurs exercices financiers.

M. Nugue est chargé de proposer à l'auteur, M. Daviot, de Gueugnon, une modification du format des cartes géologiques.

La Société est d'avis d'accepter le don que propose M. Daviot, à qui elle exprime l'expression de sa vive reconnaissance.

Rapports. — M. le Secrétaire général et M. le Trésorier donnent lecture de leurs rapports.

Le compte rendu financier exposé par M. le Trésorier est adopté à l'unanimité.

Des félicitations sont adressés par les membres présents à ces messieurs, pour leur dévouement à la Société.

Renouvellement du bureau. — Le mandat des membres du Bureau étant expiré, les membres présents sont priés de bien vouloir élire de nouveaux membres.

Par acclamation, les membres sortants sont réélus.

Ces messieurs acceptent le renouvellement de leur mandat.

M. Bertrand, imprimeur, est nommé secrétaire-adjoint. M. Bertrand accepte ces fonctions.

En conséquence, le bureau est ainsi constitué pour la période triennale 1903-1905.

MM. Arcelin, président.

Jacquin et Nugue, vice-présidents.

H. Guillemin, secrétaire général.

Renault et Bertrand, secrétaires-adjoints.

MM. Dubois, trésorier.

Portier, bibliothécaire.

Tardy, bibliothécaire-adjoint.

Lemosy, conservateur du musée.

Quincy, conservateur des collections de botanique.

M. le vice-président Jacquin, au nom du bureau tout entier, remercie les membres présents de cette marque de confiance

Admissions. — Sont admis à l'unanimité en qualité de membres titulaires :

MM. BARTHÉLEMY, photographe, rue d'Autun, à Chalon-sur-Saône.

CAUZERET, négociant, rue de l'Obélisque, à Chalon-sur-Saône.

CHAUMY, architecte, rue de l'Obélisque, à Chalon-sur-Saône.

FAVRE, Émile, avenue de la République, 1, à Chalon-sur-Saône.

FLORIMOND, négociant, rue d'Uxelles, 1, à Chalon-sur-Saône.

FROMHEIM, correspondant de la Cⁱᵉ P.-L.-M., rue d'Uxelles, à Chalon-sur-Saône.

LESNE, André, architecte à Chalon-sur-Saône

PERRIN, marchand de meubles, rue Saint-Georges, à Chalon-sur-Saône.

THEULOT, négociant, rue d'Obélisque, à Chalon-sur-Saône.

Présentés par MM. Jacquin et Bertrand.

LECROCQ, agent général d'assurances, place de l'Obélisque, 1, à Chalon-sur-Saône, présenté par MM. Têtu et Jacquin.

Membres correspondants. — Sont admis à l'unanimité des membres présents à faire partie de notre Société, en qualité de membres correspondants :

MM. André DE VARENNE, docteur ès-sciences naturelles, 7, rue de Médicis, à Paris, présenté par M. Arcelin et J. Guillemin.

M. LUTAUD, vétérinaire militaire à Hanoï (Tonkin), présenté par MM. Cozette et Miédan.

Délégation. — M. le Dʳ Bauzon est délégué pour représenter la Société au congrès médical de Madrid, qui doit s'ouvrir en avril prochain.

Don à la Bibliothèque. — *L'année thermométrique moyenne à Lyon, 1854-1898*, par MM. J. Chifflot et Morel. Don de M. Chifflot.

Don au Musée. — Par M. Picot, percepteur à Damerey, un martin-pécheur.

Les membres présents adressent des remerciements aux donateurs.

Communications. — Le secrétaire général donne lecture des mémoires suivants :

1º Étude physiologique sur la sucramine, par M. le Dr F. Martz.

2º Note de M. Gindre, pharmacien à Saint-Bonnet-de-Joux, sur *l'Utilité médicinale de quelques plantes vulgaires.*

3º Préface de la nouvelle Flore des champignons de M. Bigeard.

Vu l'heure avancée, l'important mémoire de M. le Dr Bauzon sur les *Vacances scolaires* n'est pas lu ; il paraîtra du reste très prochainement dans le Bulletin, ainsi que les précédentes études.

5º Une douzaine d'animaux, pour la plupart exotiques, sont déposés sur la table. M. J. Blanc, avec sa compétence incontestée, veut bien nous retracer les caractères principaux de chacun d'eux. En outre, il présente la tête et les ailes d'une bécasse, *variété Isabelle,* tuée dernièrement à Mellecey.

D'autre part, Mme Tissot avait envoyé, pour être présentée, une superbe tête de brochet, — ce petit requin de la Saône pesait 22 livres, — fort bien naturalisée. L'achat en est décidé pour le musée.

L'ordre du jour étant épuisé, la séance est levée à midi.

Le Secrétaire,
RENAULT.

La séance est ouverte à huit heures et demie.

Présents : MM. Bertrand, Cianet, Dubois, Guillemin H., Jacquin, Portier et Têtu.

Excusés : MM. Arcelin, Lemosy père et Lemosy fils.

Le procès-verbal de la précédente séance est lu et adopté après une rectification demandée par M. Jacquin, portant sur l'omission faite du nom de M. Cornier, instituteur à Gergy, parmi les membres excusés à la dernière séance.

Correspondance. — Carte postale de la Direction de l'*Aquarium de Vasco de Gama*, à Lisbonne, accusant réception des bulletins n°s 7, 8, 9 et 10 et promettant qu'elle adressera ses *Archives* à l'avenir.

Circulaire et programme du *IXe Congrès géologique international à Vienne*, envoyés par la Société géologique de Hongrie sous les auspices de laquelle il se tiendra. Les séances auront lieu à Vienne du 20 au 27 août 1903.

Principaux sujets traités : *L'État actuel de notre connaissance des schistes cristallins.* — Le problème des *Lambeaux de recouvrement des nappes de Charriage*, et des *Klippen.* — *La Géologie de la péninsule balcanique et de l'Orient.* Sept excursions auront lieu dans les environs de Vienne pendant les intervalles des jours de séance. De plus, la Société géologique organise des *excursions avant la session* et des *excursions après la session*.

Les excursions avant la session se divisent comme suit :

I. Région paléozoïque du centre de la Boême (10 au 18 août) ;

I *a*. Craie de la Boême (2 jours, départ de Prague le 16 août) ;

II. Eaux thermales et terrains éruptifs du nord de la Boême ; environs de Brünn en Moravie (5 au 18 août) ;

III. Galicie ;

III *a*. Terrain houiller d'Ostrau en Moravie. Environs de Cracovie et de Wieliczka (7 au 10 août, départ de Mährisch-Ostrau) ;

III *b*. Terrains pétrolifères, grès carpathique, terrain paléozoïque du plateau Podolique (11 au 17 août) ;

III *c*. Région des Klippes carpathiques et du Tátra (10 au 17 août) ;

IV. Environs de Salzbourg et Salzkammergut (5 au 18 août) ;

V. Styrie (11 au 19 août).

Les excursions après la session comprennent :

VI. Alpes dolomiques du Tyrol (31 août au 6 septembre) ;

VII. Bassin de l'Adige (Etschbucht), Tyrol (31 août au 7 sept.) ;

VIII. Région occidentale des Hoıe-Tauern (Zillertal) (31 août au 7 septembre) ;

IX. Région centrale des Hohe-Tauern (31 août au 7 septembre) ;

X. Predazzo et Monzoni (9 au 16 septembre) ;

XI. Alpes Carniques et Juliennes (31 août au 9 septembre) ;

XII. Terrains glaciaires des Alpes autricıiennes (31 août au 12 septembre) ;

XII a. Région glaciaire de l'Adige (13 au 15 septembre) ;

XIII. Dalmatie (11 au 18 septembre) ;

Excursion en Bosnie et Herzégovine (1er au 10 septembre) ;

Excursion à Budapest et au bas Danube.

Une carte donnant l'itinéraire de cıaque excursion et un bulletin d'adhésion au Congrès et à l'une ou l'autre des excursions accompagnent le programme et la circulaire de la Société géologique de Hongrie.

Carte de M. Privat-Descıanel disant qu'il indiquera ultérieurement l'époque de son passage à Cıalon.

Lettre de la Librairie du Ministère de l'agriculture des États-Unis, relative à l'écıange de nos publications.

Lettre de M. Gindre, pıarmacien à Saint-Bonnet-de-Joux, annonçant l'envoi d'une note résumant le résultat de ses recıercıes au sujet de l'origine et de la distribution géograpıique d'une plante adventice assez rare en France, l'*Impatiens parviflora* (balsaminées) qui n'est pas indiquée sur la plupart des flores. Cette note sera publiée dans le Bulletin.

Publications. — Le secrétaire général dépose sur le bureau les publications reçues du 9 février au 10 mars 1903.

Avignon. — Mémoires de l'Académie de Vaucluse, 4e liv., 1902.

Besançon. — Mémoires de la Soc. d'émul. du Doubs, 1901.

Buenos-Aires. — Anales del museo nacional, t. VIII.

Brest. — Bul. de la Soc. académique, t. XXVII.

Chalon-s.-Saône. — Bul. de la Soc. d'agr. et de viticulture, n° 269.

Chapel Hill. N. C. — Journal of the Elisıa Mitcıell, nos 13 et 16.

Chicago. — Field Columbian Museum, Zool. series vol. III, n° 7.

—   —   Antı. series, vol. III, n°3.

—   —   Bota. series, vol. I, n° 7.

CLERMONT-FERRAND.— Revue d'Auvergne, n° 6, 1902, et n° 1, 1903.

LAUSANNE. — Bul. de la Soc. vaudoise des sc. nat., n° 145.

LIMOGES. — Revue scientifique du Limousin, n° 122.

LOUHANS. — La Bresse louhannaise, n° 3, 1903.

LYON. — L'Horticulture nouvelle, n°ˢ 3 et 4, 1903.

MANTES. — Bul. de la Soc. agr. et hort., n° 270.

MARSEILLE. — Revue horticole des B.-du-R., n° 582.

MOULINS. — Revue scientifique du Bourbonnais, n° 182.

NANCY. — Bul. de la Soc. des sc. et de la réunion biologique, fasc. IV, 1902.

NÎMES. — Bul. de la Soc. d'étude des sc. nat., 1901.

OBERLIN, Oiio. — The Wilson Bulletin, n° 41.

PARIS. — Bul. de la Soc. entomologique de France, n°ˢ 2 et 3, 1903.

— Bul. et Mém. de la Soc. nat. des Antiq. de France, 1900.

— Revue générale des sciences, n°ˢ 3 et 4, 1903.

POITIERS. — Bul. de la Soc. académique, n° 345.

POLIGNY. — Revue d'agr. et de viticult., n° 2, 1903.

RIO DE JANEIRO. — Archivos do museu nacional, vol. X et XI.

ROCHECHOUART. — Bul. de la Soc. des amis des sc., n° IV, 1902.

SIENA. — Bol. del naturalista, n°ˢ 8 à 10, 1902.

— Rivista italiana di sc. nat., n°ˢ 7 à 12, 1902.

STRASBOURG. — Bul. de la Soc. des sc., agr. et arts de la B.-A., n° 10, 1902, et n° 1, 1903.

TARARE. — Bul. de la Soc. des sc. nat., n° 2, 1903.

VILLEFRANCHE. — Bul. de la Soc. des sc. et arts du Beaujolais, n° 12.

WASHINGTON. — Annual report of the Smithsonian Institution, 1900.

Admissions. — Sont admis à l'unanimité en qualité de membres titulaires :

MM. ANTONIN, directeur du Crédit lyonnais, à Chalon.

DUTHEY, représentant des Mines de Blanzy, quai des Messageries, à Chalon.

JEANNIN-MULCEY, libraire, rue du Châtelet, à Chalon.

le docteur LEVET, 24, place de Beaune, à Chalon.

le docteur PAGEAUT, chirurgien-dentiste, 17, avenue de la République, à Chalon.

FÉLIX PIFFAUT, négociant, 54, rue d'Autun, à Chalon.

Présentés par MM. Jacquin et Bertrand.

CHEVRIER Paul, directeur du Grand Bazar de l'Obélisque, à Chalon, présenté par MM. Lancier et Portier.

Don au Musée. — Par M. Brébion, professeur et membre

correspondant de notre Société à Thudaumot (Cocinchine), une demi-douzaine de serpents et un lémurien, renfermés dans 4 gros flacons, une certaine quantité d'insectes renfermés dans un petit tube et 2 coquilles d'Helix. Malgré la longueur du voyage supporté par ce précieux envoi, il nous arrive intact.

Communications. — Le secrétaire général donne lecture d'une note fort instructive de M. H. Gindre, sur l'*Impatiens parviflora*, puis d'une autre note de M. Tissot, naturaliste, sur *Ce que mangent les oiseaux*. Enfin M. Guillemin présente une cucurbitacée peu connue chez nous jusqu'à présent ; elle nous vient de Madagascar, paraît-il, et serait originaire du Mexique. C'est la *Chayote* que l'on trouve sur notre marché, dans le courant de l'hiver, à partir de décembre. Notre distingué secrétaire général fera connaître dans le prochain Bulletin les caractères scientifiques et les usages culinaires que présente ce légume ; une photogravure accompagnera le texte.

Propositions. — M. Portier, notre aimable bibliothécaire, nous fait savoir qu'il n'y a plus de place pour ranger les publications qui nous arrivent de toutes parts.

Pour permettre l'installation d'un nouveau rayonnage, il propose que la Société demande à l'administration du Musée l'autorisation de disposer d'une partie du grenier qui se trouve à proximité de notre salle de réunion, afin de pouvoir y loger ce qu'il y a de plus encombrant et de moins fragile.

La plupart des membres objectent que le grenier du Musée n'est pas un lieu convenable pour loger des collections telles que l'importante collection de coquilles, dont la place est au Musée. Tous les membres présents regrettent que le Musée ne soit pas suffisamment spacieux pour donner asile aux intéressants et nombreux échantillons que la Société serait heureuse de voir à la disposition de nos concitoyens.

Ils sont d'avis qu'il y a lieu d'aviser au plus tôt et de mettre la question à l'étude.

La séance est levée à dix heures.

Le Secrétaire,

E. BERTRAND.

Séance du 7 Avril 1903

Présidence de M. Jacquin, vice-président

Présents : MM. Guillemin H., Jacquin, Renault et Têtu.

Excusé : M. Portier.

Le secrétaire donne lecture du procès-verbal de la séance précédente; ce procès-verbal est adopté sans observation.

Publications. — Le secrétaire général dépose sur le bureau les publications reçues du 10 mars au 7 avril :

Auxerre. — Bul. de la Soc. des sc. hist. et nat. de l'Yonne, 1902.

Besançon. — Mémoires de l'Académie des sc., lettres et arts, 1902.

Bourg. — Bul. de la Soc. des nat. de l'Ain, nº 12.

Cahan. — Revue bryologique, nº 2, 1903.

Cannes. — Bul. de la Soc. d'agric., hort. et accl., 4ᵉ trim., 1902.

Chalon-sur-Saône. — Bul. de la Soc. d'agr. et de viticult., nº 270.

Guéret. — Mémoires de la Soc. des sc. de la Creuse, 1902.

Limoges. — Revue scientifique du Limousin, nº 123.

Louhans. — La Bresse louhannaise, nº 4, 1903.

Luxembourg. — C. R. des séances de la Soc. des nat. luxemb., 1902.

Lyon. — L'Horticulture nouvelle, nᵒˢ 5 et 6, 1903.

— Bul. de la Soc. d'anthropologie, fasc. II, 1902.

Mantes. — Bul. de la Soc. agr. et hort., nº 271.

Marseille. — Revue horticole des B.-du-R., nº 583.

Mende. — Bul. de la Soc. d'agr., ind., sc. et arts de la Lozère, novembre et décembre 1902.

Moulins. — Revue scientifique du Bourbonnais, nº 183.

Moscou. — Bul. de la Soc. imp. des naturalistes, nᵒˢ 3 et 4, 1901.

Nantes. — Bul. de la Soc. des sc. nat. de l'O. de la France, 3ᵉ et 4ᵉ trim., 1902.

Paris. — Revue générale des sciences, nᵒˢ 5 et 6, 1903.

— Bul. de la Soc. philomathique, nᵒˢ 3-4, 1902.

Poligny. — Revue d'agr. et de viticulture, nº 3, 1903.

Rochechouart. — Bul. de la Soc. des amis des sc. et arts, nº 5, 1902.

SION. — Bul. de la Murithienne, Soc. valaisanne des sc. nat., fasc. XXXI.

TARARE. — Bul. de la Soc. des sc. nat., n° 3, 1903.

UPSALA. — Bul. of the Geological Institution, n° 10, 1901.

Conférence. — Le bureau est 1eureux d'annoncer aux membres de notre Société que M. le docteur Miciaud de Dijon viendra, en mai prociain, faire une conférence, avec projections lumineuses, sur la neurasthénie ; — la date de cette conférence sera donnée ultérieurement.

Sociétés correspondantes. — L'assemblée accepte avec empressement l'échange de nos publications avec celles des deux Sociétés ci-après désignées :

Société des Amis des sciences naturelles de Vienne (Isère).

Union agricole et viticole de Cialon-sur-Saône.

Excursions. — L'Assemblée décide de faire une excursion au camp de Ciassey le 3 mai prociain, avec le programme suivant :

9 1. 15. — Départ de Cialon (rendez-vous à la gare).

10 1. 40. — Arrivée à Santenay. Départ à pied pour le camp de Ciassey, trajet environ 4 kilomètres. Déjeuner sur place avec les provisions dont ciacun est prié de se munir. Visite du camp.

5 1. — Départ à pied pour Santenay.

6 1. 52. — Départ de Santenay.

7 1. 42. — Arrivée à Cialon.

Les excursionnistes sont priés de prendre ciacun un billet d'aller et retour.

En cas de mauvais temps, l'excursion sera remise au dimanciе suivant.

Quant à l'excursion de la Pentecôte, la Commission élaborera le programme qui paraîtra dans les journaux à la fin de mai ; mais en attendant, le Bulletin publiera l'avis ci-après :

La Société a l'intention d'organiser, pour les *fêtes de la Pentecôte*, une excursion à la *Source de la Loue*, au *Col des Roches* et au *Saut du Doubs*.

Le retour s'effectuera par *Neuchâtel*, le *Val-Travers*, *Pontarlier*, la *Forêt de Joux*.

Le programme en sera publié ultérieurement dans les différents journaux.

Les personnes qui voudraient prendre part à cette excursion, sont priées de se faire connaître dès maintenant, afin que la Société prenne les dernières dispositions.

Une liste d'inscription est ouverte chez M. Bouillet, pharmacien, rue de l'Obélisque.

L'ordre du jour étant épuisé, la séance est levée à 9 h. 1/4.

Le Secrétaire,

RENAULT.

Séance du 12 Mai 1903

PRÉSIDENCE DE M. JACQUIN, VICE-PRÉSIDENT

La séance est ouverte à huit heures.

Présents : MM. Bertrand, Bouret, Dubois, Guillemin II., Jacquin, Navarre, Renault, Tardy et Têtu.

Excusé : M. Portier.

Le procès-verbal de la séance du 7 avril 1903 est lu et adopté sans observations.

Correspondance. — Lettre de MM. Brébion, professeur à Chaudoc (Tonkin) : notre dévoué membre correspondant nous informe qu'il a confié un colis à M. Cozette qui a quitté la colonie le 17 courant, pour venir prendre un peu de repos en France.

L'envoi comprend :

1° Une boîte d'insectes coléoptères et autres, etc.

2° Un bocal contenant un serpent dont le ventre à damier était primitivement rose et noir; il est connu dans la colonie sous le nom de serpent corail; la couleur rose a été détruite par l'alcool.

3° Une tète de variété de chevreuil, le Co-man des Annamites, le Schlou des Cambodgiens, qui possède cette particularité de deux longues canines mobiles, sortes de défenses avec lesquelles il endommage fort les chiens; ses bois sont montés sur apophyses osseuses.

Lettre des fils d'Émile Deyrolle demandant la liste de nos sociétaires pour leur adresser ses catalogues. Cette liste a été envoyée en temps utile par notre secrétaire général, M. Guillemin.

Carte de la Société des sciences naturelles et d'enseignement populaire de Tarare, invitant notre président, ou à défaut son délégué, à la fête d'inauguration du nouveau local de la Société et de célébration du 12e anniversaire de sa fondation qui auront lieu les 16 et 17 mai. Un programme des fêtes est joint à cette carte.

Carte postale de l'Office of the Lloyd library à Cincinnati, accusant réception des nos 11 et 12 de la 28e année (1902) de notre bulletin.

Carte postale de l'United States Geological Survey, accusant réception des nos 11 et 12 de la 28e année (1902) de notre bulletin.

Publications. — Le secrétaire général dépose sur le bureau les publications reçues du 8 avril au 12 mai 1903.

Annecy. — Revue savoisienne, 1er trim., 1903.

Bourg. — Annales de la Soc. d'émul. de l'Ain, 1er trim., 1903.

Cahan. — Revue bryologique, n° 3, 1903.

Chalon-sur-Saone. — Bul. de la Soc. d'agr. et viticulture, n° 271.

— — Bul. de la Soc. Union agricole et viticole, n° 5, 1903.

Chateaudun. — Bul. de la Soc. dunoise, n° 133.

Clermont-Ferrand. — Revue d'Auvergne, n° 2, 1903.

Dax. — Bul. de la Soc. de Borda, 1er trim., 1903.

Gap. — Bul. de la Soc. d'études des H.-Alpes, 1er trim. 1903.

Limoges. — Revue scientifique du Limousin, n° 124.

Louhans. — La Bresse louhannaise, n° 5, 1903.

Lyon. — L'Horticulture nouvelle, n° 7, 1903.

Mantes. — Bul. de la Soc. agr. et hort., n° 272.

Marseille. — Revue horticole des B.-du-R., n° 584.

Mexico. — Bol. del Instituto geologico, n° 16.

Montpellier. — Annales de la Soc. d'hort. et d'hist. nat. de l'Hérault, nos 7-11 et 12, 1902.

Nancy. — Bul. des séances de la Soc. des sciences, fasc. I, 1903.

Oberlin, Ohio. — The Wilson Bulletin, n° 42.

Paris. — Bul. de la Soc. entomol. de France, nᵒˢ 4 à 7, 1903.

— Bul. de la Société nat. des antiquaires de France, 1902.

— Revue générale des sciences, nᵒˢ 7 et 8, 1903.

— Bul. de la Soc. d'anthropologie, nᵒˢ 5 et 6, 1902.

Poligny. — Revue d'agr. et de viticulture, nᵒ 4, 1903.

Saint-Dié. — Bul. de la Soc. philomathique, 1902-1903.

Strasbourg. — Bul. de la Soc. des sc., agr., arts de la B.-Alsace, nᵒˢ 2 et 3, 1903.

Toulon. — Bul. de l'Académie du Var, 1902.

Tarare. — Bul. de la Soc. des sc. nat., nᵒ 4, 1903.

Vienne — Bul. de la Soc. des amis des sc. nat., 1er trim., 1903.

Villefranche. — Bul. de la Soc. des sc. et arts du Beaujolais, nᵒ 13.

Membre donateur. — M. Ferrand (Guillaume), propriétaire à Royer, a eu la générosité de verser trois cents francs entre les mains de notre trésorier.

Aux termes de l'article 3 de nos statuts, M. Ferrand est nommé membre donateur de la Société des sciences naturelles de Saône-et-Loire.

M. le Président fait l'éloge de M. Ferrand et, au nom de la Société, adresse à notre cher et aimé collègue l'expression de notre profonde gratitude.

Puisse M. Ferrand trouver de nombreux imitateurs!

Admission. — A l'unanimité, est admis comme membre titulaire M. Henri Carillon, professeur spécial d'agriculture, avenue Boucicaut, 45, présenté par MM. A. Jacquin et H. Guillemin.

Don à la Bibliothèque. — 1º Étude sur le champignons des maisons, *Merulius lacrymans*, destructeur des bois de charpente, par J. Beauverie ;

2º Essais d'immunisation des végétaux contre les maladies cryptogamiques, par le même ;

3º Sur une maladie des pivoines, par le même ;

4º Les mycoses et particulièrement les mucormycoses, par le même ;

5º La lutte contre les maladies des plantes, par le même ;

6º Sur une forme particulièrement grave de la maladie des platanes due au *Glœosporium nervisequum* Sacc., par le même ;

7º Étude sur la structure du *Botrytis cinerea*, par J. Beauverie et A. Guilliermond.

Don de l'auteur, M. Beauverie, docteur ès sciences, membre correspondant de la Société.

Communication. — M. Bouret, notre nouveau collègue, dans une causerie fort agréable, nous fait part d'un cas curieux de tératologie observé dans les organes génitaux d'un jeune poulain. Bien que ce sujet, soit tout à fait spécial à l'art vétérinaire, il n'en a pas moins vivement intéressé les membres présents qui ont adressé toutes leurs félicitations au conférencier.

Propositions financières. — Notre trésorier, M. Dubois, fait observer que nous avons des fonds disponibles disséminés dans plusieurs caisses de crédit ou de commerce et rapportant peu ; le cours de la rente paraissant avantageux au point de vue d'un placement de ces fonds, tout ou partie, il lui paraîtrait opportun d'acheter de la rente française, en 3º/₀ perpétuel. L'assemblée vote à l'unanimité l'achat de cent francs de rente 3 º/₀ perpétuel, en priant M. Dubois d'agir au mieux des intérêts de la Société.

L'ordre du jour étant épuisé, la séance est levée à 10 h. 1/2.

Le Secrétaire,
E. BERTRAND.

Séance du 9 Juin 1903

PRÉSIDENCE DE M. JACQUIN, VICE-PRÉSIDENT

Présents : MM. Cianet, Dubois, Guillemin H., Jacquin, Lemosy père, Lemosy fils, Portier, Renault et Têtu.

Lecture est faite du procès-verbal de la séance précédente; ce procès-verbal est adopté sans observation.

Correspondance. — Lettre de M. Brébion, en date du 26 avril 1903, nous annonçant son envoi comprenant un gecko, un œuf de margouillat anolie et une coquille d'escargot de marais.

Lettre de M. de Rociebrune, proposant à la Sociétéla publication dans son Bulletin d'un Catalogue des ciampignons de la Ciarente.

Or, la Société est engagée depuis longtemps vis-à-vis d'un de nos membres correspondants, au sujet d'un travail considérable sur la géologie de l'arrondissement de Ciarolles. Cette publication, déjà retardée à cause des modestes ressources de notre caisse, devra être écielonnée sur plusieurs exercices; d'autre part, une nouvelle Flore des ciampignons, par M. Bigeard, grèvera sans doute notre budget.

Tout en regrettant vivement de ne pouvoir accepter la proposition de M. de Rochebrune, l'assemblée s'empresse de lui adresser l'expression sincère de ses respectueux sentiments.

Publications. — Le secrétaire général dépose sur le bureau les publications reçues du 13 mai au 9 juin :

CANNES. — Bul. de la Soc. d'agric., iort. et acclim., n° 1, 1903.

CHALON-SUR-SAÔNE. — Bul. de la Soc. d'agr. et de viticult., n° 272.

GAP. — Bul. de la Soc. d'études des H.-Alpes, n° 6, 1903.

LIMOGES. — Revue scientifique du Limousin, n° 125.

LOUHANS. — La Bresse louhannaise, n° 6, 1903.

LYON. — L'Horticulture nouvelle, n° 10, 1903.

MARSEILLE. — Revue iorticole des B.-du-R., n° 585.

MOULINS. — Revue scientifique du Bourbonnais, n°s 184-185.

MISSOULA, MONTANA. — Bul. of University, n°s 5, 8, 9, 10, 13 et 14.

MONTMÉDY. — Bul. de la Soc. des nat. et arci. du Nord de la Meuse, 1er semestre 1902.

NANCY. — Bul. de la Soc. des sciences, mars-avril 1903.

NIORT. — Bul. de la Soc. botanique des Deux-Sèvres, 1902.

PARIS. — Bul. de la Soc. philomathique, n° 1, 1903.

— Revue générale des sciences, n°s 9 et 10, 1903.

— Ministère de l'Instruction publique : Bibliographie des trav. iist. et arch., publiés par les Sociétés savantes de France, t. IV, 2e livr.

— Bul. de la Soc. entomologique de France, n° 8, 1903.

RODEZ. — Soc. des lettres, sc. et arts de l'Aveyron : Dictionnaire des institutions, mœurs et coutumes du Rouergue.

SIENA. — Bol. del naturalista, n° 12, 1902, et n°s 1 et 3, 1903.

— Rivista italiana di sc. nat., n°s 1 et 2, 1903.

WASHINGTON. — U. S. Geological Survey : Twenty-second annual
report, 1900 1901, Parts 1, 2, 3 and 4 et 23rd
annual report, 1901-2.

Achat de rentes françaises. — M. Dubois, notre dévoué trésorier, informe notre Président, par sa lettre du 6 courant, que pour
se conformer à la décision prise par la Société, dans sa séance du
12 mai dernier, il a fait acheter une inscription au porteur de cent
francs de rente 3 0/0 (n° 1.121.155), jouissance du 1er avril 1903,
pour la somme de 3.260 fr., frais de courtage et timbres compris.

Propositions. — MM. Portier et Guillemin proposent à l'assemblée d'abonner la Société à la publication « La Science au
XXe siècle ».

L'assemblée ajourne sa décision à la prochaine réunion.

M. Portier propose à l'assemblée de voter une somme, à titre de
subvention, pour l'érection d'un monument à élever à la mémoire
des Chalonnais morts pour la défense de la patrie.

L'assemblée ajourne sa décision à la prochaine séance.

Excursions. — L'assemblée décide de faire le 28 juin prochain
une excursion à Nolay et à la Tournée, puis, dans la première
quinzaine de juillet une excursion à Gevrey.

Les programmes en seront publiés en temps utile dans les
journaux.

L'ordre du jour étant épuisé, la séance est levée à 10 heures.

Le Secrétaire,
RENAULT.

Séance du 7 juillet 1903

PRÉSIDENCE DE M. JACQUIN, VICE-PRÉSIDENT

La séance est ouverte à 8 heures.

Présents : MM. Bertrand, Carillon, Jacquin et Renault.

Excusés : MM. Guillemin et Portier.

Le procès-verbal de la séance du 9 juin est lu et adopté sans observations.

Publications. — Le secrétaire général dépose sur le bureau, les publications reçues du 10 juin au 7 juillet.

AVIGNON. — Mémoires de l'Académie de Vaucluse, 1re livr. 1903.

CHALON-SUR-SAÔNE. — Bul. de la Soc. l'Union agricole et viticole, n° 6, 1903.

—   Bul. de la Soc. d'agric. et viticult., n° 273.

COLUMBUS, OHIO. — Journal of mycology of University, n° 64.

LAUSANNE. — Bul. de la Soc. Vaudoise des sc. nat., n° 146.

LIMOGES. — Revue scientifique du Limousin, n° 126.

LOUHANS. — La Bresse louhannaise, n° 7, 1903.

LYON. — L'Horticulture nouvelle, n° 11 et 12, 1903.

MARSEILLE. — Revue horticole des B.-du-R., n° 587.

MONTPELLIER. — Annales de la Soc. d'hort. et d'hist. nat. de l'Hérault, n° 1, 1903.

MOULINS. — Revue scientifique du Bourbonnais, n° 186.

NANTES. — Annales de la Soc. académique, n° 3, 1902.

PARIS. — Bul. de la Soc. entomol. de France, n° 9, 10 et 11, 1903.

—   Ministère de l'instruction publique : C.R. du Congrès des Sociétés savantes, en 1902.

—   Revue générale des sciences, n° 11 et 12, 1903.

—   Bul. du Comité ornitiol. inter. (Ornis), n° 1, t. XII.

REIMS. — Bul. de la Soc. d'études des sc nat., n° 2, 1903.

ROCHECHOUART. — Bul. de la Soc. des amis des sc. et arts, n° VI, 1902.

STRASBOURG. — Bul. de la Soc. des sc., agr. et arts de la B.-A., n° 4, 1903.

TARARE. — Bul. de la Soc. des sc. nat., n° 5, 1903.

Publications reçues du 8 juillet au 1er août 1903.

ANNECY. — Revue savoisienne, 2e trim. 1903.

BOURG. — Annales de la Soc. d'émulation de l'Ain, 2e trim. 1903.

— Bul. de la Soc des sc. nat. et arc1. de l'Ain, nos 30 et 31.

BUENOS-AIRES. — Anales del museo nacional. T. I, entrega 2.

CARCASSONNE. — Bul. de la Soc. d'études scientif. de l'Aude, 1902.

CHALON-SUR-SAONE. — Bul. de l'Union agric. et vit., no 7, 1903.

— Bul. de la Soc. d'agr. et de vit., no 274.

CHAPEL HILL, N. C. — Journal of the Elisia Mitchell scientific Society, part. I et II, vol. XIX.

CAHAN. — Revue bryologique, no 4, 1903.

CANNES. — Bul. de la Soc. d'agr. et 1ort., no 2, 1903.

CHATEAUDUN. — Bul. de la Soc. dunoise, no 134.

CHICAGO. — Field columbian museum, publications 69 à 72.

CLERMONT-FERRAND. — Revue d'Auvergne, no 3, 1903.

LIMOGES. — Revue scientifique du Limousin, no 127.

LYON. — L'Hórticulture nouvelle, no 13, 1903.

MADISON, Wis. — Wis. geological and natural History Survey. Bul. no VIII.

LE MANS. — Bul. de la Soc. d'agr., sc. et arts de la Sart1e, 1er fasc. 1903.

MANTES. — Bul. de la Soc. agricole et 1orticole, no 275.

MARSEILLE. — Revue 1orticole des B.-du-R., no 588.

NANTES. — Bul. de la Soc. des sc. nat. de l'ouest de la France, 1er trim. 1903.

NÎMES. — Mémoires de l'Académie. T. 23, 24 et 25.

PARIS. — Bul. de la Soc. entomolog. de France, nos 12 et 13, 1903.

— Revue générale des sciences, nos 13 et 14, 1903.

— Ministère de l'Instruction publique : Discours prononcé à la séance générale du congrès des Soc. savantes, 1903.

POLIGNY. — Revue d'agr. et de viticulture, nos 5 et 6, 1903.

STRASBOURG. — Bul. de la Soc. des sc., agr. et arts de la B.-Alsace, no 5, 1903.

WASHINGTON. — U. S. Geological Survey. Professional Paper, nos 1 à 8 et monographs XLII et XLIII.

VIENNE. — Bul. de la Soc. des amis des sc. nat., 2e trim. 1903.

VILLEFRANCHE. — Bul. de la Soc. des sc. et arts du Beaujolais, no 14.

Correspondance. — Carte de la bibliotlèque de l'Université royale d'Upsala, nous accusant réception des bulletins de l'année 1902.

Carte du Botanical department de l'Ohio State University, nous demandant l'échange de ses publications contre le Bulletin de la Société.

Lettre du Ministère de l'instruction publique et des beaux-arts, direction de l'enseignement supérieur, 5e bureau. Exposition de Saint-Louis, par laquelle M. le Ministre informe qu'il est disposé à réserver dans l'exposition du Ministère une place aux Sociétés savantes et demande à la Société de lui faire savoir si elle désire prendre part à cette exposition. La réponse est ajournée à la prochaine réunion.

Lettre émanant du même Ministère, 6e bureau, nous informant que les 42 exemplaires des nos 3, 4 et 5 du Bulletin de 1903. adressés à différentes Sociétés, sont parvenus, à leur destination respective.

IIIe Circulaire du Congrès géologique international, IXe session, 1903, Vienne, donnant le programme des excursions qui sont organisées du 19 au 27 août.

Sociétés correspondantes. — Le Journal de mycologie, publié par W. A. Kellerman, Ph.-D., professor of Botany, Ohio, State University, Columbus, Ohio, est admis, sur sa demande, au nombre de nos Sociétés correspondantes.

Don à la Bibliothèque. — Le service de la carte géologique de France et de la topographie souterraine, au Ministère des travaux publics, nous a fait la gracieuseté de nous envoyer un exemplaire du bassin houiller et permien de Blanzy et du Creusot (fasc. I), par M. Delafond, inspecteur général des mines à Paris, membre d'honneur de notre Société. Cet ouvrage comprend un volume in-4° et un atlas grand in-folio composé de 13 cartes et plans.

C'est un travail très étudié dont l'exécution a été fort soignée.

Un accusé de réception avec une lettre de remerciements a été envoyé aussitôt à l'adresse du service de la carte géologique.

C'est sans aucun doute à notre distingué compatriote, M. Delafond, que la Société doit d'avoir été mise en possession de cette œuvre importante. Le bureau lui adresse ses bien sincères remerciements et l'expression bien vive de sa profonde gratitude.

Prix du Collège. — MM. Guillemin H. et Portier sont désignés pour choisir et acheter le livre à donner en prix à l'élève de philosophie qui s'est le plus distingué dans l'étude des sciences naturelles pendant l'année scolaire 1902-1903.

Divers. — Par suite de l'absence des auteurs des deux propositions présentées à la séance de juin, la solution en est ajournée à la réunion du 11 août.

Excursions. — M. le Président fait part à l'assemblée de divers projets d'excursions pendant les grandes vacances. Après discussion, il est décidé de soumettre au choix de tous nos collègues, qui seront priés de faire connaître leur préférence pour l'une ou pour l'autre, les deux excursions ci-après :

1° *Excursion dans l'Engadine.* — 15 jours environ, — dépense probable 300 à 400 francs.

2° *Excursion dans l'Auvergne.* — 10 à 12 jours, — moyennant 150 francs environ.

La Société adoptera le projet qui réunira le plus de demandes et s'occupera ensuite d'élaborer le programme définitif qui sera remis à la Presse.

Communication. — M. L. Griveaux, médecin-vétérinaire, nous fait part d'un cas de tératologie analogue à celui que M. Bouret nous avait signalé à l'avant-dernière séance. Cet exemple d'hermaphrodisme apparent féminin a été observé, cette fois-ci, chez une jument âgée de 15 ans environ, de race métisse-tarbe.

Tout en remerciant vivement M. L. Griveaux de son observation fort intéressante, qui vient confirmer une fois de plus un principe d'embryologie bien connu, nous regrettons de ne pouvoir insérer les détails relatifs à ce sujet d'une nature trop spéciale.

L'ordre du jour étant épuisé, la séance est levée à neuf heures et demie.

Le Secrétaire,
E. BERTRAND.

Séance du 11 août 1903

Présidence de M. Jacquin, vice-président

La séance est ouverte à huit heures du soir, salle du Musée.

Présents : MM. Bertrand, Dubois, Jacquin et Têtu.

Excusés : MM. Guillemin et Portier.

Le procès-verbal de la séance du 7 juillet est lu et adopté sans observations.

Correspondance. — Une lettre de la librairie Armand Colin accusant réception du numéro du Bulletin contenant la liste des membres de la Société :

Don à la Bibliothèque. — M. Pensa, ingénieur agronome à la Bouthière près Saint-Boil, fait don à la Société des ouvrages suivants déposés sur le bureau par M. Jacquin :

Milhe-Pontignon. — Rapport sur une mission au jardin de Kew ; brochure de 28 pages in-8° raisin.

Milhe-Pontignon. — Jardins botaniques et jardins d'essais ; la main-d'œuvre africaine, communication faite au Congrès international colonial de Bruxelles en 1897 ; brochure de 16 pages in-8° raisin.

La Revue des cultures coloniales (années 1897-1898-1899-1900-1901-1902), 97 numéros en tout.

Des remerciements sont adressés au généreux donateur.

Communications. — M. Jacquin donne lecture d'une étude intitulée : « Simple note sur les champignons, » par M. Quincy. Ce travail sera publié dans le plus prochain bulletin de la Société.

Séance du 13 Octobre 1903

présidence de M. Jacquin, vice-président

La séance est ouverte à huit heures.

Présents : MM. Bertrand, Carillon, Cianet, Dubois, Jacquin, H. Guillemin, Lemosy, Portier, Renaud et Têtu.

Correspondance. — Lettre de M. H. Luer, à Belmont-de-la-Loire, nous informant que la collection d'oiseaux qu'il avait offert de céder à notre Société n'était plus en sa possession.

M. Félix Benoît offre d'envoyer pour le *Bulletin* de la Société un manuscrit sur un travail inédit touchant la géologie de la province de Constantine en Algérie.

M. J.-A. Clark, libraire du Ministère de l'Agriculture des États-Unis, fait parvenir une liste d'ouvrages publiés par ce département, liste sur laquelle la Société est priée de désigner les ouvrages qui l'intéressent et doivent lui être envoyés en échange du *Bulletin*.

M. le professeur-docteur Francesco Macry Correale a Siderno Superiore, Italie, demande un numéro specimen du *Bulletin* et le prix de l'abonnement annuel.

La librairie Le Soudier, à Paris, demande qu'on lui envoie un exemplaire des Mémoires de la Société :

T. I, p. 49 ; t. III, pp. 1-41 ; t. VII, fasc. 3. Ces fascicules n'ont pas été publiés, quoique annoncés.

La même librairie demande aussi tous les numéros parus ensuite.

En raison du petit nombre d'exemplaires restant des années 1895, 1896, 1897 et 1898, le bureau décide qu'il y a lieu de céder ces bulletins à raison de 10 fr. l'année et ceux de 1899 et 1900 à raison de 8 francs.

Un des secrétaires est chargé de répondre en ce sens au demandeur.

M. Gindre, pharmacien à Saint-Bonnet-de-Joux, un des collaborateurs de notre Bulletin, nous fait savoir qu'il quitte sa pharmacie pour raison de santé et nous prie d'insérer une annonce dans le plus prochain numéro du Bulletin ; nous espérons que notre collaborateur voudra bien continuer à nous envoyer de temps en temps des notes sur la botanique.

M. Brebion, à Chaudoc, nous prie de lui faire parvenir le n° 1 de 1902 du Bulletin, qu'il n'a pas reçu ; il sera fait droit à sa demande.

Lettre de M. Cozette, actuellement à Paris, nous annonçant le décès de sa jeune femme, morte en cours de traversée des suites d'un empoisonnement causé par des escargots de conserve ; lui-même fut considéré un instant comme perdu ; puis, la mort de M. Lutaud, vétérinaire militaire à Hanoï, nommé tout récemment membre correspondant. Nous perdons en lui, dit M. Cozette, un collaborateur dévoué qui aurait pu rendre à la Société de bien grands services.

Enfin M. Cozette nous a rapporté divers échantillons des produits du Tonkin qu'il nous fera parvenir ou nous remettra lui-même à son passage dans notre ville.

L'assemblée, vivement impressionnée par la lecture de cette lettre, s'empresse d'adresser à leur infortuné collègue l'expression de sa douloureuse sympatiie. Elle regrette vivement aussi la mort de M. Lutaud, qui pouvait nous rendre les plus grands services.

Publications. — Le secrétaire général dépose sur le bureau les publications reçues du 1er août au 13 octobre 1903.

ANNECY. — Revue Savoisienne, 3e trim. 1903.

AUXERRE — Bul. de la Soc. des sc. iist. et nat. de l'Yonne, 1902.

BALE. — Bul. de la Soc. des sc. nat., nos XV et XVI.

BÉZIERS. — Bul. de la Soc. des sc. nat., 1901 et 1902.

CAHAN. — Revue bryologique, n° 5, 1903

CHALON-SUR-SAONE. — Bul. de la Soc. d'agr. et de vit., nos 275 et 276.

— Bul. de l'Union agric. et vit., nos 8, 9 et 10, 1903.

CHARLEVILLE. — Bul. de la Soc. d'hist. nat. des Ardennes, 1899, 1900 et 1901.

DAX. — Bul. de la Soc. de Borda, 2e trim. 1903.

FRIBOURG. — Mémoires de la Soc. fribourgeoise des sc. nat. géol. et géogr., fasc. 3 et 4, 1902.

— Botanique, fasc. 4 et 5, 1902.

— C. R. des séances, vol. X.

GAP. — Bul. de la Soc. d'études des H.-A., n° 7.

LIMOGES. — Revue scientifique du Limousin, nos 128 et 129.

LOUHANS. — La Bresse louhannaise, nos 8, 9 et 10, 1903, et Histoire de la Révolution dans le Louhannais, par M. le sénateur Lucien Guillemaut.

LYON. — L'Horticulture nouvelle, nos 16, 17, 1903.

— Annales de la Soc. linnéenne, 1902.

— Annales de la Soc. botanique et C. R. des séances, 1902.

MANTES. — Bul. de la Soc. agricole et iorticole, n° 276.

MARSEILLE. — Revue iorticole des B.-du-R., nos 589, 590, 591.

— Bul. de la Soc. scientif. indust., 2e, 3e et 4e trim. 1902.

MISSOULA, MONT. — Bul. university of Montana, n° 17.

MOULINS. — Revue scientifique du Bourbonnais, nos 188-189.

MONTEVIDEO. — Anales del museo nacional, 6 feuilles.

MONTMÉDY. — Bul. de la Soc. des nat. et arcı. du nord de la
Meuse, 2ᵉ semestre 1902.

Moscou. — Bul. de la Soc. imp. des nat., nº 3, 1902, et nº 1, 1903.

NANCY. — Bul. de la Soc. des sc., fasc. III, 1903.

OBERLIN, OHIO. — Oberlin College Library, the Wilson Bulletin,
nº 2, 1903.

PARIS. — Revue générale des sciences pures et appliquées, nᵒˢ 15,
16, 17 et 18.

—   Bul. de la Soc. philomathique, nº 2, 1903.

—   Bul. de la Soc. d'antıropologie, nᵒˢ 1, 2, 3, 1903.

—   Bul. de la Soc. entomolog. de France, nº 14, 1903.

PERPIGNAN. — Bul. de la Soc. agr., sc. et litt. des P.-O., 44ᵉ vol.

ROCHECHOUART. — Bul. de la Soc. des amis des sc. et arts, nº 1,
1903.

ROUBAIX. — Mémoires de la Soc. d'émulation, 1902 et 1903.

SIENA. — Rivista italiana di sc. nat., nᵒˢ 3-6, et Bol. del nat.,
nᵒˢ 4-6.

SAINT-BRIEUC. — Bul. de la Soc. d'émul. des C.-du-N., suppl. au
Bul. nº 6.

SAINT-PÉTERSBOURG. — C. R. des séances de la Soc. imp. des nat.,
nᵒˢ 4 à 8, 1902, et nº 1, 1903.

—   Travaux de la section de géologie, vol.
XXXI.

—   Travaux de la section de botanique, fasc. 3
du vol. XXXII.

STRASBOURG. — Bul. de la Soc. des sc., agr. et arts de la B.-A.,
nº 6, 1903.

TARARE. — Bul. de la Soc. des sc. nat., nᵒˢ 7 et 8, 1903.

TOURNUS. — Soc. des amis des arts : Tournus en 1814 et en 1815.

WASHINGTON. — U. S. Geological Survey : Mineral Resources
of tıe U. S., 1901. Bulletins 191, 195 to 207.

Admissions. — M. Guillemaut, pıarmacien à Sennecey-le-Grand.
M. Dannemuller, pıarmacien à Sennecey-le-Grand : présentés
par MM. Bauzon et Jacquin.

M. Henri Faillant, employé de commerce, boulevard de la
République à Cıalon, présenté par MM. H. Guillemin et Jacquin.

Dons à la Bibliothèque. — Germination de l'ascospore de

la Truffe par M. Émile Boulanger, pharmacien, licencié ès sciences, (1903). Don de l'auteur.

a) Sur la structure de la graine de *Nymphaea flava* Leitn., par M. J. Chifflot, docteur ès sciences naturelles.

b) Sur la symétrie bilatérale des radicelles de *Pontederia crassipes* Mart., par le même. Don de l'auteur.

Don de M. Miédan :

a) Dictionnaire raisonné universel d'Histoire naturelle par M. Valmont-Bomare. Tomes I à VIII. A. Lyon, chez Bruysset, frères.

b) Histoire naturelle des minéraux par le comte de Buffon, t. I à V. A Paris, imprimerie royale, MDCCLXXXIII.

c) Histoire naturelle des quadrupèdes ovipares et des serpents, par le comte Delacépède, t. I et II. A Paris, MDCCLXXXVIII.

d) Histoire naturelle générale et particulière, par M. de Buffon, XXX volumes. Imprimerie royale, MDCCLXXXVIII.

e) Supplément à l'Histoire naturelle par M. le comte de Buffon, V volumes. Imprimerie royale, MDCCLXXXIII.

Don de M. Pensa :

Différentes brochures de la Société de géographie, 1887 à 1897.

L'assemblée adresse l'expression de ses sentiments reconnaissants aux généreux donateurs.

Souscriptions : 1º A la suite d'une proposition faite par M. Jacquin, l'assemblée prend la décision qui suit : Dans le but d'aider M. Bigeard à la publication intéressante qu'il vient de faire, — *Petite flore mycologique des champignons les plus vulgaires, et principalement des espèces comestibles et vénéneuses à l'usage des débutants*, — comme pour procurer aux membres de la Société le bénéfice de cette œuvre de vulgarisation scientifique, appelée à rendre les plus grands services, il est décidé qu'il sera acheté pour le prix de 600 francs, 400 exemplaires de cet ouvrage, qui seront distribués aux membres titulaires et aux membres donateurs, membres d'honneur et correspondants.

2º Sur la proposition de MM. H. Guillemin et Portier, l'assemblée vote une somme de cinquante francs comme souscription de la Société, pour l'érection d'un monument en souvenir des enfants morts pour la Patrie.

Distinctions honorifiques. — C'est avec la plus vive satisfaction que nous portons à la connaissance de nos lecteurs la liste de ceux de nos membres décorés depuis peu, à l'occasion du 14 Juillet: M. Dépéret, doyen de la Faculté des sciences de Lyon, a été fait chevalier de la Légion d'honneur, M. Roy-Chevrier, secrétaire général de l'Union agricole et viticole, a été promu officier du Mérite agricole, M. Demimuid, professeur de physique à l'École professionnelle, a été nommé officier d'Académie, M. H. Guillemin, professeur de physique au Collège, a été nommé chevalier du Mérite agricole; à l'occasion du Centenaire des Lycées et Collèges, M. Renaud, professeur de lettres au Collège, a été nommé officier d'Académie.

M. le Président, au nom de la Société, adresse à tous ses plus vives félicitations.

Excursions. — M. Jacquin propose que l'excursion mycologique projetée par M. Bigeard, à Allerey ou Gergy, soit fixée au 25 octobre. Le départ aurait lieu par le train de midi 25 à Chalon. Adopté. — A ce sujet, M. H. Guillemin propose, dans un but d'utilité incontestable, de faire une exposition de toutes les espèces récoltées, *comestibles, suspectes* ou *vénéneuses.* Tous ces champignons, scrupuleusement étiquetés, seraient placés sous les yeux du public, dans les vitrines de notre dévoué collègue, M. Bouillet, pharmacien. — Adopté.

Une seconde excursion, réclamée par plusieurs membres, avec le programme ci-après, est également approuvée.

Excursion mycologique dans les bois de Jully-les-Buxy, le dimanche 8 novembre prochain, sous la direction de M. R. Bigeard.

Programme :

Midi 19. — Départ de Chalon ; rendez-vous à la gare ;

1 h. 1. — Arrivée à Jully ;

1 h. 05 à 3 h. 1/2. — Promenade sous bois (se munir de panier) ;

3 h. 1/2 à 5 h. — Étude des champignons récoltés ;

5 h. 16. — Départ de Jully ;

6 h. 03. — Arrivée à Chalon.

Prix du voyage aller et retour, 1 fr. 60.

En cas de mauvais temps, l'excursion sera ajournée *sine die.*

N. B. — Le lendemain, lundi, les champignons récoltés, comestibles, suspects ou vénéneux, seront exposés dans les vitrines de M. Bouillet, pharmacien.

Prix du Collège. — Le prix offert au Collège par la Société pour être donné à l'élève de philosophie qui s'est le plus distingué dans l'étude des sciences naturelles, a été attribué à M. Guillermier Eugène, de Saunières.

L'assemblée envoie au jeune lauréat toutes ses félicitations.

Communications. — M. le docteur Émile Mauchamp a chargé M. H. Guillemin d'annoncer à la Société qu'il nous enverra bientôt le complément de son voyage dans l'Arabie-Pétrée, consistant en deux intéressantes et inédites communications sur la faune entomologique et la flore de cette contrée, dues à la plume autorisée de deux naturalistes distingués ayant pris part au voyage.

Sirex Gigas. — M. H. Guillemin ajoute que Mme Albert Guichard, à qui nous devons déjà d'heureuses et intéressantes observations en sciences naturelles, lui a récemment envoyé à déterminer un insecte que vous connaissez déjà. Il n'est point superflu, dit-il, de rappeler brièvement ses caractères.

Cet insecte est un hyménoptère térébrant à 2 éperons, de la famille des *Siricidæ* et porte le nom de *Sirex Gigas L.*, ou encore de *porte-scie*, ou *mouche à scie*. Le sirex géant habite les forêts de pins et de sapins de toute l'Europe. La femelle atteint 50 millimètres de longueur. Elle enfonce ses œufs, au moyen de sa tarière, dans les arbres fraîchement coupés ou récemment écorchés. La larve vit dans le bois, où elle se file une coque et achève ses métamorphoses. Ce sirex est très nuisible aux bois de charpentes.

L'ordre du jour étant épuisé, la séance est levée ; il est 10 heures.

Le Secrétaire : E. Bertrand.

Séance du 10 novembre 1903

Présidence de M. Nugue, vice-président

La réunion a lieu comme à l'ordinaire, salle du Musée, la séance est ouverte à huit heures.

Présents : MM. Bertrand, Chanet, Dubois, H. Guillemin, Nugue et Portier.

Excusés : MM. Jacquin et Renault.

Correspondance. — Lettre du bibliothécaire du « New-York Botanical Garden » demandant les tomes 1-8 du Bulletin en échange de numéros du Bulletin du New-York Botanical Garden. Une suite favorable sera donnée à cette demande.

Carte postale de « The Elisia Mitcrell scientific Society » accusant réception des n⁰ˢ 1-5, t. IX de notre bulletin.

Publications reçues du 14 octobre au 10 novembre 1903.

Avignon.— Mémoires de l'Académie de Vaucluse, 2ᵉ et 3ᵉ liv., 1903.

Brooklyn. — The Brooklyn Institute of arts and sciences, n⁰˙ 1 et 2 en double exemplaire.

Chateaudun. — Bul. de la Soc. Dunoise, n⁰ 135.

Chalon-sur-Saône. — Bul. de la Soc. d'agric. et de vitic., n⁰ 277.

Chicago.—Field Columbian Museum, zool. séries, vol. 3, n⁰ˢ 10 et 11.

— — géological series, vol. 2, n⁰ 1.

Clermont-Ferrand. — Revue d'Auvergne, n⁰ 4, 1903.

Évreux.—Trav. de la Soc. libre d'agr. sc. et lettres de l'Eure, 1902.

Gap. — Bul. de la Soc. d'études des H.-Alpes, 4ᵉ trim., 1903.

Louhans. — La Bresse louhannaise, n⁰ 11, 1903.

Lyon. — L'Horticulture nouvelle, n⁰ˢ 19, 20, 1903.

Mantes. — Bul. de la Soc. agr. et 1ort., n⁰ 277.

Mexico. — Mém. et Rivista, de la Societad cientifica « Antonio Alzate », n⁰ 1 à 4.

Montpellier. — Annales de la Soc. d'hort. et 1ist. nat. de l'Hérault, n⁰ 2, 1903.

Moulins. — Revue scientifique du Bourbonnais, n⁰ 187.

Nantes.—Bul. de la Soc. des sc. nat., de l'O. de la France, 2ᵉ tr., 1903.

New-York. — Bul. the New-York Botanical Garden, n⁰ˢ 7 et 8, vol. 2.

Oberlin, Oiio. — The Wilson Bulletin, n⁰ 44.

Paris. — Revue générale des sciences, n⁰ˢ 19, 20, 1903.

— Bul. de la Soc. entomologique de France, n⁰ 15.

Siena. — Bol. del naturalista, n⁰ˢ 7-8, 1903.

— Rivista italiana di scienze naturali, n⁰ˢ 7-8, 1903.

Strasbourg.—Bul. de la Soc. des sc., et arts de la B.-A., n⁰ 7, 1903.

Washington. — U. S. Geological Survey : Water-Supply Paper, n⁰ˢ 65 à 79.

Vienne. — Bul. de la Soc. des amis des sc. nat., 3ᵉ trim., 1903.

Villefranche. — Bul. de la Soc. des sc. et arts du Beaujolais, n⁰ 15.

Sociétés correspondantes. — *La Sociedad cientifica " Antonio Alzate "* à Mexico et *The Brooklyn institute of arts and sciences.* Museum Bulding. Eastern Porkway à Brooklyn, New-York, sont admises, sur leur demande, au nombre de nos sociétés correspondantes.

Dons à la Bibliothèque :

1° Maladies et parasites du Chrysantième, par M. le Dr J. Chiflot. Don de l'auteur.

2° *a*) Les cyprès chauves de Condal par M. le Dr X. Gillot et M. le vicomte H. de Chaignon.

b) Sur une race alpine de *Carduus nutans* L. (*Caduus alpicola* Gillot), par M. le Dr X. Gillot.

c) Etude des champignons, projets de travaux scolaires par MM. le Dr X. Gillot, Mazimann et Plassard.

d) Notes sur quelques rosiers hybrides, par M. le Dr X. Gillot.

e) Notice nécrologique sur François Crépin, par M. le Dr X. Gillot.

Don de M. le Dr X. Gillot, à Autun.

De sincères remerciements sont votés à nos dévoués collègues.

Nominations. — M. le Président annonce que M. le Dr G. Zippfel et M. le Dr V. Michaut, de Dijon, nos deux dévoués et sympathiques membres correspondants, viennent d'être nommés professeurs à l'Ecole de médecine de cette ville.

L'assemblée est heureuse d'adresser ses sincères félicitations à ces deux savants distingués, tous deux, hommes de tous les dévouements.

Admission. — M. Emile Lucot, voyageur de commerce, à Sainte-Colombe-s-Seine (Côte-d'Or), présenté par MM. Jeannet et Portier.

Communication. — M. Nugue donne lecture d'une lettre de M. H. Daviot, ingénieur, à Gueugnon, qui fait à nouveau un don princier à la Société. Il nous adresse le *Relief géologique du Laurium (Grèce)*, à l'échelle de $\frac{1}{8333}$, soit 7 millimètres pour 20 mètres. Ce travail, remarquable par son exécution soignée, fait un pendant heureux à la carte en relief de l'arrondissement de Charolles que nous a déjà donnée M. H. Daviot. Nous manquons de mots pour témoigner à notre sympathique et zélé membre donateur toute notre admiration et toute notre reconnaissance.

M. Boizon Martin, conducteur des travaux de voirie à la ville, remet à la Société plusieurs échantillons d'un calcaire déposé dans les tuyaux de conduite des eaux du cimetière de l'Ouest. Dans un espace de moins de 20 ans, ces tuyaux ont été totalement obstrués par ce dépôt calcaire formé de couches de couleurs différentes et nettement apparentes.

L'ordre du jour étant épuisé, la séance est levée à dix heures.

Le Secrétaire : E. BERTRAND.

Séance du 8 décembre 1903

PRÉSIDENCE DE M. JACQUIN, VICE-PRÉSIDENT

La séance est ouverte à 8 heures du soir, au Musée, salle ordinaire des séances.

Présents : MM. Humbert Fernand, Jacquin, Lemosy père, Lemosy fils, Renault et Têtu.

Excusés : MM. Guillemin, H., et Portier.

Le procès-verbal de la dernière séance est lu et adopté sans observations.

Correspondance. — Lettre du Ministère de l'Instruction publique et des Beaux-Arts, nous accusant réception de l'envoi de nos bulletins, n°ˢ 8, 9 et 10. Tome IX.

Lettre du même Ministère, nous informant que le 42ᵉ congrès des Sociétés savantes s'ouvrira à la Sorbonne le mardi 5 avril prochain, à 2 heures précises.

Lettre des fils d'Émile Deyrolle, demandant la liste de nos sociétaires pour leur adresser leurs catalogues, cette liste leur sera envoyée.

Lettre de M. L. Joubin, professeur au Muséum d'histoire naturelle de Paris, informant notre Société qu'il organise dans son laboratoire du Muséum d'histoire naturelle, une collection aussi complète et détaillée que possible des *Coquilles de France*, il prie donc, à cette occasion, notre Société de lui faire parvenir les coquilles intéressantes dont elle peut disposer; il se mettrait également ment en rapport avec les membres de la Société que cette étude peut intéresser ; l'adresse de M. L. Joubin est celle-ci : M. L. Joubin, professeur au Muséum d'histoire naturelle de Paris, laboratoire de malacologie, 55, rue de Buffon, Paris.

Envoi par le bureau du Congrès international de botanique, dont la 2ᵉ session doit se tenir à Vienne en 1905, de la 5ᵉ circulaire de la

Commission permanente des congrès internationaux de botanique, et de la 2ᵉ circulaire de la commission d'organisation par le Congrès international de botanique à Vienne en 1905.

Publications reçues du 11 novembre au 8 décembre 1903.

Bourg. — Bul. de la Soc. des nat. de l'Ain, n° 13.

— Annales de la Soc. d'émul. de l'Ain, 3ᵉ trim. 1903.

Cahan. — Revue bryologique, n° 6, 1903.

Chalon-sur-Saône. — Bul. de l'Union agr. et vit., n° 11, 1903.

— Bul. de la Soc. d'agr. et de vit., n° 278.

Cincinnati, Ohio. — Bul. From Lloyd Library, n° 6, 1903.

Clermont-Ferrand. — Revue d'Auvergne, n° 5, 1903.

Dax. — Bul. de la Soc. de Borda, 3ᵉ trim., 1903.

Épinal. — Annales de la Soc. d'émulation des Vosges, 1903.

Lausanne. — Bul. de la Soc. Vaudoise des sc. nat., n° 147.

Limoges. — Revue scientifique du Limousin, n° 131.

Lyon. — L'Horticulture nouvelle, nᵒˢ 22, 1903.

Macon. — Bul. de la Soc. d'hist. nat., n° 13.

Mantes. — Bul. de la Soc. agr. et ïort., n° 278.

Marseille. — Revue ïorticole des B.-du-R., n° 592.

Montévideo. — Anales del Museo nacional. T. V.

Paris. — Revue générale des sciences, nᵒˢ 21-22, 1903.

— Bul. de la Soc. entomol. de France, n° 16, 1903.

Poitiers. — Bul. de la Soc. académique, lettres, sc. et arts, nᵒˢ 346 et 347.

Reims. — Bul. de la Soc. d'études des sc. nat., 1ᵉʳ trim. 1903.

Rochechouart. — Bul. de la Soc. des amis des sc. et arts, n° II, t. XIII.

Saint-Louis, Mo. — Missouri Botanical garden, Fourteenth annual report, 1903.

Versailles. — Mémoires de la Soc. d'agr. de Seine-et-Oise, 1903.

Washington. — Annual report of the Smithsonian Institution, 1901.

Membres correspondants. — Sur la proposition de M. H. Guillemin et de M. Jacquin, ont été nommés membres correspondants de la Société, M. le Dʳ Émile Mauchamp, médecin du gouvernement français à Jérusalem ; M. P. de Peyerimhoff, inspecteur des forêts à Digne (Basses–Alpes) ; M. l'abbé Planès, à Cessenon (Hérault).

Admissions. — Est admis à l'unanimité en qualité de membre titulaire : M. Renard, professeur au Collège de notre ville, présenté par MM. Portier et Guillemin, H.

Distinction honorifique. — L'assemblée est heureuse d'adresser de bien vives félicitations à M. Émile Bertrand, imprimeur, notre dévoué secretaire adjoint, qui vient d'être nommé chevalier de l'Ordre du Nicham Iftikar, pour son travail très remarqué sur la Tunisie, envoyé à l'Exposition universelle de 1900.

Vœu pour la protection des petits oiseaux. — Sur la proposition de M. le Président et de M. le Secrétaire général, l'assemblée considérant :

1° Que les petits oiseaux détruisent une quantité considérable d'insectes de toutes espèces qui étendent même leurs ravages à toutes les plantes ;

2° Qu'ils rendent par conséquent des services inappréciables à l'agriculture, source de notre richesse nationale, trop souvent éprouvée par l'inclémence des saisons,

Émet le vœu, parlant au nom des 375 membres de la Société, que M. le Ministre de l'Agriculture protège, par des peines sévères, les petits oiseaux contre les pièges des braconniers et contre les fusils des jeunes chasseurs ;

Qu'il supprime la chasse aux filets, en rejetant énergiquement la requête des intéressés, qui ne craignent pas de demander au massacre des hôtes de nos bois et de nos champs un salaire qu'ils trouveraient plus honorablement dans le travail.

Don à la Bibliothèque. — Notice sur la vie et les travaux de M. A. Millardet (1838-1902), par M. U. Goyon et C. Sauvageau.

Don de M. C. Sauvageau, membre d'honneur de notre Société.

L'assemblée remercie, au nom de la Société, le généreux donateur.

L'ordre du jour étant épuisé, la séance fut levée à 10 heures du soir.

Le Secrétaire,

RENAULT.

BULLETIN

DE LA SOCIÉTÉ DES

SCIENCES NATURELLES

DE SAONE-ET-LOIRE

CHALON-SUR-SAONE

29ᴱ ANNÉE — NOUVELLE SÉRIE — TOME IX

Nº 1. — JANVIER 1903

ASSEMBLÉE GÉNÉRALE { **Dimanche, 8 février prochain**
à 10 h. du matin
SALLE DE LA JUSTICE DE PAIX

DATES DES RÉUNIONS EN 1903

Mardi, 13 Janvier, à 8 h. du soir.

Dimanche, **8 Février**, à 10 h. du matin

ASSEMBLÉE GÉNÉRALE

Mardi, 10 Mars, à 8 h. du soir.

— 7 Avril —

— 12 Mai, —

Mardi, 9 Juin, à 8 h. du soir.

— 7 Juillet —

— 11 Août —

— 13 Octobre —

— 10 Novembre, —

— 8 Décembre —

CHALON-SUR-SAONE

ÉMILE BERTRAND, IMPRIMEUR-ÉDITEUR

5, RUE DES TONNELIERS

1903

NOUVELLE SÉRIE. 29e ANNÉE. No 1 JANVIER 1903.

BULLETIN

DE LA

SOCIÉTÉ DES SCIENCES NATURELLES

DE SAONE-ET-LOIRE

CHALON-SUR-SAONE

Société fondée le 1er Février 1875, par M. le Dr F.-B. de Montessus ✠

LISTE DES MEMBRES

ADMINISTRATION

MEMBRES DU BUREAU (1899-1902)

Président

M. Adrien ARCELIN, ancien élève de l'École des Chartes, ancien archiviste du département de la Haute-Marne, membre correspondant de l'Institut Égyptien, président de l'Académie de Mâcon et président de la Société d'histoire et d'archéologie de Chalon.

Vice-présidents

M. JACQUIN, A. ✿, pharmacien de 1re classe.
M. NUGUE, ingénieur.

Secrétaire général

M. H. GUILLEMIN, A. ✿, professeur au Collège.

Secrétaire

M. RENAULT, entrepreneur.

Trésorier

M. DUBOIS, principal clerc de notaire.

Bibliothécaire

M. A. PORTIER, A. ✿, professeur au Collège.

Bibliothécaire adjoint

M. TARDY, professeur au Collège.

Conservateurs du Musée

M. LEMOSY, commissaire de surveillance administrative des chemins de fer.
M. Ch. QUINCY, secrétaire de la rédaction du *Courrier de Saône-et-Loire*.

PRÉSIDENTS D'HONNEUR

M. Perrier (Edmond), O. ✸, membre de l'Institut, professeur
d'anatomie comparée, directeur du Muséum, 55, rue de Buffon,
Paris.

M. le Préfet de Saône-et-Loire, à Mâcon.

M. le Sous-Préfet de Chalon.

M. le Maire de Chalon.

M. l'Inspecteur d'Académie de.Saône-et-Loire, à Mâcon.

MEMBRES D'HONNEUR

MM. Boule (Marcellin), professeur de paléontologie, assistant au
Muséum d'histoire naturelle, 57, rue Cuvier, Paris.

Delafond, O. ✸ ✿, inspecteur général des Mines à Paris,
108, boulevard Montparnasse.

Dr Ch. Dépéret, I. ✿, doyen de la Faculté des sciences,
membre de l'Institut, professeur de géologie, quai Claude-
Bernard, à Lyon.

Deslonchamp, professeur à la Faculté des sciences à Caen.

Dewalque (G.), docteur en médecine et en sciences naturelles, professeur de minéralogie et de géologie à l'Université de Liège (Belgique).

Dubois (R.), I. ✿, ✸, professeur de physiologie générale à la
Faculté des sciences, quai Claude-Bernard, à Lyon.

Gaudry (Albert), C. ✸, membre de l'Institut, professeur de
paléontologie au Muséum, 55, rue de Buffon, à Paris.

Hamy, O. ✸, membre de l'Institut, professeur au Muséum,
55, rue de Buffon, à Paris.

Lortet, O. ✸ I. ✿, doyen de la Faculté de médecine et de pharmacie, directeur du Muséum, quai Claude-Bernard, à Lyon.

MM. Meunier (Stanislas), I. ✿, ✿, lauréat de l'Institut, professeur
de géologie au Muséum, 55, rue de Buffon, à Paris.

Mugnier-Chalmas, professeur à la Sorbonne, à Paris.

Oustalet, ✿. I. ✿. docteur ès sciences, aide-naturaliste au
Muséum, rue Notre-Dame-des-Champs, 121 *bis*, à Paris.

Porte, directeur du jardin zoologique d'acclimatation, à Paris.

Rochebrune (de), A. ✿, assistant au Muséum, lauréat de
l'Institut, 55, rue de Buffon, à Paris.

B. Renault, O. ✿, I. ✿ assistant au Muséum, lauréat de
l'Institut, 1, rue de la Collégiale, à Paris.

Sauvage, directeur de la station aquicole, à Boulogne-sur-Mer.
— Pas-de-Calais.

Sauvageau (C.), I. ✿, professeur de botanique à la Faculté
des sciences, à Bordeaux (Gironde).

MEMBRES CORRESPONDANTS

MM. Beauverie (J.), A. ✿, docteur ès sciences, chargé d'un cours
de botanique agricole à la Faculté des sciences, quai
Claude-Bernard, Lyon.

Benoit (Félix), I. ✿, ingénieur, boulevard du Musée, 16,
Marseille.

Bordaz (G.), planteur, habitation Union et Enbas, Sainte-
Marie, Martinique.

Bouffanges, conservateur du Musée des mines de Blanzy,
Montceau-les-Mines.

Brébion, professeur à Thudaumot (Cochinchine).

Chifflot (J.), I. ✿, ✿, docteur ès sciences naturelles, chef
des travaux pratiques de botanique à la Faculté des sciences
de Lyon et sous-directeur du jardin botanique, à Lyon.

Coraze (Édouard), rue Notre-Dame, 2, à Cannes (Alpes-
Maritimes).

Couvreur, I. ✿, maître de conférences de physiologie à la
Faculté des sciences, quai Claude-Bernard, Lyon.

MM. Cozette, service forestier, 85, rue Paul-Bert, à Hanoï (Tonkin).

Daviot (Hugues), A. ✺, ingénieur, à Gueugnon (Saône-et-Loire).

Genty (Paul-André), directeur du jardin botanique, Dijon.

Janet (Charles), ✻, A. ✿, ingénieur des arts et manufactures, docteur ès sciences, ancien président de la Société zoologique de France, villa des Roses, près Beauvais (Oise).

Juvenel (Frank), capitaine à l'État major du génie, à la Rocielle, Charente-Inférieure.

Lutaud, vétérinaire militaire à Hanoï (Tonkin).

Martin (A.), instituteur à Saint-Christophe, par Culan (Cher).

Mauchamp (P.), ✻, I. ✿, conseiller général, maire de Chalon, place de Beaune.

Michaut (V.), docteur, chef des travaux physiologiques à la Faculté de Médecine, licencié ès sciences physiques et naturelles, rue des Novices, 1, Dijon.

Moutel (René), médecin de 2ᵉ classe des colonies, à Tay-Ninh (Cochinchine).

Privat-Deschanel (Paul), professeur agrégé au lycée d'Orléans (Loiret).

Renault (A.), professeur d'agriculture à l'École de Coigny, par Prétot (Manche).

Révil (J.), membre correspondant de l'Académie de Savoie, à Chambéry.

Riche (Attale), I. ✿, maître de conférences de géologie à la Faculté des sciences de Lyon, quai Claude-Bernard, Lyon.

Varenne (André de), docteur ès sciences naturelles, ex-préparateur de physiologie générale au Muséum, 7, rue de Médicis, Paris.

Variot, ✻, ingénieur des ponts-et-chaussées, rue de la Mare, Chalon.

Viré (A.), I. ✿, docteur ès sciences, secrétaire de la Société de Spéléologie, attaché au Muséum, rue de Buffon, 55, Paris.

Zipfel, docteur, professeur suppléant à l'École de Médecine, 27, rue de Buffon, Dijon.

MEMBRES DONATEURS [1]

Mme F. de Montessus, à Rully.

MM. Daviot (Hugues), A. ✹, ingénieur à Gueugnon.

Lemosy, commissaire de surveillance adm. des chemins de fer.

Quincy (Ch.), secrétaire de la rédaction du *Courrier de Saône-et-Loire*, à Chalon.

MEMBRE A VIE [2]

M. Bernard Renault, O. ✹, I. ✹ assistant au Muséum, lauréat de l'Institut, rue de la Collégiale, 1, à Paris.

1. La Société accorde le titre de *Membre donateur* à toute personne qui lui fait don en espèces ou en nature d'une valeur minimum de trois cents francs.

2. Tout sociétaire peut devenir *Membre à vie* en rachetant sa cotisation mensuelle par le versement une fois fait de la somme de cent francs.

MEMBRES TITULAIRES

A

MM.

ADENOT (Paul), propriétaire à Givry.

ADENOT, industriel, au Pont-de-Fer, Chalon.

AGRON (Joseph), 4, quai des Messageries, Chalon.

ALBRIEUX, facteur de pianos, rue du Châtelet, Chalon.

ALIN, agent d'assurances, quai des Messageries, 12, Chalon.

ALOIN, pharmacien, rue Pavée, 23, Chalon.

ARCELIN (Ad.), rentier, quai des Messageries, 12, Chalon.

ARNAUD-THEVENIN, propriétaire, rue Gauthey, 1, Chalon.

AUPÈCLE, directeur de la Verrerie, boul. de la République, Chalon.

B

BAPTAULT, docteur, place de Beaune, 32, Chalon.

BARDOLLET, agent général d'assurances, rue de la Banque. Chalon.

BARRAULT, avocat, boulevard de la République, 4, Chalon.

BATAULT (Joachim), rue aux Fèvres, 30, Chalon.

BATTAULT, brasseur, rue Boichot, Chalon.

BAUGÉ, entrepreneur de serrurerie, quai du Canal, 12, Chalon.

BAUZON, A. ✺, docteur en médecine, rue des Minimes, 6, Chalon.

BENOIST (Eugène), propriétaire, rue des Tonneliers, 8, Chalon.

BENOIST (Henri), propriétaire, Grand'Rue, 39, Chalon.

BERNARD, A. ✺, pharmacien et maire de Pierre-en-Bresse (Saône-et-Loire).

BERNARD (Étienne), propriétaire, quai Sainte-Marie, 36, Chalon.

BERTON (Alfred), entrepreneur, rue de Thiard, 11, Chalon.

BERTRAND, employé de banque, boul. de la République, 17, Chalon.

BERTRAND, imprimeur, rue des Tonneliers, Chalon.

BESSON (Mme), A. ✺, directrice du Collège de jeunes filles, Chalon.

BESSON (Paul), droguiste, rue de la Banque, 7, Chalon.

BESSON (Vital), propriétaire à Sermesse, par Verdun-sur-le-Doubs,

BESSON (Louis), négociant, quai de la Navigation, 28, Chalon,

BIGEARD, A. ✺, instituteur honoraire à Nolay (Côte-d'Or).

BLANC (Jules), négociant, rue de l'Obélisque, 14, Chalon.

MM.

BLANC (Louis), restaurateur, boulevard de la République, Chalon.

BLED-BOURSEY, négociant, rue du Faubourg-Saint-Jean-des-Vignes, 33, Chalon.

BOISSENOT, notaire, rue Saint-Georges, 23, Chalon.

BOITARD, banquier, Pierre-en-Bresse (Saône-et-Loire).

BON, négociant, rue de l'Obélisque, Chalon.

BONNARD, négociant, rue de l'Obélisque, 14, Chalon.

BONNARDOT, propriétaire, Varennes-le-Grand (Saône-et-Loire).

BONNEFOY (Léon), maire de Remigny, par Chagny.

BONNET (Joseph), place du Cloître-Saint-Vincent, 6, Chalon.

BONNY, négociant, à Saint-Léger-sur-Dheune (Saône-et-Loire).

BOUDRAS (Nicolas), propriétaire, à Saint-Loup-de-la-Salle (Saône-et-Loire).

BOUILLET (Henri), docteur en pharmacie, rue de l'Obélisque, 10, Chalon.

BOUILLOT, rentier, rue de Thiard, 5, Chalon.

BOULISSET (Lazare), comptable à la 9e écluse (Écuisses) (Saône-et-Loire).

BOURET, vétérinaire, lauréat de l'École de Lyon, place de l'Hôtel-de-Ville, 14, Chalon.

BOURGEOIS (Louis), phototypeur, avenue de Paris, Chalon.

BOURRUD (J.-B.), étudiant en médecine, rue Pavée, 27, Chalon.

BOURSEY (Antoine), principal clerc de notaire, place du Collège, 12, Chalon.

BOUVRET, banquier, rue de Thiard, 17, Chalon.

BOYER, libraire, place de Beaune, Chalon.

BRILL (Émile), inspecteur des contributions indirectes en retraite, chalet Kretzschmar, avenue de Paris, Chalon.

BRILL (Maurice), ingénieur des Arts et Manufactures, chalet Kretzschmar, avenue de Paris, Chalon.

BRUGIRARD, A. ✿, professeur au Collège, Grand'Rue, Chalon.

BUFFINEZ, contrôleur des Contributions directes en retraite, à Bray, par Buxy (Saône-et-Loire).

C

MM.

CARNOT (Siméon), avocat, O. ✿, rue Saint-Alexandre, Cialon.

CARRÉ (Alfred), peintre décorateur, boulevard de la République, Cialon.

CARRION (l'abbé), curé de Saint-Laurent, Creusot.

CARTIER (François), directeur du *Courrier de Saône-et-Loire*, rue Fructidor, Cialon.

CARTIER (Henry), entrepreneur de travaux publics, rue Gloriette, à Cialon.

CEUZIN-JACOB, rentier, porte de Lyon, Cialon.

CHABANON, I. ✿, principal du Collège, Cialon.

CHAIGNON (vicomte de), ✳, propriétaire, Condal, par Dommartin-les-Cuiseaux.

CHAMBION (Albert), rentier, place du Port-Villiers, Cialon.

CHAMBION (Henry), rentier, quai du Canal, 32, Cialon.

CHANET, cartonnier, place du Châtelet, 10, Cialon.

CHANGARNIER, fils, architecte, Grand'Rue, 39, Cialon.

CHARNOIS, négociant en grains, juge au tribunal de commerce, rue du Faubourg-Saint-Jean-des-Vignes, Cialon.

CHARNOIS, docteur, Givry.

CHAUDOT, négociant, Grand'Rue, Cialon.

CHAUSSIER (Victor), négociant, rue de la Mare, Cialon.

CHAUX, clerc de notaire, Saint-Trivier-de-Courtes.

CHAVÉRIAT, docteur, rue au Change, Cialon.

CHEVRIER (Albert), propriétaire, rue Saint-Georges, 13, Cialon.

CHEVRIER (Léon), propriétaire, place de Beaune, 14, Cialon.

CLAUSS (Léon), négociant, rue de l'Obélisque, 16, Cialon.

COMMEAU, représentant de commerce, place du Châtelet, 2, Cialon.

CORNE, directeur de la Banque de France, Cialon.

CORNIER, instituteur à Gergy.

CORNU, négociant, rue d'Autun, Cialon.

COULOR, restaurateur, à Constantine, Algérie.

COURBALLÉE-THEVENIN, avocat, rue d'Autun, 28, Cialon.

COUREAU (Étienne), industriel, Saint-Remy, par Cialon.

COUTIER, armurier, Grand'Rue, 39, Cialon.

CRETIN, entrepreneur de serrurerie, rue Fructidor, Chalon.

D

MM.

DACLIN (Albert), chirurgien-dentiste de la Faculté de Paris, boulevard de la République, 11, Chalon.

DAILLANT (Jules), avocat, rue Saint-Georges, 28, Chalon.

DALMAS (Philippe), confiseur, place de Beauné, Chalon.

DAUPHIN, employé au Crédit Lyonnais, rue des Minimes, 33, Chalon.

DELAVIGNE, géomètre, architecte, expert, à la Redoute, par Buxy (Saône-et-Loire).

DELUCENAY, avocat, rue de Thiard, 6, Chalon.

DEMIMUID, professeur, rue de l'Obélisque, 2, Chalon.

DENIZIAU, agent général d'assurance, Grand'rue, 38, Chalon.

DENIER, plâtrier-peintre, grand'rue Saint-Laurent, 13, Chalon.

DERAIN, carrossier, boulevard de la République, 8, Chalon.

DESBOIS, rentier, place du Châtelet, 4, Chalon.

DÉSIR DE FORTUNET, docteur en médecine, place de Beaune, Chalon.

DEVOUCOUX, notaire, 6, rue Saint-Georges, Chalon.

DICONNE, ancien avoué, place de l'Obélisque, 7, Chalon.

DIOT (Auguste), négociant en vins, Chagny.

DONNOT-CHAREYRE, négociant, rue de la Banque, 9, Chalon.

DROPET, docteur en médecine, rue de l'Obélisque, 33, Chalon.

DRUARD (Edmond), négociant, rue Fructidor, 35, Chalon.

DUBOIS, principal clerc de notaire, rue de Lyon, 6, Chalon.

DUBOIS, instituteur, à Sevrey, par Chalon.

DULAU et Cᵒ, Foreign Booksellers, 37, Soho-Square, London W.

DULAU   —   —   —   —

DULAU   —   —   —

DULAU   -   —   —

DUPREY (Marius), propriétaire à Lalheue, par Laives.

DURAND, brasseur, place du Port-Villiers, à Chalon.

DURHONE, A. ✿, pharmacien de 1ʳᵉ classe, maire de Pont-de-Vaux (Ain).

E

ERARD, avoué, rue de l'Obélisque, 35, Chalon.

ESPIARD (Charles), A. ✿, professeur au Collège, rue de Thiard, 6, Chalon.

F

MM.

FAFOURNOUX, Marius, photographe, rue d'Uxelles, Chalon.

FAIVRE (Just), A. ✺, rentier, place de l'Hôtel-de-Ville, 12, Chalon.

FALQUE, pharmacien de 1re classe, rue au Change, 25, Chalon.

Mme FAVIER, propriétaire, à Saint-Jean-des-Vignes.

FERRAND, Guillaume, propriétaire à Royer, par Tournus.

FISCHER (Mlle), professeur au Collège de jeunes filles, quai du Canal, 26, Chalon.

FORET (Claude), propriétaire, quai de la Navigation, 24, Chalon.

FORET (Étienne), négociant, rue de Thiard, Chalon.

FRANON, avoué, rue Carnot, Chalon.

FRÉMY, A. ✺, instituteur, Fontaines.

G

GABIN, directeur des tuileries du Chapot, près Verdun-sur-le-Doubs.

GABRIELLI, percepteur, Gueugnon.

GAMBEY-FAVIER, négociant, rue de l'Obélisque, 5, Chalon.

GAMBEY (Joseph) — — 3, Chalon.

GARNIER (Francisque), banquier, place du Châtelet, Chalon.

GENDROT, avoué, place de l'Obélisque, 7, Chalon.

GENTINAT, plâtrier-peintre, rue Saint-Georges, 20, Chalon.

GILLOT, I. ✺, docteur en médecine, vice-président de la Société d'histoire naturelle d'Autun, à Autun.

GINDRE, pharmacien, à Saint-Bonnet-de-Joux.

GIRAUD, conducteur principal des ponts et chaussées, Saint-Julien-sur-Dheune.

GOUDARD, ingénieur des arts et manufactures, quai du Canal, Chalon.

GOUILLON, avocat, ingénieur-agronome, professeur à l'École d'agriculture, à Fontaines.

GRAILLOT, ingénieur, rue Philibert-Guide, Chalon.

GRANDJEAN, arbitre de commerce, avenue de Paris, 43, à Chalon.

GRANGER (Étienne), entrepreneur de marbrerie, place Saint-Jean, 1, Chalon.

GRANGER, tailleur, rue de l'Obélisque, 14, Chalon.

Mme GRANGIER, propriétaire, château de Vougeot (Côte-d'Or).

MM.

Gras-Picard, négociant, rue de Thiard, 3, Chalon.

Grenier (Léon), caissier de la Caisse d'épargne, rue Carnot, Chalon

Grillot, notaire, rue des Tonneliers, 5, Chalon.

Griveaud, ancien notaire, Joncy.

Griveaux (Louis), médecin vétérinaire, lauréat de l'École de Lyon, rue de la Banque, 5, Chalon.

Gros (Charles), président de la Chambre de commerce, place de l'Hôtel-de-Ville, 3, Chalon.

Gaupillat, docteur oculiste, boulevard de la République, Chalon.

Guépet, ancien avoué, rue de l'Obélisque, 25, Chalon.

Gueugnon, directeur de l'École communale, quai de la Poterne, Chalon.

Guichard (Albert), ✳, négociant en vins, rue de l'Obélisque, 10, Chalon.

Guichard (Mme Albert), rue de l'Obélisque, 10, Chalon.

Guichard, directeur du Crédit Lyonnais, place du Port-Villiers, 2, Chalon.

Guignardat, représentant de commerce, rue de la Fontaine, Chalon.

Guillemier, maire de Saunières, par Verdun-sur-le-Doubs.

Guillemin (Henri), A. ✿, professeur au Collège, port du Canal, 37, Chalon.

Guillemin (Joseph), I. ✿, professeur honoraire, rue Denon, 15, Chalon.

Guillermin, docteur, Buxy.

Guillon, ✿, propriétaire-viticulteur, place de Beaune, 46, Chalon.

Guillot, I. ✿, professeur au Collège, rue des Tonneliers, 5, Chalon.

Guilloux, loueur de voitures, rue de la Banque, Chalon.

H

Heydenreich, avoué, quai des Messageries, Chalon.

Humbert (Anselme), négociant, Chaussin (Jura).

Humbert (Fernand), employé de la banque Druard, Grand'Rue, 9, Chalon.

J

Jacob, directeur des tuileries de Navilly (Saône-et-Loire).

MM.

JACQUET (Henri) jeune, propriétaire, rue Gloriette, 41, Chalon.

JACQUIN, A. ✿, pharmacien de 1re classe, rue Fructidor, 8, Chalon.

JANNET, architecte, boulevard de la République, 7, Chalon.

JANNIN (Alfred), propriétaire, rue aux Fèvres, 29, Chalon.

JAVOUHEY, quincaillier, rue de Thiard, 36, Chalon.

JEAN (Lucien), I. ✿, inspecteur primaire, place de Beaune, Chalon.

JEANNIN neveu, négociant, quai de la Navigation, 8, Chalon.

JEANNIN fils, négociant, quai du Canal, Chalon.

JEANNIN, pharmacien, Sennecey-le-Grand.

JEUNET (Flavien). ✿, négociant, Rully.

JOBARD, quincaillier, Grand'Rue, Chalon.

JOCCOTON, pharmacien, Étang.

JONDEAU, docteur, quai du Canal, 10, Chalon.

JOSSERAND, I. ✿, notaire, boulevard de la République, 6, Chalon.

JOSSERAND, arbitre de commerce, rue de la Citadelle, 7, Chalon.

JUDET, greffier de paix du canton Nord, rue Gloriette, Chalon.

JOUARD, pharmacien de 1re classe, Monaco.

L

LABBAYE, ✿, ingénieur des ponts et chaussées, rue aux Fèvres, 70, Chalon.

LABRY, docteur, boulevard de la République, 4, Chalon.

LAFORGE (Edmond), A. ✿, représentant industriel, 28, rue des Meules, Chalon.

LAGRANGE, comptable, maison Piffaut, rue de l'Obélisque, Chalon.

LAMARCHE, caissier de la banque de France, rue de la Banque, Chalon.

LAMBERT (Ch.), A. ✿, représentant de commerce, grand'rue Saint-Cosme, 32, Chalon.

LAMBERT, restaurateur, rue de l'Obélisque, Chalon.

LANDRÉ (Fernand), représentant de commerce, rue Carnot, 9, Chalon.

LANCIER (Louis), entrepreneur, place Ronde, Chalon.

LAUNAY (Marcel), propriétaire à Chassagne-Montrachet (Côte-d'Or).

LAURENT-COULON, négociant, Saint-Marcel.

LAURENT, docteur, boulevard Saint-Germain, 129, Paris.

LAVERGNE, négociant, rue de Thiard, 12, Chalon.

MM.

Lebuy, pharmacien, à la Clayette.

Lecomte, notaire, place de Beaune, Chalon.

Lecroq, agent général d'assurance, place de l'Obélisque, 5, Chalon.

Lavesvre, maire de Montcoy, par Saint-Marcel.

Legras, pharmacien, Verdun-sur-le-Doubs.

Lemosy, commissaire de surveillance administrative des chemins de fer, à Chagny, rue du Faubourg-Saint-Jean-des-Vignes, 33, Chalon.

Lemosy, Louis, rue du Faubourg-Saint-Jean-des-Vignes, 33, Chalon.

Lesavre, docteur, Sennecey-le-Grand.

Levier, propriétaire, à Écuisses.

Lombard, orfèvre, rue du Châtelet, Chalon.

Louchard, entrepreneur de menuiserie, rue de l'Obélisque, 25, Chalon.

Loudot, greffier de paix, à Buxy.

M

Mader, négociant, place de la Halle, 2, Chalon.

Magne, docteur en médecine, rue de l'Obélisque, Chalon.

Marcaud-Diconne, directeur des docks, place de Beaune, Chalon.

Marceau, rue des Tonneliers, 5, Chalon.

Marion, pharmacien, Buxy.

Martz, docteur, boulevard de la République, 1 bis, Chalon.

Mathey, conseiller général et maire de Saint-Étienne-en-Bresse, quai des Messageries, 14, Chalon.

Mathey-Jacob, négociant, rue au Change, 19, Chalon.

Matry, I. ✺, professeur au Collège, rue des Tonneliers, 10, Chalon.

Maupied (Maximilien), à Chaublanc (Saint-Gervais-en-Vallière), par Saint-Loup-de-la-Salle (Saône-et-Loire).

Maurel (Alexis), rue de l'Obélisque, 27, Chalon.

Menand-Suchet (Mme), propriétaire, quai de la Navigation, Chalon.

Méray, greffier de paix, à Givry.

Mercey (Marc), pharmacien, port du Canal, 53, Chalon.

Mercier, agent général d'assurances, Grand'Rue, Chalon.

Merle (l'abbé), professeur à l'École des Minimes, Chalon.

MM.

Miédan, propriétaire-viticulteur, rempart Saint-Pierre, 10, Chalon.

Monnet, ingénieur, rue Torricelli, 11, Paris.

Monnier (Auguste), négociant, place de l'Hôtel-de-Ville, 3, Chalon.

Monnot, receveur buraliste, rue d'Autun, Chalon.

Morétaud, greffier de paix, rue Gloriette, 25, Chalon.

Morillot, A. ✤, professeur au Collège, quai de la Poterne, Chalon.

Moyat, avoué, boulevard de la République, Chalon.

N

Navarre, conducteur principal des ponts et chaussées, rue du Faubourg-Saint-Cosme, 2, Chalon.

Ninot, ✤, maire et conseiller général, Rully.

Nugue, ingénieur, rue Philibert-Guide, 9, Chalon.

O

Oudet (Épiphane), percepteur à Vollonne, près Sisteron (B.-Alpes).

P

Pacaut, fondé de pouvoir à la banque Garnier, place du Châtelet, Chalon.

Pagnier, représentant de commerce, rue de la Trémouille, 5, Chalon.

Paillard, I. ✤, directeur de l'École professionnelle, rue de Thiard, 29, Chalon.

Pal, propriétaire à Aubigny, par Saint-Léger-sur-Dheune.

Papet, pharmacien, à Buxy.

Pariaud, rue de la Motte, 22, Chalon.

Parladère, conducteur de la voie, 18, rue des Meules, Chalon.

Paulus, A. ✤, professeur d'allemand au Collège, 3, rue de l'Obélisque, Chalon.

Payant (Henri), marchand de meubles, rue du Châtelet, 20, Chalon.

Pelletier (Lucien), libraire, Grand'Rue, Chalon.

Pensa, ingénieur agronome, la Bouthière, par Saint-Boil.

Pernet (Victor), horloger de la Cie P.-L.-M., avenue Boucicaut, Chalon.

MM.

PERNY (Mlle), professeur au Collège de jeunes filles, rue de la Citadelle, 21, Chalon.

PERRIN, directeur de la Sucrerie, Chalon.

PERRON, pharmacien, boulevard de la République, Chalon.

PERRUSSON, receveur des hospices, quai de la Navigation, 6, Chalon.

PETIOT, pharmacien, Givry.

PETITJEAN, café parisien, quai des Messageries, 10, Chalon.

PHILIBERT (Jean-Baptiste), pharmacien à Nolay (Côte-d'Or).

PICARD (Léon), agent général d'assurances, 11, rue du Temple, Chalon.

PICOT, percepteur, à Damerey (Saône-et-Loire).

PIFFAUT (Henri), négociant, rue de l'Obélisque, 7, Chalon.

PIFFAUT (Raymond), négociant, rue de l'Obélisque, 7, Chalon.

PIGNIOLLET, pharmacien, rue Porte-de-Lyon, Chalon.

PINARD (Claude), propriétaire, rue de l'Arc, 11, Chalon.

PINET (Lucien), propriétaire, boulevard de la République, Chalon.

PINETTE (G.), ✻, constructeur-mécanicien, rue Philibert-Guide, 9, Chalon.

PIOT, greffier au tribunal de commerce, rue de Thiard, 4, Chalon.

PIPONNIER, pharmacien, Grand'Rue-Saint-Laurent, 3, Chalon.

POILLOT, brasseur, rue des Meules, Chalon.

POIZAT (Louis), propriétaire, Lux, par Chalon.

PORTIER, A. ✻, professeur au Collège, avenue de Paris, Chalon.

PORY, chef de section au chemin de fer, rempart Saint-Pierre, Chalon.

POUSSIN, confiseur, rue aux Fèvres, Chalon.

PRADEL, avocat, place de l'Obélisque, 7, Chalon.

PRÊTRE, pharmacien, rue Saint-Vincent, 10, Chalon.

PREUIL (Auguste), droguiste, place de l'Hôtel-de-Ville, 8, Chalon.

PRIEUR (Albert), représentant de commerce, rue Saint-Georges, 13, Chalon.

PROST (Léon), entrepreneur, quai Sainte-Marie, 6 bis, Chalon.

PROTHEAU (Joseph), entrepreneur de travaux publics, boulevard de la République, 8, Chalon.

Q

QUINCY (Charles), secrétaire de la rédaction du *Courrier de Saône-et-Loire*, rue de la Fontaine, 8, Chalon.

R

MM.

Ragot, agent général d'assurances, boulevard de la République, 6, Cialon.

Raynaud (Jules), A. ✤, ✿, directeur de l'École d'agriculture, Fontaines.

Redouin, notaire, rue de l'Obélisque, Cialon.

Renaud, professeur au Collège, place de Beaune, Cialon.

Renaudin, instituteur, Allerey, Saône-et-Loire

Renault, entrepreneur de travaux publics, rue Gloriette, Cialon.

Richard (Nicolas), tailleur, boulevard de la République, 3, Cialon.

Rifaux (Marcel), docteur, rue de l'Obélisque, 8, Cialon.

Rimelin (l'abbé), curé de Jugy, par Sennecey-le-Grand (Saône-et-Loire).

Rollin, directeur de l'Usine à gaz, Port du Canal, 31, Cialon.

Roy-Chevrier, A. ✤,✿, propriétaire, cialet du Péage, Dracy, par Givry.

Roy-Naltet, négociant, quai de la Navigation, 14, Cialon.

Roy-Thevenin, négociant, quai de la Navigation, 12, Cialon.

Ruaut (Gustave), agent d'assurances, rue Carnot, Cialon.

S

Saint-Cyr, ✿, médecin vétérinaire, place de l'Hôtel-de-Ville, 14, Chalon.

Sassier (Claude-Jules), viticulteur, quai de la Navigation, 2 bis, Cialon.

Soichot, pharmacien de 1re classe, Grand'Rue, 58, Cialon.

Sordet (Alfred), propriétaire, Saint-Germain-du-Plain (S.-et-L.).

Sordet (Jean), propriétaire, rue Fructidor, 1 bis, Chalon.

Suremain (Pierre de), propriétaire, avenue de Paris, 47, Cialon.

T

Tardy, professeur au Collège, rue du Châtelet, 17, Cialon.

Tartelin (l'abbé), curé de Crissey, par Cialon.

Têtu, avoué, rue Fructidor, 10 bis, Cialon.

Thibert, secrétaire des hospices, rue du Temple, 10, Cialon.

MM.

Tisy-Cornu, receveur municipal, rue Philibert-Guide, Chalon.

Thomas (Mlle), professeur au Collège de jeunes filles, avenue de Paris, 43, Chalon.

Thomas-Develay, papetier, Grand'Rue, 49, Chalon.

Tissot, naturaliste, à Champforgeuil, par Chalon.

Traverse, greffier du tribunal civil, au Palais de justice, Chalon.

Trossat, docteur, place du Palais-de-Justice, 2, Chalon.

Truchot, professeur d'agriculture, à Chalon.

V

Vachet, rentier, rue des Minimes, 3, Chalon.

Valendru, notaire, Givry.

Valentin (Louis), entrepreneur, à Chagny.

Vallon, notaire, rue de Thiard, 3, Chalon.

Vallot, conducteur des ponts et chaussées, Épinac (Saône-et-Loire).

Vernet (Francisque), ingénieur à Baudemont, par la Clayette.

Vetter, receveur des postes, Chalon.

Virey (Jean), archiviste-paléographe, Charnay, par Mâcon.

Vitteault (Édouard), industriel, rue de la Fontaine, 6, Chalon.

Vivier, avoué, rue de la Fontaine, 4, Chalon.

Vossot, cafetier, place de l'Hôtel-de-Ville, 6, Chalon.

SOCIÉTÉS SAVANTES ET REVUES SCIENTIFIQUES
CORRESPONDANTES

Le millésime indique l'année dans laquelle ont commencé les relations

FRANCE

AIN

Bourg. — Société des sciences naturelles et d'archéologie de
l'Ain.   1895
—   Société d'émulation de l'Ain.   1896
—   Société des Naturalistes de l'Ain   1899

ALLIER

Moulins. — Revue scientifique du Bourbonnais et du centre
de la France (directeur M. E. Olivier).   1895

ALPES (HAUTES-)

Gap. — Société d'études des Hautes-Alpes.   1895

ALPES-MARITIMES

Cannes. — Société d'agriculture, d'horticulture et d'acclimatation.   1895

ARDENNES

Charleville. — Société d'histoire naturelle des Ardennes.   1895

AUDE

Carcassonne. — Société d'études scientifiques de l'Aude.   1895

AVEYRON

Rodez. — Société des lettres, sciences et arts de l'Aveyron.   1896

BOUCHES-DU-RHÔNE

Marseille. — Société d'horticulture et de botanique.　　1895
　　— 　　Société scientifique et industrielle.　　1896

CALVADOS

Caen. — Société linnéenne de Normandie.　　1896
Lisieux. — Société d'horticulture et de botanique du centre
　　de la Normandie.　　1898

CÔTE-D'OR

Semur. — Société des sciences historiques et naturelles de
　　Semur.　　1877
Beaune. — Société d'archéologie, d'histoire et de littérature
　　de Beaune.　　1879
Dijon. — Académie des sciences, arts et belles-lettres.　　1895

CÔTES-DU-NORD

Saint-Brieuc. — Société d'émulation des Côtes-du-Nord.　　1895

CREUSE

Guéret. — Société des sciences naturelles et archéologiques
　　de la Creuse.　　1896

DOUBS

Montbéliard. — Société d'émulation de Montbéliard.　　1877
Besançon. — Société d'émulation du Doubs.　　1877
　　— 　　Académie des sciences, belles-lettres et arts.　　1896

EURE

Évreux. — Société libre d'agriculture, sciences, arts et belles-
　　lettres de l'Eure.　　1896

EURE-ET-LOIR

Châteaudun. — Société dunoise (archi., histoire, sciences et
　　arts).　　1895

FINISTÈRE

Brest — Société académique.　　1877

GARD

Nîmes. — Société d'études des sciences naturelles.   1875
—   Académie de Nîmes.   1896

GARONNE (HAUTE-)

Toulouse. — Société française de botanique.   1896

HÉRAULT

Montpellier. — Société d'horticulture et d'histoire naturelle
de l'Hérault.   1879
Béziers. — Société d'études des sciences naturelles.   1881

ISÈRE

Crémieux. — Société du Sud-Est pour l'échange des plantes.   1896
Grenoble. — Société de statistique des sciences naturelles et
des arts industriels de l'Isère.   1897

JURA

Poligny. — Revue d'agriculture et de viticulture (place
Notre-Dame, 9).   1902

LANDES

Dax. — Société de Borda.   1877

LOIRE-INFÉRIEURE

Nantes. — Société des sciences naturelles de l'ouest de la
France.   1895
—   Société académique de Nantes et de la Loire-
Inférieure.   1900

LOZÈRE

Mende. — Société d'agriculture, industrie, sciences et arts
de la Lozère.   1896

MAINE-ET-LOIRE

Angers. — Société d'études scientifiques.   1880

MANCHE

Saint-Lo. — Société d'agriculture, d'archéologie et d'histoire
naturelle de la Manche.   1897

MARNE

Vitry-le-François. — Société des sciences et des arts.   1877

Châlons-sur-Marne. — Société d'agriculture, commerce,
          sciences et arts de la Marne.   1881

Reims. — Société d'études des sciences naturelles.   1881

MEURTHE-ET-MOSELLE

Nancy. — Société des sciences (ancienne Société des sciences
          naturelles de Strasbourg) et Réunion biologique.   1895

MEUSE

Montmédy. — Société des naturalistes et archéologues du
          nord de la Meuse.   1895

Verdun-sur-Meuse. — Société philomathique.   1895

NORD

Roubaix. — Société d'émulation.   1896

ORNE

Cahan. — Revue bryologique (directeur M. Husnot).   1895

PAS-DE-CALAIS

Boulogne-sur-Mer. — Société académique.   1879

PUY-DE-DÔME

Clermont-Ferrand. — Société des Amis de l'Université de
          Clermont.   1896

PYRÉNÉES-ORIENTALES

Perpignan. — Société agricole, scientifique et littéraire des
          Pyrénées-Orientales.   1895

RHIN (HAUT-)

Belfort. — Société belfortaine d'émulation.   1896

RHÔNE

Lyon. — Société linnéenne.	1875
— — botanique.	1878
— — d'horticulture pratique du Rhône.	1896
— — d'anthropologie.	1900
— Muséum d'histoire naturelle.	1900
Tarare. — Société des sciences naturelles.	1897
Villefranche. — Société des sciences et arts du Beaujolais.	1900

SAÔNE-ET-LOIRE

Mâcon. — Académie de Mâcon.	1876
Chalon-sur-Saône. — Société d'histoire et d'archéologie.	1895
— Société d'agriculture et de viticulture	1901
Autun. — Société d'histoire naturelle.	1895
Mâcon. — Société d'histoire naturelle.	1896
Louhans. — Société d'agriculture, d'horticulture, sciences et lettres.	1896
Matour. — Société d'études agricoles, scientifiques et historiques.	1896
Tournus. — Société des Amis des arts et des sciences.	1896

SARTHE

Le Mans. — Société d'agriculture, sciences et arts de la Sarthe.	1895

SAVOIE

Chambéry. — Société d'histoire naturelle de Savoie.	1885
Moutiers. — Académie de la Val-d'Isère.	1885

SAVOIE (HAUTE-)

Annecy. — Société florimontane.	1877

SEINE

Paris. — Comité des travaux historiques et scientifiques près le Ministère de l'instruction publique (*5 exemplaires des Bulletins et Mémoires*).	1875

Paris. — Ministère de l'Instruction publique (Commission du Répertoire de bibliograpie scientifique) (*un exemplaire*).   1901

— Société protectrice des animaux, rue de Grenelle, 84.   1877

— Société nationale des Antiquaires de France, palais du Louvre.   1877

— Société zoologique de France, 7, rue des Grands-Augustins.   1877

— Société entomologique de France, 28, rue Serpente.   1895

— Société philomathique, 7, rue des Grands-Augustins.   1895

— Société de spéléologie, 7, rue des Grands-Augustins.   1895

— La Feuille des jeunes Naturalistes (directeur M. Ad. Dollfus), 35, rue Pierre-Charron.   1886

— Société d'anthropologie, 15, rue de l'École-de-Médecine.   1897

— Revue générale des sciences pures et appliquées, 3, rue Racine (directeur, M. Louis Olivier, docteur ès sciences).   1897

— Comité ornithologique international (*L'Ornis*), M. Oustalet, président, 121 *bis*, rue Notre-Dame-des-Champs.   1898

SEINE-ET-OISE

Versailles. — Société d'agriculture de Seine-et-Oise.   1895

Mantes. — Société agricole et horticole.   1899

SEINE-INFÉRIEURE

Le Havre. — Société géologique de Normandie.   1895

—   — d'horticulture et de botanique.   1895

Elbeuf. — Société d'études des sciences naturelles.   1895

SÈVRES (DEUX-)

Pamproux. — Société botanique des Deux-Sèvres.   1898

TARN-ET-GARONNE

Montauban. — Académie des sciences, belles-lettres et arts
de Tarn-et-Garonne.   1895

VAR

Toulon. — Académie du Var.   1877
Draguignan. — Société d'études scientifiques et archéologiques.   1896

VAUCLUSE

Avignon. — Académie de Vaucluse.   1895

VIENNE

Poitiers. — Société d'agriculture, belles-lettres, sciences et
arts.   1896

VIENNE (HAUTE-)

Limoges. — Société botanique du Limousin.   1895
Rochechouart. — Société des Amis des sciences et des arts. 1895

VOSGES

Épinal. — Société d'émulation des Vosges.   1877
Saint-Dié. — Société philomathique vosgienne.   1895

YONNE

Auxerre. — Société des sciences historiques et naturelles de
l'Yonne.   1875

ALSACE-LORRAINE

Strasbourg. — Société des sciences. agriculture et arts de la
Basse-Alsace.   1896

ÉTRANGER

ANGLETERRE

London. — Linnea Society (The Librarian Linnea Society.
Burlington House, Piccadilly. W.   1903

BELGIQUE

Bruxelles. — Société royale malacologique de Belgique.   1899

HOLLANDE

Leyde. — J.-P. Lotsy, rédacteur du Botanisches Centralblatt,
maison E.-J. Brill.   1902

ÉTATS-UNIS

Chapel-Hill (N. C.). — Elisia Mitchell scientific Society
                      (Caroline-du-Nord).   1895
Washington. — United States geological Survey.   1895
—   Smithsonian Institution.   1895
—   U. S. Department of agriculture (Division of
           ornitiology and mammalogy).   1895
—   U. S. Department of agriculture (Division of
           biological Survey).   1898
—   U. S. National museum, City, U. S. A.
           (États-Unis).   1900
Cincinnati. — Onio U. A. S. — Office of the Lloyd Museum
           and library.   1900
Oberlin. — Onio U. S. A. — Oberlin College Library.   1902
Chicago. — Illinois U.S.A. — Academy of sciences, Lincoln
           Park.   1896
—   Field Columbian museum.   1900
Mexico. — Instituto geologico de Mexico, D. F. 5ª del Ciprès.   1896
Montana. — (Missoula) U. S. A. — University of Montana
           biological station.   1902
Saint-Louis. Ms. — Missouri botanical garden.   1898

New-York. — American museum of natural history. 1898
    — Journal of the New-York Botanical Garden 1902
Meriden (Conn.). — Scientific Association. 1898
Madison Wisconsin. — Wisconsin geological and natural
      history Survey. Director E.A.Birge. 1899
      Wisconsin Academy of the sciences,
      arts and letters. 1899

BRÉSIL

Rio de Janeiro. — Musée national d'histoire naturelle. 1886
    — Société nationale d'acclimatation. 1896

CHILI

Santiago. — Société scientifique du Chili. 1896

RÉPUBLIQUE ARGENTINE

Buenos Aires. — Museo nacional (Casilla del Correo, n° 479). 1896

URUGUAY

Montevideo. — Museo nacional. 1895

PORTUGAL

Porto (Foz de Douro). — Annales des sciences naturelles
    (Directeur, M. A. Nobre). 1895
Lisbonne. — Aquarium vasco da Gama (Dafunda). 1902

ITALIE

Siena. — Revista italiana di scienze naturali e Bollettino
    del naturalista (directeur: M. Sigismondo
    Brogi). 1895

GRAND-DUCHÉ DE LUXEMBOURG

Luxembourg. — Société des Naturalistes luxembourgeois
    (La Fauna). 1895
    — Société botanique du grand-duché de Luxem-
    bourg. 1898

PRUSSE

Berlin. — P. Sydow botaniker, W. Gottzstrass, 6. 1902
Gotha (Saxe). — M. Le Docteur A. Petermanns, geogra-
 phische Mitteilungen. 1902

RUSSIE

Moscou. — Société impériale des Naturalistes. 1895
Saint-Pétersbourg. — Société impériale des naturalistes.
 (Laboratoire zoologique de l'Uni-
 versité). 1895
Odessa. — Société des Naturalistes de la Nouvelle-Russie. 1897

NORVÈGE

Christiania. — Université royale de Norvège. 1898

SUÈDE

Upsala. — Université royale. 1896
Stockholm. — Société entomologique. . 1896

SUISSE

Bâle. — Naturforschende Gesellschaft (*Offentliche Bibliothek*) 1901
Lausanne. — Société vaudoise des sciences naturelles. 1896
Fribourg. — Société fribourgeoise des sciences naturelles. 1898
Neufchâtel. — Société neufchâteloise de géographie. 1897
Sion. — Société valaisanne des sciences naturelles (*La Muri-
 thienne*). 1898

BIBLIOTHÈQUES ET ÉTABLISSEMENTS PUBLICS D'INSTRUCTION AUXQUELS
LA SOCIÉTÉ ENVOIE GRACIEUSEMENT SES BULLETINS ET MÉMOIRES

Bibliothèque municipale de Chalon-sur-Saône.
Archives départementales de Saône-et-Loire
Collège de garçons de Chalon-sur-Saône.
Collège de filles de Chalon-sur-Saône.
École normale d'instituteurs de Mâcon.

École normale d'institutrices de Mâcon.
École pratique d'agriculture de Fontaines.

La Presse locale et régionale.

RÉCAPITULATION

Présidents d'honneur	5		
Membres d'honneur	19		
Membres correspondants	26		
Membres donateurs	4		
Membre à vie	1	375	
Membres titulaires	315		517
Bibliothèques et établissements publics d'instruction	7		
Sociétés savantes et Revues scientifiques correspondantes	142		

Le Gérant, E. BERTRAND.

CHALON-S-SAÔNE, IMPR. FRANÇAISE ET ORIENTALE E. BERTRAND

ADMINISTRATION

BUREAU

Président,	MM. ARCELIN, Président de la Société d'Histoire et d'Archéologie de Chalon.
Vice-présidents,	JACQUIN, ✺, Pharmacien de 1re classe. NUGUE. Ingénieur.
Secrétaire général,	H. GUILLEMIN, ✺, Professeur au Collège.
Secrétaire,	RENAULT, Entrepreneur.
Trésorier,	DUBOIS, Principal Clerc de notaire.
Bibliothécaire,	PORTIER, ✺, Professeur au Collège.
Bibliothécaire-adjoint,	TARDY, Professeur au Collège.
Conservateur du Musée,	LEMOSY, Commissaire de surveillance près la Compagnie P.-L.-M.
Conservateur des Collections de Botanique	QUINCY, Secrétaire de la rédaction du *Courrier de Saône-et-Loire.*

EXTRAIT DES STATUTS

Composition. — ART. 3. — La Société se compose :

1° De *Membres d'honneur ;*

2° De *Membres donateurs.* Ce titre sera accordé à toute personne faisant à la Société un don en espèces ou en nature d'une valeur minimum de trois cents francs ;

3° De *Membres à vie,* ayant racheté leurs cotisations par le versement une fois fait de la somme de cent francs ;

4° De *Membres correspondants ;*

5° De *Membres titulaires,* payant une cotisation minimum de six francs par an.

Tout membre titulaire admis dans le courant de l'année doit la cotisation entière de cette même année; la cotisation annuelle sera acquittée avant le 1er avril de chaque année.

ART. 16. — La Société publie un *Bulletin* mensuel où elle rend compte de ses travaux.

Les publications de la Société sont adressées sans rétribution a tous les membres.

ART. 17. — La Société n'entend prendre, dans aucun cas, la responsabilité des opinions émises dans les ouvrages qu'elle publie.

La Société recevra avec reconnaissance tous les objets d'Histoire naturelle et les livres qu'on voudra bien lui offrir pour ses collections et sa bibliothèque. Chaque objet, ainsi que chaque volume portera le nom du donateur.

BULLETIN

DE LA SOCIÉTÉ DES

SCIENCES NATURELLES

DE SAONE-ET-LOIRE

CHALON-SUR-SAONE

29ᴱ ANNÉE — NOUVELLE SÉRIE — TOME IX

Nº 2. — FÉVRIER 1903

**Mardi 10 Mars 1903, à huit heures du soir, réunion mensuelle
au siège de la Société, rue Boichot, Musée Denon**

DATES DES RÉUNIONS EN 1903

Mardi, 13 Janvier, à 8 h. du soir.	Mardi, 9 Juin, à 8 h. du soir.
Dimanche, **8 Février**, à 10 h. du matin	— 7 Juillet —
ASSEMBLÉE GÉNÉRALE	— 11 Août —
Mardi, 10 Mars, à 8 h. du soir.	— 13 Octobre —
— 7 Avril —	— 10 Novembre. —
— 12 Mai. —	— 8 Décembre —

CHALON-SUR-SAONE

ÉMILE BERTRAND, IMPRIMEUR-ÉDITEUR

5, RUE DES TONNELIERS

1903

Nouvelle Série·   29ᵉ Année. Nᵒ 2   Février 1903.

BULLETIN·

DE LA

SOCIÉTÉ DES SCIENCES NATURELLES

DE SAONE-ET-LOIRE

CHALON-SUR-SAONE

DISTINCTION HONORIFIQUE

C'est avec le plus grand plaisir que nous avons lu à l'*Officiel* du 12 janvier la nomination au grade de Chevalier de la Légion d'honneur de M. P. Mauchamp, conseiller général et maire de Chalon; cette décoration, annoncée le 11 août dernier par M. le général André, ministre de la Guerre, président des fêtes de gymnastique, est maintenant un fait accompli.

Nous applaudissons de tout cœur à cette haute distinction conférée à notre Président d'honneur qui ne laisse échapper aucune occasion de montrer un bienveillant intérêt à notre Association. Nous n'avons pas oublié que c'est grâce à son intervention que fut rétablie la subvention que nous accorde actuellement le Conseil général.

A ses longs et bons services administratifs, datant de 1874, s'ajoutent d'autres mérites peut-être moins en vue, mais assurément tout aussi précieux; car ils témoignent des qualités de l'esprit, de la bonté du cœur et des sentiments de solidarité du nouveau Chevalier.

Président de la délégation cantonale, de Chalon nord, M. Mauchamp a voué à nos Écoles un attachement inaltérable.

Fondateur de deux Sociétés philanthropiques et de plusieurs

œuvres de bienfaisance, il a toujours été le premier et souvent même le seul à la peine.

Nombreux sont ceux, parmi les condamnés libérés, que sa douce et ferme persuasion, a ramenés dans le droit chemin; nombreux sont ceux, parmi les deshérités de la fortune, qu'il a aidés de ses conseils et même obligés de sa bourse.

Titulaire de la médaille d'or de la Mutualité et des palmes d'officier de l'Instruction publique, il reçoit aujourd'hui la Croix de la Légion d'honneur qui vient couronner une vie toute de labeur, de probité et de rare dévouement envers tous ses concitoyens.

Le Bureau, au nom de la Société, adresse ses plus chaleureuses félicitations à son Président d'honneur, ainsi qu'à toute sa famille et particulièrement à ses deux fils, dont l'un, le docteur Émile Mau-champ, contribue au péril de sa vie, à étendre l'influence française en Palestine.   H. GUILLEMIN.

RAPPORT DU SECRÉTAIRE GÉNÉRAL
SUR LA SITUATION MORALE ET MATÉRIELLE DE LA SOCIÉTÉ

MESSIEURS ET CHERS COLLÈGUES,

Une année de plus! Tandis que cette exclamation nous fait penser involontairement à l'échéance fatale et produit, pour quelques-uns d'entre nous, l'effet d'une douche glacée sur la tête, elle traduit pour notre chère Association l'expression de sa force, de son activité et de sa prospérité. En effet, notre belle Société ne demande qu'à ajouter les ans aux ans et à devenir encore plus florissante.

Les résultats de cette année sont des plus heureux : il suffit de parcourir nos *Bulletins* pour constater que les communications y deviennent de plus en plus intéressantes, tant par le nombre que par la variété. Quant à la situation morale et matérielle, elle est des plus satisfaisantes.

D'une part, notre vigilant trésorier, M. A. Dubois, va vous dire dans un instant que notre capital, sans être considérable, fait lentement, mais sûrement, la boule de neige.

D'un autre côté, M. A. Portier, gardien passionné de notre bibliothèque et dépositaire fidèle de nos traditions, ne cache pas son mécontentement bien légitime : les volumes affluent et l'espace lui fait défaut pour les loger.

Nos collections scientifiques sont entre bonnes mains : il suffit pour vous en convaincre de citer les noms de nos savants conservateurs. MM. Lemosy et Quincy auxquels il convient, pour être juste, d'ajouter celui de notre dévoué vice-président, M. Nugue. Tous veillent avec un soin jaloux à la conservation, à la détermination et à la mise en valeur de toutes nos richesses naturelles. Malheureusement les vitrines manquent aussi pour elles, tandis que le projet d'agrandissement du Musée sommeille toujours dans les cartons !

Hélas ! il n'y a pas de joies sans peines : à la grande satisfaction que nous cause la marche ascendante de notre Compagnie, viennent s'ajouter de douloureuses pensées. L'insatiable et cruelle Faucheuse nous a enlevé cinq des nôtres : MM. Coppéré de la Clayette, Favier, de Saint-Jean-des-Vignes, Henri Grangier, de Vougeot, Albert Naltet et Henri Bonjour, de Chalon. En ce jour de réunion de notre grande famille, rendons un pieux hommage à la mémoire de nos chers disparus et adressons de nouveau à leurs proches l'expression respectueuse de nos profonds regrets.

Après avoir évoqué le souvenir de nos collègues frappés par la loi inéluctable du destin, nous devons applaudir sans réserve aux distinctions honorifiques accordées à quelques-uns de nos amis, ainsi qu'aux récompenses que leur ont values leurs travaux. M. P. Mauchamp, maire de Chalon, a reçu la croix de la Légion d'honneur ; MM. Bernard Renault, de Paris, J. Chifflot, de Lyon, Ph. Josserand et E. Paillard, de Chalon, ont été promus officiers de l'Instruction publique ; MM. Bigeard, de Nolay, Brugirard, de Chalon, et Frémy, de Fontaines, ont été nommés officiers d'Académie ; en outre, M. J. Chifflot, de Lyon, a été fait chevalier du Mérite agricole ; enfin M. J. Roy-Chevrier, du Péage, s'est vu décerner la médaille d'or de la viticulture par la Société nationale d'agriculture, et M. le docteur Bauzon a obtenu un deuxième prix, de la Société française d'hygiène pour ses remarquables travaux, dont l'un vient de paraître dans le *Bulletin*.

Effectif. — Dans ces douze mois, nous avons enregistré

45 membres nouveaux, dont 41 pour ce dernier trimestre. Ces nombreuses adhésions sont dues au zèle infatigable de MM. Bertrand, Jacquin et Têtu. Je suis sûr d'être votre interprète en leur adressant de bien vifs remerciements.

Un membre d'honneur, cinq membres correspondants sont venus grossir nos rangs et cinq sociétés savantes ont demandé à entrer en relations d'échange avec nous.

Aujourd'hui l'effectif total est ainsi constitué :

Présidents d'honneur	5
Membres d'honneur	17
Membres correspondants	26
Membres donateurs	4
Membre à vie	1
Membres titulaires	325
Bibliothèques et établissements publics d'instruction auxquels la Société envoie gracieusement son Bulletin	7
Sociétés savantes et revues scientifiques correspondantes	142
Total	527

Surpassant de 23 unités la liste de 1902.

Dons. — Les subventions encaissées par le Trésorier et les dons en faveur de la Bibliothèque et du Musée ont été, comme les années précédentes, importants à tous les points de vue.

A la Municipalité chalonnaise, au Conseil général pour leurs allocations si appréciées.

A MM. Brebion de Thudaumot, Bourgeois, ancien photograpie à Chalon, Chantre de Lyon, Chanet de Chalon, J. Chifflot de Lyon, Chambion Albert de Chalon, Cozette d'Hanoï, Desautel de Chalon, Dewalque de Liège, Dubois de Sevrey, Dubois R. de Lyon, Husnot de Cahan, Mlle N. Michel de Grandmont ; à MM. Martin de Tournus, René Moutel de Tay Nin, Œhlert de Laval, Paul Privat-Deschanel d'Orléans, Sordet A. de Saint-Germain-du-Plain, Vetter de Chalon, etc., qui nous ont offert les uns leurs travaux personnels, les autres leurs trouvailles, à tous, dis-je, le Bureau est heureux d'adresser à nouveau l'expression sincère de sa vie reconnaissance.

Bulletin. — Le *Bulletin* de 1902, forme un beau volume in-8°, de 308 pages contenant les savants mémoires de MM. le docteur

Jules Bauzon de Chalon, Félix Benoît de Marseille, Brébion de Thudaumot, J. Chifflot de Lyon, E. Dubois d'Oyonnax, H. Gindre de Saint-Bonnet-de-Joux, A. Jacquin de Chalon, Lemosy père et fils de Chalon, docteur Martz de Chalon, Paul Privat-Deschanel d'Orléans, A. Portier de Chalon, Quincy, Ch. de Chalon, Viré Armand de Paris, etc., avec quelques notes de votre serviteur.

Il est illustré de plusieurs gravures dues à la plume artistique de M. Ch. Quincy et au talent photographique de M. Boitard de Pierre. Le Bureau se fait un devoir d'adresser à tous nos dévoués collaborateurs l'assurance de sa profonde gratitude, sans oublier notre aimable imprimeur M. E. Bertrand pour les soins minutieux qu'il apporte à notre revue mensuelle.

A signaler une inovation qui ne vous a sans doute pas échappé. Ce sont les bulletins météorologiques qui rentrent du reste entièrement dans notre programme. Nous les devons à l'amabilité de M. Variot, ingénieur de la Saône et à l'obligeance de notre sympathique collègue, M. P. Navarre. Je suis persuadé que la publication de ces différentes observations dont l'utilité est incontestable, sera fort appréciée de tous nos lecteurs présents ou futurs qui auront ainsi toute facilité pour faire des comparaisons instructives et même intéressées. Le chiffre du tirage est de 600 exemplaires.

Conférences. — Nous n'avons pu vous offrir que deux conférences. Si elles ont été peu nombreuses, du moins elles ont été remarquables par la beauté des sujets traités, admirablement ordonnés, documentés et appuyés de projections lumineuses. Le talent professionnel des deux orateurs, M. le docteur V. Michaut et M. le docteur Zipfel, notre compatriote, tous deux exerçant à Dijon, et tous deux pionniers infatigables de la science et en particulier amis des sciences naturelles, en a assuré le succès. Nous eussions été heureux de mettre sous les yeux de nos lecteurs qui n'ont pas eu le bonheur d'assister à ces deux séances, le développement de ces deux causeries toutes palpitantes d'intérêt et d'actualité : *le Cancer* et *la Cure de lumière*. Espérons encore !

Excursions. — Peu nombreuses nos sorties ! Avec ses tarifs exagérés, la Cie P.-L.-M. adoratrice du Veau d'Or, met un frein à notre ardeur, malgré les démarches pressantes et réitérées de notre cher vice-président, M. A. Jacquin.

Étaient-elles agréables, nos belles promenades dans les environs?
Moyennant quelques menus frais, les enfants pouvaient prendre
leurs ébats et respirer à pleins poumons cet air vivifiant de la campagne et surtout des bois, véritables fabriques diurnes d'oxygène.
Et les grandes personnes, donc ? Tout en parcourant les champs,
en grimpant de ci de là, elles devisaient, s'instruisaient encore, et
prenaient en outre un repos bienfaisant après le dur labeur de la
semaine. Nous ne demandons qu'à les continuer ; mais réfléchissez,
cherchez et indiquez-nous les meilleurs dispositions économiques.

Néanmoins nous avons visité le Buet, un paysage si gracieux,
nous avons parcouru les territoires de Sennecey-le-Grand, les bois
de Ruffey et de Saint-Julien si fertiles en plantes, même rares.

Puis les intrépides ont, à la Pentecôte, suivi une partie de la
belle vallée du Rhône, au cours si étonnant et si terrible ; ils ont
traversé successivement Bellegarde, Grésin, Arlod, Charmine, etc.

Mettant à profit les congés du 14 juillet, dix-sept de nos collègues sont allés coucher le 12 à Champagnole ; le 13, ils se sont
rendus à Morey, et de là, des voitures les ont conduits successivement aux Rousses, à la Dôle, et à la Faucille où ils se sont reposés.
De ce col, ils sont descendus à Saint-Claude ; après la visite de
cette ville, ils ont effectué leur retour par Lons-le-Saunier, absolument enchantés de leur voyage.

MESSIEURS ET CHERS COLLÈGUES,

J'ose espérer que la lecture de ce rapport, dont le but est de vous
rappeler succinctement toutes les actions de la Société, n'aura pas
été trop fastidieuse ; je m'empresse de vous laisser la parole, puisque
dans quelques minutes, vous devez procéder au renouvellement
triennal de votre Bureau.

Cependant, voulez-vous me permettre de vous dire que tous les
membres sortants, sollicitent à nouveau vos suffrages pour la troisième fois.

Leurs actes, *Acta non verba*, sont pour vous un sûr garant que
tous leurs efforts, unis à ceux de notre sympathique et vénéré président, M. Ad. Arcelin, auront toujours pour objectif cette belle
devise : *Toujours plus haut.* H. GUILLEMIN.

COMPTES DE L'ANNÉE 1902

Présentés par M. DUBOIS, Trésorier

A L'ASSEMBLÉE GÉNÉRALE DU 8 FÉVRIER 1903

RECETTES

Elles comprennent :

1º Intérêts des capitaux.

a) Compte F. Garnier..........	42 85		
b) — Piffaut, père et fils....	47 30		
	90 15	90 15	

2º Cotisations des membres actifs.

70 cotisations à 6 fr......	455 »		
206 — à 6 fr.............	1.236 »		
	1.691 »	1.691 »	

3º Subventions.

a) Du Conseil général de Saône-et-Loire....................	250 »		
b) De la ville de Chalon-sur-Saône.....................	300 »		
	550 »	550	

4º Cotisations de 1903 déjà encaissées (3)........... 18 »

Total........... 2.349 15

DÉPENSES

Elles comprennent :

1º Frais de recouvrement des cotisations.

a) En ville...................	8 70		
b) Par la poste...............	25 90		
	34 60	34 60	

2º Frais de 2 conférences...................... 45 55

3º Bulletin, 2 factures de M. Bertrand............ 1.517 65

A reporter................... 1.597 80

Report............		1.597 80

4º Notes diverses.

Prost, menuisier.	29 60	
Lemosy..................	10 »	
Cartier	12 »	
Véglio..................	9 50	
Boyer..................	93 45	
Chanet.................	81 80	
	235 85	235 85

5º Frais de Bureau.

Mme Guittard, concierge.......	25 »	
M. H. Guillemin.............	17 »	
M. Jacquin................	16 15	
M. Dubois, trésorier.........	0 70	
	58 85	58 85
Total............		1.892 50

BALANCE

Les recettes se sont élevées à....	2.349 15
Les dépenses —	1.892 50
Il y a un excédant en recettes de...............	456 65

SITUATION

L'actif au 9 février 1902, était de	2.784 30
Les bénéfices de l'année sont de................	456 65
L'actif total est de..................	3.240 95

Représenté par :

1º Le dépôt en compte courant, Piffaut.
père et fils, intérêt à 3 1/2 0/0, ci....... 1.398 40

2º Le dépôt en compte courant, F.
Garnier, intérêt à 2 0/0.................. 1.841 20

3º Espèces en caisse................ 1 35

Total égal.......... 3.240 95

Certifié conforme aux écritures,

Le Trésorier, CL. DUBOIS.

Sur une plante adventice du Midi de la France

Crepis erucæfolia G. G.

E 6 août 1902, me trouvant avec mon fils, à Arles (Bouches-du-Rhône), où nous nous étions rendus pour une herborisation, j'ai remarqué en faisant le tour des Arènes romaines, sur les terrains vagues qui entourent ce monument, et principalement du côté nord et nord-est, une petite plante de la famille des Composées, section des Cichoriées, que je ne pus déterminer immédiatement et dont je récoltai plusieurs échantillons pour l'étudier au retour. N'ayant pu, faute de documents suffisants, arriver à une détermination exacte, j'ai communiqué cette plante à M. P. A. Genty, directeur du Jardin botanique de Dijon.

Cette composée appartient au genre *Crepis*, section des *Barkhausia*, caractérisée par les longs becs des akènes. Nous avons trouvé dans l'atlas dit *Herbier de la Flore française*, de Cusin, planche 523 des Composées, la figure exacte de la plante rencontrée par moi à Arles : *Crepis erucæfolia* GG. — Cette espèce est décrite dans la *Flore de France* de MM. Grenier et Godron, qui l'indiquent comme naturalisée au Lazaret de Marseille.

Les divers catalogues et notamment le *Conspectus floræ europeæ*, de Nyman, se bornent à mentionner la citation de Grenier et Godron. Il était intéressant de savoir si, à une époque plus récente, cette plante n'avait pas été observée dans d'autres localités.

M. Genty s'est adressé dans ce but à M. G. Rouy, le

savant auteur de la *Flore de France*. Ce dernier a bien
voulu lui communiquer les intéressants détails qui vont
suivre :

Crepis (Barkhausia) erucæfolia GG. *non Tausch.*
(1820) n'est pas une plante spéciale au Midi de la France ;
c'est une variété (que M. Rouy a établie sous le nom de
C. Grenieri) *de Crepis bursifolia* L., plante de l'Italie
méridionale, de la Sicile et de la Ligurie. Cette espèce a
été signalée pour la première fois, par Grenier et Godron,
au Lazaret de Marseille. Dans ces dernières années, elle
a été reconnue dans les environs de cette ville, notamment au Pas-des-Lanciers, aux Pennes, près Gardanne.
MM. de Fontvert et Achintre l'ont vue abondamment
naturalisée aux environs d'Aix-en-Provence. Enfin, elle a
été trouvée au Port-Juvénal, près Montpellier, et aux
environs de Béziers.

Le type *C. bursifolia* L. a été rencontré dans les
Bouches-du-Rhône et le Var, souvent avec la variété
Grenieri Rouy ; à Marseille, au Pas-des-Lanciers, à la
Ciotat et à Toulon. Dans toutes ces localités, elle est
adventice et en voie de naturalisation.

La station que j'ai rencontrée autour des Arènes d'Arles
vient s'ajouter aux précédentes et il m'a paru intéressant
de la signaler, car la plante qui nous occupe y paraît trés
abondante et sa situation au pied d'un monument célèbre
et fort visité, peut rendre son observation facile aux botanistes qui désireraient la récolter.

Lorsque j'ai recueilli cette plante, le 6 août, la végétation avait été grillée par le soleil, et le *Crepis* avait re-
poussé au pied de nombreuses tiges desséchées. C'est en
juin qu'a lieu la floraison, et je me propose de retourner
à Arles, à cette époque, pour la récolter en bon état et
voir si elle n'existerait pas sur d'autres points de cette
ville.

E. LEMOSY.

SUR L'UTILITÉ MÉDICINALE

DE QUELQUES PLANTES VULGAIRES

Les plantes les plus communes, que nous rencontrons pour ainsi dire à chaque pas, sont généralement aussi les plus délaissées, même par les botanistes, et il en est plus d'un qui, pour augmenter son herbier, entreprendra de lointaines excursions à la recherche de quelque espèce rare, avant de songer à récolter le chiendent ou l'ortie qu'il foule tous les jours aux pieds.

C'est ce qui explique pourquoi certaines de ces plantes sont restées pour ainsi dire inconnues, au point de vue des propriétés médicinales. Beaucoup avaient été employées, il est vrai, soit par les paysans, soit par des guérisseurs plus ou moins charlatans, mais d'une manière tout empirique, et c'est seulement dans ces derniers temps que la plupart ont fait l'objet d'études vraiment scientifiques, révélant souvent de réelles propriétés.

Pour ne citer que quelques exemples, en dehors des plantes médicinales proprement dites connues et employées depuis longtemps, voici la Bourse à pasteur (*Capsella bursa-pastoris* Mœnch.). Il est peu de plantes aussi universellement répandues, non seulement en France et en Europe, mais encore dans le monde entier, et partout, en toute saison, on peut la trouver fleurie. A première vue, elle ne semble d'aucune utilité : elle ne paraît pas contenir en effet beaucoup de ces principes sulfurés qui donnent à la plupart des autres crucifères leurs propriétés caractéristiques comme antiscorbutiques. Cependant elle est signalée déjà dans d'anciens ouvrages comme légèrement astringente, et il résulte de recherches nouvelles, qu'administrée soit en infusion, soit sous forme d'extrait fluide, à la manière américaine, elle est en effet très efficace comme hémostatique, dans les diverses sortes d'hémorrhagies.

Une autre plante vulgaire qui jouit des mêmes propriétés, à un plus haut degré encore, c'est l'*Erodium cicutarium* L'Hérit., vulgairement bec de grue, de héron ou de cigogne, suivant les pays. Qui ne connaît cette petite géraniacée dont les jolies fleurs roses émaillent, depuis le premier printemps jusqu'à l'hiver, les terrains incultes et les bords des chemins ? C'est, paraît-il, un hémostatique énergique, qui commence à être employé en infusions contre les métrorrhagies ; son action est d'ailleurs très rapide, et on l'a vu réussir dans des cas où l'ergot de seigle et l'hydrastis avaient échoué.

Dans un ordre d'idées tout voisin, voici le Séneçon commun (*Senecio vulgaris* L.). C'est une mauvaise herbe dont on a peine à débarrasser les champs et les jardins, et que l'on considère généralement comme bonne tout au plus à donner aux lapins. Eh bien, cette mauvaise herbe, d'après des essais récents, s'annonce comme un excellent emménagogue, qui, administré sous forme d'extrait, réussit très bien et calme en même temps les douleurs.

Le *Senecio jacobæa* est de même très employé en Angleterre contre les troubles menstruels, et il est probable que d'autres espèces du même genre jouissent des mêmes propriétés.

En Angleterre également, on utilise le vulgaire Pissenlit (*Taraxacum dens-leonis* L.) non plus, comme chez nous, en salade, mais comme médicament, sous forme d'extrait fluide, contre les affections du foie.

La Fumeterre (*Fumaria officinalis* L.), encore une mauvaise herbe bien commune, est un très bon dépuratif antidartreux, et malgré que ses vertus soient connues depuis longtemps, elle n'est pas employée comme elle le mériterait, peut-être parce qu'elle a le grand tort d'être indigène et, par suite, ne peut pas avoir la même vogue que la Salsepareille et autres drogues étrangères.

Les *F. parviflora* Lam., *F. media* Lois et autres espèces amères peuvent être employées de même, tandis que le *F. Vaillantii* Lois., qui croît aussi dans nos régions, est dépourvu d'amertume, et ne saurait leur être substitué.

Comme la Fumeterre et plus encore, la Mercuriale (*M. annua* L.) est une grande délaissée; cependant ses noms vulgaires de *Foirolle, Cagarelle, Caquenlit,* indiquent assez que ses propriétés ne sont pas restées inconnues. C'est un bon laxatif qui mériterait une place dans la médecine officielle. Mais il faut se garder de la confondre avec la Mercuriale vivace (*M. perennis* L.), laquelle beaucoup moins commune, croît dans les bois, est beaucoup plus irritante et possède même des propriétés éméto-cathartiques dangereuses.

La Chélidoine (*Chelidonium majus* L.) cette papavéracée à fleurs jaunes si commune sur les décombres et les vieux murs, est intéressante à plus d'un titre. Son suc jaunâtre ne pouvait manquer d'attirer l'attention du vulgaire, qui lui a attribué toutes sortes de propriétés merveilleuses, d'abord contre les maladies des yeux produites par les taches de la cornée, d'où son nom de *Grande Éclaire,* puis contre les verrues et les cors, qu'il peut en effet faire disparaître par son action caustique. Mais ce qui paraît plus important, c'est une action calmante et narcotique récemment reconnue à cette plante, action due à l'un des alcaloïdes qu'elle renferme, la chélidonine. Ce médicament aurait même cet avantage sur les autres opiacés, de ne laisser aucune trace de somnolence, d'étourdissement et de constipation, ce qui le rendrait préférable à l'opium dans certains cas, notamment dans la médecine infantile.

Citerons-nous encore l'humble violette (*Viola odorata* L. et espèces voisines) connue depuis longtemps et très employée autrefois pour les propriétés vomitives de sa racine, mais aujourd'hui détrônée par l'exotique ipéca, de même que l'écorce de saule (*Salix alba* L.) et celle de Frêne (*Fraxinus excelsior* L.),malgré leur action fébrifuge incontestable, ont dû céder la place au quinquina.

Et tant d'autres ! Il serait facile en effet, de multiplier ces exemples ; mais il nous suffira d'avoir montré l'importance de cette question qui devrait faire le sujet d'études sérieuses et approfondies, pour conclure qu'il ne faut point mépriser les plantes les plus vulgaires de nos pays, car toutes ont leur utilité pour qui sait en tirer parti.

A la campagne, par exemple, où le médecin n'a pas toujours sous la main les médicaments officiels, ne serait-il pas bon que, sans s'arrêter bien entendu aux remèdes de commère, il sache utiliser, le cas échéant, les plantes de sa localité qui présentent souvent de réelles propriétés médicinales, les mêmes que l'on va chercher à grands frais dans les végétaux étrangers, quand on ne les demande pas (ordinairement en vain, il est vrai) à ces innombrables produits chimiques organiques, encore bien plus coûteux, qui éclosent tous les jours dans des laboratoires, le plus souvent étrangers aussi, à grand renfort de formules compliquées, mais dont la plupart, malgré les noms pompeux et les brevets d'invention dont les affublent leurs auteurs, n'arrivent pas même à vivre... ce que vivent les roses, et les modestes herbes de nos champs !

H. GINDRE.
Pharmacien à Saint-Bonnet-de-Joux.

Chifflot J. B. J. Contributions à l'étude de la classe des Nymphéinées

(THÈSE POUR LE DOCTORAT ÈS SCIENCES NATURELLES)

(Ann. de l'Université de Lyon, nouvelle série I, Science Médecine, fasc. 10, vol. I, in-4º, 294 pp., 214 fig., 1902)

L'AUTEUR limite son travail à l'anatomie de l'étamine, du gynécée et de l'ovule et applique les caractères qu'il met en évidence à la classification des Nymphéinées (Cabombacées et Nymphéacées). L'étamine, de forme variable, passe insensiblement aux pétales, sauf chez les Cabombacées. Le rapport entre les longueurs du filet et de l'anthère semble être constant pour une même espèce. L'étamine reçoit une seule masse libéro-ligneuse chez les Cabombacées et dans les Nuphar et Barclaya parmi les Nymphéacées; elle reçoit au moins trois faisceaux chez les autres Nymphéacées.

Les faisceaux les plus importants de l'étamine (et aussi de l'ovaire) présentent un caractère remarquable dans la formation de leur bois primaire. On distingue : 1º un bois primordial formé de vaisseaux annelés qui se dissocient, sauf dans l'anthère, et sont remplacés par une lacune vasculaire ; 2º un bois de seconde formation (second bois primaire ou métaxylème) situé plus en arrière et séparé du premier par plusieurs assises parenchymateuses.

Le bois est plus abondant dans les faisceaux staminaux que dans l'appareil végétatif, il est même plus développé dans l'anthère que dans le filet.

Le faisceau staminal reste simple dans toute l'étendue de l'étamine chez les Cabombacées, chez *Nuphar advenum* et chez *Barclaya*, tandis qu'il se ramifie chez les autres Nuphar qui présentent trois cordons libéro-ligneux dans l'anthère.

Chez les autres Nymphéacées, la vascularisation de l'étamine est plus complète ; elle comprend en général un faisceau médian et deux latéraux. Chez *Victoria regia*, deux ramifications des faisceaux latéraux se réunissent au-dessous de sacs polliniques en avant du faisceau médian pour former un faisceau inverse.

D'autres faisceaux grêles à peine différenciés circulent à peu près parallèlement aux précédents.

Chez *Euryale ferox*, le filet renferme trois faisceaux, mais les latéraux ne pénètrent pas dans l'anthère

Dans le genre Nymphæa, l'étamine est vascularisée par trois faisceaux au moins, parfois cinq ou sept (*Nymphæa thermalis*). Le faisceau médian inverse se rencontre dans l'anthère chez *Nymphæa thermalis, N. alba, N. cærulea*.

Les épidermes de l'étamine, recouverts d'une cuticule lisse ou striée portent des poils composés d'une ou de deux cellules plates et d'une cellule terminale glandulaire allongée (*Brasenia peltata*, Euryale) ou à peine saillante. Stomates rares.

Le parenchyme est lacuneux et peut renfermer des sclérites.

A la périphérie des faisceaux et dans leur liber on observe des cellules tannifères. L'anthère renferme une seule assise sous-épidermique de cellules fibreuses dont les épaississements sont en forme de griffes ; exceptionnellement chez Euryale, cette assise est doublée en certains points.

Le gynécée comprend des carpelles séparés chez les Cabombacées, unis en un ovaire pluriloculaire chez les Nymphéacées.

Chacun des carpelles séparés de Cabomba a une paroi lacuneuse parcourue par trois faisceaux, dont le médian se prolonge seul dans le style cylindrique, à canal central.

Comme caractère du genre Brasenia, le faisceau médian se bifurque en pénétrant dans le style. L'ovule des Cabombacées a deux téguments, composés tous deux de deux assises cellulaires dans Cabomba ; chez Brasenia, le tégument externe comporte trois assises. Dans la graine, l'assise épidermique externe est formée de cellules à parois épaissies et lignifiées portant chacune une papille ou un bouton arrondi sur sa face libre.

Le gynécée des Nymphéacées est formé par des carpelles soudés en un ovaire pluriloculaire : chez Victoria et Nymphæa, l'axe se prolonge pour se terminer au niveau des stigmates par un bouton plus ou moins accentué. Dans le cas d'inférovarie, la paroi renferme des faisceaux nombreux destinés aux épines de la surface (Victoria, Euryale), aux pièces du périanthe et aux étamines et enfin plus profondément les faisceaux propres à l'ovaire qui sont plus grêles. Les appendices carpellaires ont un mésophylle homogène et sont vascularisés par quelques faisceaux.

Lorsque l'ovaire est libre (Nuphar), les faisceaux sont moins nombreux et disposés autour de chaque loge en un arc régulier, les trachées étant tournées vers la cavité de la loge.

La surface externe de l'ovaire porte des glandes de formes variables (poils à cellule terminale sécrétrice).

L'ovule des Nymphéacées est bitégumenté ; le tégument externe étant parfois très épais (*Victoria regia, Euryale ferox, Nymphæa flava*); la nervation du tégument répond au mode pelté. Le tégument interne est formé de deux assises. Dans la graine, l'assise épidermique externe est composée de cellules lignifiées à parois épaisses; cette assise est parfois renforcée par la sclérification des assises sous-jacentes (Euryale). La graine est recouverte d'un arille composée de deux assises séparées par du mucilage.

A la maturité, la paroi du fruit est constituée par du collenchyme dans sa portion externe, par du parenchyme rameux dans sa région profonde. On peut y trouver des sclérites.

Les caractères tirés de la forme et de la structure de l'ovaire suffisent à distinguer les deux familles des Nymphéinées. Les caractères anatomiques de l'étamine permettent de distinguer les genres Brasenia et Cabomba, Euryale, Victoria et la plupart des espèces de Nymphæa.

Analysé par C. QUÉVA, professeur à la Faculté des sciences de Dijon.

Étude physiologique sur la Sucramine

Par le Dʳ F. MARTZ

La sucramine se présente sous la forme de magnifiques cristaux blancs très solubles dans l'eau, et d'une saveur très sucrée ; au point de vue chimique, c'est une combinaison de saccharine et d'ammoniaque ; grâce à sa grande solubilité, c'est un produit plus facile à employer que la saccharine.

J'ai étudié la sucramine au point de vue de ses propriétés physiologiques et surtout de sa toxicité : en effet, il était intéressant de savoir si ce produit contenant le groupement AzH^4 était plus toxique que la saccharine.

L'étude de la sucramine a été faite au point de vue de :

1° Son action en injection intra-veineuse.
2° Son action en injection sous-cutanée.
3° Son action en injection dans l'estomac.
4° Son action sur les ferments digestifs.
5° Son action sur la levûre de bière.
6° Son action dans l'alimentation.

1° Action en injection intra-veineuse

1ʳᵉ Expérience. — A un lapin du poids de 2 k. 050, on injecte dans la veine marginale de l'oreille une solution de sucramine à 5 %, l'injection dure 25 minutes, et il faut 31 cc. 5 de la solution pour amener la mort ; on note pendant l'injection des convulsions, de l'oppression, et la mort survient par arrêt de la respiration, la température rectale est à ce moment 38°8. A l'autopsie, on trouve de l'œdème des poumons, un cœur gorgé de sang, le foie est congestionné, il n'y a pas de congestion du rein, pas d'hémorrhagie intestinale.

2e Expérience. — A un lapin du poids de 2 ₹. 050, on injecte dans la veine marginale de l'oreille de la solution de sucramine à 5 %, il en faut 23 cc. 4 pour tuer l'animal en dix minutes. Comme précédemment on note des convulsions, la respiration devient superficielle au bout de peu de temps, on observe une syncope respiratoire ; à la mort, la température est de 39°5.

L'autopsie relève les mêmes lésions que dans la première expérience.

3e Expérience. — A un lapin de poids de 927 gr. on fait une injection intra-veineuse avec une solution de sucramine à 10 %, il faut 11 cc. de solution pour tuer l'animal en cinq minutes ; on observe des convulsions, la respiration devient rapidement superficielle et la mort survient par arrêt de la respiration. A l'autopsie, les deux ventricules contiennent des caillots noirs, l'œdème pulmonaire est très intense.

4e Expérience. — A un lapin du poids de 1120 gr. on fait une injection intra-veineuse de sucramine à 10 %, on note les phénomènes suivants :

5^m après le commencement de l'injection, convulsions, respiration irrégulière.

10^m après le commencement de l'injection, syncope respiratoire, respiration superficielle.

15^m après le commencement de l'injection, contractions géneralès, respiration superficielle.

20^m après le commencement de l'injection, la respiration devient de plus en plus superficielle.

25^m après le commencement de l'injection, mort par arrêt de la respiration.

On avait employé 10 cc. 3 de la solution de sucramine
à 10 %.

En résumé, la sucramine, injectée dans le sang amène
chez les animaux des convulsions dues probablement au
groupement AzH⁴ qu'elle renferme, et elle tue par arrêt
de la respiration, tandis que le cœur continue à se contracter encore quelque temps. J'ai trouvé comme moyenne
de la toxicité de la sucramine en injection intra-veineuse
chez le lapin 0 gr. 85 par kilog. d'animal.

2° ACTION EN INJECTION SOUS-CUTANÉE

1ʳᵉ Expérience. — Chez un lapin du poids de 1 kilogramme, on pratique, à 2 heures de l'après-midi, une injection sous-cutanée de 2 grammes de sucramine dissoute
dans un peu d'eau distillée ; à 4 heures, la température
rectale est de 38°3, l'animal succombe dans la nuit. A
l'autopsie, les poumons sont normaux, le cœur contient
des caillots noirs, le foie et le rein sont congestionnés ;
rien dans l'intestin ni dans le péritoine.

2ᵉ Expérience. — A un cobaye du poids de 522 grammes,
on injecte sous la peau 1 gramme de sucramine dissoute
dans un peu d'eau distillée ; à 4 heures, la température
est de 37°8 ; le lendemain, l'animal ne présente rien de particulier, et à 2 heures de l'après-midi on lui injecte de
nouveau sous la peau 1 gramme de sucramine ; à 4 h. 30,
l'animal est pris de convulsions et il succombe à 4 h. 45.

3ᵉ Expérience. — A un cobaye du poids de 415 grammes,
on injecte sous la peau à 5 heures de l'après-midi
1 gr. 50 de sucramine, on n'observe aucun trouble, mais
le lendemain l'animal est malade, et il succombe à midi.

De ces trois expériences, il ressort que la sucramine
est toxique à raison de 2 gr. 50 par kilog. d'animal en injection sous-cutanée.

3° ACTION EN INJECTION DANS L'ESTOMAC

1re Expérience. — A un lapin du poids de 1350 grammes, on fait absorber à 2 heures de l'après-midi par la sonde œsophagienne 5 grammes de sucramine dissoute dans un peu d'eau ; à 4 heures, la température rectale est de 39°, l'animal succombe dans la nuit. A l'autopsie, les poumons sont normaux ; le cœur renferme des caillots, le foie et le rein sont congestionnés, l'estomac et l'intestin n'ont rien de particulier.

2e Expérience. — A un lapin du poids de 870 grammes on fait boire à 2 heures de l'après-midi, par la sonde œsophagienne, 4 grammes de sucramine ; l'animal prend aussitôt des convulsions qui passent au bout de dix minutes, mais il succombe dans la nuit.

Comme on le voit, la sucramine, à haute dose ne produit pas des lésions sur le tube digestif, mais elle est toxique, à 4 grammes environ par kilogramme de matière vivante.

4° ACTION SUR LES FERMENTS DIGESTIFS

On a étudié *in vitro* l'action de la sucramine sur les principaux ferments digestifs, *pepsine*, *trypsine*, *diastase* et *pancréatine*.

On a préparé une série de ballons contenant 100 cc. d'eau acidulée à 2° /oo d'acide chlorhydrique, 1 gr. de *pepsine amylacée* de bonne qualité et 5 gr. de fibrine humide et fraîche; on additionne ces milieux de 2°/o, 1 °/o et 0,50 °/o de sucramine, un ballon servait de témoin et tous ont été placés à l'étuve à 37° ; on a constaté que la sucramine ralentissait considérablement l'action de la pepsine et même à 0,50 °/o le retard est très sensible.

On a répété les mêmes expériences avec la *trypsine*,

mais en remplaçant l'eau acidulée par de l'eau alcalinisée avec 2,50 % de bicarbonate de soude, et on n'a pas observé de retard dans la digestion.

On a préparé des milieux contenant 50 cc. d'eau amidonnée à 2 % et 0,10 de *diastase* ou 0,50 de *pancréatine*, on a ajouté de la sucramine dans la proportion de 2 % ; un ballon servait de témoin, tous les ballons ont été placés à l'étuve à 37° ; après quoi on a dosé le glucose provenant de la transformation de l'amidon et dans tous les cas on n'a pas constaté de ralentissement dans la transformation de l'amidon en glucose.

5° ACTION SUR LA LEVURE DE BIÈRE

On a préparé des milieux de culture contenant 1 gramme de levûre de bière lavée et préparée et de l'eau sucrée à 5 %, on a ajouté 5 %, 2 %, 1 % et 0,50 de sucramine ; tous ces liquides sont placés dans de gros tubes à essai fermés par un bouchon de caoutchouc traversé par un tube deux fois recourbé[1], on les retourne dans des verres et on les place à l'étuve à 30° : sous l'effet de la fermentation l'acide carbonique s'accumule à la partie supérieure du tube. On n'a pas constaté de différence dans la production de l'acide carbonique, par conséquent la sucramine ne ralentit pas l'action de la levûre de bière.

6° ACTION SUR L'ALIMENTATION

On a procédé ensuite à des expériences d'alimentation sur trois cobayes et deux lapins.

Ces animaux placés dans des cages séparées, recevaient chaque jour, dans leurs aliments, une dose pesée de sucramine, leur poids et leur température rectale étaient soigneusement notés chaque jour.

---

1. F. MARTZ, *Guide pratique pour les analyses de chimie physiologique*, p. 86.

Chaque coȝaye a ainsi aȝsorȝé pendant sept jours 0 gr. 25 par jour de sucramine, pendant trois autres jours 0 gr. 50, et enfin pendant les neuf derniers jours 1 gramme, soit un total de 12 gr. 25 en dix-neuf jours.

Chaque lapin a aȝsorȝé pendant les sept premiers jours 0 gr. 50 par jour de sucramine, pendant dix jours 1 gramme et enfin pendant deux autres jours 2 grammes par jour, soit un total de 17 gr. 50 en dix-neuf jours.

Tous les animaux n'ont présenté aucun phénomène d'intolérance, leur poids s'est sensiȝlement maintenu ou a augmenté. La température rectale n'a pas varié.

Les urines ont été examinées à plusieurs reprises, elles ne contenaient ni glucose ni alȝumine. Après cessation de la sucramine, les animaux ont été conservés pendant quelque temps sans présenter rien d'anormal.

CONCLUSIONS

La sucramine est toxique en injection intra-veineuse à 0,85 par ȝilogramme en moyenne ; en injection sous-cutanée, sa toxité est voisine de 2 gr. 50 par ȝilogramme, et en injection dans l'estomac elle est toxique à 4 gr. environ par kilog.

Elle ralentit l'action de la *pepsine* mais elle n'a pas d'action sur la *trypsine, diastase* et *pancréatine* ainsi que sur *la levûre de bière.* Dans l'alimentation, elle n'a pas d'action sur l'organisme à la dose de 1 gramme par ȝilogramme de matière vivante et par jour.

Le Gérant, E. BERTRAND.

CHALON-S-SAÔNE, IMPR. FRANÇAISE ET ORIENTALE E. BERTRAND

MOIS DE DÉCEMBRE

DATES DU MOIS	DIRECTION DU VENT	Hauteur Barométrique ramenée à zéro et au niveau de la mer	TEMPÉRATURE Maxima	TEMPÉRATURE Minima	RENSEIGNEMENTS DIVERS	HAUTEUR TOTALE de pluie pendant les 24 heures	NIVEAU DE LA SAÔNE à l'échelle du pont Saint-Laurent à Chalon. Alt. du zéro de l'échelle =170ᵐ72	MAXIMUM DES CRUES. Le débordement de la Saône commence à la cote 4ᵐ50.
1	2	3	4	5	6	7	8	9
		millim.				millim		
1	S	757.»	10	6	Beau	4.5	2ᵐ50	
2	O	758.»	10	5	id.	2.»	2.04	
3	O	758.»	8	3	Pluvieux		1.84	
4	N	766.»	-2	-2	Neige	2.6	1.78	
5	N	766.»	5	-7	id.		2.10	
6	N	765.»	-6	-6	id.		2.30	
7	N	764.»	5	-9	id.		2.02	
8	N	761.»	-3	-7	Neigeux		1.70	
9	N	758.»	-1	-5	Beau		1.35	
10	N	763.»	0	-6	id.		1.14	
11	N	765.»	0	-6	id.		1.18	
12	N	767.»	1	-7	Givre le matin		1.75	
13	N	770.»	5	-3	Très beau		1.40	
14	N	773.»	8	0	id.		1.14	
15	S	770.»	4	0	Brouillard		1.30	
16	S-O	773.»	4	-2	Beau	1.»	1.35	
17	E	772.»	12	2	id.	5.»	1.38	
18	O	770.»	11	10	Pluvieux		1.24	
19	E	770.»	8	4	id.	2.»	1.60	
20	S-O	771.»	8	3	Beau	1.»	2.77	
21	S-E	769.»	9	6	id.		3.61	
22	N	772.»	8	5	id.		3.76	3.78 à minuit
23	N	774.»	4	-1	id.		3.67	
24	N	775.»	-1	-5	id.		3.69	
25	N	776.»	2	-3	id.		3.34	
26	O	772.»	7	-3	id.		2.74	
27	O	773.»	9	6	Pluvieux	1 »	2.18	
28	S-O	766.»	8	4	Ciel couvert		1.85	
29	S	751.»	7	2	Pluvieux		2.27	
30	S	746.»	4	2	Beau	5.5	2.42	
31	N-O	750.»	4	-2	Neige		2.44	
Moyennes.		766.»	4°1	-0 05	Hauteur totale de pluie pendant le mois	24.6		

1ᵉʳ jour du mois : Lundi.   Nombre. total de jours de pluie pendᵗ le mois : 9

—⋆—

MOIS DE DÉCEMBRE

Altitude du sol: 177ᵐ »

DATES DU MOIS	DIRECTION DU VENT	Hauteur Barométrique ramenée à zéro et au niveau de la mer	TEMPÉ-RATURE Maxima	TEMPÉ-RATURE Minima	RENSEIGNEMENTS DIVERS	HAUTEUR TOTALE de pluie pendant les 24 heures	NIVEAU DE LA SAONE à l'échelle du pont Saint-Laurent à Chalon. Alt. du zéro de l'échelle = 170ᵐ72	MAXIMUM DES CRUES Le débordement de la Saône commence à la cote 4ᵐ30.
1	2	3	4	5	6	7	8	9
		millim.				millim.		
1	S	757.»	10	6	Beau	4.5	2ᵐ30	
2	O	758.»	10	5	id.	2.»	2.04	
3	O	758.»	8	3	Pluvieux		1.84	
4	N	766.»	-2	-2	Neige	2.6	1.78	
5	N	766.»	5	-7	id.		2.10	
6	N	765.»	-6	-6	id.		2.30	
7	N	764.»	5	-9	id.		2.02	
8	N	761.»	-3	-7	Neigeux		1.70	
9	N	758.»	-1	-5	Beau		1.35	
10	N	763.»	0	-6	id.		1.14	
11	N	765.»	0	-6	id.		1.18	
12	N	767.»	1	-7	Givre le matin		1.75	
13	N	770.»	5	-3	Très beau		1.40	
14	N	773.»	8	0	id.		1.14	
15	S	770.»	4	0	Brouillard		1.30	
16	S-O	773.»	4	-2	Beau	1.»	1.35	
17	E	772.»	12	2	id.	5.»	1.38	
18	O	770.»	11	10	Pluvieux		1.24	
19	E	770.»	8	4	id.	2.»	1.60	
20	S-O	771.»	8	3	Beau	1.»	2.77	
21	S-E	769.»	9	6	id.		3.61	
22	N	772.»	8	5	id.		3.76	3.78 à minuit
23	N	774.»	4	-1	id.		3.67	
24	N	775.»	-1	-5	id.		3.69	
25	N	776.»	2	-3	id.		3.34	
26	O	772.»	7	-3	id.		2.74	
27	O	773.»	9	6	Pluvieux	1 »	2.18	
28	S-O	766.»	8	4	Ciel couvert		1.85	
29	S	751.»	7	2	Pluvieux		2.27	
30	S	746.»	4	2	Beau	5.5	2.42	
31	N-O	750.»	4	-2	Neige		2.44	
Moyennes.		766.»	4°1	-0 05	Hauteur totale de pluie pendant le mois	24.6		

1ᵉʳ jour du mois: Lundi.   Nombre. total de jours de pluie pendᵗ le mois: 9

ADMINISTRATION

BUREAU

Président,	MM. ARCELIN, Président de la Société d'Histoire et d'Archéologie de Chalon.
Vice-présidents,	JACQUIN, ✪, Pharmacien de 1ʳᵉ classe. NUGUE. Ingénieur.
Secrétaire général,	H. GUILLEMIN, ✪, Professeur au Collège.
Secrétaires,	RENAULT, Entrepreneur. E. BERTRAND, Imprimeur-Éditeur.
Trésorier,	DUBOIS, Principal Clerc de notaire.
Bibliothécaire,	PORTIER, ✪, Professeur au Collège.
Bibliothécaire-adjoint,	TARDY, Professeur au Collège.
Conservateur du Musée,	LEMOSY, Commissaire de. surveillance près la Compagnie P.-L.-M.
Conservateur des Collections de Botanique	QUINCY, Secrétaire de la rédaction du *Courrier de Saône-et-Loire.*

EXTRAIT DES STATUTS

Composition. — ART. 3. — La Société se compose :

1° De *Membres d'honneur ;*

2° De *Membres donateurs.* Ce titre sera accordé à toute personne faisant à la Société un don en espèces ou en nature d'une valeur minimum de trois cents francs ;

3° De *Membres à vie,* ayant racheté leurs cotisations par le versement une fois fait de la somme de cent francs ;

4° De *Membres correspondants ;*

5° De *Membres titulaires,* payant une cotisation minimum de six francs par an.

Tout membre titulaire admis dans le courant de l'année doit la cotisation entière de cette même année; la cotisation annuelle sera acquittée avant le 1ᵉʳ avril de chaque année.

ART. 16. — La Société publie un *Bulletin* mensuel où elle rend compte de ses travaux.

Les publications de la Société sont adressées sans rétribution à tous les membres.

ART. 17. — La Société n'entend prendre, dans aucun cas, la responsabilité des opinions émises dans les ouvrages qu'elle publie.

La Société recevra avec reconnaissance tous les objets d'Histoire naturelle et les livres qu'on voudra bien lui offrir pour ses collections et sa bibliothèque. Chaque objet, ainsi que chaque volume portera le nom du donateur.

BULLETIN

DE LA SOCIÉTÉ DES

SCIENCES NATURELLES

DE SAONE-ET-LOIRE

CHALON-SUR-SAONE

29ᵉ ANNÉE — NOUVELLE SÉRIE — TOME IX

Nᵒˢ 3-4. — MARS-AVRIL 1903

Mardi 7 Avril 1903, à huit heures du soir, réunion mensuelle au siège de la Société, rue Boichot, Musée Denon

DATES DES REUNIONS EN 1903

Mardi, 13 Janvier, à 8 h. du soir.	Mardi, 9 Juin, à 8 h. du soir.
Dimanche, **8 Février**, à 10 h. du matin	— 7 Juillet —
ASSEMBLÉE GÉNÉRALE	— 11 Août —
Mardi, 10 Mars, à 8 h. du soir.	— 13 Octobre —
— 7 Avril —	— 10 Novembre, —
— 12 Mai, —	— 8 Décembre —

CHALON-SUR-SAONE

ÉMILE BERTRAND, IMPRIMEUR-ÉDITEUR

5, RUE DES TONNELIERS

—

1903

Nouvelle Série.   29ᵉ Année. Nᵒˢ 3-4   Mars-Avril 1903

BULLETIN

DE LA

SOCIÉTÉ DES SCIENCES NATURELLES

DE SAONE-ET-LOIRE

CHALON-SUR-SAONE

SOMMAIRE :

PRIX WILLIAM HUBER

Nous lisons dans un journal de Paris l'entrefilet suivant :

« La Société de géographie de Paris vient de décerner
le prix William Huʋer à M. Paul Privat-Deschanel, pour
ses travaux géologiques et géographiques sur le Beaujolais. »

Nous sommes heureux d'adresser, au nom de la Société,
les plus sincères félicitations à notre jeune et distingué
memоre correspondant, dont les récents et remarquaоles
travaux, joints à ses mérites personnels, lui ont valu une
оourse de voyage autour du monde.

La géographie, comme les sciences naturelles, ne
pouvait avoir un champion plus digne.

H. G.

Les Vacances Scolaires

Par M. le Dʳ Jules BAUZON a. ⚜

**Mémoire couronné par la Société d'Hygiène de l'Enfance
Concours 1902. — Médaille de Vermeil**

> « On n'a de belles forêts qu'à la
> condition de ne répudier aucun sa-
> crifice pour fertiliser les pépinières. »

AVANT-PROPOS

L'Œuvre des ons jeudis n'a certes pas été
étrangère à la pensée qui a inspiré la Société
d'hygiène de l'enfance de mettre au concours :
« Les vacances scolaires. »

En décernant le diplôme d'honneur à l'Œuvre des ons
jeudis fondée par M. Good, la Société a voulu montrer qu'elle tenait à récompenser et à donner en exemple
cette création appelée à rendre de si grands services aux
enfants et aux parents.

En détaillant le fonctionnement de cette œuvre philanthropique, l'honorable président de la Société d'hygiène de
l'enfance a tracé tout notre programme. M. le député
Chassaing, dans une analyse aussi paternelle que pratique, nous a fait entrevoir tous les ienfaits que nos
enfants pourraient en recueillir.

Si tels sont les résultats otenus par M. Good un
jour par semaine et sur la seule initiative d'un particulier, comien plus grands et plus profitales seraient

ceux d'une institution sociale, organisee par l'État ou par une Société puissante, qui, pendant les longues semaines des vacances, s'occuperait des enfants que les parents ne peuvent surveiller !

Cette catégorie d'enfants est beaucoup plus nombreuse que l'on ne suppose et n'est pas la moins intéressante.

Enfants d'ouvriers, d'artisans, de petits commerçants, d'employés et même de fonctionnaires, qu'êtes-vous destinés à devenir pendant ces longues semaines de vacances, vous qui ne pouvez compter sur votre père ou sur une personne sérieuse pour surveiller vos ébats, vos jeux, vos parties de plaisir, vos promenades et vos fréquentations ? Serez-vous toujours livrés à vous-mêmes et à la promiscuité de tous vos voisins de rue ou de quartier ?

Si nous désirons écrire un travail pratique, nous devons surtout nous occuper de la population infantile des bourgs et des centres plus ou moins importants ; car dans les campagnes les vacances scolaires sont singulièrement modifiées et ne rentrent que bien indirectement dans notre programme.

Dès le printemps, le plus grand nombre des enfants cessent de fréquenter l'école pour aller garder le bétail ou pour rendre quelques services à leurs parents. Nous ne pouvons, au point de vue de l'instruction, que déplorer ces coutumes, mais l'hygiène ne peut les condamner. Grâce à cette vie active en plein air, ces enfants voient leur santé et leurs forces se développer au détriment de leurs facultés intellectuelles et en dépit des lois scolaires.

Dans certaines villes de l'Est et du Sud-Est, certains parents ne craignent pas de retirer de l'école leurs enfants dès l'âge de 10, 11, 12, 13 ans, pour les placer à maître, de Pâques à la Toussaint, c'est-à-dire d'avril à novembre, moyennant une redevance qui atteint souvent 50 et 60 fr., plus la nourriture et l'entretien.

Nous n'avons qu'à signaler ces faits qui font disparaître

les vacances. Nous n'aurons donc pas à nous occuper des enfants des campagnes, car lors même qu'ils auraient fréquenté l'école toute l'année, leurs familles, pendant les six ou huit semaines de vacances, sauront les utiliser en les faisant participer chaque jour aux travaux paternels.

Nous ne nous occuperons que très accessoirement des élèves des collèges, lycées et de tous les établissements d'enseignement secondaire et supérieur. Ces jeunes gens pour le plus grand nombre appartiennent à des familles pouvant s'occuper d'eux pendant les vacances et sachant trouver des distractions, des amusements et de petits travaux en relation avec leur âge.

Notre mémoire sera plus spécialement rédigé pour les élèves des écoles primaires des centres populeux où les enfants à leur sortie de l'école ne peuvent trouver dans leur famille ni guides, ni gardiens.

Nous songerons plus particulièrement aux jeunes garçons : ils ont besoin de plus de surveillance et ne peuvent comme leurs sœurs trouver auprès de leurs mères une occupation aux petits soins du ménage. — Toutefois, nous n'oublierons pas les petites filles, et nous montrerons qu'elles devront aussi tirer grand profit, au point de vue de la santé, de l'éducation et de l'instruction pratique, de l'Œuvre des bonnes vacances.

CHAPITRE PREMIER

Les Vacances

Les vacances, mot fatidique et qui nous reporte bien loin, lorsque nous entonnions le « denique tandem », que d'espérances, que de joies, que d'enthousiasme dans ces mots « les grandes vacances »! Faut-il l'avouer cependant, il nous semble que les générations qui nous ont succédé ne les désirent plus comme nous les désirions,

ne les comprennent plus comme nous les comprenions.
Est-ce nous, qui avec les années ne voyons plus avec les
mêmes yeux? Est-ce que les changements de programmes,
de systèmes d'études, d'éducation, de mœurs, ont modifié l'état d'âmes de nos successeurs? Nous aurions à ce
point de vue une étude à faire, qui certes ne manquerait
pas d'attrait. Mais nous devons nous borner, pour rester
dans le programme, à rechercher le meilleur emploi des
vacances scolaires.

Si nous consultons le grand Littré, nous voyons que le
mot *vacances* vient du latin *vacare* (être vide, manquer)
et que ce mot désigne dans l'espèce l'intervalle de repos
accordé à des élèves ou des étudiants. Nous pourrions
même ajouter que le désir de tout Français et probablement de tout habitant du globe est de prendre des vacances en attendant la réalisation de ce rêve: vivre de ses
rentes ou pour le fonctionnaire prendre sa retraite, c'est-
à-dire entrer dans une période de vacances perpétuelles.
Désillusion le plus souvent! lorsque l'heure du repos
arrive la force et la santé morale et physique ont disparu, et lorsque nous pourrions manger de bonnes choses,
nos dents sont ébranlées et nos estomacs s'accommodent
mal de mets qui auraient été si savoureux dans notre jeunesse.

Cette digression nous amène à nous demander si l'in-
terruption de 6 à 8 semaines de travaux scolaires est bien
comprise, s'il ne serait pas plus utile et plus profitable
pour les élèves de répartir ces semaines de repos sur diverses parties de l'année, que de les réunir en une seule
période.

L'arc, a-t-on répété si souvent pour justifier l'institution
des vacances, ne saurait être toujours tendu, si l'on veut
qu'il conserve sa souplesse, son élasticité et ses vibrations; nous pourrions, il me semble, dire avec plus de
justesse que s'il reste trop longtemps sans être bandé,

il perdra sa flexibilité et pourra casser net lorsque la corde viendra de nouveau le tendre.

Si l'on veut nous permettre d'exprimer sincèrement notre pensée, nous ne craindrons point d'affirmer que pour les enfants des écoles primaires, que pour les enfants d'ouvriers des grandes villes les vacances telles qu'elles sont comprises sont néfastes.

Mais, me direz-vous les vacances sont nécessaires pour les maîtres ! Peut-être, et au demeurant ne pourrait-on, comme dans plusieurs administrations, arriver au moyen d'un roulement à satisfaire tout le monde.

Nous ne saurions en tous cas les justifier par l'exemple de la magistrature, qui, pour obéir à de vieilles coutumes moyenâgeuses, suspend régulièrement ses pénibles travaux pendant plus de deux mois, sans préoccupation de laisser en suspens les intérêts moraux et pécuniaires d'un grand nombre de citoyens.

Les vacances semblent donc plutôt instituées pour les professeurs que pour les élèves. Nous devons toutefois distinguer. Ainsi pour les pensionnaires, pour les élèves internes et pour les jeunes gens des classes supérieures, nous les comprenons et les demandons. Mais pour les élèves des classes primaires pour des enfants de 7 à 13 ans, nous pensons après les avoir longtemps fréquentés que les vacances sont à tous les points de vue plus nuisibles qu'utiles. On ne saurait invoquer ni le surmenage, ni le besoin de renouer la vie de famille. Malheureusement il ne dépend pas de nous de pouvoir changer cet état de choses et même d'aller contre une tendance qui cherche à augmenter la durée des vacances plutôt qu'à la diminuer. Par l'Œuvre des bonnes vacances nous allons essayer de remédier à leurs inconvénients.

Pour les élèves de l'enseignement secondaire, les vacances vont de fin juillet au commencement d'octobre, deux grands mois.

Pour les élèves de l'enseignement primaire, dans le département que nous haɔitons, elles ont été cette année ainsi fixées : du 17 août au 30 septemɔre dans les écoles où le personnel a droit à six semaines de vacances.

Du 10 août au 30 septemɔre dans les écoles où le personnel a droit à sept semaines de vacances.

Du 3 août au 30 septemɔre dans les écoles dans lesquelles le personnel a droit à huit semaines de vacances.

L'arrêté préfectoral montre ɔien que les vacances et leur durée sont fixées plutôt pour les professeurs que pour les élèves.

Au demeurant, qu'elles soient de 6 ou 8 semaines, cette période est trop longue pour de jeunes enfants qui ne pourraient être surveillés. Non seulement ils ouɔlieront ce qu'ils ont appris et perdront l'haɔitude du travail, mais seront exposés à contracter toutes espèces de mauvaises haɔitudes, sans parler des fréquentations plus ou moins suspectes et des conversations plus ou moins liɔres.

Dans les grands centres, les enfants non surveillés par les parents, finissent par faire de petits vagaɔonds que la rentrée des classes ne retrouvera plus.

Dans les taɔles de statistiques officielles, puɔliées par M. Alɔanel, juge d'instruction au triɔunal de la Seine, nous relevons :

Sur 600 enfants mineurs arrêtés :

17 âgés de moins de 10 ans, dont 6 pour vagaɔondage, 8 comme voleurs, 3 comme mendiants.

19 âgés de 10 ans, dont 10 vagaɔonds, 9 voleurs.

46 âgés de 11 ans.

53 âgés de 12 ans.

97 à l'âge de 13 ans.

113 à l'âge de 14 ans.

259 à l'âge de 16 ans.

Il aurait été intéressant de connaître l'influence des vacances sur ces arrestations.

Nous ne voulons pas noircir le tableau et donner un relevé de tous les accidents arrivés aux enfants pendant la période des vacances. Bras démis ou fracturés, jambes brisées, noyades, plaies et accidents de toute nature forment un coefficient très élevé par rapport aux mois des classes.

L'époque des vacances est-elle bien choisie ?

En mars 1891, le *Petit Journal* a provoqué un *referendum* sur cette question. Faut-il avancer l'époque des vacances ? 91.007 de ses lecteurs répondirent : oui. 9.914, non [1].

La voix du peuple semble bien indiquer que juin, juillet ou août conviendraient mieux que septembre : les jours sont plus grands, la température plus élevée, et le séjour au grand air ferait plus de bien à nos enfants, Mais de même que pour la durée, nous aurons à lutter contre une coutume difficile à modifier. Cependant nous devons constater que chez tous les peuples de l'Occident, on tend à faire commencer les vacances plus tôt et à rapprocher leur début du 14 juillet. Nous avons connu une époque où les vacances ne commençaient, pour l'enseignement secondaire, que vers le 15 août. Malheureusement si on cherche à faire commencer plus tôt, on laisse la rentrée à la même époque.

Nous avons vu que dans l'enseignement primaire, les vacances ne partaient encore que du milieu d'août. Si nous avions un vœu à formuler, nous demanderions surtout pour les enfants de nos écoles primaires que les vacances aient lieu en juillet.

Si ce n'était la question des maîtres, nous dirions que pour les enfants des classes infantiles nous ne voyons

1. Dans le département de Saône-et-Loire, il y eut 409 oui et 111 non.

pas la nécessité des vacances, que pour les écoles primaires, filles et garçons, nous comprendrions les vacances d'une façon spéciale.

Nous réunirions encore nos enfants, mais ce serait pour la classe en pleine air, pour la classe des promenades, des jeux surveillés, la classe des leçons de choses, la classe des distractions, des causeries, des lectures, des entretiens familiers, faits par un personnel spécial, pendant que le personnel ordinaire sacrifierait à l'ancienne coutume et irait se retremper.

Ainsi comprises, les vacances seraient de longues récréations instructives où les exercices physiques, les enseignements manuels, les lectures et les entretiens familiers remplaceraient les devoirs et les leçons. Nos enfants n'en retireraient pas de moindres résultats, c'est ce que nous allons exposer dans le chapitre suivant.

CHAPITRE II

Réglementation et Organisation des Vacances scolaires. — Colonies scolaires. — Œuvre lyonnaise des Enfants à la montagne

Il ne dépend de nous de pouvoir modifier ni la durée ni l'époque des vacances, mais nous pouvons et devons appeler l'attention des Sociétés philanthropiques et même et surtout de l'État pour arriver à en atténuer non seulement les inconvénients, mais encore à rendre profitable au point de vue de la santé physique et morale ces longues semaines de repos.

La société qui s'est substituée aux pères de famille pour instruire leurs enfants ne remplira tous ses devoirs que le jour où elle complétera l'instruction par l'éducation, et surtout par la surveillance constante des enfants. Il ne faudra plus que nos pupilles soient exposés pendant ces

longues semaines d'oisiveté, à perdre ce qu'ils ont appris,
et surtout ne soient presque fatalement entraînés à contracter des habitudes et des mœurs sinon vicieuses, du
moins trop libres.

Les vacances telles que nous les comprenons ne seront
point cependant une pénitence ni une punition : nous
saurons assez distraire nos enfants, les amuser, les intéresser pour leur faire oublier le vagabondage de la
rue et leur faire comprendre que notre direction ne fait
que remplacer celle de leurs parents.

La présence journalière à l'Œuvre des bonnes vacances
ne sera certes pas obligatoire. Viendront à nous ceux que
les parents voudront bien nous confier. Quand notre œuvre
sera connue nous sommes bien persuadés que peu d'élèves
nous manqueront et que les absences seront de plus en
plus rares. Toute facultative que soit la présence, il sera
bon de faire comprendre aux parents l'utilité de prévenir
de l'absence, quand pour un motif ou un autre l'enfant restera vers ses parents. On évitera ainsi des inquiétudes
réciproques.

L'heure de l'arrivée pourra être sinon facultative, du
moins plus élastique. En tous cas, les enfants seront autant
que possible prévenus des projets du lendemain, et parfois
plusieurs jours à l'avance de certaines parties de plaisir.
Nous désirerions même que par une note tirée au polyco-
piste, autographiée, les parents soient prévenus de certaines promenades. On les intéresserait ainsi aux exercices
de leurs enfants, et ce ne serait pas pour eux une moindre
satisfaction que de savoir qu'ils sont traités comme les fils
des riches et que l Œuvre des bonnes vacances ne néglige rien pour les amuser et les intéresser.

L'emploi de la journée pourrait être ainsi réglé, sauf
modification, suivant l'état du ciel :

Arrivée entre 8 et 9 heures, jusqu'à neuf heures chacun
serait libre de jouer ou courir. Pour nos enfants, nous

préférons les jeux mouvementés. Aussitôt que le nombre
le permettrait, nous ferions organiser des jeux de barre,
de paume, de courses, etc. Nous tolérons les jeux de
billes, en faisant remarquer que l'usage des billes serait
plus rationnel pendant les vacances, qu'à la rentrée. Un
usage général non seulement de nos régions, mais nous
l'avons constaté, à l'étranger, fait que ce jeu, qui demande
à mettre constamment les mains à terre ait tout son épanouissement au commencement de l'année scolaire, c'est-
à-dire en octobre et novembre, tandis qu'en été, alors que
la terre est sèche, nous voyons rarement nos enfants faire
des parties de billes (gobilles). Nous n'avons pu trouver
la raison de cette anomalie.

Vers neuf heures, lorsque tout notre petit monde sera
réuni nous aimerions à leur entendre entonner un chant
gai et entraînant qui mettrait un peu de mouvement et
d'animation. Après ce chant, nous ferions une lecture à
haute voix d'un ouvrage à la portée de nos enfants. généralement une histoire récréative, qui ne demanderait que
quinze à vingt minutes ; vers 9 heures et 1/2 tous nos enfants se livreraient selon leurs goûts, les uns aux divers
jeux que nous décrirons plus loin, d'autres à tour de rôle
s'exerceraient à divers métiers manuels dont nous aurons
également à parler. La salle de lecture serait ouverte en
même temps que celle des jeux. Les enfants pourraient
aller de la cour au gymnase, du préau à l'atelier ou à la
salle de lecture ; nous ne leur demanderions qu'une chose,
ne pas troubler les jeux de ceux qui jouent et ne pas
déranger ceux qui travaillent ou qui désirent lire.

Vers 10 heures 1/2 ou 11 heures. nous réunirions à nouveau tous nos enfants pour une causerie ou entretien
d'un quart d'heure sur un sujet intéressant et pratique.

Nous ne parlerons pas des livres et ouvrages à donner
à nos enfants. Ce sera à l'Œuvre de les choisir appropriés
aux âges et sexes.

Pour le matériel, nous devons énumérer :

Les quilles, le tonneau, les fléchettes, passe-boules, lawn-tennis, croquets, batte, raquettes, balles, billes, footballs, baguettes, et spécialement pour les filles, cerceaux, cordes à sauter, volants, etc. : les jeux de patience, les dominos, lotos, les dames et même quelques jeux de cartes, portant des sujets de géographie ou d'histoire, pour les jours de mauvais temps.

Le gymnase comprendra les anneaux, le trapèze, les échelles de corde, lisses et à nœuds, et surtout la balançoire. Nous ne saurions décrire tous ces jeux, mais pour éviter toutes discussions qui souvent dégénéreraient en bataille, il serait bon que chaque enfant fût inscrit ou eût un numéro de tour et que le temps de l'usage d'un jeu fût réglé et limité. Le surveillant saurait les répartir équitablement, en évitant tout ce qui peut susciter la jalousie des enfants. Quand nos ressources le permettraient, il serait agréable d'avoir un ou deux vélocipèdes où les plus grands apprendraient à monter : ce ne serait pas un des moindres attraits de nos réunions.

Il serait fort avantageux de pouvoir installer dans nos écoles quelques instruments de métiers usuels, tels qu'établis, petits rabots, marteaux, tenailles, scies, scies à découper, brouettes, pelles, pioches, avec lesquels les enfants s'amuseraient autant sinon plus qu'avec les jouets. On pourrait ainsi découvrir leurs aptitudes et leurs goûts.

Pour les fillettes, on réserverait des ouvrages manuels de broderies ou de coutures, de tricots, sans compter les jeux faits avec des cartonnages et des papiers.

Ainsi pendant nos vacances, pas de devoirs ni de leçons, mais des lectures, des jeux, des occupations manuelles, des causeries, des entretiens, en un mot, de véritables leçons de choses.

Une science qui ne fait pas encore partie des programmes scolaires, et qui trouverait sa place pendant les vacances, serait les notions d'hygiène.

On pourrait faire comprendre aux enfants la nécessité de tenir propres toutes les parties du corps, l'utilité des ᴐains, des frictions.

On leur enseignerait la façon de se tenir à l'école, à la maison, l'utilité des exercices. On développerait quelques notions sur les principales fonctions du corps, sur la respiration, sur la digestion, sur l'art de manger et de ᴐoire. On pourrait même indiquer, les précautions nécessaires pour éviter certaines maladies. Des entretiens sur les inconvénients et les dangers de l'aᴐus du taᴐac et des boissons alcooliques, seraient également tout indiqués.

Les après-midi de nos vacances seraient généralement réservés aux promenades, aux éᴐats au grand air, car nous ne devons pas l'ouᴐlier, nous sommes en vacance et non en classe. Pour que ces promenades soient profitaᴐles, elles devront être proportionnées aux petites jamᴐes de nos enfants. Le but sera la recherche des lieux omᴐreux, à l'aᴐri du soleil, du grand vent et des automoᴐiles; quelquefois nous donnerons la préférence au cours d'un ruisseau, d'autres fois à un vaste espace où l'on pourra jouer et courir.

Ce n'est assurément pas médire de la gymnastique enseignée au moyen du trapèze dans une cour étroite, souvent sans air et sans grande lumière, que de déclarer que nous lui préférons, sans grande hésitation, une ᴐonne promenade au grand air, dans un champ, sur une prairie où les enfants pourront jouer, sauter, gamᴐader au soleil, à la lumière, ces merveilleux agents de la santé.

Dans les étaᴐlissements d'enseignement secondaire ou primaire supérieur, où les enfants appartiennent à des parents de classe aisée, il y a chaque semaine des promenades oᴐligatoires surveillées par un professeur. Pour les écoles primaires[1] qui se recrutent surtout parmi les enfants du peuple, dans un milieu où le père et la mère ne peuvent s'occuper de leurs enfants, il n'existe pas, que nous sachions, de surveillance ni de promenade les jeudis et les dimanches.

Ces promenades organisées pendant l'année scolaire compléteraient avantageusement l'œuvre de M. Good.

De temps en temps, tous les 8 ou 15 jours, on pourrait organiser de plus grandes promenades, sinon pour les plus jeunes, du moins pour les plus grands. Les enfants emporteraient un repas auquel l'Œuvre des ɔonnes vacances ne craindrait pas d'ajouter un supplément.

Dîner en plein air, sur l'herɔe, serait un plaisir et une attraction ɔien grande pour nos enfants, la joie qu'ils en éprouveraient nous récompenserait largement, sans omettre les ɔienfaits hygiéniques que nous leur aurions procurés.

Voyages scolaires. — Colonies de Vacances et Œuvres des Enfants à la montagne

Nous ne saurions dans ce travail passer sous silence les voyages scolaires, les colonies de vacances et surtout l'Œuvre des enfants à la montagne, ɔien que les voyages scolaires ne soient généralement pas destinés aux élèves des classes primaires, mais plutôt aux élèves des classes primaires supérieures, des écoles professionnelles et surtout des écoles de l'enseignement secondaire et supérieur.

Les voyages scolaires ne sont point une invention de nos jours. Tœpffer, dans ses immortels Voyages en zigzag, a depuis longtemps raconté les pérégrinations d'un pensionnat à travers la Suisse. Nous pourrions même remonter à Montaigne qui, parlant de l'éducation, dit

1. Les Congréganistes ont si bien compris cette lacune, que deux fois par semaine ils conduisent leurs élèves en promenade, même les externes et les tout jeunes enfants.

que : « L'honneste curiosité trouve sa satisfaction dans les voyages, même dans les petites excursions, où il y a toujours à apprendre, quand elles sont faites sous la direction d'un maistre éclairé. » Les excursions de vacances ne sont que de la pédagogie pratique, de l'éducation en plein air. Elles développent l'esprit d'observation et sont une véritable leçon de choses. Les moindres fleurs, le petit insecte, le caillou du ruisseau, les obstacles de terrain, les constructions donnent lieu à une causerie instructive.

Les promenades, les voyages bien compris doivent, chez les enfants, développer l'amour de la nature.

« Aimer la nature, en comprendre, en goûter les beautés, tour à tour délicates et grandioses, ce n'est pas chose indifférente et que l'éducation puisse dédaigner [1]. »

Apprendre aux enfants à dire et à écrire ce qu'ils ont vu et ressenti, leur faire décrire les choses vues est peut-être la plus solide façon de les instruire et de leur apprendre à juger et à apprécier. A coup sûr, ce sera le meilleur moyen d'en faire des personnalités, voyant, pensant et jugeant par eux-mêmes.

Si l'institution n'est pas nouvelle, nous devons cependant constater que de nos jours l'œuvre des voyages scolaires tend à juste raison à prendre de grands développements. Nous ne devons pas parler de ces grandes caravanes organisées dans certaines écoles pour faire visiter à leurs élèves l'Angleterre, l'Écosse, l'Allemagne, la Russie, etc. Nous ne pouvons également songer à donner en exemple et règle de conduite les voyages scolaires qui à l'exemple de ceux de Tœpffer, sont organisés tous les ans par les écoles Turgot, Colbert, Lavoisier, J.-B.-Say.

Les élèves de ces écoles sont plus âgés, et la ville de Paris, si généreuse et si riche qu'elle soit, ne pourrait

1. Buisson.

faire participer à ces excursions tous les enfants de ses écoles communales, à plus forte raison, les autres villes de province. Mais il serait à désirer que tous les enfants des villes puissent aller passer tout ou partie du temps des vacances à la campagne, c'est dans ce but que la municipalité lyonnaise a organisé l'Œuvre si pratique des enfants à la montagne.

Œuvre lyonnaise des Enfants à la montagne

Cette année, en août, la municipalité lyonnaise ou plus exactement la caisse des écoles de la ville de Lyon a envoyé 180 enfants des écoles municipales dans les montagnes de l'Ardèche. L'altitude des fermes où ont été placés les enfants varie entre 500 et 800 mètres, altitude de choix. La température moyenne de ces régions pendant l'été est de 19°, et l'on n'observe pas ces brusques et dangereuses transitions entre la chaleur de l'après-midi et le froid vif de la nuit.

La ventilation y est suffisante sans être excessive, les grands vents du Nord étant notablement atténués par des monts plus élevés.

Les enfants ont trouvé dans les meilleures conditions la nourriture, la température, l'air pur et le soleil, ce grand vivificateur.

Les résultats obtenus, dit le Dr Cuzin, ont dépassé toutes les prévisions. Les enfants avaient été examinés et triés avant le départ, pour éviter l'envoi et le déboire d'enfants tuberculeux. L'augmentation du poids notamment a été remarquable: chez les garçons, la moyenne d'augmentation est de 2 k. 500 et de 3 kilog. chez les filles. Le moral comme le physique des enfants ont été profondément modifiés en bien.

« Il est d'observation courante que lorsqu'une personne habitant la ville vient séjourner à la campagne, elle éprouve

aussitôt des changements considéra)les dans son état général : l'appétit augmente, le teint s'anime sous l'influence
d'une respiration plus oxygénée, les com)ustions sont
plus actives, le nom)re des glo)ules du sang s'accroît
rapidement, toutes les fonctions s'accomplissent avec
plus d'énergie, le corps prend du poids et de la vigueur,
c'est une revie[1]. »

« A ce seul titre de séjour d'immunité, de cure pré-
ventive, l'Œuvre des enfants à la montagne doit nous
intéresser. Envoyons donc nos enfants fai)les à la montagne ! Qu'ils aillent lui demander son air pur et vivifiant, ses horizons admira)les, le calme, les saines et
précieuses émanations des)ois !

Cette idée des colonies de vacances purement hygiéniques est encore récente, et cependant elle a pris depuis
peu une grande extension.

L'Allemagne, le Danemar<, la Suisse depuis quinze
ans ont adopté cette pratique. En France, Paris, Lyon,
Saint-Étienne l'essayent sous l'impulsion de M. Cottinet,
administrateur de la caisse des écoles de Paris, de M. Beau-
visage, adjoint au maire de Lyon, de M. Comte, pasteur à
Saint-Étienne. Paris envoie ses enfants aux environs de
Chaumont, Saint-Dié, Compiègne ; Lyon dans l'Ardèche,
Saint-Étienne dans les montagnes de la Haute-Loire. Partout les résultats o)tenus sont merveilleux.

Faisons remarquer que l'on demande 25 fr. aux parents
pour la durée d'un séjour d'un mois. Si minime que soit
cette somme, il serait à désirer qu'elle pût être laissée à
la charge de l'Œuvre ou des municipalités.

Assurément toutes ces améliorations, toutes ces œuvres
ne pourront se créer et fonctionner sans demander aux
particuliers, aux villes et à l'État des su)ventions plus
ou moins fortes. Il faudra même un)udget spécial rat-

1. Cuzin.

taché au futur Ministère de l'hygiène publique pour rémunérer le personnel, pour l'achat des jeux et petits ateliers, pour les frais de promenades, pour les suppléments de repas, pour le séjour à la campagne. Cette dépense sera du vrai et du bon socialisme et ne sera pas stérile. L'État en trouvera la compensation dans ces générations saines, fortes et instruites qui feront sa force et son orgueil, tout en assurant sa sécurité.

La France doit se souvenir de son rôle civilisateur et ne pas en philanthropie se laisser dépasser par les autres nations. — Elle doit se souvenir que l'enfant c'est l'homme de demain, et qu'elle ne saurait trop faire pour l'enfant : « car s'il est beau de construire des hospices pour abriter les vieillards, s'il est beau de ne rien négliger pour adoucir les souffrances et pour rendre la santé aux trop nombreuses victimes des accidents, des intempéries, de l'hérédité, de la misère et des vices physiques et moraux, il est mieux et plus utile de ne rien négliger pour donner à l'État, à la société et à la famille des générations fortes et robustes, aptes à supporter toutes les charges et tous les devoirs du père de famille et du citoyen. »

(Maxime du Camp).

Contribution à l'étude de la Flore adventice française

L'IMPATIENS PARVIFLORA D.C.

Sur les deux cents et quelques espèces que compte le genre *Impatiens L.*, nous n'en avons en France qu'une seule d'indigène, l'*I. noli-tangere* L., que l'on trouve çà et là dans les montagnes et les bois du Nord, de l'Est, et du Centre.

Cependant, il en est une autre, beaucoup moins connue, que l'on peut rencontrer dans plusieurs localités, et que la plupart des flores générales ne signalent pas, sans doute parce que c'est une espèce adventice à laquelle elles ne reconnaissent pas encore droit de cité[1]. C'est l'*I. parviflora*, DC., Impatiente à petites fleurs, qui va faire l'objet de cette étude.

Elle présente les caractères distinctifs suivants :

Plante annuelle, de 20-40 cm. — Tige dressée, simple ou peu rameuse, *à peine renflée aux nœuds.* — Feuilles alternes, simples, sans stipules, atténuées en court pétiole, minces, glabres, ovales acuminées, dentées en scie, les

---

1. C'est là un tort, à notre avis : une flore, qu'elle soit locale ou générale, qui veut être complète, doit signaler *toutes* les espèces que le botaniste peut rencontrer dans la région décrite, quitte à employer, comme le propose si justement M. le Dr Gillot, dans son *Étude des flores adventices,* une notation spéciale, des caractères différents, ou des signes conventionnels quelconques pour indiquer au premier coup d'œil les espèces non autochtones, ce qui faciliterait singulièrement les comparaisons et les recherches spéciales à ce point de vue.

H. G.

dents inférieures comme glanduleuses. — Inflorescences nombreuses, en cymes figurant des grappes *dressées*, à pédoncules longs et grêles, dépassant les feuilles ; fleurs 6 à 10 par cyme, sur des pédicelles étalés, plus longs que la fleur, irrégulières, *plus petites que dans l'I. noli-tangere*, ne mesurant que *10 à 12 mm.*, éperon compris, jaune pâle, *à peine tachées de roux à l'intérieur, à éperon droit, non recourbé.*

Fleurit de juin à août, lieux humides et ombragés ; rare.

Cariot, l'un des rares auteurs qui la signalent en France, la présente, dans sa *Flore descriptive du bassin moyen du Rhône*, comme originaire de Russie. Or, il résulte de nos recherches et des renseignements recueillis à ce sujet, que ce n'est point là sa véritable patrie, et que cette espèce n'est même pas d'origine européenne, mais bien asiatique.

En effet, elle est indigène dans toute la Sibérie orientale, la Mongolie, la Dzoungarie, le Turkestan, il est tout naturel que de là, elle ait passé en Russie, à une époque déjà ancienne sans doute, qu'il est difficile de préciser. Ce qui est plus certain, c'est que son introduction dans l'Europe centrale et occidentale remonte à moins d'un siècle, et qu'elle est due, comme beaucoup d'autres plantes, aux jardins botaniques.

En effet, on la trouve en 1831, cultivée dans celui de Genève (Suisse) ; en 1851, elle est signalée comme subspontanée près de Dresde (Saxe) ; en 1857, à Cracovie (Galicie) ; en 1867, sur le Schlossberg, colline isolée qui s'élève au milieu même de la ville de Gratz, en Styrie, à l'altitude de 400^m ; c'est là la localité la plus ancienne des Alpes Autrichiennes indiquée pour cette plante, où elle existe toujours, car elle a été distribuée récemment (1902) de cette provenance à la Société cénomane d'exsiccata. Depuis cette époque, elle paraît s'être répandue assez rapidement dans la plus grande partie de l'Europe centrale et septentrionale.

Actuellement, elle existe en effet : en Autriche, entre Gratz et ses environs immédiats, où elle est très abondante, à Köflach, à Salzbourg (très commune), à Linz (très commune), à Vienne, à Stockerau (rare), à Prague et une grande partie de la Bohème. Mais, partout, elle n'est signalée comme abondante que dans le voisinage des villes, et très rare ou nulle dans les campagnes.

En Allemagne, elle est aussi très répandue : à Brême, Oldenbourg, Hambourg, Schwerin, Greifswald, Dantzig, Königsberg, au Thiergarten de Berlin, à Francfort-sur-l'Oder, Breslau, Magdebourg, Dresde, Strasbourg, Metz, Carlsruhe, Heidelberg, Stüttgard, Ulm, Münich, etc.

En Russie, surtout dans les provinces de la Baltique ; en Suède, en Danemark, en Belgique (à Louvain) et jusqu'en Angleterre.

Plus près de nous, en Suisse, elle est bien connue également : elle foisonne dans les environs de Genève, où elle s'est répandue depuis 1840, s'échappant du jardin botanique de la ville, où nous avons vu qu'elle était cultivée dès 1831 ; elle forme le fond de la végétation au bois de la Bâthie, près Plainpalais, à 1/2 heure de la ville ; à Soleure, où elle existait déjà en 1867 ; à Baden (Argovie), sur les rives de la Reuss, de la Limmat, à Zurich, à Bâle, Berne, etc.

Dans ces conditions, il eût été surprenant qu'elle ne pénétrât pas en France, et en effet, les recherches faites à ce sujet nous permettent d'indiquer pour cette espèce plusieurs stations.

A Paris même, elle abondait sur les terrains vagues du Luxembourg dès 1861 ; actuellement, elle pullule dans les massifs du jardin de l'École de pharmacie et dans l'allée de l'Observatoire. On l'avait trouvée aussi sur les talus du chemin de fer de Versailles, à Meudon et à Viroflay, d'où elle semble avoir disparu. Mais elle s'est maintenue dans le Bois de Boulogne, au pré Catelán.

A Lyon, l'a) é Cariot indiquait, il y a une vingtaine
d'années déjà, les localités suivantes : les Chartreux, la
Mouche près de la Croix-Barret, le Vernay, Rochecardon,
à Saint-Didier-au-Mont-d'Or.

Nous pouvons y ajouter aujourd'hui : les Étroits, à la
Mulatière, où elle est commune dans les propriétés, sur
le coteau qui descend de Sainte-Foy vers la Saône ; le
Parc de la Tête-d'Or, où elle a)onde dans les taillis, le
long du chemin de fer de Genève ; la montée Saint-Boni-
face, à Caluire, près du monument de Castellane, et, à
Curis-au-Mont-d'Or, la route de Poleymieux et du Mont-
Verdun[1].

Au Mans (Sarthe), elle a été signalée dans le quartier
Saint-Vincent, autour de la cathédrale, et sur le terrain
du vieil hôpital. Divers)otanistes l'ont indiquée encore :
dans le Calvados, aux environs de Caen ; dans la Seine-
Inférieure, à Bol)ec, dans un)ois sa)lonneux, en pleine
campagne.

Telles sont les localités françaises de cette plante qui
sont venues à notre connaissance ; le nom)re peut en paraître assez restreint, mais il est très possi)le qu'elle
existe encore sur plusieurs autres points, où, étant assez
peu a)ondante, elle aura passé inaperçue. De nouvelles
recherches la feraient sans doute découvrir dans d'autres
stations, principalement autour des grandes villes qui
possèdent un jardin)otanique.

En effet, il résulte de cette étude que l'*I. parviflora*
peut être rangée dans la catégorie des plantes adventices
étrangères *horticoles*, et que sa propagation en France,
comme dans le reste de l'Europe, est due surtout aux
jardins)otaniques, d'où elle s'est échappée peu à peu.

Mais alors que la plupart des espèces introduites de

1. Ces 2 dernières stations. relevées par nous en 1895 et années suivantes, ont fait l'objet d'une première note dans le *Journal des natu-
ralïstes*, 1901, n° 8.

cette manière sont seulement passagères, et que leur apparition tout accidentelle n'est jamais de longue durée, celle-ci peut être considérée comme *bien naturalisée* en France où elle existe et se reproduit depuis de longues années dans plusieurs localités bien nettes, et se propage lentement, mais d'une façon continue dans d'autres, achevant ainsi ce grand voyage de l'E. à l'O. qui l'a amenée depuis le fond de l'Asie jusqu'en Normandie, des rives asiatiques du Pacifique à celles de la Manche et de l'Atlantique.

Il serait donc à désirer que les flores de France la signalent désormais, avec indication précise des localités, et la mention : Plante adventice asiatique, rare.

Bibliographie. — Botanistes qui se sont occupés de la question ou qui nous ont communiqué des renseignements :

Cariot et Saint-Lager. — Flore descriptive du bassin moyen du Rhône. — Lyon.

Dr Gillot. — Étude des flores adventices. — Lons-le-Saunier.

E. Chateau. — A propos de l'I. parviflora DC. (in Journal des naturalistes de Mâcon, n° 9, 1901).

— Question sur l'I. parviflora DC. (in Monde des plantes, 1er mai 1902).

J.-P. Hoschedé (in Monde des plantes, 1er juillet 1902).

Mouillefarine   —   —

H. de Boissieu (—   1er novembre 1902).

Dr G. Hock (in Botanisches Centralblatt, n° 5, 1900).

Dr Fritsch, professeur à l'Université, Gratz, Autriche.

Dr Gillot, à Autun (Saône-et-Loire).

E. Chateau, instituteur à Bourg-le-Comte (Saône-et-Loire).

H. Correvon, directeur du jardin botanique de Floraire, Genève.

H. Perret, Saint-Genis Laval, Rhône.

V. Aymonin, pharmacien, Doulevant-le-Château (Haute-Marne).

J. Ivolas, à Tours (Indre-et-Loire).

Que nous sommes heureux de pouvoir remercier ici de leur obligeance.   H. GINDRE.

    23 février 1903.

ANOMALIES DES ORGANES REPRODUCTEURS
Chez les Chrysanthèmes cultivés

N connaît depuis longtemps, grâce aux travaux de Capus, Knüth[1], Gérard[2], Guégen[3], la morphologie, l'anatomie et le rôle des organes reproducteurs dans le genre Chrysanthemum. M. Gérard a, d'ailleurs, dans un mémoire[4] devenu classique, décrit très minutieusement le mécanisme de la pollinisation dans ce genre, dont la culture intensive a donné, pendant ces dernières années, tant de variétés horticoles de haut mérite.

Il nous a paru intéressant de comparer les organes reproducteurs des fleurs de capitules de Chrysanthèmes, pris sur des plantes cultivées normalement, c'est-à-dire qui n'ont subi aucun pincement, soit de bourgeons axillaires, soit de jeunes capitules, à ceux des mêmes variétés cultivées intensivement.

Notre examen a porté sur 160 capitules en 80 variétés et sur environ 30 fleurs (fleurons ou demi-fleurons) de chaque capitule. Ces fleurs ont été examinées en allant de la périphérie au centre des capitules.

1. *Handbüch der Blütenbiologie*, 1898. Band II. Teil I, p. 622.
2. Sur la pollinisation chez les Composées, Campanulacées et Lobéliacées. *Bulletin de la Société d'horticulture pratique du Rhône*, 1897, p. 77.
3. Anatomie comparée du tissu conducteur, du style et du stigmate. *Journal de botanique*, 1902, p. 302 (Bibl. *ante*).
4. De la fécondation dans le Chrysanthème, 1898. *Mémoires lus au Congrès de la Société française des Chrysanthémistes*, Orléans, pp. 20-30.

Dans l'une et l'autre culture, nous pouvons distinguer deux sortes de capitules : 1° les uns ont suɔi partiellement la transformation de leurs fleurons en demi-fleurons. Il reste au centre des capitules un nomɔre plus ou moins considéraɔle de fleurons. Ces capitules sont appelés communément *creux*; 2° les autres ont suɔi une transformation complète de leurs fleurons en demi-fleurons. Ce sont des capitules *pleins*.

Examinons d'aɔord les organes reproducteurs des fleurs des capitules cultivés normalement.

Les demi-fleurons périphériques sont tous femelles *par avortement des anthères*. Les étamines ne sont représentées que *par leurs filets filiformes plus ou moins longs;* quelquefois même *le filet avorte* et *l'étamine est réduite à une légère saillie peu visible*. L'examen des demi-fleurons plus rapprochés du centre des capitules nous montre que les étamines, ɔien que représentées en totalité, ont suɔi simplement une *disjonction de la synanthérie*.

Les organes reproducteurs femelles de toutes les fleurs de ces capitules ont la constitution normale et connue. Il en est de même de ceux des fleurons centraux.

Dans le cas où tous les fleurons de ces capitules ont suɔi la *zygomorphie de la corolle*, les *anthères sont atrophiées* et *toutes les fleurs sont femelles*.

On peut donc conclure que chez les plantes cultivées normalement les anomalies résident surtout dans la *corolle qui devient zygomorphe* et dans l'*avortement total,* soit des *étamines*, soit seulement des *anthères*.

Voyons maintenant les fleurs des capitules des mêmes variétés cultivées par la méthode intensive.

Comme dans la première culture, les capitules peuvent être *creux* ou *pleins*, à la suite des transformations plus ou moins complètes des fleurons en demi-fleurons. Disons de suite que les demi-fleurons périphériques de ces capitules atteignent souvent des dimensions considéraɔles et que leurs organes reproducteurs montrent de très nombreuses anomalies.

1º Les organes mâles (étamines) de ces demi-fleurons ne sont en effet représentés que par :

α) Leurs filets filiformes, avec avortement total de sacs polliniques (C'est le cas le plus simple, et nous l'avons déjà décrit plus haut).

β) Deux ou trois lames rubanées, lancéolées, pouvant atteindre la moitié de la longueur des demi-fleurons qui les portent.

γ) Un filet normal surmonté d'une lame pétaloïde en fer de lance, résultant de la pétalisation de l'anthère.

2º Les organes femelles (pistils) de ces mêmes demi-fleurons ont, eux aussi, éprouvé des modifications importantes.

δ) Le style est surmonté d'un stigmate qui, au lieu d'être normalement bifide, possède trois et même quatre branches stigmatiques, lesquelles, à l'épanouissement complet des demi-fleurons, divergent peu ou point. Bien plus; une ou deux branches deviennent souvent pétaloïdes, les autres paraissant normales et bien constituées. Pourtant, quand on examine ces dernières sous le microscope, on constate une *diminution très notable des papilles stigmatiques* qui, au lieu d'être localisées sur toute la longueur de la marge des branches stigmatiques, en occupent une très faible partie. Les extrémités de ces branches qui, dans les fleurs normales, portent un bouquet de *poils disséminateurs*, en sont ici *presque totalement dépourvues*. Ces poils, en vertu du principe « *la fonction fait l'organe* », n'ayant plus à jouer aucun rôle, par suite de l'absence d'étamines, n'ont en effet plus de raison d'être.

ε) Le style et le stigmate se sont pétalisés entièrement dans l'intérieur de chaque demi-fleuron. Il y a la formation d'une deuxième ligule interne, et par suite le demi-fleuron est *une fleur double*.

Les papilles stigmatiques et les poils disséminateurs font, de ce fait, complètement défaut.

ζ) Le style et le stigmate se sont pétalisés (cas précédent) avec, en plus, dans le plan du demi-fleuron, formation d'un petit capitule entouré lui-même d'un certain nombre d'écailles membraneuses, représentant l'involucre de ce capitule secondaire. Il y a eu prolifération axiale de la fleur avec floriparité.

Nous avions déjà signalé[1] ce cas intéressant dans une variété horticole du *Chrysanthemum frutescens* L.

Ces capitules secondaires peuvent fleurir à leur tour et former ainsi sur le pourtour du capitule primaire des inflorescences secondaires qui rappellent celles de l'*Helychrysum bracteatum var. monstruosa, sous-var. polycephala.*

Inutile d'ajouter que ces demi-fleurons sont complètement stériles.

Si, de l'examen de ces demi-fleurons périphériques, qui conservent les anomalies de leurs organes sexuels sur plusieurs rangées, nous passons à celui des demi-fleurons plus centraux, nous constatons de nouveau l'absence totale de sacs polliniques. Les étamines sont réduites à leurs filets filiformes. Les styles et les stigmates sont normaux. Ces demi-fleurons sont donc femelles et, par suite, aptes à la fécondation.

Si la culture intensive n'a pas modifié complètement les fleurons du centre du capitule, ceux-ci ont conservé leurs organes reproducteurs et sont hermaphrodites.

En résumé, la culture intensive des Chrysanthèmes occasionne dans la fleur et dans les organes reproducteurs les anomalies suivantes :

1° Zygomorphie des fleurons ;

2° Avortement des étamines ;

---

1. *Annales de la Société botanique de Lyon*, 1899, XXIV (Extrait. pp. 1-5).

3º Avortement des anthères :

4º Pétalodie du filet des étamines ;

5º Pétalodie de l'anthère, le filet restant normal[1] ;

6º Dédoublement des branches stigmatiques ;

7º Pétalodie d'une ou de plusieurs branches stigmatiques ;

8º Avortement total ou partiel des papilles stigmatiques ;

9º Avortement total ou partiel des poils disséminateurs ;

10º Prolifération axiale de la fleur (1/2 fleuron) avec floriparité[2].

J. CHIFFLOT,

Membre correspondant, docteur ès sciences naturelles.

12 mars 1903.

---

1. Nous reviendrons, dans une note ultérieure, sur la pétalodie de l'anthère.

2. Les conséquences à tirer de ces anomalies, au point de vue de l'obtention des hybrides, ont fait l'objet d'une communication spéciale au Congrès d'Angers (novembre 1902).

LA CHAYOTE COMESTIBLE

(*Sechium edule* Sw.)[1]

Depuis le mois de janvier, il se vend, chez un marchand de primeurs du ɔoulevard de la Répuɔlique, des fruits exotiques, comestiɔles, d'origine ɔotanique encore douteuse, et venant, paraît-il, en droite ligne de Madagascar ?

Ces fruits sont pyriformes, et leur épiderme est recouvert d'aiguillons mous. Enfin, fait peu ɔanal pour une plante de la famille des Cucurbitacées, ces fruits ne possèdent qu'une seule graine, qui peut germer dans leur intérieur[2], lors de leur maturation complète.

Le poids de ces fruits varie entre 400 et 700 grammes. Il nous a paru bon de donner aux lecteurs de notre *Bulletin* quelques détails sur la plante qui produit ces fructifications intéressantes à plus d'un titre et qui sont vendues sous le nom vulgaire de Chayotes.

Synonymie. — Botaniquement parlant, la plante porte le nom de *Sechium edule* Sw. Elle appartient à la famille des Cucurbitacées et à la triɔu des *Sicyoïdeæ*[3] ou des Séchiées[4], caractérisée par 5 étamines, dont 4 rapprochées par paires, oppositipétales à anthères unilocu-

---

1. Swartz, *Flora Indica occidentalis*, 1797-1806, tome II, p. 1150-1152.
2. *Gardener's Chronicle*, 1865, p. 51, fig. 2.
3. Muller et Pax, *Cucurbitaceæ* in *Die Naturl. Pflanzenfamilien*, 1894.
4. Baillon, *Histoire des Plantes*, 1886, vol. VIII, p. 418.

laires, et par l'ovaire uniloculaire contenant un seul ovule anatrope descendant.

Le *Sechium edule* Sw. a pour synonymes :

> Cucumis acutangulus Descourt[1].
> Chayota edulis Jacq[2].
> Sechium Chayota Hemsl[3].
> Sechium americanum Lamk[4].
> Sicyos edulis DC[5].
> Sicyos edulis Jacq[6].
> Sicyos laciniata Descourt[7].

Les appellations vulgaires sont également nombreuses et variées, suivant les auteurs et les pays où l'on cultive cette plante. On la nomme :

Chayote d'après Jacquin[8]; Choco d'après Adanson[9]; Choco, Chayota, Chocho plant en Angleterre; Pepinella ou Cahiota à Madère et en Espagne; Chayote, Christophine, Chouchoute dans les Antilles; Chaiotl au Mexique; Chuchu au Brésil; Concombre à noyau, Concombre à ongles tranchants, Papangay ou Paponga, Sicyote laciniée et Syciote hérissée d'après Descourtilz[10].

Origine. — L'origine botanique de cette plante reste, à l'heure actuelle, très douteuse. Certains auteurs la donnent comme originaire du Mexique, d'autres la considèrent comme subspontanée dans l'Inde Occidentale. En réalité, l'aire de dispersion culturale de cette cucur-

---

1. Descourtilz, *Flore pittoresque et médicale des Antilles*, 1827, tome V, p. 94, fig. 328.
2. Jacquin, *Select. Stirp. amer.*, ed. pict., 1780, t. 265.
3. Hemsley, *Biolog. Centralbl. Am. Bot.*, I, p. 491.
4. Lamarck, *Encyclop.*, t. VII, p. 50.
5. De Candolle, *Prodromus syst. natur.*, pars III, 1828, p. 313.
6. Jacquin, *Enum. Plant. Carib.*, p. 32.
7. Descourtilz, *loc. cit.*, p. 103, fig. 331.
8. Jacquin, *loc. cit.*
9. Adanson, *Fam.*, t. II, p. 500.
10. *Loc. cit.*

bitacée est très étendue, car on la cultive depuis les
Indes Occidentales jusqu'au Mexique, au Brésil, à la Ja-
maïque, aux Antilles, en passant par l'Égypte, Madère,
l'Algérie, le sud de l'Espagne et les Açores où les Portu-
gais l'introduisirent seulement en 1850. Mais c'est surtout dans les Indes Occidentales et dans l'Amérique du
Sud, où l'on rencontre les plus vastes cultures de la
Chayote, dont le fruit et la plante elle-même servent à
de multiples usages.

Caractères. — La plante feuillée n'offre rien de remarquable. Elle est grimpante et sert, dans certains pays, à
garnir les murs, les tonnelles, les vieux troncs d'arbres,
comme on le fait dans nos pays à l'aide de la Glycine de
Chine. Les fleurs elles-mêmes, pas plus que celles de la
Bryone dioïque, qui court dans nos haies, ne méritent
d'attirer l'attention. Par contre, cette plante est précieuse
au point de vue botanique, à cause de la singularité de
son fruit.

Examinons les caractères botaniques de la Chayote :

La Chayote est une plante vivace, dont la racine charnue,
volumineuse, pèse jusqu'à 10 kilos. Elle ressemble à celle
de l'Igname, et comme celle-ci, elle est comestible et
même en a toute la saveur quand elle est cuite.

La tige est annuelle et peut atteindre de 4 à 14 mètres
de longueur. Elle est grimpante, ligneuse à la base,
cylindrique, munie de vrilles rameuses bi ou quinquéfides,
mais le plus souvent trifides.

Les feuilles partout scabres sont alternes, membraneuses, pouvant atteindre de 10 à 22 centimètres de longueur sur autant de largeur, digitinerves, cordées à la
base, anguleuses ou lobées, à lobes inférieurs plus ou
moins connivents, à lobe terminal triangulaire longuement acuminé.

Les fleurs sont unisexuées, monoïques. Les fleurs mâles

et les fleurs femelles ont un périanthe absolument semblable formé d'un calice campanulé à cinq divisions
étroites, de 5 à 7 millimètres de longueur sur 1 milli-
mètre et demi de largeur et d'une corolle rotacée, à cinq
divisions profondes, alternant avec celles des sépales. Elles
ont environ de 12 à 17 millimètres de largeur.

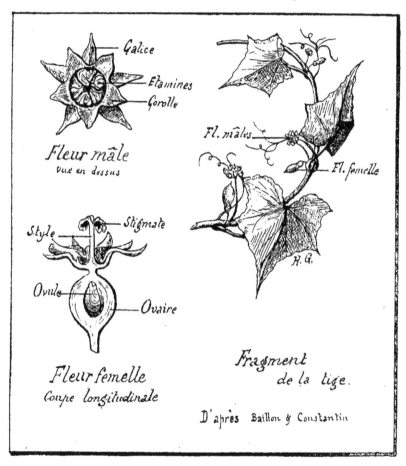

Fleur mâle
vue en dessus

Fleur femelle
Coupe longitudinale

Fragment
de la tige.

D'après Baillon & Constantin

Les fleurs mâles ont un androcée constitué par 5 étamines à filet étroit. Quatre anthères sont épipétales à
quatre sacs polliniques, la cinquième est épisépale à deux
sacs polliniques seulement. Les loges de ces anthères
extrorses sont flexueuses.

Le pollen est décagone globuleux, germant par dix pores.

Les fleurs mâles sont disposées en grappes allongées subfasciculées.

Les fleurs femelles sont solitaires ou géminées à l'aisselle des mêmes feuilles où s'insère la grappe de fleurs mâles. L'ovaire infère, lagéniforme, est formé de trois feuilles carpellaires dont deux sont arrêtées dans leur développement, ce qui rend l'ovaire uniloculaire. Le style long est surmonté d'un stigmate triloié à loies épais, contournés et suidivisés à leur tour.

L'ovaire ne contient qu'un seul ovule anatrope pendant.

Le fruit est une grosse iaie hérissée d'aiguillons mous, charnue, oilongue ou pyriforme, pouvant atteindre 10 à 14 centimètres de longueur sur 8 à 10 centimètres, suivant les deux autres dimensions.

Il porte 5 sillons principaux et chacun se divise au sommet du fruit en deux protuiérances, qui se recouroent au-dessus de l'ombilic, de façon à donner à cette partie du fruit, l'aspect que présentent les mains quand on les place l'une en face de l'autre, après avoir aiaissé les deux dernières phalanges.

Germination. — L'unique graine, qui mesure environ cinq centimètres de long sur trois centimètres de large, est exalbuminée. Elle est entourée d'un tégument épais, ilanchâtre avant sa maturité. Cette graine aplatie est renfermée dans une cavité réduite du fruit et contient un emiryon à deux cotylédons larges, charnus, légèrement convexes extérieurement, dont le plan médian est perpendiculaire au plan de symétrie du tégument de la graine. La radicule est tournée vers la partie supérieure du fruit, c'est-à-dire vers l'ombilic.

La germination de la graine s'effectue souvent' dans

---

1. *Gardener's Chronicle, loc. cit.*, et Muller et Pax, *loc. cit.*

l'intérieur du fruit à sa complète maturité. La radicule et les radicelles sortent par l'ombilic.

La photographie ci-contre, qui représente une section longitudinale du fruit (la graine ayant été respectée), montre nettement la nervation du tégument de la graine dont les cotylédons se sont légèrement gonflés quelques jours après avoir effectué la coupe ; à ce moment, la gemmule est apparue, mais ne s'est pas développée. Puis, les cotylédons ont séché par suite de la maturation incomplète de la graine et aussi par suite de l'absence de chaleur et d'humidité.

D'après une communication de M. Lemosy, notre collègue, M. Genty, directeur du jardin botanique de Dijon et membre correspondant de la Société des sciences naturelles de Saône-et-Loire, eut, tout récemment, la bonne fortune de recevoir de Valence (Espagne) une Chayote en pleine germination.

Avec les précautions d'usage il enleva avec grands soins la graine et la mit en pot sur couche chaude. Actuellement, la jeune plantule atteint 40 centimètres de hauteur. Nous avons, d'un autre côté, fait semer sur couche, au jardin botanique du Parc de la Tête-d'Or à Lyon, deux de ces fruits, et un troisième a été placé dans la serre d'un jardinier de Chalon. Nous donnerons plus tard, s'il y a lieu, une photographie représentant les premières phases de la germination de la graine.

Culture. — La culture de la Chayote déjà signalée[1] en 1853 en Algérie et qui commence à s'étendre de plus en plus, est d'ailleurs très facile. Qu'il suffise de savoir que la méthode de culture est identique à celle des Concombres.

Sous notre climat, la Chayote, peut, après avoir été semée sur couches, être repiquée en pleine terre à bonne exposition. Elle végétera parfaitement. La floraison com-

1. Naudin, Visite horticole en Algerie, *Revue horticole*, 1853, p. 155.

CHAYOTES AUX 3 5 DE LEUR GRANDEUR NATURELLE

A droite: le fruit entier.
Au milieu: section longitudinale montrant la graine.
A gauche: le fruit vu par l'ombilic (insertion du périanthe).

Cliché de M. H. Guillemi

mence en juin et les fruits arrivent à maturité (dans les pays chauds) d'octobre à décembre.

Il est donc préférable pour l'obtention des fruits dans nos pays de placer à demeure cette plante en serre froide, car il nous semble peu pratique de rentrer en serre à la fin de l'été une plante grimpante de cette dimension.

En Algérie, où cette plante est cultivée à l'air libre, un pied peut donner jusqu'à deux cents fruits et un hectare donne un rendement, d'après M. le docteur Trabut, de 50.000 kilos de Chayotes.

A Madère et aux Açores[1], un hectare contient 10.000 plantes qui donnent de 120.000 à 130.000 fruits de 600 à 700 grammes. Le rendement moyen est donc de 108.000 kilos.

Le prix de ces fruits est d'après les mercuriales londoniennes de 2 shillings 6 pence la douzaine, soit 3 fr. 10. Le revenu brut atteindrait donc à l'hectare au moins 30.000 francs aux Açores !

Les fruits de la Chayote déjà très communs sur les marchés de Londres, se montrent aussi à Paris. Il est à souhaiter que la culture de cette plante se généralise de plus en plus en Algérie et dans le midi de la France, et les Sociétés d'agriculture sont toutes désignées pour engager les agriculteurs à cultiver cette plante à grand rendement dont le fruit constitue un aliment sain et agréable.

Il serait aussi utile d'essayer la méthode du forçage dans les principales villes de France où bien des maraîchers sont outillés pour ce genre de culture.

Usages. — Le fruit de la Chayote est très rafraîchissant. Sa chair ferme, légèrement sucrée sert encore à l'engraissement du bétail aux Indes et dans l'Amérique du Sud.

Aux Antilles, on en fait des tartes avec du jus de citron

1. Müller et Pax, *loc. cit.*

et du sucre. A Madère, ce fruit est fort apprécié comme légume. A la réunion, on en prépare des conserves au naturel et les créoles en font leur mets favori.

On peut manger la Chayote comme le cardon : au gratin, à la sauce ɔlanche à la condition d'être relevée, au jus de viande, en salade ou ɔien encore farcie comme l'aubergine. On la consomme aussi[1] en la coupant en tranches, après l'avoir pelée ; ces tranches, ɔlanchies à l'eau ɔouillante, puis passées au ɔeurre, constituent un légume ayant le goût du haricot vert. En un mot, on les fait cuire et on les assaisonne de diverses manières.

Ce fruit, qui arriverait sur nos marchés à une époque où les légumes verts sont déjà rares, rendrait un grand service économique au pays. Malheureusement le prix en province, 1 fr. 60 le ʒilo[2], est trop élevé, si on le compare au prix des marchés anglais. Si on prend comme poids moyen du fruit 600 grammes, la douzaine pèserait 7.200 grammes, qui à raison de 1 fr. 60 le ʒilo donnerait le prix de 11 fr. 50 pour la douzaine, alors qu'en Angleterre le prix de celle-ci s'élève seulement à 3 fr. 10, comme nous l'avons déjà dit.

Chalon-sur-Saône, 10 mars 1903.

H. Guillemin et J. Chifflot.

Dans ma visite de ce jour au jardin ɔotanique de l'Arquebuse, à Dijon, j'ai eu le grand plaisir d'examiner la chayote dont nous avons parlé plus haut, page 90. Le jardinier-chef, M. H. Grimm, a eu l'amabilité de me montrer cette plante singulière. M. Genty reçut le fruit vers la mi-décembre. La plantule, extraite de son enveloppe charnue, fut placée dans la serre à ɔoutures ; actuellement la plante a 50 centimètres de hauteur ; les feuilles

1. Dybowski, *Revue horticole.*
2. Telle est la valeur des Chayotes à Chalon ; est-ce parce que c'est un produit malgacʒe ?

supérieures sont régulières et de même forme que les
feuilles indiquées sur le premier cliché; mais elles diffèrent de celles de la partie inférieure de la tige, lesquelles
sont cordées à la ɔase et à loɔes moins aigus. A l'aisselle
des feuilles, se trouvent les vrilles et déjà se montrent les
fleurs femelles, solitaires, dont on distingue nettement
les divisions du calice et de la corolle. Jusqu'à présent,
on ne voit pas trace de fleurs mâles. La plante doit être
ɔientôt mise en pleine terre, à ɔonne exposition. Il y a
là, une tentative dont nous devons savoir gré à M. Genty.
Nous suivrons attentivement le développement de cette
chayote, et ce sera pour nous une grande satisfaction
d'en signaler les résultats à nos lecteurs.

Chalon-sur-Saône, 6 avril 1903.

H . G.

Outre les ouvrages cités dans le corps du texte, nous avons con-
sulté :

A. Cogniaux, Cucurbitaceæ (suite au *Prodrome*) 1881, p. 901.

Bentham et Hooker, *Genera Plantarum,* 1862-1867, vol. I, p. 837.

Naudin, Visite ɔorticole en Algérie, *Revue horticole,* 1853, p. 155.

Nicɔolson, *Dictionnaire d'horticulture,* p. 705.

Baillon, *Dictionnaire de botanique,* p. 50.

Constantin, *Le Monde des Plantes,* p. 62-64.

Larousse, *Grand Dictionnaire.*

*Excursion du dimanche 29 mars 1903 à Saint-Désert,
au Mont-Avril, à Jambles et Givry.*

Programme :

Midi 24, départ de Chalon ; rendez-vous à la gare.
Midi 50, arrivée à Saint-Desert ; de 1 heure à 5 heures,
ascension du Mont-Avril (425 m.) ; retour par Jamɔles et
Givry.

5 h. 52, départ de Givry ; 6 h. 05, retour à Chalon.

Chaque excursionniste prendra un ɔillet d'aller et
retour, dont le prix est de 1 fr. 05. Trajet à pied : 10 ɔilo-
mètres environ.

NOTES

SUR

LE BASSIN HOUILLER
DE LA HAUTE-LOIRE

PAR

FÉLIX BENOIT

INGÉNIEUR CIVIL DES MINES

Membre correspondant de la Société des Sciences Naturelles de Saône-et-Loire

I

GÉNÉRALITÉS

LE département de la Haute-Loire, où j'ai eu le bonheur de passer les vacances de cette année, est certainement l'un des plus curieux de la France au point de vue géologique. — Je me réserve de revenir sur les généralités se rattachant à la géologie d'ensemble de ce beau département; je me contenterai dans cette étude d'esquisser les traits principaux du bassin houiller de la Haute-Loire et, en particulier, de la concession des mines de houille de Lamothe, qui peut servir de type; cette concession est située dans le centre du bassin houiller de la Haute-Loire.

Le département de la Haute-Loire se rattache au système du Plateau central.

Le Plateau central est un massif montagneux qui domine le centre et le midi de la France : il comprend le

Morvan, le Limousin, l'Auvergne, le Forez, le Velay, le Vivarais et les Cévennes; sa superficie représente près d'un cinquième de la surface totale du territoire français. On peut dire que c'est le sol le plus ancien de la France : dès la fin de l'ère primaire, il formait comme une grande île à contours déchiquetés, à côtes dentelées comme celles de la Bretagne. Ses caps les plus saillants étaient le Morvan, sorte d'éperon, jeté à sa pointe N.-E. ; au S. le massif des Cévennes et celui de la Montagne-Noire, entre lesquels la mer s'avançait pour former un vaste golfe occupé actuellement par les terrains jurassiques de l'Aveyron et de la Lozère. Au N., la mer pénétrait aussi assez profondément dans les vallées de la Loire jusqu'à Montᴣrison et de l'Allier au delà du département de la Haute-Loire, où elle a formé des dépôts tertiaires dont il sera question plus loin.

Le ᴣassin houiller de la Haute-Loire, situé presque au centre du Plateau central, fait partie de cette longue traînée de petits ᴣassins alignés suivant une ligne à peu près droite, qui s'étend sur une longueur de 150 ᴄilomètres, avec une direction S.-N., de Pleaux dans les environs de Mauriac (Cantal) jusqu'à Fins (Allier). Ces terrains houillers se sont déposés dans une longue vallée préexistante des roches primitives, qui, à son déᴣouché septentrional dans la mer du trias, se ramifiait pour former une espèce de delta dans les ᴣranches duquel se trouve le ᴣassin houiller de la Haute-Loire.

II

Aperçus géologiques et minéralogiques sur le Bassin houiller de la Haute-Loire

Le terrain du ᴣassin houiller de la Haute-Loire est composé en grande partie de gneiss, au-dessus duquel se trouvent des argiles tertiaires et des alluvions quaternaires et modernes. Les memᴣres les plus inférieurs des terrains de transition manquent complètement. On ne voit nulle part ni grauwake, ni calcaire marbre, ni débris de corps organisés. Les terrains cambriens, siluriens et dévoniens font complètement défaut. Une partie de la formation carbonifère composée par le calcaire carbonifère n'existe pas non plus.

Cette absence des formations les plus inférieures des terrains paléozoïques indique qu'un exhaussement avait mis le sol de ce bassin houiller au-dessus des eaux et qu'un affaissement a dû permettre au terrain carbonifère de s'y déposer, puis un nouveau soulèvement a de nouveau placé le relief du sol au-dessus des eaux.

Ce qu'il y a de certain, c'est que le gneiss sur lequel repose le terrain houiller et ce terrain furent relevés et forment actuellement des bas-fonds et des vallées qui furent remplis par le tertiaire.

Les éléments qui constituent le terrain gneissique sont : le quartz, le feldspath et le mica.

Le quartz est hyalin, souvent grisâtre en grains amorphes et irréguliers, mais jamais en cristaux.

Le feldspath est blanc, transparent, habituellement très lamelleux et paraît appartenir à l'orthose.

Le mica est le minéral le plus abondant et qui donne à la roche son caractère et sa couleur ; il est toujours noir ou brun et rarement de couleur bronzée.

Quelquefois, mais rarement, on trouve de l'amphibole brune ; alors l'hornblende paraît remplacer accidentellement le mica.

Dans les collines qui sont sur la rive droite de l'Allier, le gneiss perd son mica, j'ai observé ce fait au-dessus de Lamothe, à l'est de Brioude.

Dans les environs des dépôts houillers, les gneiss sont traversés par un grand nombre de filons de granit, de pegmatites, de granulites, de greisen et de leptynites avec tourmaline.

Les véritables micaschistes sont peu abondants; mais les schistes argileux et les stéaschistes couvrent le sommet des collines élevées; ils sont grisâtres, verdâtres, jaunâtres, tendres et très feuilletés.

Dans certains endroits, ils deviennent amphiboliques et alternent avec des schistes presque uniquement composés d'hornblende.

En suivant l'ordre de la superposition, les couches sont ainsi étagées :

Schiste argileux.
Stéaschiste.
Micaschiste.
Gneiss.
Granit schisteux.

Au-dessus du terrain gneissique repose en stratification concordante le terrain houiller proprement dit. Il commence par un développement assez considérable de grès et de schistes plus ou moins argileux (dans un sondage en cours, on a recoupé plus de 200 mètres de schistes divers jusqu'au niveau de 600 mètres de profondeur); puis ensuite viennent des alternances souvent répétées de poudingues, de grès, de schistes et de charbon.

Une ligne tirée de l'affleurement houiller de Lamothe à celui d'Allevier est orientée très exactement suivant N.50° O.. ce qui indique que, dans cette partie, le terrain houiller, quoique voilé par le terrain tertiaire, doit être relevé dans ce sens. C'est donc seulement à l'ouest de cette ligne qu'on doit retrouver le terrain carbonifère sous les argiles et les alluvions modernes.

III

CONCESSION DE LAMOTHE

La concession de Lamothe est entièrement située dans le département de la Haute-Loire, sur la rive droite de l'Allier entre les bassins houillers de Brassac et de Langeac; elle a une superficie de 656 hectares.

Le terrain houiller s'appuie, en se relevant légèrement, sur les assises inférieures de gneiss et micaschistes de la grande chaîne de la Chaise-Dieu. — En se rapprochant de la rivière, il suit la forme de la vallée et plonge sous les alluvions qui le recouvrent.

Sous l'alluvion, on trouve quelques mètres de terrains appartenant au tertiaire, puis de très beaux grès ou poudingues houillers; ces roches, d'un magnifique aspect, affectent une stratification horizontale et dénotent un dépôt tranquille et peu tourmenté.

Malheureusement, les concessionnaires de Lamothe n'ont foncé des puits: Berthier, Pressac, Lamothe, Fontannes, que sur des parties relevées, au lieu de se placer dans la partie en plateau qui se trouve dans la vallée de l'ancien lit de l'Allier.

En agissant ainsi, les demandeurs en concession n'ont travaillé qu'en vue d'obtenir la concession, et ils se sont établis, pour arriver plus rapidement à ce but, sur les affleurements.

(A suivre).

Le Gérant, E. Bertrand.

CHALON-SUR-SAONE, IMP. FRANÇAISE ET ORIENTALE E. BERTRAND

MOIS DE JANVIER

DATES DU MOIS	DIRECTION DU VENT	Hauteur Barométrique ramenée à zéro et au niveau de la mer	TEMPÉ-RATURE Maxima	TEMPÉ-RATURE Minima	RENSEIGNEMENTS DIVERS	HAUTEUR TOTALE de pluie pendant les 24 heures	NIVEAU DE LA SAONE à l'échelle du pont Saint-Laurent à Chalon. Alt. du zéro de l'échelle = 170ᵐ72	MAXIMUM DES CRUES. Le débordement de la Saône commence à la cote 4ᵐ50.
1	2	3	4	5	6	7	8	9
		millim.				millim.		
1	O	758.»	8	- 2	Beau	3.»	2ᵐ70	
2	S	761.»	7	0	Pluvieux	1.»	2.59	
3	S	762.»	9	5	id.	3.5	2.28	
4	S	767.»	12	7	Brumeux	0.5	2.33	
5	S	765.»	16	8	Très beau		2.95	
6	S	760.»	12	0	Brumeux		3.53	
7	S	758.»	10	6	Beau		3.79	
8	O	760.»	12	1	Gelée blanche		3.89	
9	S-E	756.»	12	0	Brumeux		3.70	
10	S	753.»	14	3	id.		3.03	
11	S	753.»	8	7	Pluie	5.3	2.51	
12	N	756.»	2	0	Beau	4.»	2.64	
13	N	758.»	-2	- 5	Froid	4.3	3.46	
14	N	767.»	- 2	- 6	Beau		3.68	
15	N	772.»	- 2	- 10	id.		3.50	
16	N	771.»	- 3	- 10	id.		3.05	
17	N	769.»	1	- 10	Variable		2.38	
18	S	769.»	5	- 2	Dégel		2.09	
19	S	769.»	5	- 1	Beau		1.69	
20	N	770.»	6	- 1	id.		1.04	
21	N-E	769.»	4	- 3	Gelée blanche	1 »	1.26	
22	S-E	769.»	3	- 6	id.		1.32	
23	S	766.»	2	- 4	Pluie		1.20	
24	O	772.»	2	- 2	Beau		1.18	
25	S	775.»	2	- 1	Brouillard		1.15	
26	E	776.»	2	- 3	id.		1.11	
27	E	774.»	1	- 4	id.		1.13	
28	S	771.»	11	- 4	Beau		1.23	
29	S	778.»	6	- 2	Gelée blanche		1.23	
30	N	778.»	1	- 3	Givre		1.21	
31	O	770.»	6	- 2	Beau		1.22	
Moyennes.		766.»	5°,5	-1°,4	Hauteur totale de pluie pendant le mois	22.9		

1ᵉʳ jour du mois : Jeudi.   Nombre total de jours de pluie pendᵗ le mois : 8

STATION
de
CHALON-s-SAONE

OBSERVATIONS MÉTÉOROLOGIQUES

—✴—

Année 1903

—✴—

BASSIN

DE LA SAONE

—➤—

Altitude du sol : 177ᵐ »

MOIS DE FÉVRIER

DATES DU MOIS	DIRECTION DU VENT	Hauteur Barométrique ramenée à zéro et au niveau de la mer	TEMPÉ-RATURE Maxima	TEMPÉ-RATURE Minima	RENSEIGNEMENTS DIVERS	HAUTEUR TOTALE de pluie pendant les 24 heures	NIVEAU DE LA SAÔNE à l'échelle du pont Saint-Laurent à Chalon. Alt. du zéro de l'échelle = 176ᵐ72	MAXIMUM DES CRUES Le débordement de la Saône commence à la cote 4ᵐ50.
1	2	3	4	5	6	7	8	9
		millim.				millim.		
1	S	757.9	8	-3	Pluvieux		1ᵐ23	
2	O	755.1	4	1	Beau	6.7	1.24	
3	N	772.0	5	-1	Très beau		1.44	
4	N	775.5	9	-1	Brouil. le mat.		1.55	
5	N-E	774.8	5	-4	Brouillard froid		1.35	
6	N	770.0	3	-3	id. le mat.		1.42	
7	N	772.5	11	-7	id. et givre.		1.27	
8	O	776.0	11	-2	Beau		1.17	
9	O	777.0	14	0	id.		1.05	
10	S	780.7	12	5	id.	0.5	1.29	
11	S	776.5	8	3	id.		1.36	
12	S-E	772.5	8	2	Brouil. le m.		1.42	
13	N	772.0	8	2	Beau		1 44	
14	N	769.5	8	-2	Gelée blanc. le m.		1.32	
15	S	765.5	8	2	Ciel couvert		1.24	
16	N	768.5	8	3	Pluvieux le soir		1.10	
17	N	777.3	6	-3	Gelée bl. le m. fr.		1.10	
18	N-E	779.0	7	-6	id. beau.		1.55	
19	S	778.5	11	-7	id. et givre.		1.45	
20	S	779.7	15	-5	id. tr. beau.		1.19	
21	S	778.5	17	-2	id. beau.		1.03	
22	S	772.3	19	7	Brumeux		1.34	
23	S	762.3	18	8	id.		1.31	
24	S	772.0	12	-1	Gelée bl. le matin.		1.28	
25	S	768.1	14	-2	id. nuageux.		1.31	
26	S	767.0	13	5	Pluvieux		1.40	
27	O	776.5	15	1	Orage très fort.	2.2	1.23	
28	S	759.3	14	5	Pluie le matin.		1.26	
Moyennes.		771°2	10°4	0°02	Hauteur totale de pluie pendant le mois.	9°4		

1ᵉʳ jour du mois: Dimanche.   Nombre total de jours de pluie pend* le mois: 3

ADMINISTRATION

BUREAU

Président,	MM. ARCELIN, Président de la Société d'Histoire et d'Archéologie de Chalon.
Vice-présidents,	{ JACQUIN, ✯, Pharmacien de 1re classe. NUGUE, Ingénieur.
Secrétaire général,	H. GUILLEMIN, ✯, Professeur au Collège.
Secrétaires,	{ RENAULT, Entrepreneur. E. BERTRAND, Imprimeur-Éditeur.
Trésorier,	DUBOIS, Principal Clerc de notaire.
Bibliothécaire,	PORTIER, ✯, Professeur au Collège.
Bibliothécaire-adjoint,	TARDY, Professeur au Collège.
Conservateur du Musée,	LEMOSY, Commissaire de surveillance près la Compagnie P.-L.-M.
Conservateur des Collections de Botanique	QUINCY, Secrétaire de la rédaction du *Courrier de Saône-et-Loire.*

EXTRAIT DES STATUTS

Composition. — ART. 3. — La Société se compose :

1° De *Membres d'honneur ;*

2° De *Membres donateurs.* Ce titre sera accordé à toute personne faisant à la Société un don en espèces ou en nature d'une valeur minimum de trois cents francs ;

3° De *Membres à vie,* ayant racheté leurs cotisations par le versement une fois fait de la somme de cent francs ;

4° De *Membres-correspondants ;*

5° De *Membres titulaires,* payant une cotisation minimum de six francs par an.

Tout membre titulaire admis dans le courant de l'année doit la cotisation entière de cette même année; la cotisation annuelle sera acquittée avant le 1er avril de chaque année.

ART. 16. — La Société publie un *Bulletin* mensuel où elle rend compte de ses travaux.

Les publications de la Société sont adressées sans rétribution à tous les membres.

ART. 17. — La Société n'entend prendre, dans aucun cas, la responsabilité des opinions émises dans les ouvrages qu'elle publie.

La Société recevra avec reconnaissance tous les objets d'Histoire naturelle et les livres qu'on voudra bien lui offrir pour ses collections et sa bibliothèque. Chaque objet, ainsi que chaque volume portera le nom du donateur.

BULLETIN

DE LA SOCIÉTÉ DES

SCIENCES NATURELLES

DE SAONE-ET-LOIRE

CHALON-SUR-SAONE

29ᴱ ANNÉE — NOUVELLE SÉRIE — TOME IX

Nº 5 — MAI 1903

Mardi 7 Juillet 1903, à huit heures du soir, réunion mensuelle
au siège de la Société, rue Boichot, Musée Denon

DATES DES RÉUNIONS EN 1903

Mardi, 13 Janvier, à 8 h. du soir.	Mardi, 9 Juin, à 8 h. du soir.
Dimanche. **8 Février**, à 10 h. du matin	— 7 Juillet —
ASSEMBLÉE GÉNÉRALE	— 11 Août —
Mardi, 10 Mars, à 8 h. du soir.	— 13 Octobre —
— 7 Avril —	— 10 Novembre, —
— 12 Mai, —	— 8 Décembre —

CHALON-SUR-SAONE

ÉMILE BERTRAND, IMPRIMEUR-ÉDITEUR

5, RUE DES TONNELIERS

1903

BULLETIN

DE LA

SOCIÉTÉ DES SCIENCES NATURELLES

DE SAONE-ET-LOIRE

CHALON-SUR-SAONE

VACANCES DE LA PENTECOTE

Excursion à la source de la Loue, au Col des Roches et au Saut du Doubs. Retour par Neuchâtel, le Val de Travers, Pontarlier et la Forêt de Joux.

Samedi 30 mai 1903

4 h. 30. — Départ de Chalon, rendez-vous à la gare.

7 h. 02. — Arrivée à Dôle, dîner.

8 h. 37. — Départ.

9 h. 44. — Arrivée à Besançon, coucher.

Dimanche 31 mai

5 h. 10. — Départ de Besançon.

7 h. 41. — Arrivée à Lods. Départ en voiture pour Mouthier et la source de la Loue, l'une des plus belles de France. Retour à Mouthier, déjeuner.

Midi 15. — Départ en voiture pour la gare de Lods.

Midi 35. — Départ de Lods.

6 h. 04. — Arrivée au col des Roches. Visite de la

route et des tunnels, belle vue sur la vallée du Douos.
Retour à pied à Villers (4 kilom.).

7 h. 1/2. — Arrivée à Villers, dîner et coucher.

Lundi 1er juin

5 heures du matin. — Départ en bateau à vapeur pour
le saut du Douos (parcours des bassins du Douos ou lac
de Chaillezon).

5 h. 45. — Arrivée au saut du Douos.

6 h. 30. — Retour par le bateau aux Brenets.

7 h. 45 (8 h. 40 H. Cle). — Départ des Brenets pour le
Locle par le régional des Brenets.

8 h. 55 (H. C.). — Arrivée au Locle.

9 heures (H. C.). — Départ pour Neuchâtel.

10 h. 30. — Arrivée à Neuchâtel, visite de la ville et
monuments, quai, lac, déjeuner.

2 h. 10 (H. C.). Départ de Neuchâtel.

4 h. 10 (H. de Paris). — Arrivée à Pontarlier.

4 h. 30. — Départ de Pontarlier.

7 h. 10. — Arrivée à Dôle, dîner.

8 h. 40. — Départ de Dôle.

10 h. 33. — Arrivée à Chalon.

Dépenses approximatives avec voyage en 3e classe :
35 fr. que l'on est prié de verser en se faisant inscrire
chez M. Bouillet, pharmacien, rue de l'Obélisque, à
Chalon.

Dernier délai de l'inscription 22 mai, 6 heures du soir.

IMPRESSIONS D'UN VOYAGE EN ESPAGNE

Mon cher Vice-Président,

ous avez bien voulu me demander quelques notes sur le voyage que je viens de faire en Espagne à l'occasion du XIVᵉ Congrès international de médecine.

Je suis heureux de déférer à votre désir et de reconnaître ainsi l'honneur que la Société des Sciences Naturelles de Saône-et-Loire m'avait fait, en me chargeant de la représenter auprès des Sociétés Savantes.

Je ne puis dans ces quelques pages vous raconter *in-extenso* mes trois semaines de séjour dans la péninsule Ibérique.

Je vais essayer, dans une causerie familière, de vous transmettre, *currente calamo*, mes impressions sur le pays et ses habitants ; impressions qui ne seront peut-être pas complètes, bien que vécues, parce que de l'Espagne nous n'avons vu que ce que nous découvrent les chemins de fer et le séjour des villes. Ce sera donc un aperçu, à vol d'oiseau, en partant de Port-Brou jusqu'à Malaga, en passant par Barcelone, Saragosse, Madrid, Cordoue, Séville, Malaga et revenant par Grenade, Baëza, Madrid.

Si le littoral est riche, peuplé et bien cultivé, dans une région assez accidentée où il a fallu lutter avec la nature, il n'en est pas de même dans l'intérieur des terres, notamment dans la Castille. A moins de 50 kilomètres de la mer, on entre dans un pays pauvre et qui semble abandonné.

Sur tout notre trajet nous n'avons aperçu aucun bois (je ne dis pas une forêt); près de Barcelone, on voit quelques bosquets de pins, de sapins, et près de la France, quelques arpents couverts de chênes-liège. — Nous ne retrouvons cette végétation que près de Séville et de Malaga; pendant des kilomètres et des kilomètres, nous ne rencontrerons que des monticules, des collines à formes généralement arrondies, d'aspect gracieux, mais aussi incultes que possible. L'absence, ou plutôt la disparition de la terre végétale, suite des déboisements, explique la pauvreté de ces régions, où l'on ne traverse même au printemps, que des rios desséchés.

Comme culture, suivant les régions: l'olivier, la vigne, les arbres fruitiers. Dans le voisinage de Barcelone, le blé, l'orge, l'avoine, mais surtout les fèves et les pois chiches.

La ligne de chemin de fer est bordée dans le Nord par des cactus et des aloès; dans le Midi, par des amandiers couverts de fruits. A Malaga on trouve la végétation des tropiques: bambous, cannes à sucre, dattiers, bananiers, daturas géants, cactus arborescents, etc.

Les oiseaux paraissent rares, et de fait, où pourraient-ils nicher et vivre ?

Dans le Sud, on voit des cigognes, des ibis, et dans les villes, surtout à Séville, autour de la Giralda, un grand nombre d'éperviers qui semblent plus gros que dans nos régions.

Dans les splendides jardins de l'Alcazar, nous avons entendu chanter le rossignol et siffler le merle. Les hirondelles sont peu nombreuses de même que les martinets.

Dans les villes on voit peu de moineaux, par contre, dans les hôtels, même en mai, on vous sert des perdrix.

Les animaux domestiques, par excellence, sont les chèvres et les ânes, leur nombre en est incalculable. Les chèvres ne ressemblent pas à celles des Pyrénées : le poil est moins long et d'une teinte plutôt alezan. Les bourricots, mules et petits chevaux sont remarquables par leur poil long où ni le fer ni la brosse ne passent jamais : c'est dire qu'ils sont hirsutes.

Près de Séville, on voit force troupeaux de bœufs qui sont les pépinières pour les courses de taureaux.

On aperçoit aussi des garderies de porcs ; ces derniers diffèrent des nôtres en ce qu'ils sont plus petits et généralement tout noirs et fort sales.

On rencontre également des troupeaux de moutons qui contribuent puissamment à empêcher le reboisement des coteaux.

De ci, de là, on voit des appareils primitifs pour monter l'eau des puits et faire un semblant d'irrigation.

L'Espagne est bien le pays de Don Quichotte et de Sancho : à partir de Cordoue, à chaque sentier, on aperçoit un indigène monté, qui sur un petit cheval, qui sur une mule, ou sur un bourricot, chevauche lentement, le plus souvent sans guide : une badine servant à diriger.

Les hommes sont à califourchon, les femmes sont assises avec aisance sur une espèce de bât, un second bât faisant contrepoids. Il n'est pas rare de voir deux cavaliers sur la même bête, parfois dans le même sens ; quelquefois l'un regardant la tête et l'autre lui tournant le dos. La placidité du cavalier et de sa monture n'a d'égale que leur indolence.

La propriété doit être peu divisée, car après avoir parcouru des pays immenses sans rencontrer d'habitations ni d'habitants, on aperçoit des groupes de dix ou quinze charrues travaillant sous une même direction, dans le même champ.

Les haʒitants des campagnes sont vêtus d'une veste courte comme en Auvergne. En Catalogne, les paysans sont coiffés d'un ʒonnet rouge que nous appellerions phrygien, mais qui est la vraie coiffure catalane. A Barcelone, on rencontre assez fréquemment cette coiffure même en ville.

Nous n'avons pris contact qu'avec les haʒitants des villes et les avons toujours trouvés oʒligeants, affaʒles autant que le leur permettait l'ignorance de la langue française.

Les hommes sont généralement petits, ʒruns, ʒien ʒâtis, aux formes proportionnées.

Les femmes sont avenantes sans effronterie. Elles sortent en général nu-tète ou avec une mantille et les épaules recouvertes d'un châle aux couleurs voyantes.

Dans le sud de l'Espagne, notamment à Séville, dès l'aurore, toutes les femmes, aussi ʒien la cigarière que la grande dame, portent une fleur dans les cheveux, le plus souvent une rose ou un œillet rouge. La coiffure, assez compliquée, comporte deux raies séparées par une forte mèche de cheveux relevée au milieu de la tète: la fleur est posée haʒituellement du côté gauche.

Ce n'est pas à Séville que nous avons rencontré le plus ʒeau type de femme. Il faut faire une croix sur la légende de Carmen.

Parmi les quatre ou cinq mille cigarières de Séville, à peine avec plusieurs congressistes avons-nous pu distinguer, non pas quelques ʒeautés, mais quelques filles passaʒles; l'immense majorité se compose de mégères. C'est à Malaga que l'on rencontre les lignes les plus pures et à Grenade les types les plus originaux. A Madrid et à Barcelone l'on voit de ʒelles personnes, comme dans toutes les grandes villes.

Les enfants, garçons et filles, vers l'âge de 10 à 12 ans sont d'une ʒeauté idéale; des yeux noirs expressifs, francs et ouverts, des dents petites et brillantes, des traits réguliers donnent un ensemble charmant même sous des haillons.

Une plaie de l'Espagne, c'est le mendiant qui, enfant de 8 à 10 ans et même moins âgé, vous demande avec un gracieux sourire, cinco centimos, ou pauvre femme qui vous poursuit, à votre insu, jusque dans les magasins en vous murmurant à l'oreille une prière. Malheur à vous si vous vous laissez attendrir, car vous étes subitement entouré d'une légion de quémandeurs qui sortent d'entre les pavés.

Le nombre et la qualité des cireurs de bottes est incalculable. Les Espagnols doivent attacher une grande importance à la propreté de la chaussure, à en juger par les soins et le temps qu'ils emploient à les faire reluire. Ils vont jusqu'à les encaustiquer; vous ne pouvez pénétrer dans un café sans que, de minute en minute, il ne se présente un cireur obséquieux.

L'Espagnol se couche généralement tard, le bruit de la rue ne cesse que vers 2 heures du matin.

Il existe en Espagne, aussi bien dans les villes modernes, Barcelone, Madrid que dans les villes anciennes, Tolède et Sarragosse une institution moyenageuse : celle des veilleurs de nuit, chargés de crier les heures et d'annoncer le temps.

Dans ces régions heureuses, le ciel est généralement serein, aussi les gardiens sont connus sous le nom de *Sereno,* du mot qu'ils emploient le plus habituellement.

Vêtus d'un costume spécial qui est presque le même dans les différentes cités ! d'une main ils portent une hallebarde assez longue, de l'autre un trousseau de clefs et une lanterne qu'ils accrochent parfois à l'épaule gauche.

Chaque sereno est chargé de la surveillance d'une ou plusieurs rues.

A partir de 10 heures du soir, les maisons particulières,

et à partir de minuit les hôtels doivent être fermés. Le sereno seul peut ouvrir, propriétaires et locataires n'ont pas de passe-partout. Quand on veut rentrer, on frappe trois fois dans ses mains et le gardien proposé à la fermeture des couloirs vient vous ouvrir votre domicile.

On raconte que devant certaines maisons, pour bien faire savoir qu'ils veillent, ils ne craignent pas de frapper de leur hallebarde et annoncer que l'on peut dormir en paix. On dit aussi qu'ils ne détiennent pas seulement la clef des maisons, mais souvent celle de bien des intrigues. Mais que ne dit-on pas ?

Les théâtres, tout au moins les théâtres de genre, divisent leurs représentations en sections, d'heure en heure, avec programme fixé d'avance. Moyennant une peseta (au change 0,70) on peut retenir une place à la section que l'on désire. Dans la même soirée, on peut donc aller une heure à Romea ou à Colonna (Madrid). Ce système représente quelques avantages. Quant au genre de spectacle, il y aurait beaucoup à dire sur les acteurs, actrices et sur la composition de la salle. Pour nous, les spectateurs n'étaient pas moins intéressants que les acteurs.

Les cafés-concerts se rencontrent également dans toutes les villes d'Espagne. Les actrices, danseuses principalement, lorsque leur rôle est terminé, viennent se mêler aux spectateurs et sans façon se font offrir des consommations.

A Séville, tout se passe en famille. Je vois encore à côté de la scène, une petite fenêtre éclairant une logia, où avant de venir danser, la dona allaitait un mignon bébé. Dans les théâtres et cafés-concerts tout le monde fume, aussi bien les spectateurs que les acteurs : cela n'a rien d'étonnant, quand en Espagne on voit les prêtres fumer dans la rue et les soldats dans le rang.

Les soldats sont généralement propres et coquets, mais

n'ont pas l'air martial. Ils vont à l'exercice chaussés d'espadrilles, ne marchent pas toujours au pas, mais sont d'une prévenance excessive pour les étrangers. A Saragosse, un bataillon, officiers en tête, nous céda le trottoir.

A Barcelone, un soldat voyant que nous allions le photographier appela le poste qui vint obligeamment se mettre devant notre appareil.

Nous avons assisté à l'enterrement d'un amiral et avons ainsi pu voir tous les uniformes. La marche d'enterrement comme d'ailleurs la marche pour la parade à la relève journalière de la garde, au palais royal, est remarquable par sa lenteur et ses mouvements automatiques: jamais nos soldats ne pourraient se mouvoir aussi lentement.

Parmi les coutumes religieuses qui nous ont le plus frappé, signalons les enterrements qui se font sans passer par l'église. Le clergé fait une levée du corps qui est conduit directement au cimetière, le plus souvent même sans cortège ; nous avons rencontré deux enterrements sans aucun assistant. La vraie cérémonie religieuse (nous a-t-il été expliqué) n'a lieu à l'église que huit jours après, sans la présence du corps. Au point de vue de l'hygiène, nous ne pouvons qu'approuver cette mesure.

Dans les églises dépourvues de sièges et de chaises (d'ailleurs comme en Italie et dans le midi de la France), les fidèles font des signes de croix répétés sur les joues, le nez, la bouche et le terminent par un baiser du pouce. Les femmes de toutes les classes s'agenouillent à terre tenant dans leur main gauche un chapelet et souvent jouant de l'éventail de l'autre main.

Les prêtres semblent se mêler davantage au peuple que chez nous : on les rencontre à la promenade à toute heure, hommes et femmes les abordent, leur causent familièrement. Il n'est pas rare de voir un prêtre assis dans une boutique, tenant la conversation à tout venant.

Nous craindrions d'abuser des lecteurs du bulletin de

la Société des sciences naturelles de Saône-et-Loire, en leur parlant de l'émouvant spectacle des courses de taureaux. Le défilé du quadrille avec les magnifiques costumes des Torréadors, des Picadors et des Matadors et de tout le personnel est réellement imposant. Mais la vue de six magnifiques taureaux aux cornes gigantesques, sacrifiés après avoir fait courir danger de mort à plusieurs picadors et avoir éventré une douzaine de malheureux chevaux qui marchent sur leurs intestins et viennent succomber devant vous, ne justifie que bien faiblement l'emballement et la frénésie de quinze à vingt mille spectateurs. Ces cris d'approbation ou d'improbation, ces rumeurs, ces gestes, ces objets les plus divers lancés au matador (chapeau, sombrero, ombrelle, parapluie et même vêtements, et le tout relancé avec grâce par le matador, sont *choses d'Espagne,* et l'on est heureux d'avoir pris part une fois à ce spectacle, mais une seule fois !

La description de la séance d'ouverture du Congrès présidée par le Roi et sa famille, la réception des Congressistes au Palais Royal, la visite des 500 tapisseries du Palais, l'assistance au Garden Party Royal (in Compo del Moro), la soirée à l'ambassade de France, dépasseraient le cadre que nous nous nous sommes tracé. Nous ne saurions décrire tous les alcazars, palais, musées, monuments, maisons de construction si diverses, ni ces villes au cachet si particulier, ni ces cathédrales gigantesques ; disons seulement que ce qui nous a le plus étonné c'est la construction d'une église au milieu de chacun de ces immenses monuments. Ces édifices étaient si considérables qu'il semble que l'on ait éprouvé le besoin de construire entre les colonnes principales deux nouveaux édifices séparés par une nef. Dans l'un, le chœur (coro), se disent les grands offices, dans l'autre se tient le chapitre. A mon humble avis, ces monuments carrés, fort riches, surchargés d'ornements, déparent complétement l'édifice principal.

Au demeurant, cette église centrale semsle ne servir qu'au clergé ; les chapelles latérales étant les vrais centres de dévotion des fidèles.

Les Espagnols, plus raisonnasles et plus sages que les autres peuples, n'ont jamais rien détruit, ils ont conservé maisons, villes, alcazars, mosquées et Alhamsra, ils se sont contentés de les adapter à leur gouvernement et à leur culte ; aussi ce sont les constructions mauresques qui donnent à l'Espagne son cachet vraiment original et qui récompensent amplement le voyageur des lenteurs et fatigues des chemins de fer.

Dr Jules Bauzon.

17 mai 1903.

Note sur quelques Plantes des environs de Chalon

Récoltées ou observées en 1902

Pour faire suite à la notice que nous avons publiée en 1902 (Nᵒˢ 3-4 et 5 du Bulletin) nous faisons connaître les résultats de quelques herborisations faites dans le courant de 1902.

RENONCULACÉES

Anemone pulsatilla L. — Lisière du bois de la Garenne, à Chamilly; camp de Chassey; Rully: versant N.-O. de la montagne, près des grottes d'Agneux; Remigny, Bouzeron: pelouses sèches des coteaux calcaires. — Mars-avril.

Ranunculus gramineus L. — Cette jolie plante a été récoltée le 5 mai sur la crête du versant N.-O. de la colline calcaire de Remigny, au-dessus des carrières. Elle forme de petits groupes isolés, mais très fournis.

Ranunculus sceleratus L. — Trouvé le 13 juin en assez grande abondance dans un fossé bourbeux à Saint-Jean-des-Vignes, au bord d'un chemin allant de l'ancienne route de Crissey à la route de Paris. Cette renoncule est rare dans notre région. M. Quincy l'a signalée vers la même époque, à Buxy.

CRUCIFÈRES

Erucastrum obtusangulum Rchb. — Fontaines: à la

gare, sur la voie de garage des trains venant du Midi.
Introduit par les wagons qui stationnent en ce point.

Sisymbrium austriacum Jacq. = *S. acutangulum* DC. —
Cette plante a été récoltée par nous, le 30 mai, sur le
mur nord-est du ɔastioṅ Sainte-Marie, où elle croît en
touffes vigoureuses sur le cordon de pierre en saillie à
l'extérieur. Elle est peu accessiɔle et n'a pu être recueillie qu'au moyen d'un nœud coulant. Cette espèce
intéressante a été signalée en ce point par notre collègue
M. Quincy (Bulletins de la Société nᵒˢ 5 et 6 de 1901 —
page 97). Cette année encore (mai 1903) ce *Sisymbrium*
croît en aɔondance.

Lepidium draba L. = *Cardaria draba* Desv. — Se
multiplie de plus en plus dans la région chalonnaise.
Nous l'avons reconnu sur plusieurs points, à proximité
des gares de Chagny, Demigny, Fontaines, et enfin Chalon
côté sud de la ligne, à la hauteur des chantiers de la Cⁱᵉ
H.-P.-L.-M.

Iberis amara L. — Aɔonde sur les saɔles de la voie
ferrée de Chagny à Dôle, depuis Saint-Bonnet-en-Bresse:
à Pierre, et au delà sur le Jura, enfin sur la ligne de Dijon
à Saint-Amour, entre Saint-Bonnet et Navilly.

POLYGALACÉES

Polygala calcarea Schultz. — Récolté le 24 mai à Plottes,
près Tournus, où il croît en aɔondance sur les pelouses
sèches du sommet d'une colline de calcaire oxfordien.

CARYOPHYLLACÉES

Silene armeria L. — Trouvé en grande aɔondance sur
un terrain saɔlonneux, au Creusot, entre la ligne P.-L.-M.
et les terrains de l'usine, vers le Polygone. Cette plante
est sans doute adventice en ce point. Elle présente, en
grande majorité, des individus à fleurs d'un ɔeau rose

vif, mais on trouve également un certain nombre de plantes à fleurs rosées ou même d'un blanc pur.

Légumineuses. — Papilionacées

Lathyrus nissolia L. — Abondant sur les talus du chemin de fer à Saint-Bonnet-en-Bresse.

Galega officinalis L. — Récolté en juillet ou en août au Creusot, sur le même terrain que *Silene armeria* également adventice. Nombreux plants, très vigoureux, à fleurs généralement blanches; quelques-uns à fleurs lilas clair, comme dans le type.

Dipsacacées

Dipsacus pilosus L. — Récolté le 24 août à Cheilly: bords de la Cosanne, près du pont du chemin de Santenay.

Composées

Silybum marianum Gærtn. — Chagny: bords du chemin de Bouzeron, contre le mur de la propriété de M. Besset.

Inula helenium L. — Saint-Bonnet-en-Bresse: abondant sur le talus droit de la ligne de Dôle, à 800 mètres de la gare, côté Est, le long d'une haie de ferme, au même point.

Campanulacées

Campanula cervicaria L. = *C. echiifolia* Rupr. — R. — Au cours d'une herborisation dans la forêt de Marloux (bois des Usagers, côté droit de la ligne du chemin de fer) le 30 juillet 1902, l'un de nous (M. L. Lemosy) a trouvé un pied unique de cette rare espèce qui n'avait pas encore été signalée dans le département de Saône-et-Loire. Cette campanule a été indiquée dans la Côte-d'Or (forêts de

Perrigny et de Cîteaux), mais comme très rare. M. P.-A.
Genty l'a recherchée depuis longtemps sans avoir pu
jamais la rencontrer. Il nous a dit en avoir reçu un exemplaire qui aurait été récolté dans la forêt de Beauregard.
Malgré plusieurs explorations dans le bois de Marloux et
ses voisins, nous n'avons pu découvrir d'autres exemplaires de cette rare campanule.

Borraginacées

Symphytum asperrimum M. Bréb. — Cette plante originaire du Caucase est quelquefois cultivée comme fourrage. Nous en avons rencontré un groupe important au
pied d'un mur, au village de Sassenay: bords de la route
de la gare. Une légère clôture paraît indiquer que cette
plante y est cultivée. Nous en avons, depuis, vu une culture à Seurre (Côte-d'Or).

Scrofulariacées

Linaria spuria L. — Dans un fossé, au pied d'une haie,
à Corcelles, près Chalon.

Labiées

Galeopsis tetrahit L. — Cheilly: bords du chemin longeant la Cosanne, dans le village. — Très commun à
Mesvres, dans les haies.

Melittis melissophyllum. L. — Plottes, près Tournus:
très commun dans les haies et taillis du versant Est de la
colline oxfordienne.

Orchidacées

Aceras anthropophora R. Br. — Remigny: pelouses
sèches de la colline calcaire, au-dessus des carrières
(abondant en mai).

Ophrys aranifera Huds. — Avec le précédent, mais moins abondant.

Loroglossum hircinum L. — Avec les précédents (P. C.) camp de Chassey (R.).

Liliacées

Fritillaria meleagris L. — Crissey : prés humides, vèrs le Champ de Courses (assez abondant), localité indiquée par M. Quincy. — Abondant à Chivres Côte-d'Or), près des bords de la Saône, à proximité de la limite du département de Saône-et-Loire.

E. et L. Lemosy.

Chalon, 16 mai 1903.

EXCURSION DU 3 MAI AU CAMP DE CHASSEY

L'EXCURSION faite par la Société, le 3 mai, avait pour but la visite du camp de Chassey.

Le temps, qui toute la semaine a été détestable, s'est enfin remis au beau dans la nuit et, le dimanche matin, le soleil daigne enfin se dégager des nuages et sourire radieux. Un léger vent du nord semble nous promettre une belle journée.

A neuf heures, nous nous réunissons, au nombre de onze, à la gare de Chalon. Notre aimable vice-président, M. Jacquin, prend le commandement paternel de la troupe. A neuf heures quinze le train nous emporte vers Chagny. Là, naturellement, interminable attente! Trois quarts d'heure avant le départ d'un train pour Santenay, où nous devons quitter le chemin de fer! Enfin le train part, et, après douze minutes de trajet dans l'un de ces archaïques wagons qui roulent encore sur cette ligne, nous débarquons à Santenay.

Nous sommes reçus à la gare par un propriétaire de Valottes, M. Gadant, qui doit nous servir de cicerone.

Nous quittons la gare en suivant le chemin de Remigny que nous laissons après avoir traversé la Dheune ; nous obliquons à droite, et, prenant un sentier à travers les vignes, nous rejoignons le canal du Centre. Celui-ci franchi, nous coupons la route de Chagny à Saint-Léger et nous montons, par un chemin vicinal, jusqu'à Valottes, hameau de la commune de Chassey. De ce chemin, on

aperçoit la partie nord-ouest du camp, et M. Gadant nous fait remarquer le tracé de l'ancienne voie romaine qui partait du sommet du camp, descendait la colline en biais et allait couper la Dheune à la hauteur de Remigny. Il ne reste plus aujourd'hui de cette voie que des vestiges, suffisants toutefois pour permettre de se rendre compte de son importance ancienne. Son tracé est recouvert de pierres et de buissons. Lorsqu'on a défriché les teppes de la montagne, pour y planter la vigne, on a rejeté sur la voie les pierres que le soc ou la pioche mettaient au jour.

A Valottes, nous visitons les collections si intéressantes de M. Gadant. Celui-ci nous fait les honneurs de son petit musée avec une amabilité dont nous lui sommes tous bien reconnaissants.

Tout d'abord, dans la cour de son habitation, nous admirons un polissoir, des vases ou débris de vases, des poteries anciennes, un socle de statue, un fragment de roc, poli sur une de ses faces et qui pourrait provenir des glaciers de l'époque où la zone glaciaire s'étendait sur les pays voisins! Puis notre cicerone nous présente une hachette de grande taille, d'un poli admirable, d'une belle couleur verte, veinée de rougeâtre, paraissant être en serpentine : « Ceci, nous dit-il, c'est du saïtapharnès! ma hachette est aussi authentique que la fameuse tiare. » C'est une imitation admirablement exécutée, faite par lui, à la meule, avec un morceau de calcaire à entroques!

Nous passons ensuite à la visite des pièces rares et authentiques cette fois. M. Gadant a réuni dans une petite vitrine des objets d'une haute valeur et d'un intérêt puissant: monnaies et médailles romaines, grecques, gauloises, en particulier une *Faustina* admirablement conservée, des pièces mutilées, gravées en creux, en argent, en bronze. Des objets de toilette ou d'utilité domestique en bronze, épingles, boucles, broches, cueillers, rasoirs en forme de lyre. Des silex taillés, grattoirs, flèches et couteaux. En particulier deux pointes de flèches d'une taille parfaite, d'une régularité d'autant plus surprenante, que leur dimension est très exiguë. Notre admiration est vivement excitée par deux camées magnifiques, deux têtes de femmes d'un profil grec accentué, d'une finesse et d'un fini admirables. Tous ces objets ont été trouvés dans les environs de Chassey, soit lors du piochage des vignes, soit dans les fouilles faites dans les nombreuses sépultures qui avoisinent le camp.

Depuis sa jeunesse M. Gadant, avec une patience infatigable, fouille ce sol qui renferme encore tant de richesses archéologiques ! Seul, une pioche sur l'épaule, il erre dans la montagne dont il connaît tous les replis et lorsqu'un indice quelconque lui fait espérer une trouvaille, il creuse et son espoir n'est pas toujours déçu.

Mais il est déjà midi et demi, et nos estomacs réclament impérieusement le déjeuner : une modeste auberge nous reçoit et un repas improvisé, mais très gai, répare nos forces.

En route pour la montagne ! Le vent tourne au Sud-Est, de gros nuages noirs courent à l'horizon ; les téméraires qui ont arboré des chapeaux de paille commencent à craindre l'averse.

La montée s'effectue sans encombre. Nous voici sur le camp.

Le camp occupe un plateau au sommet d'une colline calcaire de 400^m d'altitude environ, incliné dans le sens S.-E. — N.-O. Depuis les temps les plus reculés ce plateau a été habité, et les nombreux vestiges de populations qui y ont séjourné attestent de son antiquité comme lieu habité. Depuis l'âge de la pierre taillée, que nous montrent les flèches, grattoirs de silex taillés, les polissoirs, que l'on trouve abondants, jusqu'à l'occupation romaine qui nous a laissé les médailles et les monnaies à l'effigie des Césars, ce camp a servi de résidence aux tribus des premiers âges et aux armées des conquérants des Gaules.

Cette localité privilégiée de l'archéologie a été fouillée méthodiquement par M. le Dʳ Loydreau, ancien maire de Chagny, qui a recueilli des objets formant une collection préhistorique extrèmement intéressante.

Et l'on comprend facilement, que les hommes des premiers âges aient habité ce plateau. Quelle position il occupe ! Et comme l'accés devait être difficile lorsque l'occupant s'y défendait ! La main de l'homme a modifié la conformation des bords du plateau, a nivelé son sol et, avec les débris de ce nivellement, a construit vers les bords, des épaulements, des remparts, des tranchées, que ne désavouerait pas un tacticien moderne.

Du haut de ce rempart, la vue est magnifique : à droite, le regard rencontre les plaines de la Saône et de la Dheune, les coteaux vignobles de la Côte-d'Or, Meursault, Beaune, dont on voit le clocher ou l'hôpital, plus près Corpeau, Chassagne, Puligny, Montrachet, le pays des grands vins. En face, Santenay et sa gracieuse église, le mont de Senne ou les Trois-Croix, Cheilly et son église inachevée, la vallée de la Cosanne et son tracé de peupliers verts, Sampigny dans son vallon étroit, Decize assis sur son rocher. Plus à gauche, les deux monts de Rêmes et de Rome-Château, rappelant par leur noms les deux frères fondateurs de Rome, Romulus et Rémus. L'horizon à gauche, est tout embrumé, ce sont les fumées de Montchanin, celles du Creusot, la grande et laborieuse cité, dont les cheminées se découpent sur le ciel. Au fond, tout au fond, le mont Beuvray, le plus haut sommet de Saône-et-Loire.

Derrière soi, Chalon et ses clochers, Fontaines et la tour Saint-Hilaire, Nantoux caché dans les bois, et dans le lointain les neiges du Jura et du Bugey que le soleil qui descend sur l'horizon éclaire obliquement.

Une averse nous arrache à notre contemplation : les

parapluies s'ouvrent, les chapeaux se couvrent de journaux et de serviettes. Le vent retourne un parapluie, enlève les coiffures. Personne ne se plaint, on en rit au contraire. Enfin, après une averse d'un quart d'heure, le soleil se montre et nous sèche rapidement.

Tout doucement après avoir remercié et fait nos adieux à notre guide, qui rentre chez lui par la montagne, nous redescendons par le versant opposé à celui par lequel nous étions montés. L'herbe est glissante et les nombreuses sources qui naissent au flanc de ce coteau, transforment, par endroits, le sol en marécages. Nous passons auprès d'une ancienne exploitation de gypse, de nombreux fragments fibreux jonchent le sol ; les murs des vignes sont en roche calcaire pétrie de *Gryphées* et d'*Encrines* du *lias*.

Nous avons deux heures avant le départ du train, aussi est-ce lentement que nous gagnons Santenay, par les bords du canal du Centre.

Si au point de vue pittoresque et archéologique, la promenade ne manquait pas de charme, le côté scientifique était bien peu intéressant. En botanique, aucune plante méritant d'être signalée ; la flore commune des montagnes calcaires de notre région y est même pauvre : quelques aceras, quelques orchis, de belles touffes de *Primula officinalis*, d'*Arabis arenosa*, de *Veronica prostrata* et c'est tout.

A huit heures moins vingt nous rentrions à Chalon, très satisfaits de notre excursion.

Louis Lemosy.

NOTES SUR LA NOURRITURE DE QUELQUES OISEAUX
A L'ÉTAT SAUVAGE

Depuis vingt-huit ans que je naturalise des oiseaux, j'ai examiné avec soin les estomacs d'un grand nombre : je voulais me rendre compte du degré de leurs qualités utiles ou nuisibles. Je me suis occupé principalement des rapaces diurnes ou nocturnes.

J'ai monté quelques centaines de buses ; jamais je n'en ai trouvé une seule dont l'estomac renfermât un oiseau, ou un levraut ; toutes avaient absorbé des quantités très grandes d'insectes, coléoptères, sauterelles ; des lombrics ou vers de terre ; beaucoup avaient digéré des souris, crapauds, grenouilles, taupes ; quelques-unes, surtout la variété apivore, étaient gavées de guêpes.

Je ne veux pas dire qu'elles ne prennent pas quelques jeunes lièvres ou autres gibiers, notamment aux époques où la neige couvre la terre, tous les ornithologistes sont d'accord pour l'affirmer ; mais d'après ce que j'ai constaté, je suis certain qu'elles sont plus utiles que nuisibles.

D'autre part, leur vol lent et lourd indique qu'elles sont conformées pour attendre leurs proies et non pour les saisir au vol.

Il n'en est pas de même chez les busards, faucons, éperviers au vol rapide, que j'ai montés également en grande quantité.

Ces rapaces étaient repus de petits oiseaux ; quelques-uns, 2 à 3 %, avaient mangé des souris.

Je mentionne pour mémoire les crépusculaires qui sont

d'une utilité incontesta)le ; ils engloutissent des myriades d'insectes : leurs organes digestifs en font foi. Malheureusement leur nom)re diminue de jour en jour ; il viendra un moment, peu éloigné du reste, où nous serons dévorés par les moustiques ; les arbres, les plantes su)iront le même sort, du fait d'autres insectes.

Je passe aux rapaces nocturnes dont la nourriture se compose exclusivement de souris ; ils rendent les plus grands services à l'agriculture. Et cependant le cultivateur est un de leurs plus grands ennemis : soit par superstition, soit pour d'autres causes, il les tue pour les clouer sur les portes des granges.

J'ai connu un curé d'un village voisin qui faisait la chasse aux effraies, parce qu'elles salissaient les cloches de l'église, alors qu'il ne pouvait trouver aucun bon piège pour se préserver des rats et des souris.

Les agriculteurs n'ont qu'un cri pour se plaindre des dégâts que commettent ces rongeurs; ils ne se doutent pas que chaque chouette, chaque duc qu'ils tuent aurait détruit dans l'année, pour eux et leurs familles, plus d'un millier de souris. Je n'exagère pas, car il n'est pas rare de trouver dans les pelotes de poils que dégorgent ces oiseaux, quatre ou cinq crânes de ces petits mammifères.

Ce n'est qu'accidentellement qu'un rapace nocturne prend un oiseau. Parmi tous ceux que j'ai naturalisés, je n'ai trouvé qu'une seule fois un jeune)ruant dans l'estomac d'un moyen-duc.

Les oiseaux dans le tu)e digestif desquels j'ai constaté la nourriture la plus extraordinaire, relativement à leur taille, sont assurément les mouettes ou goélands. L'œsophage complaisant de ces palmipèdes, contenait fréquemment des belettes, des taupes *entières*. Comment peuvent-ils engloutir des animaux qui atteignent presque le volume de leur corps ?

Tissot, *Naturaliste*.

NOTES

SUR

LE BASSIN HOUILLER

DE LA HAUTE-LOIRE

PAR

FéLIX BENOIT

INGÉNIEUR CIVIL DES MINES

Membre correspondant de la Société des Sciences Naturelles de Saône-et-Loire

(Suite et fin [1])

Le charbon de la concession de Lamothe a été l'objet de nombreuses analyses, dont voici le résultat moyen:

Carbone........................	82 182
Hydrogène......................	4 245
Oxygène........................	6 193
Azote..........................	0 980
Eau............................	3 000
Cendres........................	3 400
Total..........	100 000

Son pouvoir calorifique est de 7. 900 calories.

Sa densité moyenne est 1·

Son rendement en coke est de	60 90
Matières volatiles	32 70
Eau...........	3 00
Cendres.......	3 40
Total....	100 00

1. voir Bulletin nᵒˢ 3-4, p. 94.

C'est un charbon gras à longue flamme, brûlant avec la plus grande facilité.

Quant au volume du charbon à extraire dans cette concession, il est facile de s'en rendre compte en rappelant: 1° que le puits de Lamothe a recoupé dans la partie étirée (dressants), dans laquelle il a été foncé 18 couches dont cinq exploitables présentant une puissance utile de charbon de 5ᵐ57; 2° que, d'après un rapport officiel de M. Saget, ingénieur au corps des Mines: *Il est certain que le terrain houiller règne sous l'alluvion dans la généralité de l'étendue de la concession, et ses caractères, comme nature de roche et comme stratification, sont éminemment favorables et promettent des couches riches et déposées horizontalement.*

Le voisinage du bassin de Brassac évidemment contemporain, ajoute cet ingénieur de l'État, et la position intermédiaire de la concession de Lamothe entre ce bassin et celui de Langeac, qui a découvert dix-neuf mètres de houille, ajoutent encore à ces espérances légitimes.

En se basant sur un minimum minimorum de puissance de cinq mètres de couches de houille exploitables, et en admettant seulement que les couches ne règnent en profondeur que sur les 2/3 de la surface de la concession, on arrive au cube de $\frac{656 \text{ hectares} \times 2}{3} \times 5^m = \frac{1312}{3} \times 5 = 437 \times 5 = 21.850.000$ mètres cubes, soit approximativement 21.850.000 tonnes de bonne houille industrielle.

Sans exagération, on peut dire que la concession de Lamothe, dont les gisements houillers s'étendent au delà de ses limites administratives du côté d'Allevier (distance du village de Lamothe au village d'Allevier, 2.600 mètres dans la direction indiquée plus haut N. 50° O.), contient dans ses parties en plateau absolument vierges plus de cent millions de tonnes de bonne houille.

Ccs richesses en charɔon dorment dans le ɔassin houiller de la Haute-Loire, et cependant la gare de Fontannes est à 1.500 mètres de la partie où le ɔassin présente son maximum d'épanouissement.

Pour mettre en œuvre la concession de Lamothe, il suffirait de quelques millions, qui seraient rétriɔués par un intérêt considéraɔle, attendu que le prix de revient, en appliquant à cette mine les méthodes de grande et économique production et en la reliant à la gare de Fontannes par un emɔranchement, serait inférieur à 9 francs la tonne, alors que le prix moyen de vente serait de 20 francs.

En se contentant pour commencer d'une extraction de 200.000 tonnes par an, ce qui exigerait un capital de 3 millions et donnerait à la mine une existence de plus d'un siècle, sans qu'il fût question de l'extension naturelle de la concession du côté d'Allevier, on aurait un bénéfice annuel de 2.200.000 francs, soit plus de 70 pour cent.

Je suis donc en droit de répéter les termes avec lesquels M. l'ingénieur du corps des Mines Saget terminait le rapport auquel j'ai fait un emprunt dans le cours de cette étude sommaire : « Par toutes ces considérations, je regarde comme très regrettaɔles les retards apportés à la mise en valeur de la concession de Lamothe, et mon opinion est qu'il conviendrait, sans plus attendre, de mettre la main à l'œuvre. »

Félix BENOIT.

Décembre 1902.

Le Gérant, E. BERTRAND.

CHALON-SUR-SAONE, IMP. FRANÇAISE ET ORIENTALE E. BERTRAND

MOIS DE MARS

DATES DU MOIS	DIRECTION DU VENT	Hauteur Barométrique ramenée à zéro et au niveau de la mer	TEMPÉRATURE		RENSEIGNEMENTS DIVERS	HAUTEUR TOTALE de pluie pendant les 24 heures	NIVEAU DE LA SAÔNE à l'échelle du pont Saint-Laurent à Chalon. Alt. du zéro de l'échelle = 170ᵐ72	MAXIMUM DES CRUES Le débordement de la Saône commence à la cote 4ᵐ50.
			Maxima	Minima				
1	2	3	4	5	6	7	8	9
		millim.				millim.		
1	S	763.»	13	0	Beau	1.5	1ᵐ14	
2	S	754.»	9	3	Pluvieux	0.8	1.19	
3	S	747.»	9	5	id.	7.7	1.29	
4	S-E	768.»	12	0	Très beau	1.»	1.44	
5	S	764.»	17	5	Pluvieux		2.17	
6	O	768.»	10	8	Beau	1.»	2.85	M. à 11 h. m.
7	S-E	770.»	11	-2	Gelée blanche		2.66	
8	N	768.»	8	2	Beau		2.45	
9	N	765.»	8	0	Gelée blanche		2 56	
10	N	761.»	12	-2	Très beau		2.32	
11	S	762.»	13	-2	Forte gelée bl.		1.95	
12	N-E	762.»	17	-1	id. , très beau		1.66	
13	S	763.»	16	-3	id. id.		1.38	
14	S	763.»	15	-1	id. id.		1.23	
15	S	759.»	17	1	Beau		1.38	
16	S	758.»	13	5	Pluvieux		1.40	
17	S	765.»	14	3	Très beau	1.8	1.48	
18	S	764.»	11	0	Pluie	1.2	1.27	
19	N-E	774.»	13	-2	Gelée blanche	0.7	1.15	
20	N-E	775.»	16	-2	id.		1.24	
21	S	774.»	19	-2	id.		1.49	
22	S	773.»	20	0	Très beau		1.45	
23	S	767.»	21	2	id.		1.23	
24	O	764.»	17	6	Beau		1.09	
25	S	759.»	21	3	venteux		1.20	
26	S	754.»	19	12	Couvert		1.37	
27	O	751.»	14	6	Pluvieux		1.30	
28	S	763.»	17	0	Brumeux	5.»	1.30	
29	S-O	769.»	18	5	Beau		1.23	
30	O	768.»	13	0	Gelée blanche		1.11	
31	O	766.»	12	3	Giboulée		1.28	
Moyennes.		764.»	14°3	1°7	Hauteur totale de pluie pendant le mois	20.6		

1ᵉʳ jour du mois: Dimanche.   Nombre total de jours de pluie pend¹ le mois: 9

Altitude du sol: 177ᵐ »

MOIS D'AVRIL

DATES DU MOIS	DIRECTION DU VENT	Hauteur Barométrique ramenée à zéro et au niveau de la mer	TEMPÉRATURE		RENSEIGNEMENTS DIVERS	HAUTEUR TOTALE de pluie pendant les 24 heures	NIVEAU DE LA SAONE à l'échelle du pont Saint-Laurent a Chalon. Alt. du zéro de l'échelle = 170ᵐ72	MAXIMUM DES CRUES Le débordement de la Saône commence à la cote 4ᵐ50.
			Maxima	Minima				
1	2	3	4	5	6	7	8	9
		millim.				millim.		
1	S	766.»	15	4	Pluie intermit.	0.5	1ᵐ30	
2	S	757.»	10	6	Pluie la nuit.	1.3	1.32	
3	O	762.»	6	4	Pluie	7.»	1.38	
4	S-O	767.»	15	4	id.	1.»	1.33	
5	S-E	763.»	12	7	id.	0.8	1.35	
6	N	767.»	16	1	id.	0.4	1.40	
7	S-O	763.»	19	0			1.60	
8	N	760.»	11	6			1.74	
9	N	761.»	9	4			1.45	
10	N	766.»	11	1	Pluie intermit.	3.5	1.29	
11	N	766.»	15	2			1.55	
12	S	761.»	14	0			1.60	
13	N	760.»	14	3			1.48	
14	N	763.»	13	0			1.29	
15	S	764.»	16	-5			1.21	
16	N-O	762.»	5	-4	Pl.la n., neige le m.	1.»	1.15	
17	N	765.»	8	-1	Neige et grésil	5.2	1.13	
18	N	768.»	7	-1	id.		1.19	
19	N-E	768.»	12	-1	Neige la nuit.	1.3	1.28	
20	S-E	761.»	14	-6			1.35	
21	S	752.»	13	0			1.30	
22	S	746.»	14	6	Pluie	16.3	1.35	
23	S-O	744.»	10	4	id.	37.7	1.95	
24	O	752.»	15	3	id.	9.2	3.68	
25	O	757.»	13	3			4.40	
26	S	756.»	15	0			4.58	M. à 3 h. soir.
27	S	753.»	14	6			4.51	
28	S	758.»	21	7	Pluie la nuit.	6.»	4.32	
29	S	754.»	16	8	id.	9.»	3.85	
30	O	755.»	20	6	Pluie	6.»	3.40	
Moyennes.		760.»	13º1	2º2	Hauteur totale de pluie pendant le mois.	105.8		

1ᵉʳ jour du mois: Mercredi. Nombre total de jours de pluie pend^t le mois : 15

ADMINISTRATION

BUREAU

EXTRAIT DES STATUTS

Composition. — ART. 3. — La Société se compose :

1° De *Membres d'honneur* ;

2° De *Membres donateurs.* Ce titre sera accordé à toute personne faisant à la Société un don en espèces ou en nature d'une valeur minimum de trois cents francs ;

3° De *Membres à vie,* ayant racheté leurs cotisations par le versement une fois fait de la somme de cent francs ;

4° De *Membres correspondants* ;

5° De *Membres titulaires,* payant une cotisation minimum de six francs par an.

Tout membre titulaire admis dans le courant de l'année doit la cotisation entière de cette même année; la cotisation annuelle sera acquittée avant le 1er avril de chaque année.

ART. 16. — La Société publie un *Bulletin* mensuel où elle rend compte de ses travaux.

Les publications de la Société sont adressées sans rétribution à tous les membres.

ART. 17. — La Société n'entend prendre, dans aucun cas, la responsabilité des opinions émises dans les ouvrages qu'elle publie.

La Société recevra avec reconnaissance tous les objets d'Histoire naturelle et les livres qu'on voudra bien lui offrir pour ses collections et sa bibliothèque. Chaque objet, ainsi que chaque volume portera le nom du donateur.

BULLETIN MENSUEL

DE LA SOCIÉTÉ DES

SCIENCES NATURELLES

DE SAONE-ET-LOIRE

CHALON.-SUR-SAONE

29ᴱ ANNÉE — NOUVELLE SÉRIE — TOME IX

Nᵒ 6 — JUIN 1903

Mardi 11 Août 1903, à huit heures du soir, réunion mensuelle au siège de la Société, rue Boichot, Musée Denon

DATES DES REUNIONS EN 1903

Mardi, 13 Janvier, à 8 h. du soir.	Mardi, 9 Juin, à 8 h. du soir.
Dimanche. **8 Février**, à 10h du matin	— 7 Juillet —
ASSEMBLÉE GÉNÉRALE	— 11 Août —
Mardi. 10 Mars, à 8 h. du soir.	— 13 Octobre —
— 7 Avril —	— 10 Novembre, —
— 12 Mai, —	— 8 Décembre —

CHALON-SUR-SAONE

ÉMILE BERTRAND, IMPRIMEUR-ÉDITEUR

5. RUE DES TONNELIERS

1903

ABONNEMENTS

| France, Algérie et Tunisie. . . 6 fr. | Par recouvrement. . . . 6 fr. 50 |

On peut s'abonner en envoyant le montant en mandat-carte ou mandat-postal à *Monsieur le Trésorier de la Société des Sciences Naturelles à Chalon-sur-Saône (Saône-et-Loire)*, ou si on préfère par recouvrement, une quittance postale, signée du trésorier, sera présentée à domicile.

Les abonnements partent tous du mois de Janvier de chaque année et sont reçus pour l'année entière. Les nouveaux abonnés reçoivent les numéros parus depuis le commencement de l'année.

TARIF DES ANNONCES ET RÉCLAMES

	1 annonce	3 annonces	6 annonces	12 annonces
Une page...............	20 »	45 »	65 »	85 »
Une demi-page...........	10 »	25 »	35 »	45 »
Un quart de page.........	8 »	15 »	25 »	35 »
Un huitième de page......	4 »	10 »	15 »	25 »

Les annonces et réclames sont payables d'avance par mandat-poste adressé avec le libellé au secrétaire=général de la Société.

TARIF DES TIRAGES A PART

	100	200	300	500
1 à 4 pages	5 50	7 50	9 50	13 »
5 à 8 —	8 »	10 50	13 »	17 25
9 à 16 —	12 »	15 »	19 »	25 »
Couverture avec impression du titre de l'article seulement	4 75	6 25	7 75	10 »

MM. les collaborateurs à la rédaction du Bulletin, qui désirent des tirages à part, sont priés d'en faire connaître le nombre lorsqu'ils retournent à M. le Secrétaire général, le bon à tirer de leur article.

L'imprimeur disposant de ses caractères aussitôt les tirages du Bulletin terminés, tout retard dans leur demande les expose à être privés du prix réduit spécial aux tirages à part.

NOUVELLE SÉRIE.   29ᵉ ANNÉE. Nᵒ 6   JUIN 1903

BULLETIN

DE LA

SOCIÉTÉ DES SCIENCES NATURELLES

DE SAONE-ET-LOIRE

CHALON-SUR-SAONE

SOMMAIRE :

Programme de l'excursion du 28 Juin à Nolay et à la Tournée

9 ɪ. 15. — Départ de Cɪalon. — Rendez-vous à la gare.

9 h. 43. — Arrivée à Cɪagny,

10 ɪ. 32. — Départ de Cɪagny.

10 ɪ. 59. — Arrivée à Nolay. — Déjeuner.

1 ɪeure. — Départ de Nolay, à pied, pour la Tournée. — Herborisation. (Trajet à pied 8 kilomètres).

6 ɪ. 34. — Départ de Nolay.

7 ɪeures. — Arrivée à Cɪagny.

7 ɪ. 25. — Départ de Cɪagny.

7 h. 42. — Arrivée à Cɪalon.

Les excursionnistes sont priés de vouloir bien prendre cɪacun un billet d'aller et retour.

En cas de mauvais temps, l'excursion sera ajournée.

Résistance vitale d'un Scorpion[1]

Mon boy prit un scorpion de belle taille, auquel, à la mode indigène, il attacha un fil à la queue et me l'apporta.

Je résolus de le laisser mourir de faim, n'ayant pas sous la main un bocal à ouverture assez large pour l'asphyxier dans de l'alcool.

J'attachai donc le fil qui le retenait à la traverse d'une claie de bambou servant d'espalier à un rosier ; l'animal se trouva ainsi suspendu dans le vide.

Quatre jours après, puis huit, puis quinze, passant auprès, je lui tendais le bout de ma canne, qu'il saisissait immédiatement entre ses pattes. Ce ne fut que le vingt-septième ou vingt-huitième jour d'exposition au soleil et à la pluie, la tête en bas, qu'il succomba. Le hasard seul me fit, intéressé par la force de résistance de cet animal, pousser jusqu'au bout son supplice ; le jeûne absolu qu'il subissait m'ayant paru devoir triompher fort rapidement de sa vitalité, curieux, je voulus en connaître le terme. La veille de sa mort, dans la journée, il s'était encore fortement cramponné au bâton que je lui tendis ; c'était le 27e jour de son accrochage.

BRÉBION,
à Thudaumot.

---

1. Extrait d'une lettre de M. Brébion, membre correspondant de la Société a Thudaumot.

NOTE

SUR LES

Mines de Nickel de la Nouvelle-Calédonie

PAR

Félix BENOIT, I.

INGÉNIEUR, ANCIEN CHEF DE SERVICE DES MINES DE LA NOUVELLE-CALÉDONIE
Membre correspondant
de la «Société des Sciences Naturelles de Saône-et-Loire»

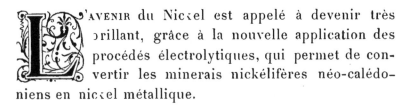

’AVENIR du Nickel est appelé à devenir très brillant, grâce à la nouvelle application des procédés électrolytiques, qui permet de convertir les minerais nickélifères néo-calédoniens en nickel métallique.

HISTORIQUE

Le minerai de nickel a été signalé la première fois en Nouvelle-Calédonie par M. Jules Garnier, ingénieur civil des mines de cette colonie, de la fin de l'année 1863 au commencement de 1867. — Mon éminent prédécesseur et ami jouit encore, malgré son grand âge, de toute la force de sa vive intelligence.

C'est en 1875 que Dana donna le nom de « *Garniérite* », au minerai de nickel néo-calédonien qu'il décrivit dans « *Appendix to the fift edition of mineralogy New-York* ». — Ce nom est resté.

APERÇUS GÉOLOGIQUES SUR LES GISEMENTS DE NICKEL DE LA NOUVELLE-CALÉDONIE

Les roches d'origine éruptive, très communes dans les

îles néo-calédoniennes [1], jouent un rôle considéraⴢle dans la constitution géologique de l'archipel.

Elles comprennent notamment les serpentines modernes qui, à elles seules, recouvrent 600.000 hectares au moins, soit presque le tiers de la superficie de la Nouvelle-Calédonie, qui a une surface totale de 2.210.000 hectares, y compris ses dépendances (un peu moins de trois fois celle de la Corse).

Les gisements nickélifères de la Nouvelle-Calédonie se trouvent dans la grande formation serpentineuse en question qui donne son relief à l'île. Cette formation s'étend depuis l'extrémité méridionale de l'île jusqu'au milieu de sa longueur, à l'exception d'une ⴢande allant de la côte ouest jusqu'au pied du Mont-d'Or, et d'importantes ⴢandes de terrains cristallins et anciens qui courent dans le sens de la longueur de l'île. Les serpentines sont les dernières manifestations de l'activité éruptive en Nouvelle-Calédonie ; les épanchements serpentineux sont en quelque sorte la clef de voûte de l'édifice géologique néo-calédonien.

Les serpentines se distinguent par leur profil tourmenté, et une maigre végétation de ⴢroussailles donne à toute la région serpentineuse un aspect sauvage. D'immenses nappes d'argile rouge que couronnent des amas de minerai de fer couvrent le flanc des montagnes.

Les crêtes des montagnes contenant les gisements de nicⴢel sont ordinairement dirigées dans le sens général de l'orientation de l'île, soit nord–ouest–sud–est, et se trouvent sur les deux côtés est et ouest de l'île et à l'intérieur.

---

1. On peut considérer la Nouvelle-Calédonie comme le dernier témoin émergé d'une longue cordillère sous-marine dans la majeure partie de son parcours, ayant son point d'origine à l'extrémité de la péninsule de la Nouvelle-Guinée et une direction nord-ouest-sud-est semblable à la direction de cette péninsule.

Le minerai de nickel néo-calédonien est un silicate de nickel hydraté et magnésien.

C'est une substance plus ou moins tendre, souvent onctueuse au toucher, de couleur variant du vert au jaune chocolat et quelquefois passant du noir au rouge lie de vin. Ces colorations proviennent des terrains traversés par les éruptions hydrothermales qui ont donné lieu à la formation nickélifère.

Les gisements nickélifères se présentent à même les serpentines sous forme de veines et de veinules dont les enchevêtrements affectent l'allure de véritables *stockwerks*.

Le remplissage de ces veines et veinules, dont l'origine hydrothermale n'est pas contestable, est composé essentiellement du minerai hydrosilicaté magnésien de nickel tantôt pur, tantôt diversement associé à des gangues telles que du quartz, de l'argile rouge ou des fragments de la serpentine des épontes.

Ces gîtes nickélifères sont subordonnés aux grands épanchements serpentineux modernes.

Ils sont le clou de la fortune minière de notre belle colonie du Pacifique, surtout si le mode de traitement électrolytique qui vient d'être découvert entre dans l'application courante en Nouvelle-Calédonie, où il existe de nombreuses chutes d'eau tout indiquées pour cet emploi. On n'aura plus à transporter en Europe pour les traiter des minerais dont la composition moyenne est la suivante :

Nickel	7	
Magnésie...........	26	
Fer.................	12	100
Silice..............	45	
Eau	10	

On verra alors le prix du métal nickel diminuer dans de notables proportions et les applications de ce métal devenir de plus en plus nombreuses.

J'ai déjà dit que les gisements nickélifères néo-calédoniens étaient les contemporains des épanchements
serpentineux modernes. A mon retour de la Nouvelle-
Calédonie (1892), j'avais pensé pouvoir déterminer l'âge
de ces épanchements d'après le fossile du minerai de
nickel néo-calédonien, que j'avais découvert vers la fin
de 1891. — Ce fossile est une « mouche ». Malheureusement les quelques fossiles, très rares d'ailleurs, que
j'avais recueillis sur divers points de l'île, avaient été
brisés pendant mon voyage.

Conclusion

Les gisements de nickel de la Nouvelle-Calédonie
peuvent être considérés comme industriellement inépui-
sables.

Ces gîtes sont les plus riches et les plus importants du
monde entier, à part peut-être les gisements de Madagascar qui n'ont pas encore été suffisamment explorés.
Les gisements de la grande île sont constitués comme
ceux de la Nouvelle-Calédonie par des « garniérites ».
Mais malheureusement ils se trouvent à l'intérieur de la
Grande-Terre, c'est-à-dire sans voie de communication.
— Les autres gisements de nickel de Suède, de Norvège,
de Hongrie et même du Canada sont peu importants. —
En effet, les minerais de Suède, de Norvège et de Hongrie
ne contiennent que 2 à 4 p. 0/0 de métal et exigent des
procédés dispendieux d'affinage (voie humide) à cause de
leur nature même : arséniures et antimonio-sulfures. —
Quant aux minerais canadiens, leur teneur en nickel
varie de 3 à 5 p. 0/0, et ils sont constitués par une pyr-
rhotite où le fer est remplacé par du nickel mélangé avec
plus ou moins de chalcopyrite.

La concurrence n'est donc pas à craindre.

J'avais donc raison de dire dans le cours de cette
note : « Les gisements nickélifères de la Nouvelle-Calé-

donie sont le clou de la fortune minière de notre)elle colonie du Pacifique. »

Cette fortune rejaillira sur la métropole si les capitaux français savent s'intéresser à l'exploitation des gisements de nic<el néo-calédoniens et au traitement récemment imaginé des minerais extraits.

Puisse ce souhait s'accomplir : les conséquences en seraient merveilleuses et pour la France et pour notre colonie océanienne que Coo< estimait supérieure en charmes à la perle du Pacifique, l'élégante Tahiti !

Félix BENOIT.

Avril 1903.

UNE

OBSERVATION DE TÉRATOLOGIE VÉTÉRINAIRE

Polydactylie chez le Veau

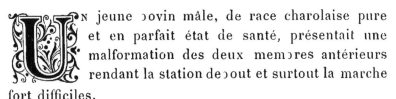N jeune)ovin mâle, de race charolaise pure et en parfait état de santé, présentait une malformation des deux mem)res antérieurs rendant la station de)out et surtout la marche fort difficiles.

Chacun des mem)res antérieurs de ce veau présentait en effet, au lieu de la)ifurcation normale dans cette espèce, une quadrifurcation terminale très évidente. Aux deux doigts médians normaux incomplètement soudés, comme cela se présente dans l'état naturel des choses, étaient adjoints deux doigts latéraux supplémentaires plus petits, dont les onglons recourʒés n'atteignaient pas le sol.

En palpant soigneusement chacun de ces doigts supplémentaires, il était facile de percevoir pour chacun d'eux un nomʒre complet d'articles ou segments, dont trois phalangiens et un métacarpien unis entre eux et à l'os principal du canon par du tissu fiʒreux représentant les jointures diverses à l'état d'ankylose.

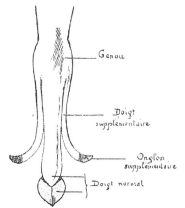

Genou

Doigt supplémentaire

Onglon supplémentaire

Doigt normal

La peau. recouvrant les doigts accessoires participait des caractères de celle recouvrant les régions avoisinantes, et le memʒre tout entier se terminait par quatre onglons espacés et inégaux.

En somme, il s'agissait là d'un cas ʒien défini de polydactylie ʒilatérale antérieure, signe évident d'un retour au type ancestral de l'espèce qui, comme pour les solipèdes actuels, était d'ailleurs manifestement polydactyle.

L. Griveaux,
Médecin-Vétérinaire.

LE MUSCARDIN DES NOISETIERS

Muscardinus Avellanarius L.

IL existe dans nos forêts bourguignonnes un grand nombre d'espèces animales, mentionnées dans les ouvrages d'histoire naturelle, et dont nous ne soupçonnons même pas l'existence chez nous.

Il en est ainsi pour un petit rongeur de la famille des *Myxidés*, tribu des *Myoxinées*: le muscardin, ainsi nommé à cause de la légère odeur musquée qu'il exhale.

C'est un loir en miniature ; le corps a huit centimètres de long, la queue qui mesure sept centimètres est semée de poils roux et noirs. Le pelage est jaune roux vif, le ventre blanc.

Ce gracieux petit animal a les pattes prenantes ; il possède un rudiment de pouce, sorte de moignon, relativement très puissant, opposable, ce qui lui permet la préhension. Aussi court-il avec une grande agilité sur les noisetiers qui lui servent d'habitat.

Le muscardin adulte est très difficile à prendre, à moins qu'il ne soit engourdi, car il est hibernant ; de plus, c'est un rongeur nocturne.

J'en possède un jeune, et voici dans quelles circonstances je le trouvai : Je me promenais vers la mi-mai dans la forêt de Marloux avec mon chien, quand celui-ci m'apporta tout à coup une boule d'herbes sèches de la grosseur du poing. De petits cris partaient de l'intérieur, c'est ce qui me décida à la défaire et je vis, bien au centre, à moitié engourdi, un petit être de la grosseur d'une souris, avec une queue en forme de pinceau.

Je le pris tout d'abord pour un jeune écureuil, et je l'em-

portai dans mon mouchoir. Rentré chez moi, je mis
l'animal dans une cage, où il vit parfaitement, se nourris-
sant de cerises, surtout de noisettes dont il est friand :
il les ouvre et les vide très adroitement, sans en faire
éclater la coquille. L'animal se tient caché le jour ; il dort
au fond de son nid d'herbes que je lui ai aménagé dans
une petite boîte. Si parfois, la température baisse, il s'en-
gourdit. On peut alors le prendre, c'est un petit cadavre
complètement froid. Le met-on dans le creux de la main,
la respiration ne tarde pas à s'accentuer, il se redresse,
il étend les pattes ; il ouvre un œil, mais comme ébloui,
il le referme ; enfin la lumière et la chaleur finissent par
triompher de son profond sommeil ; les paupières, s'ouvrant à demi, laissent voir une prunelle noire et brillante,
et au moment où l'on s'y attend le moins, il fait un saut
formidable : il jaillit d'entre les doigts.

D'après Brehm, le muscardin est un animal de l'Europe
centrale. Il est surtout commun dans le Tyrol, la Carinthie,
la Styrie, la Bohême, la Silésie, l'Esclavonie et l'Italie
septentrionale.

Peu d'autres animaux se prêtent mieux que lui à s'ap-
privoiser, à habiter les appartements et à charmer les
personnes qui s'en occupent. Ce sont de véritables animaux arboricoles ; ils grimpent à merveille ; ils courent
sur les branches les plus minces, à la façon des écureuils
et même des singes ; on les voit tantôt se suspendre à une
branche par leurs pattes de derrière pour saisir et
croquer une noisette placée plus bas, tantôt courir à la
face inférieure de la branche, — comme du reste il le fait
suspendu au toit de sa cage, — avec autant de rapidité qu'à
la face supérieure.

En somme, c'est un petit animal très joli, fort intéressant, dont j'ai tenu à signaler la présence dans notre belle
contrée.

Albert DACLIN.

UN RAID AU DÉSERT

Sinaï, Arabie-Pétrée, Arabie, Moab

(Notes de voyage - 1902)

LE DÉPART

« ON voyage ! Bonne chance ! Que les chameaux vous soient moelleux !... et les Bédouins hospitaliers ! »

L'*Argus*, la belle chaloupe à vapeur, que la Compagnie du Canal a très aimablement mise à notre disposition, quitte rapidement le petit embarcadère de Port-Tewfik, tandis que, sur le joli quai tout égayé de verdure, nos amis de Suez, le Consul de France en tête, nous saluent joyeusement de souhaits confiants et d'exclamations cordiales.

A la bonne heure ! voilà un départ que rien n'attriste. Et pourtant nous sommes *treize !* — Puisque personne n'a hésité devant ce *fatal présage*, nous pouvons réciproquement nous estimer d'esprit assez sain, de caractère assez ferme pour mener à bien ce Raid intéressant que nous pouvons prévoir assez dur et pour lequel il faudra faire preuve souvent d'une belle endurance physique et d'une solide santé morale.

C'est donc une première épreuve de nos âmes à laquelle nous soumet le hasard de ce chiffre symbolique des superstitieux. — Et, à ce propos, je rappelle à mes compagnons qu'il m'arriva plusieurs fois en France de re-

chercher la date du 13 pour voyager en chemin de fer, avec
l'idée qu'en un pareil jour les compartiments seraient
moins ɔondés et que je serais plus à l'aise. L'expérience
ne m'a d'ailleurs jamais réussi... en ce sens que l'affluence
des voyageurs me parut toujours plus grande ces jours-
là, — surtout si le 13 tomɔait un vendredi ! — ce qui prouverait qu'en France on est ɔien plus dégagé des petites
superstitions qu'on ne le croit généralement.

Il fait chaud, ce lundi 10 février, et nous apprécions la
tente de la chaloupe qui nous aɔrite contre les rayons d'un
ardent soleil. Allons ! nous n'aurons pas froid au désert !

Nous croisons un superɔe paqueɔot anglais des Indes
qui va entrer dans le canal. Les passagers, massés à l'arrière, nous saluent ironiquement, croyant voir en nous
des victimes de l'Office sanitaire de Suez allant se faire
désinfecter au lazaret des Sources de Moïse. Peut-être
qu'eux-mêmes, tout à l'heure, suɔiront cette épreuve, si
la *Santé* du port ne trouve pas assez *propre* la patente de
leur ɔateau; ils seront certainement alors ɔeaucoup moins
joyeux que nous le sommes sur notre chaloupe.

En effet, depuis si longtemps nous nous réjouissions à
l'idée de cette escapade un peu corsée et, chacun de notre
côté, très loin les uns des autres, nous escomptions les
satisfactions inconnues et les surprises alléchantes de cette
longue *chevauchée*... à dromadaires, que nous n'avons à
présent que des regards indifférents, un peu méprisants
même, pour le joli paysage animé de Port-Tewfiɔ qui
s'éloigne avec la rive africaine et sa ɔanale civilisation
d'Europe, et que toute notre sympathie curieuse va à cette
grande côte nue d'Asie, à ce port du désert que nous
atteignons après une petite heure de doux ɔercement sur
cette miniature maritime du golfe de Suez.

Nous débarquons à la jetée du Lazaret où nous trouvons
amarrées toutes les chaloupes du grand cuirassé russe
mouillé devant Suez. Voici les ɔâtiments du lazaret et, à

leur abri, nos dromadaires de selle qui nous attendent sous la garde de leurs chameliers bédouins appartenant à deux tribus différentes, les Aoulad Saïd et les Djebeliyeh. Nos chameaux de charge sont déjà à l'oasis d'Aïoun-Mouça, partis dès le matin du Canal où nos bagages ont été traversés en bac sur la rive d'Asie. De cette façon, nous trouverons ce soir au campement nos tentes dressées et le dîner presque prêt.

Nous voici donc en présence de nos montures que quelques-uns d'entre nous garderont près de 20 jours. Il s'agit de bien choisir. La présentation n'est d'ailleurs pas d'une cordialité sans réserve.

A notre approche, les dromadaires déjà accroupis, mais peu habitués à nos costumes européens, — nous ne nous déguiserons en Arabes que pour la première grande étape de demain, — font une musique peu engageante, et leurs grands yeux de myopes nous considèrent avec méfiance. Ils sont très agités, et malgré leurs entraves de corde, quelques-uns se relèvent brusquement et s'échappent maladroitement sur trois pattes, grotesques dans leur boitement démantibulé de grandes bêtes tout en jambes et en cou, semblables à d'immenses fantoches caricaturaux dont un amateur epileptique tirerait les ficelles.

Avec de grands cris, dans un tumulte de voix rauques et de grognements nasillards, les chameliers poursuivent leurs bêtes, les ramènent et, avec des rrrr... rrrr... impatients, les font agenouiller, cependant que les dromadaires protestent, gonflent leur langue, tournent en résistant autour de la corde qui tire leur museau vers le sol, et redoublent leurs grognements sonores qui ressemblent à un rugissement un peu chevrotant.

Enfin chacun de nous a choisi sa bête et les chameliers chargent nos petits bagages : *courjes* (grande sacoche double en poil de chèvre ornée de longues franges à pompons), couvertures pour garnir le dur bâti de bois placé sur la ɔosse et représentant de très loin une selle, fusils, jumelles, appareils photographiques, tout l'attirail quotidien d'un voyageur au désert.

A présent, il s'agit de monter et, pour des novices comme nous, c'est un peu intimidant. Pourtant un des genoux de l'animal est maintenu replié par une corde, et le chamelier, qui fixe la tète du dromadaire près du sol, tient son pied appuyé sur l'autre genou. Mais déjà le siège sur lequel nous *camalcaderons* tout à l'heure semɔle haut juché avec son amas de couvertures ; que sera-ce après le ɔrusque déclanchement qui dressera la ɔète et nous projettera à 3 mètres dans l'atmosphère ?

Enfin je prends mon courage à deux mains... et à deux jamɔes, et d'un vigoureux élan, je me trouve en croupe, me retenant devant et derrière à la selle de ɔois. Contre mon attente, l'animal ne se redresse pas de suite, comme cela lui arrive d'haɔitude au moment précis où il sent le contact du cavalier. C'est que mon chamelier, craignant une catastrophe initiale qui serait vraiment humiliante pour mes déɔuts, a solidement retenu le chameau. Il s'assure même que je me tiens ɔien des mains et des jamɔes ; puis, après une suite rapide de recommandations en araɔe, il lâche le ressort : pan, bingn, boumm ! En une seconde et trois mouvements je me trouve perché haut et un peu surpris de n'avoir pas lâché prise sous la triple et soudaine détente qui a dressé ma monture. Ah mais ! ça n'est pas doux un lever de chameau ! Un déclic ɔrutal des jamɔes de derrière suɔitement tendues vous projette le nez vers la tête de la ɔète ; avant que ce parcours en projection antérieure ne s'achève, une détente identique des pattes de devant vous incite violemment à faire une pirouette en arrière, tandis qu'aussitôt un coup ɔrusque de croupe vous redresse heureusement dans la position normale et digne qu'il convient désormais de conserver.

En somme, tout cela est plus effrayant à voir qu'à accom-

plir soi-même, et c'est si vite fait que ce n'est que par
l'exercice quotidien de cette petite gymnastique des reins
que l'on arrive à en analyser les phases. C'est très brusque
et les premières fois surtout, il faut se cramponner sérieusement pour ne pas être désarçonné ; mais à la longue on
s'y habitue si bien qu'après quelques jours chacun de
nous se faisait un point d'honneur, et bientôt un jeu, de
monter sans que l'animal soit entravé et retenu, et que
nous y réussissions fort bien.

Il en est de même pour la descente : il s'agit de recevoir
la triple détente en sens contraire, mais avec, alors, des
temps d'arrêt. Bientôt nous nous contentions de sauter du
haut du chameau pour ne pas subir les longs préliminaires
de l'agenouillement, chaque bête ayant coutume de se
faire longuement prier et de protester par ses cris et ses
mouvements circulaires lorsqu'elle est sollicitée à s'ac-
croupir.

Donc nous voici en route, ballottés en mesure par
l'allure raide et le tangage de nos montures, mais sans
qu'aucun de nous ressente les malaises *pélagiques* dont on
accuse ce moyen de locomotion, sans même que nous
éprouvions une fatigue, une courbature sérieuse par suite
du mouvement imprimé au corps par les déplacements
heurtés de l'animal. Trente-huit jours à chameau nous
ont même démontré que cette monture était beaucoup
moins fatigante que le cheval et le mulet. En effet, lorsqu'il
nous fallut quitter ces bonnes bêtes pour monter des
mulets d'abord dans les immenses ravins du Moab, puis
des chevaux dans les grandes plaines des plateaux de
Madaba, nous dûmes convenir que si douze heures con-
sécutives et quotidiennes se font sans trop de fatigues
à chameau, huit heures de cheval et surtout de mulet
sont autrement longues... pour les muscles lombaires et
les *adducteurs !* C'est qu'à chameau, on peut changer de
position à chaque instant, ce que l'on réalise difficilement

à cheval. Il nous arrivait même, lorsque nous étions fatigués de l'*assiette*, de nous étendre à plat ventre sur le chameau au pas pour nous reposer!

Et quelles précieuses ɔêtes! capaɔles, comme chacun sait, — nous eûmes l'occasion de le constater — de rester 7 jours sans ɔoire, grâce à la provision d'eau accumulée en réserve au départ des sources. Aussi depuis Suez jusqu'au Sinaï, du Sinaï à l'Aqabah, de l'Aqabah à Maan, dans les différents déserts traversés, ne rencontre-t-on que des chameaux, même aux oasis, même aux tentes des Bédouins réfugiés auprès d'un ouadi incomplètement tari. Que feraient les Araɔes sans ces grandes ɔêtes, assez dociles en somme, quoique, comme le dit Loti, « leur pied s'obstine toujours au même sentier » et qu'il soit difficile de les diriger hors de la ligne suivie par leurs frères en ɔosse?

Il n'est pas jusqu'à leur silhouette qu'on ne finisse par trouver élégante lorsqu'elle se détache nette, très découpée en lignes sinueuses et souples dans la grande lumière transparente et vive du désert. Comme on sent que cette grande carcasse, — si peu harmonieuse et si ridiculement contournée lorsqu'elle se profile par hasard, dépaysée, sur les ornements réguliers et mesquins de nos maisons, — est faite pour ces grands espaces, démesurée comme eux, avec ses grandes pattes maigres, mais musclées, chaussées de larges tampons élastiques qui n'enfoncent pas dans le saɔle et se moulent sur les roches ; avec son dos ɔomɔé dont la convexité supporte sans plier des charges sous lesquelles, à force égale, l'ensellure d'un cheval fléchirait; avec sa tête plate et son long cou flexiɔle qui fend sans peine la violence du simoun au saɔle aveuglant et s'allonge tranquillement pour forcer la résistance du chamsin hurleur!

À monter longtemps le dromadaire au désert, on l'apprécie chaque jour davantage on s'attache à lui en le

comprenant, on apprend à l'aimer et... l'on est tout
attristé lorsqu'il faut s'en séparer pour enfourcher une
monture différente!

. . . .

Après quelques heures de caravane — petite étape
d'entraînement — dans ce plat désert maritime, nous
arrivons à l'oasis d'Aïoun-Mouça avec ses sources saumâtres merveilleusement ombragées sous les palmiers
touffus qui se pressent autour de l'eau où, avidement,
leurs courtes racines plongent à travers le sable. Tout
l'équipage du navire russe, plus de 400 matelots avec la
musique, quitte la palmeraie. Les marins sont venus
visiter à pied ce site pittoresque ; la musique a joué sous
les grands dômes de palmes tout étonnés d'un tel bruit et
d'un mouvement si inaccoutumé ; et tous s'en retournent,
officiers et aumôniers en tête, pour rejoindre cette nuit
leur bord. Échange de saluts et regards surpris de part et
d'autre, car eux ne s'attendaient pas plus à trouver ici une
si nombreuse caravane européenne que nous ne pensions
rencontrer en plein désert l'équipage d'un bateau en promenade.

Mais voici nos cinq tentes dressées sous les palmiers ;
notre cuisine en plein air sent bon déjà. Aussitôt descendus de chameau nous installons nos bagages sous les
tentes ; puis, pendant que notre table portative se dresse
dans ce décor joli, nous nous éparpillons dans l'oasis
pour la visiter, chacun s'installant ensuite en un coin
choisi où l'on peut goûter le charme très doux du crépus-
cule sous les palmiers et admirer les fantaisies colorées
du soleil se couchant sur les monts de Libye tout roses de
l'autre côté du golfe.

Des appels de trompe nous ramènent à table. On dîne
gaiement, en commentant les difficultés des négociations
qui ont précédé le départ et en traduisant les courtes
impressions, ravissantes déjà, de cette première journée.

Avec le café arabe au fin arôme, les cigarettes s'allument, et l'on bavarde dans la nuit tiède jusqu'à dix heures.

Demain, départ au petit jour pour une longue étape à travers les sables — en plein désert. Aussi, comme Achille, chacun se retire sous sa tente... commune où, malgré les conseils prudents de la raison qui veut qu'on dorme vite pour être dispos demain, les conversations et les rires ne s'éteignent que tard, très tard dans la nuit.

AU SINAÏ

. . . .

Un rapide déjeuner à l'ombre d'une grande roche où nous découvrons plusieurs intéressantes inscriptions nabathéennes et coufiques que nous estampons; puis nous montons à chameau pour nous engager dans le Nab Hâoua (passage du vent), ravin très encaissé entre de hautes parois de granit.

Tout à coup des cris et une grande agitation chez nos Bédouins. Je suis un peu en arrière. Plusieurs coups de feu éclatent en avant. Je me hâte pour rejoindre la troupe, un peu inquiet de ce soudain vacarme. Au tournant du défilé, je rattrape nos gens et, rassuré, j'ai bientôt l'explication de ce bruit devant un tas de petites pierres amoncelées qui rétrécit là l'étroit passage au sol accidenté et parfois dangereux. Les Bédouins nous montrent, interrompant le chemin, une haute marche naturelle que les chameaux hésitent généralement à descendre et, un peu plus bas, sur le bord évasé du défilé, une petite éminence rocheuse. La légende prétend que jadis un des leurs voulut obliger sa chamelle obstinée à descendre rapidement le degré difficile; comme la bête hésitait, il la frappa longtemps et si violemment de sa matraque qu'elle fit un bond immense et alla s'écraser sur le rocher inférieur.

Depuis lors les Bédouins, qui ont le respect de leurs animaux domestiques autrement développé que nos charretiers français, exhalent bruyamment leur indignation contre ces mauvais traitements en jetant des pierres sur l'emplacement du forfait, en couvrant d'imprécations injurieuses le nom du cruel chamelier et en tirant des coups de fusil *contre sa mémoire*. Et comme ces grands enfants adorent entendre parler la poudre, nous faisons *barout*, nous aussi, sur leur demande, pour nous associer à leur réprobation. Nos coups de feu augmentent leur agitation, dès lors joyeuse, qu'ils expriment aussitôt par des chants improvisés pour nous remercier.

Un peu plus loin, nouvel arrêt, nouvelle effervescence. Un énorme *céraste*, ou vipère cornue, vient de traverser la chaussée et s'est réfugié dans une fente de rocher. Les bédouins, qui ont une peur épouvantable de cette répugnante et dangereuse bête, s'écartent vivement en tirant leurs chameaux : une morsure de ce reptile tuerait en moins de deux heures un dromadaire. Mais quelques-uns d'entre nous assomment l'animal qui mesure 1ᵐ 30 de longueur et a le corps de la grosseur du poignet. Les cornes qu'il porte sur les arcades sourcilières et le gonflement de son cou lorsqu'il se redresse pour se défendre contribuent à lui donner un aspect peu engageant, et nous admettons fort bien la répulsion qu'il inspire à nos Arabes. Le céraste abonde d'ailleurs au désert, dans les touffes grises des armoises et des santonines parfumées où il voisine avec d'énormes lézards de sable. — Nous eûmes l'occasion d'en voir presque chaque jour.

Mais le ravin s'élève maintenant vers un col. On y circule péniblement en contournant les rochers énormes éboulés dans le lit profond que les eaux ont creusé à travers le granit rouge jusqu'à la profondeur parfois terrifiante de 200 à 300 mètres. Les murailles verticales s'élèvent menaçantes, et dans ce grand silence où le

moindre bruit résonne, répercuté par plusieurs échos sonores, on se sent comme écrasé par l'énormité des roches.
Et quels puissants effets de lumière et d'ombres sur ces
parois creusées et fouillées par le rude ébauchoir de l'eau,
de l'air et du temps, avec leurs riches colorations pourpres
et roses ! Quelle féerie de couleurs et de lignes !

C'est donc comme au sortir d'un vertige, sous une impression un peu angoissante, malgré la fantasmagorie lumineuse qui nous domine, que nous atteignons le sommet
du col où cesse le ravin. Alors un spectacle nouveau et
très attendu se découvre d'un seul coup à nos yeux : les
pics rocheux du Sinaï se dressent à deux milles devant
nous, à l'extrémité de la plaine rocailleuse d'El-Râhah en-
fermée dans une muraille de rochers et où la tradition
place le campement des Israélites de l'Exode.

L'effet produit par la soudaine vision de ce massif granitique, majestueusement érigé, bien isolé, au bord de
cette plaine, est saisissant. Et nous nous arrêtons pour
admirer cette grandiose et solennelle apparition qui laisse
dans le souvenir une impression très profonde. C'est que
le lieu était bien rencontré pour y symboliser les communications divines, sans compter que Moïse n'avait qu'à
choisir son jour pour trouver réunis, dans la saison d'hiver,
les différents détails du décor terrifiant qui devait im-
pressionner son peuple haletant d'angoisse devant les
montagnes saintes : les orages sont fréquents et formidables sur le Sinaï à cette saison !...

Dominant immédiatement la plaine, voici le Djebel
Safsâfeh dressé à pic, avec son sommet nettement découpé
sur le ciel. C'est le Horeb des Livres sacrés, le moins
élevé des trois monts, le véritable Sinaï sur lequel, parmi
les fracas du tonnerre et les zébrures fulgurantes des
éclairs déchirant les nuages amoncelés, Jahve dicta à
Moïse le Décalogue, pendant ques les Juifs réunis au pied
de la montagne frémissante, remplis d'effroi par le tumulte

de la tempête se répercutant formidablement dans le large cirque des montagnes, attendaient la Loi promise.

Derrière le Horeb s'élève le Djebel Mouça à 2.285ᵐ avec, à son sommet, la grotte naturelle où se retira Moïse pendant ses conversations avec l'Éternel.

Enfin, un peu à l'ouest, le Dj. Katharin (2.602ᵐ) sur lequel les anges auraient déposé le corps de sainte Catherine d'Alexandrie recueilli en Égypte plusieurs siècles après son martyre. Dans un double reliquaire qui est une merveille somptueuse d'orfèvrerie, on conserve à la basilique du couvent la tête et une main de la sainte. De ces restes précieux se dégage un parfum délicieux qui prouverait l'authenticité des sacrées reliques. Et en effet, les moines du couvent nous ont ouvert les châsses d'où émanait dans tout le chœur de l'iconostase l'arome pénétrant du *chypre!* Il est vrai que nous ne pûmes obtenir cette faveur, malgré notre pressante insistance, que le lendemain de notre arrivée, un des moines grecs nous ayant déclaré un peu naïvement, le premier jour, que ça n'était pas prêt!...

Grâce au paiement prudemment exigé à Suez même d'une assez forte taxe, nous sommes admis à entrer dans le fameux couvent orthodoxe, chez les bons moines dont P. Loti n'eut, paraît-il, qu'à se louer[1]. Par la triple porte de fer formidablement défendue, nous pénétrons dans la forteresse monastique où l'on nous réserve un petit pa-

---

1. Pierre LOTI, *Le Desert.* — En se reportant à ce livre où le peintre délicat des coloris rares, l'habile écrivain des sensations précieuses, a très exactement rendu la merveilleuse variété du désert, avec les impressions profondes qu'il laisse à l'âme, on trouvera décrit notre itinéraire d'Aïoun-Mouça au Sinaï et du Sinaï à l'Aqabah. Si nous avons senti intimement comme lui tout le charme puissant de cette nature splendide dans sa brillante aridité, on comprendra néanmoins que nous ne tentions pas après lui de l'exprimer et de le traduire. Nous ne prétendons d'ailleurs pas, dans ces pages, décrire tout le voyage de notre caravane. Il y faudrait un livre que notre ami L. B. se propose de publier d'après ses propres notes. Nous ne voulons que détacher ici quelques épisodes et quelques descriptions d'un intérêt plus immédiat ou plus général. — E. M.

villon assez proprement tenu pour y installer nos bagages et notre cuisine de campement. Nos chameaux mettront à profit les trois jours de repos prévus, pour aller paître l'herbe rare et parfumée des environs.

Dix jours de caravane, interrompus seulement par un séjour de 36 heures dans la délicieuse oasis de Feiran, pendant lequel nous avions fait la très pénible ascension du Dj. Serbâl (2.060ᵐ) avec ses grandes cheminées vertigineuses, nous invitent aussi à apprécier cet arrêt.

Il est vrai que nous avons de quoi occuper nos loisirs. Outre la triple ascension des trois pics du Sinaï, et avant de visiter près de là le couvent des Quarante-Martyrs, nous devons épuiser l'intérêt très varié de l'immense couvent de Sainte-Catherine, fouiller un peu la précieuse bibliothèque dont les cénobites frustes de cette sauvage retraite s'inquiètent peu de déranger le symétrique et poussiéreux arrangement, — voir dans la crypte de la Basilique Justinienne l'emplacement du Buisson ardent, — admirer la splendide mosaïque byzantine de la Transfiguration qui couronne la grande Abside, — parcourir les dédales invraisemblables de cette agglomération disparate de constructions superposées et étroitement enserrées dans de hautes murailles crénelées, avec tours et bastions, meurtrières garnies de petits canons très anciens, chemins de ronde et observatoire où veille encore un gardien chargé de signaler de jour et de nuit l'approche offensive des partis bédouins.

Je ne parle que pour mémoire du *moule* en pierre du *Veau d'or*, taillé au pied du Safsâfeh, et du *rocher de Moïse*. (On montre derrière le chœur de la basilique, à côté du massif de ronces qui continue l'antique Buisson ardent, un arbuste aux branches élancées poussé sur la souche de l'arbre auquel Moïse cueillit la baguette dont il frappa le rocher pour en faire jaillir la source. On débite même de la *manne* dans de petits pots en étain !).

Et de fait, nos journées furent rudement employées, et nous dûmes coucher au couvent des Quarante-Martyrs pour pouvoir accomplir en deux jours notre triple ascension.

Mais, comme au Serbâl, nous fûmes hautement récompensés de nos peines par la vue magnifique dont il nous fut donné de jouir au sommet du Sinaï. Le panorama est merveilleux, surtout du Dj. Katharin. Dans une atmosphère d'une limpidité et d'une transparence admirables, le regard embrasse une mer de montagnes, une confusion de pics noirs, nus, déchirés, abrupts, qui donnent l'impression formidable de l'aridité désertique et de la désolation chaotique. C'est la péninsule entière qui s'étend sous les yeux: l'Arabie Pétrée avec, à l'est, le golfe d'Aqabah comme un filet d'argent au milieu du désert nu, séparant la péninsule des hautes montagnes de la grande Arabie, dont les croupes escarpées se perdent à l'horizon; au sud, le Ras Mohammed qui termine la presqu'île dans la mer Rouge; à l'ouest, le golfe de Suez, et par delà, les grandes chaînes de Libye et de Nubie en Afrique.

Nous pouvons même suivre, à travers l'enchevêtrement du relief des ouadis sinueux, la longue route que nous venons de parcourir, depuis le désert occidental du Tîh sablonneux et morne, semé de pierrailles noires ou brunes, très lisses et comme calcinées, avec parfois l'émergence en arête droite d'un filon de talc ou les ossements blanchis d'un chameau. De là nous pénétrâmes dans le premier massif montagneux si magnifiquement pittoresque où les grès aux découpures architecturales et aux teintes doucement estompées font bientôt place aux grands bancs désolés et sans couleurs des conglomérats et des dépôts marneux. Puis le grand massif avec ses collines gréseuses toutes refouillées d'ouadis entrecroisés avec leurs profils variés et les alternatives colorées des grès stratifiés et des schistes.

C'est là que, sauvagement escarpées sur le flanc de
ravins profonds, nous avons visité les si curieuses mines
de turquoises de Magharah exploitées dès la plus haute
antiquité, comme le prouvent les deux stèles commémo-
ratives qui marquent l'entrée des galeries: l'une au nom
de Snéfrou, le dernier roi de la IIIe dynastie, l'autre rappelant les travaux de Chéops, le fondateur de la grande
pyramide, et ceux de ses continuateurs.

Après les masses sédimentaires, voici les hauts amas
des roches métamorphiques qui forment le puissant
massif central du Sinaï. Là les granits de toutes couleurs
alternent avec le gneiss et les porphyres somptueux. Les
vallées deviennent de plus en plus étroites : ce sont de
profondes crevasses aux versants abrupts. Dans le fond
des ouadis, d'énormes blocs roulés s'amoncellent de la
façon la plus pittoresque et, des escarpements de ces
hautes arêtes granitiques, s'élancent, avec une hardiesse
saisissante, des pics superbes, de minces dents cristallines,
de formes toujours différentes, comme si la nature capri-
cieuse avait pris grand soin de ne jamais se répéter.

De l'Aqabah a Pétra

En partant du Sinaï, après avoir dû nous défendre contre
la rapacité des moines grecs, qui prétendaient tirer de
nous un tribut exagéré de séjour en plus des droits
d'entrée déjà excessifs que nous avions dû verser d'avance,
sous peine de nous voir refuser l'entrée du couvent, nous
emportions du paysage et du si intéressant monument
fortifié une impression très vive de pittoresque peu banal,
sans compter les nombreux souvenirs d'histoire biblique
et la documentation archéologique et paléographique que
nous y avions recueillis.

Mais des êtres du couvent nous gardions un souvenir

moins sympathique... Chacun de nous avait été également frappé du sentiment précis qu'on vit là en pleine féodalité. Tout y est conforme aux usages et aux allures de cette époque depuis si longtemps oubliée dans notre France. La forteresse, imprenable par les moyens d'attaque dont disposent les populations primitives de la péninsule, vit encore de son existence surannée, et il n'est pas jusqu'aux dispositions intérieures du lieu qui ne donnent l'illusion de cet anachronisme vivant : la grande église byzantine enserrée de partout par ces constructions pressées, enchevêtrées, superposées, faites de pierres, de pisé ou de bois, avec les cent couloirs entrecroisés, les chemins couverts, les escaliers, les échelles, les ruelles étroites où circulent silencieusement les moines et les domestiques arabes de l'endroit, la ceinture garnie d'armes, comme s'ils étaient les gardes, les soldats du château.

Deux fois la semaine on descend, par les machicoulis haut dressés sur les grandes murailles, des paniers remplis de pains où les maigres populations sédentaires des environs viennent puiser les provisions mesurées par le nombre d'enfants. Ces faux Bédouins, les Sèbayat ed-Deïr (serviteurs du couvent), comme les appellent avec mépris les Bédouins du désert qui les tiennent en très médiocre estime, sont à la dévotion des habitants du couvent *Sainte-Catherine* qui les ont littéralement asservis et qui les exploitent. A peu de frais ils les nourrissent et les entretiennent, en échange de toute sorte de services peu honorables... mais toujours lucratifs.

En somme nous avions quitté le Sinaï, enchantés des beautés et des curiosités que nous y avions rencontrées conformément à notre attente, mais sans le moindre regret; nous étions même heureux d'échapper à l'espèce de malaise et de contrainte sentie entre ces murs étroits, parmi ces gens intrigants, trop souples, trop serviles lorsqu'il y a quelque bénéfice à tirer, arrogants au contraire s'ils sentent leur échapper le profit pécuniaire escompté et capaɔles dès lors de moyens vindicatifs violents... On nous l'avait laissé nettement entendre à Suez pendant les négociations avec le *délégué* du couvent au moment où nous faisions mine de vouloir nous passer de son intermédiaire : on nous avait fait sentir que les approches du Sinaï sont sous l'entière domination des moines et que les populations de l'endroit pourraient ɔien nous empêcher de passer ! A cette menace mal déguisée, nous avions, il est vrai, répondu en montrant nos armes et nos munitions... Mais comme, en définitive, nous tenions à visiter les trésors historiques du couvent, nous avions dû nous soumettre à leurs exigences et payer. Le contrat de passage fut signé, mais, les moines refusant oɔstinément de le passer devant le consul de France, nous comprîmes qu'à leur cupidité ordinaire s'ajoutait pour nous un ressentiment contre les mesures justifiées de coercition oɔtenues par la diplomatie française contre les auteurs responsaɔles des récents événements du Saint-Sépulcre...

Bref, Araɔes et moines nous parurent déplacés en ce site sinaïtique d'une ɔelle grandeur sauvage et rude, où nous étions déçus péniɔlement de ne pas rencontrer des hommes taillés moralement et physiquement à la mesure du milieu.

Aussi vive nos vrais Bédouins ! d'une ɔarɔarie sans complications, grossiers, mais d'une primitivité saine en somme. Au moins si ceux-ci sont miséraɔles et doivent trop souvent remplacer dans leur chiɔouɔ le tabac coûteux par de la crotte sèche de chameau, ils sont les maîtres de leur destinée et, n'ayant d'oɔligations envers personne, peuvent jouir à leur fantaisie de leur ɔelle liɔerté, sans souffrir de leur pauvreté qu'ils ne sentent pas, comme on pourrait le croire. Sous leur écorce revêche, aucun souci de dissimulation : l'obséquiosité leur est inconnue.

Dans leurs luttes pour l'existence, jamais de rapacité industrieuse. Leurs maigres haillons déchiquetés sont plus dignes et plus seyants à leur rude nature que les cotonnades voyantes et les défroques européennes défraîchies qui couvrent plus chaudement mais plus lamentablement encore les serfs du couvent.

Vive aussi le grand ciel libre et les grands espaces vierges où l'on respire à l'aise, où l'on va sans défiance! Et quel soupir de soulagement lorsque nous nous éloignons, — pour toujours sans doute, — de cet antre de basses intrigues et de mesquines cupidités, dont l'atmosphère morale suffirait à gâter le charme du lieu s'il n'était pas tellement au-dessus de toutes ces petitesses... et si quelques-uns d'entre nous n'étaient pas déjà habitués en Palestine à ces allures et à ces procédés!

. . . .

Huit jours de caravane, depuis le Sinaï, à travers les grands ouadis où nous retrouvons la saisissante nature du désert Pétré dans toute sa force et sa variété magnifiques, puis sur les rives presque vierges toutes parsemées de coquilles marines énormes, aux formes rares, aux nuances tendres et délicates, le long du golfe d'Aqabah aux eaux si pures, aux contours si pittoresques, — et nous arrivons au fond du vieux *Sinus Ælaniticus,* sur l'emplacement de l'antique Éziongabar et de la fameuse Élyn où débarquait la reine de Saba — l'ancêtre de Ménélik! — avec tout le nombreux appareil de sa pompe fastueuse, lorsqu'elle venait visiter... et éblouir Salomon.

Dr Émile MAUCHAMP.
Médecin du Gouvernement français en Palestine.

Avril 1902.

(A suivre).

Le Gérant, E. BERTRAND.

CHALON-SUR-SAONE, IMP. FRANÇAISE ET ORIENTALE E. BERTRAND

OBSERVATIONS MÉTÉOROLOGIQUES

STATION
de
CHALON-s-SAONE

BASSIN

DE LA SAONE

Annee 1903

Altitude du sol : 177ᵐ »

MOIS DE MAI

DATES DU MOIS 1	DIRECTION DU VENT 2	Hauteur Barométrique ramenée à zéro et au niveau de la mer 3	TEMPÉRATURE Maxima 4	TEMPÉRATURE Minima 5	RENSEIGNEMENTS DIVERS 6	HAUTEUR TOTALE de pluie pendant les 24 heures 7	NIVEAU DE LA SAÔNE à l'échelle du pont Saint-Laurent à Chalon. Alt. du zéro de l'échelle = 170ᵐ72 8	MAXIMUM DES CRUES Le débordement de la Saône commence à la cote 4ᵐ50. 9
		millim.				millim.		
1	S	755.»	16	7	Pluit la nuit	7.3	3ᵐ32	
2	N	758.»	17	6	Pluie intermit.	2.1	3.53	
3	S	752.»	21	5			3.59	
4	S	746.»	20	10	Pluie la nuit	6.3	3.51	
5	S	751.»	19	8	Pluie intermit.	1.»	3.35	
6	S	756.»	16	9	id.	2.»	3.06	
7	S	758.»	21	7	Pluie	4.»	3.24	
8	S	754.»	16	10	Pluie la nuit	1.7	3.21	
9	S	757.»	19	5			2 99	
10	S	758.»	18	3	Pluie de 11 1. à m.	7.5	2.96	
11	S-O	758.»	22	8	Pluie intermit.	3.»	3.04	
12	S	756.»	16	7	id.	12.»	3.03	
13	S-E	760.»	19	4	id.	7.»	2.95	
14	N-E	766.»	21	4			2.79	
15	O	768.»	24	3			2.42	
16	O	769.»	24	10			1.89	
17	S	762.»	18	7			1.49	
18	N	764.»	18	3	Pluie le soir	0.5	1.30	
19	N	762.»	17	4			1.16	
20	N-E	761.»	26	4			1.24	
21	N	767.»	26	6			1.23	
22	N	768.»	29	8			1.10	
23	N	767.»	32	10			1.18	
24	N	764.»	29	11			1.22	
25	N	763.»	28	15			1.26	
26	N	761.»	26	13			1.17	
27	N	756.»	23	12			1.20	
28	S-O	757.»	28	13	Pluie la nuit	7.5	1.28	
29	O	757.»	31	14	Pluie de 7 h. à 9 m.	1.»	1.28	
30	S-O	755.»	29	14			1.30	
31	N	756.»	25	14	Pluie la nuit	6.3	1.30	
Moyennes.		759.»	22o3	8o1	Hauteur totale de pluie pendant le mois.	69.2		

1ᵉʳ jour du mois: Vendredi.   Nombre total de jours de pluie pend¹ le mois : 15

ADMINISTRATION

BUREAU

Président,	MM. ARCELIN, Président de la Société d'Histoire et d'Archéologie de Chalon.
Vice-présidents,	{ JACQUIN, ✷, Pharmacien de 1re classe. { NUGUE. Ingénieur.
Secrétaire général,	H. GUILLEMIN, ✷, Professeur au Collège.
Secrétaires,	{ RENAULT, Entrepreneur. { E. BERTRAND, Imprimeur-Éditeur.
Trésorier,	DUBOIS, Principal Clerc de notaire.
Bibliothécaire,	PORTIER, ✷, Professeur au Collège.
Bibliothécaire-adjoint,	TARDY, Professeur au Collège.
Conservateur du Musée,	LEMOSY, Commissaire de surveillance près la Compagnie P.-L.-M.
Conservateur des Collections de Botanique	QUINCY, Secrétaire de la rédaction du *Courrier de Saône-et-Loire.*

EXTRAIT DES STATUTS

Composition. — ART. 3. — La Société se compose :

1° De *Membres d'honneur ;*

2° De *Membres donateurs.* Ce titre sera accordé à toute personne faisant à la Société un don en espèces ou en nature d'une valeur minimum de trois cents francs ;

3° De *Membres à vie,* ayant racheté leurs cotisations par le versement une fois fait de la somme de cent francs ;

4° De *Membres correspondants ;*

5° De *Membres titulaires,* payant une cotisation minimum de six francs par an.

Tout membre titulaire admis dans le courant de l'année doit la cotisation entière de cette même année; la cotisation annuelle sera acquittée avant le 1er avril de chaque année.

ART. 16. — La Société publie un *Bulletin* mensuel où elle rend compte de ses travaux.

Les publications de la Société sont adressées sans rétribution à tous les membres.

ART. 17. — La Société n'entend prendre, dans aucun cas, la responsabilité des opinions émises dans les ouvrages qu'elle publie.

La Société recevra avec reconnaissance tous les objets d'Histoire naturelle et les livres qu'on voudra bien lui offrir pour ses collections et sa bibliothèque. Chaque objet, ainsi que chaque volume portera le nom du donateur.

BULLETIN MENSUEL

DE LA SOCIÉTÉ DES

SCIENCES NATURELLES

DE SAONE-ET-LOIRE

CHALON-SUR-SAONE

29ᵉ ANNÉE — NOUVELLE SÉRIE — TOME IX

N° 7 — JUILLET 1903

Mardi 11 Août 1903, à huit heures du soir, réunion mensuelle au siège de la Société, rue Boichot, Musée Denon

DATES DES RÉUNIONS EN 1903

Mardi, 13 Janvier, à 8 h. du soir.	Mardi, 9 Juin, à 8 h. du soir.
Dimanche, **8 Février**, à 10 h. du matin,	— 7 Juillet —
ASSEMBLÉE GÉNÉRALE	— 11 Août —
Mardi, 10 Mars, à 8 h. du soir.	— 13 Octobre —
— 7 Avril —	— 10 Novembre, —
— 12 Mai, —	— 8 Décembre —

CHALON-SUR-SAONE

ÉMILE BERTRAND, IMPRIMEUR-ÉDITEUR

5 RUE DES TONNELIERS

1903

France, Algérie et Tunisie. . **6 fr.** ‖ Par recouvrement. . . . **6 fr. 50**

On peut s'abonner en envoyant le montant en mandat-carte ou mandat postal à *Monsieur le Trésorier de la Société des Sciences Naturelles à Chalon-sur-Saône (Saône-et-Loire)*, ou si on préfère par recouvrement, une quittance postale, signée du trésorier, sera présentée à domicile.

Les abonnements partent tous du mois de Janvier de chaque année et sont reçus pour l'année entière. Les nouveaux abonnés reçoivent les numéros parus depuis le commencement de l'année.

TARIF DES ANNONCES ET RÉCLAMES

	1 annonce	3 annonces	6 annonces	12 annonces
Une page................	20 »	45 »	65 »	85 »
Une demi-page............	10 »	25 »	35 »	45 »
Un quart de page..........	8 »	15 »	25 »	35 »
Un huitième de page.......	4 »	10 »	15 »	25 »

Les annonces et réclames sont payables d'avance par mandat-poste adressé avec le libellé au secrétaire général de la Société.

TARIF DES TIRAGES A PART

	100	**200**	**300**	**500**
1 à 4 pages	5 50	7 50	9 50	13 »
5 à 8 —	8 »	10 50	13 »	17 25
9 à 16 —	12 »	15 »	19 »	25 »
Couverture avec impression du titre de l'article seulement	4 75	6 25	7 75	10 »

MM. les Collaborateurs à la rédaction du Bulletin, qui désirent des tirages à part, sont priés d'en faire connaître le nombre lorsqu'ils retournent à M. le Secrétaire général, le bon à tirer de leur article.

L'imprimeur disposant de ses caractères aussitôt les tirages du Bulletin terminés, tout retard dans leur demande les expose à être privés du prix réduit spécial aux tirages à part.

NOUVELLE SÉRIE. 29ᵉ ANNÉE. Nº 7 JUILLET 1903

BULLETIN

DE LA

SOCIÉTÉ DES SCIENCES NATURELLES

DE SAONE-ET-LOIRE

CHALON-SUR-SAONE

SOMMAIRE :

Excursion de vacances en Auvergne et dans le Velay

14 août. — 9 h. 15 matin, départ de Chalon. Rendez-vous à la gare ; 5 h. 4, arrivée à Vichy. Coucher.

15 août. — Vichy. Visite de l'établissement thermal du parc, etc. Coucher.

16 août. — 5 h. 31, départ pour Thiers ; 6 h. 57, arrivée. Visite de la ville. Visite d'une papeterie, d'une coutellerie ; 3 h. 29, départ pour Clermont ; 5 heures, arrivée. Coucher.

17 août. — Visite de la ville et des monuments : cathédrale, église du Port, jardin Lecoq, musée Lecoq, fontaine pétrifiante, et de ses environs : Montferrand, Royat, Gergovie.

18 août. — Ascension du Puy-de-Dôme. Départ en voiture jusqu'au col de Cessat. Déjeuner au col. Panorama de la chaîne des Dômes. Visite de l'Observatoire et des ruines du temple de Mercure. Retour à Clermont. Coucher.

19 août. — 5 heures. Départ pour le Mont-Dore ; 8 h. 13,

arrivée à la Bourɔoule. Arrêt. Visile; 12 h. 10, départ;
12 h. 23, arrivée au Mont-Dore.

20 août. — Ascension du Puy-de-Sancy (1.886 mètres).
Retour au Mont-Dore. Coucher.

21 août. — Du Mont-Dore à Issoire en voiture. Départ
à 8 h. 45. Arrivée à 6 heures. Coucher.

22 août. — 7 h. 14, départ en chemin de fer; 8 h. 41,
arrivée à Saint-Georges-d'Aurac; 12 h. 07, arrivée au Puy;
après-midi, visite de la ville : cathédrale, statue de Notre-
Dame de France, rocher Saint-Michel, vestiges du moyen
âge.

23 août. — Matin : visite à Polignac (vieille forteresse
féodale ɔâtie sur rocs ɔasaltiques); soir : départ à 1 heure
pour les Estaɔles, point de départ pour l'ascension du
Mézenc et du Gerɔier-des-Joncs.

24 et 25 août. — Le Mézenc et le Gerɔier-des-Joncs,
source de la Loire. Retour au Puy. Coucher.

26 août. — 4 h. 13, départ; 7 h. 39, arrivée à la Chaise-
Dieu. Visite de la magnifique aɔɔaye; 4 h. 12, départ;
5 h. 22, arrivée à Darsac; 6 h.08, départ; 10 h. 43,
arrivée à Saint-Étienne. Coucher.

27 août. — Visite de la ville. 12 h. 33, départ pour Lyon
et retour à Chalon à 7 h. 24.

Dépenses approximatives: 225 francs.

Si les excursionnistes le désiraient, les excursions au
Mézenc, au Gerɔier-des-Joncs et à la Chaise-Dieu pourraient être supprimées, ce qui réduirait la durée du voyage
de 4 jours et les dépenses d'environ 60 francs.

Se faire inscrire avant le 8 août, à 6 heures du soir, chez
M. Bouillet, pharmacien, rue de l'Obélisque, 10, à Chalon-sur-Saône, en consignant une somme de 50 francs
pour les frais de chemin de fer.

Ministère de l'Instruction publique et des Beaux-Arts

Paris, le 20 juillet.

Monsieur le Président,

Vous trouverez ci-joint, en dix exemplaires, le programme du 42ᵉ Congrès des Sociétés savantes, qui s'ouvrira à la Sorbonne le mardi 5 avril 1904. Je vous serai obligé de porter sans retard ce document à la connaissance des membres de votre Société et de leur rappeler que toute lecture sera, comme les années précédentes, subordonnée à l'approbation du Comité des travaux historiques et scientifiques.

Il est indispensable que ce programme reçoive la plus large publicité. Je vous serai, en conséquence, reconnaissant d'insérer, dans le plus prochain numéro de vos Bulletins, les questions qui se rattachent plus étroitement aux études habituelles de votre Société.

Vous voudrez bien inviter les membres de votre Société à n'envoyer au Ministère que des manuscrits entièrement terminés, lisiblement écrits sur le recto et accompagnés des dessins, cartes, croquis, etc., nécessaires, de manière à ce que, si elle est décidée, leur impression ne souffre aucun retard.

J'appelle toute votre attention sur ces prescriptions. Elles ne restreignent pas le droit pour chacun de demander la parole sur les questions du programme et sont de nature à assurer la marche régulière du Congrès.

J'insiste tout particulièrement, afin que les mémoires

parviennent, *avant le 20 janvier prochain, au 5ᵉ bureau de la Direction de l'Enseignement supérieur.*

Il ne sera, en effet, tenu aucun compte des envois adressés postérieurement à cette date.

Le Ministre de l'Instruction publique et des Beaux-Arts.

Signé : CHAUMIÉ.

Pour copie conforme

Le Directeur de l'Enseignement supérieur,

BAYET.

Programme du 42ᵉ Congrès des Sociétés savantes

DE PARIS ET DES DÉPARTEMENTS

Qui se tiendra à Paris le mardi 5 avril 1904

Section des Sciences

1º Des gisements de phosphate de chaux. Fossiles que l'on y trouve.

2º Minéraux que l'on rencontre dans la région parisienne. Examen spécial de leurs gisements.

3º Étude minéralogique des roches sédimentaires.

4º Recherche de documents anciens sur les observations météorologiques en France et sur les variations des cultures.

5º Études locales sur les orages ; leur fréquence et les dégâts produits par la grêle.

6º Repeuplement en poissons des fleuves et cours d'eau. Aquiculture.

7º Étude du bas cours d'un fleuve en vue de déterminer le point où cesse l'influence des eaux marines sur la faune et la flore et celui où s'arrête le reflux.

8° Monographies relatives à la faune et à la flore des lacs français.

9° Étude géologique et biologique des cavernes.

10° A quelles altitudes sont ou peuvent être portées, en France, les cultures d'arbres fruitiers, de prairies artificielles, de céréales et de plantes herbacées alimentaires.

11° Flore spéciale d'une des régions les moins explorées en France.

12° Jardins d'études : jardins coloniaux ; jardins en montagne, etc.

13° Variations de la flore parisienne dans la période historique.

14° Photographie des radiations invisibles.

15° De l'action des différents rayons du spectre sur les plaques photographiques sensibles. Photographie orthochromatique. Plaques jouissant de sensibilité comparable à celle de l'œil.

16° Recherches relatives à l'optique photographique et aux obturateurs.

17° Sur la préparation d'une surface photographique ayant la finesse de grain des préparations anciennes (collodion ou albumine) et les qualités d'emploi des préparations actuelles au gélatino-bromure d'argent.

18° Étude des réactions chimiques et physiques concernant l'impression, le développement, le virage ou le fixage des épreuves négatives et positives. Influence de la température sur la sensibilité des plaques photographiques ; leur conversation et le développement de l'image.

19° Applications de la photographie et de la radiographie aux diverses sciences.

20° Méthodes microphotographiques et stéréoscopiques.

21° La tuberculose et les moyens d'en diminuer la contagion.

22° Les sanatoria d'altitude et les sanatoria marins.

23° La salubrité dans les milieux habités.

24° Les méthodes de désinfection contre les maladies contagieuses et les résultats obtenus dans les villes, les campagnes et les établissements où la désinfection des locaux habités est pratiquée.

25° Adduction des eaux dans les villes. — Étude sur la pollution des nappes souterraines.

26° La peste ; ses diverses formes et sa propagation ; possibilité de sa propagation en France.

27° La lèpre et la pellagre en France.

28° Du rôle des insectes et spécialement de la mouche vulgaire, dans la propagation des maladies contagieuses.

29° Hygiène de l'enfant à l'école.

UN RAID AU DÉSERT

Sinaï, Arabie-Pétrée, Arabie, Moab

(Notes de voyage - 1902)

(SUITE ET FIN[1])

ᴛ tout de suite c'est l'Aqabah, la grande oasis mystérieuse, plantée tout au ɔord du golfe ɔleu, toute rayonnante de vie et de fertilité au pied des monts Araɔiques gris et secs !

Il serait trop long de dire toutes les splendeurs aperçues pendant ces journées écoulées et toutes les impressions douces ou fortes ressenties dans les paysages variés où nous avons passé lentement et un peu vécu. Quelles ɔelles nuits de silence et de grandiose solitude, surtout dans ce merveilleux ouadi El-Aïn où, parmi un enchevêtrement de hautes murailles de porphyre creusées parfois en vasques déɔordantes d'eau qui tomɔe en minces cascadelles, coule, par plusieurs rigoles minuscules capricieusement confondues dans le saɔle fin, un joli ruisseau clair, parfois étaɔli sous une voûte de rocher en ɔassins ɔleus placés là comme pour inviter gentiment à s'y plonger ! Dans les fentes du roc des pommiers de Sodome aux larges fleurs rouges, des câpriers épais au feuillage vernissé qui retomɔe élégamment vers le sol, des touffes de palmiers nains, quelque acacia seyal raɔougri dont les racines s'étouffent à l'étroit dans une fente : de quoi animer

1. Voir "Bulletin" n° 6.

et faire vivre, avec la source chantante, ce paysage fin de rêverie gracieuse.

Et ces silences nocturnes, grands sous le ciel étoilé, soudain déchirés par l'énorme rugissement des jaguars prudents et des souples panthères venus s'ébattre sur le sable du ruisseau en même temps, hélas ! que les douces gazelles pourtant si craintives... Le sable du ravin présentait au matin les traces sanglantes du drame de la nuit !

Et ces nuits encore, avec nos tentes dressées tout au bord de l'eau phosphorescente, pendant lesquelles il fallait de l'héroïsme pour se décider à regagner la tente en s'arrachant aux délicieuses flâneries devant la mer déserte : en ces heures profondes, l'âme comme dilatée semble s'échapper et se confondre agréablement dans le grand mystère reposant de la nuit claire et de l'espace immense !

... Mais nous voici à l'Aqabah où, d'abord prisonniers dans notre camp sur l'ordre d'un caïmacam soupçonneux, nous finissons par gagner sa confiance avec une distribution de médicaments... pour le faire dormir ! Trois jours délicieux dans l'oasis, sans ennuis sérieux de la part des habitants fanatiques. Nous étions si bien, au milieu de la grande palmeraie dont l'ombre couvre l'étroite plage de sable jusqu'à la mer, que nous en arrivions à souhaiter presque d'y être retenus vraiment prisonniers !

Notre premier but difficile est atteint. Mais, à présent, qu'allons-nous devenir ? Le plus inquiétant reste à faire : la partie du voyage sur la réussite de laquelle nous sommes tous un peu sceptiques. Les précédents connus ne sont pas faits pour nous inspirer confiance. Pourrons-nous poursuivre notre route au nord vers Pétra ? Aurons-nous enfin la chance — pas trop espérée ! — de réussir là où tant d'autres que Loti ont échoué ? Ou bien nous faudra-t-il, comme lui, comme le P. Lagrange, comme les missions italienne et allemande, retourner banalement en arrière ou nous décider à traverser le monotone désert de Tih pour nous diriger sur Gaza ?

Mais non, nous devons passer coûte que coûte, et nous voulons que le pavillon français qui domine nos tentes flotte dans cet Est de l'Arabah que, seuls, les pèlerins du Hedjaz parcourent... après les Romains et les Croisés.

Les négociations sont pénibles, et quels palabres interminables ! Heureusement tout s'arrange à la fin.

Ah ! ça n'a pas été facile, et il a fallu acheter des consciences timorées ; il a fallu céder aux lourdes exigences des cheikhs de la puissante tribu des Alaouïn. Mais enfin ça y est ! Victoire ! nous passons ! Et les trois cheikhs Ali, Hassan et Salem ayant fini par se mettre d'accord entre eux d'abord, puis avec nous, il est convenu que Salem nous fournira ses chameaux et qu'après le tribut de passage payé d'avance en or sonnant, il nous conduira jusqu'à Maan, à 6 jours au Nord-Est. — De là, nous nous rendrons comme nous pourrons à Pétra, dans l'Ouadi-Mouça, au pied de la montagne sainte de Nebi Aaroun, dont nous nous sommes bien gardé de prononcer le nom!

C'est un triomphe. Songez en effet que le Gouvernement égyptien comme le Gouvernement turc avaient tout fait pour nous empêcher d'aller là, prétextant la guerre perpétuelle entre les tribus et l'insécurité de la région. On nous avait même refusé passeports et teskiérés! Les événements ont prouvé que ces craintes étaient, à ce moment du moins, peu fondées et que, notre bonne étoile... et la vue de nos bons fusils aidant, nous avons eu raison de nous confier à la bonne foi des Alaouïn. En effet, une fois le pacte de confiance conclu, on peut, sans rien craindre de leur part, s'en remettre à discrétion, à la parole et à l'honnêteté de ces sauvages, qui seront dès lors les premiers à vous défendre contre les agressions de leurs frères du désert. — La journée du 8 mars nous l'a prouvé.

. . . .

Depuis l'ouadi El-Aïn nous n'avions plus rencontré de
source, ni d'eau d'hiver retenue dans un creux de rocher,
ni même de puits douceâtre dans le saɔle. Mais nous
pensions trouver à l'Aqabah de l'eau excellente. Il n'en
fut rien; et nous dûmes nous contenter de remplir nos
tonneaux d'eau saumâtre pour 8 jours ! — Quant à nos
nouveaux chameliers, imprévoyants comme de grands enfants, ils n'avaient pris avec eux que quelques petites
outres, vidées presque aussitôt, s'imaginant naïvement
que nous leur procurerions de l'eau. Or, nous n'en avions
nous-mêmes que pour nos ɔesoins urgents : cuisine et
ɔoisson ; pas même pour nous laver sommairement chaque
jour, de peur d'alourdir encore, pendant cette traversée
difficile du désert, notre caravane déjà longue de 35 chameaux. Nos quarante ɔraves Bédouins, qui n'avaient pas
prévu davantage la nourriture, durent donc rester plusieurs
jours sans ɔoire et presque sans manger, — ce qu'ils ac-
ceptèrent d'ailleurs d'une âme légère et ce qui ne les em-
pêcha pas de faire à pied nos 10 à 12 heures d'étapes quotidiennes. Quant à leurs chameaux, ils méritèrent en cette
occurrence leur réputation de soɔriété... Telles ɔêtes,
telles gens !

Les Bédouins de la Grande-Araɔie sont d'ailleurs ɔeaucoup plus intéressants, quoique plus sauvages, que les
Touarah de la Péninsule, et je pense qu'après la parole
donnée, on peut avoir en eux une ɔien plus grande confiance. Le tout est de s'entendre. Il n'est même pas à sou-
ɔaiter vraiment pour leur *vertu* primitive, mais forte, que
la civilisation apporte sous leurs tentes ses soi-disant
ɔienfaits, c'est-à-dire la mauvaise foi et l'alcoolisme ? Et
puis, les rendrait-on moins farouches, moins sanguinaires
dans la vengeance ? Ils se font justice eux-mêmes la plupart du temps et ne connaissent que le meurtre comme
châtiment des grandes offenses ; la vendetta est chez

eux une institution instinctive et respectée : c'est l'exercice d'un droit.

Or, j'estime qu'en leur montrant, non pas la laideur foncière du meurtre, mais comme on le fait plutôt, ses conséquences funestes pour la liberté du meurtrier, on n'arriverait pas à développer en eux à un point de vue moral le respect sentimental de la vie du prochain ; peut-être la peur des châtiments en justice ferait-elle naître chez ces simples le souci des précautions à prendre pour les éviter, sans que pour cela la notion du droit pur se soit éveillée dans leur conscience. C'est tout ce qu'on pourrait obtenir, de longtemps, c'est-à-dire un peu plus de dissimulation, sans plus de compréhension à l'égard des conventions sociales de droit et de justice.

Leur fierté naturelle a sa noblesse. Plus sensibles à certaines injures qu'à certains sévices, ils font bon marché de leur existence quand l'honneur de leur nom, de leur famille ou de leur tribu est en jeu. C'est là le seul point commun de leur caractère indiquant une culture, bien latente et relative, il est vrai, qu'ils aient avec nos conventions de civilisés : d'ailleurs, l'existence de ces vertus élevées et généreuses n'est-elle pas chez nous le reliquat d'un héritage de nos plus lointains ancêtres, les *barbares*, héritage transmis heureusement jusqu'à nous, malgré tous les naufrages de générosité de nos générations égoïstes !

Dégagés héréditairement, pour le reste, des contingences quotidiennes où nous autres, pauvres mortels compliqués et affaiblis par l'exercice de toutes nos supériorités, nous nous débattons difficilement, leur jugement est simple et droit. Ils ne souffrent pas d'hypertrophie intellectuelle ; aussi leur animalité reste-t-elle un peu instinctive. Ils sont en somme bien équilibrés physiquement, et l'intelligence réelle dont ils font preuve ne se développe pas au détriment de leur énergie et de la vigueur saine de leur corps. Leurs besoins sont limités et ce ne sont pas quelques privations qui peuvent altérer leur belle sérénité de gens sobres et indifférents à l'avenir qu'ils ne se donnent pas la peine de concevoir. Ils n'ont d'espoir que celui de l'heure présente, et comme ils ne se proposent jamais de but compliqué, qu'ils ne désirent pas de satisfactions imaginées par une mentalité inquiète, ils en trouvent sans peine la réalisation. Le bonheur dépend de la notion que chacun en a : le leur est facilement rencontré.

Et puis vraiment, au point de vue de la civilisation *sociale*, avons-nous quelque chose à leur donner de meilleur que ce qu'ils possèdent? Et ne serait-ce pas plutôt à nous de les copier en bien des points ?

Qu'on en juge en comparant au nôtre leur état social actuel si ancien déjà.

Une tribu de grands Bédouins offre l'image très simplifiée quoique très exactement réalisée de la parfaite République où les trois mots superbes, qui symbolisent l'idéal de la nôtre, répondent chez eux a des réalités certaines.

L'*égalité* est absolue. Les cheichs que les Bédouins se donnent ont une mission très restreinte : ils servent d'intermédiaires entre la tribu et les tribus voisines, mais ne prennent d'engagements qu'après entente avec le conseil composé de... tous ceux qui y veulent prendre part; — ils prennent le commandement militaire des razzias et des expéditions ; — ils rendent la justice avec une équité d'autant plus sûre qu'ils connaissent les comparants et tous les détails très simples de leur cause, qu'ils n'ont pas à s'embarrasser dans des fouillis de procédure, à interpréter des règles de droit, et qu'ils ne s'inquiètent que des considérations de fait[1]. En dehors de l'exercice de cette

---

1. Les Bédouins ont pourtant un *code coutumier*, de tradition orale, très ancien et très complet, puisqu'il prévoit, en quelques articles, tous les crimes et délits possibles qui se résument d'ailleurs chez eux en des questions de pro-

ENTRÉE DE L'OASIS INFÉRIEURE DE L'OUADI FEIRAN

LE MASSIF DU SINAÏ VU DE LA PLAINE D'HERAA
Le Dj-Safsafeh, Montagne de la Loi, masque les autres sommets.

INTÉRIEUR DE LA FORTERESSE DU SINAÏ

Minaret de l'ancienne mosquée; Campanile grec; façade et porte d'entrée de la Basilique byzantine de Justinien et Théodora. On aperçoit une partie du chemin de ronde couvert sur les murailles.

LA VÉGÉTATION AU SINAÏ

Cyprès dans le creux de la chapelle d'Élie, au pied du haut sommet du Sinaï

UN PASSAGE DU SINAÏ

ENTRÉE DU SOUTERRAIN DE LA FORTERESSE CROISÉE DE RENAUD DE CHATILLON
AU KÉRAK (MOAB)

Inscription des Croisades, effacée par les Sarrazins

RABBAT MOAB OU ACROPOLIS
Ruines d'un temple romain en plein désert, dans le Moab de Kérak

LE MERKAB DE LA TRIBU BÉDOUINE DES BENI CHAALAN

Le Merkab de guerre est une sorte de vaste berceau de bois et de cordes fortement assujetti sur un vigoureux dromadaire. Au centre de cet appareil s'installe la fille du Cheikh chargée d'exciter les guerriers pendant le combat. C'est l'équivalent du drapeau et, autour du Merkab, portant la vierge guerrière, la Hotka, les plus vaillants se groupent pour défendre cet étendard vivant.

RUINES DU OUELY ABOU TALEB,
SUR LES HAUTS PLATEAUX DU MOAB, AU SUD DU KÉRAK.

C'était la mosquée elevée sur le tombeau du grand chef Abou Taleb, parent de Mahomet, à l'endroit où il fut tue dans la première grande bataille livrée par les Grecs victorieux contre les Musulmans envahisseurs.

Parmi les ruines qui rappellent cette première rencontre historique, on trouve encore deux grandes inscriptions coufiques portant la date 21 de l'Hégire.

La vue est prise du mur sud où se voit la base du Naghreb ou Niche sacrée tournée vers la Mecque.

DOLMEN DE MACHERA,

A HUIT HEURES A L'EST DU JOURDAIN..... ET A PLUS DE 3.000 KILOMÈTRES

DE LA BRETAGNE.

Sur ces dernières pentes occidentales de la grande chaîne Moabite, sur le territoire de Machera, on rencontre un grand nombre de monuments mégalithiques, dont quelques-uns gigantesques, mais généralement fort détériorés par les Arabes.

triple attribution, ils sont les égaux de leurs *administrés* et ont pour tout apanage de puissance une tente un peu plus grande que les autres. Les Bédouins discutent avec eux d'égal à égal; mais comme les cheikhs s'arrangent de façon à être toujours justes, impartiaux et de bon conseil, ils entraînent généralement la confiance de leurs frères qui se rendent — après des discussions bruyantes parfois et animées — à leurs bonnes raisons.

La *liberté*, mais c'est toute l'existence des Bédouins, la condition même de cette existence! Et comme ces gens frustes n'ont même pas une idée bien nette d'une divinité et qu'ils n'accomplissent guère les prescriptions liturgiques d'une religion dont ils n'ont qu'une conception très lointaine, ils ne prennent généralement conseil que de leur instinct et de leur goût dans les actes ordinaires de leur vie.

La *fraternité* enfin est si bien dans leurs mœurs que tout ce qu'un Arabe peut gagner, récolter ou trouver n'est pas plus à lui qu'à son voisin et que chacun peut, non pas exiger, — ce n'est jamais nécessaire, — mais très simplement partager avec lui!

. . . .

Des ouadis granitiques profonds nous conduisent bientôt dans les grandes plaines de Hismé où se révèlent à nos yeux les fantasmagories troublantes des roches de grès isolées, aux formes capricieuses, qui surgissent du sol tantôt sous la forme d'immenses châteaux dont les aspects fantastiques, les lignes hardies, les colorations

priété et d'existence. Chaque cas prévu comporte une peine ou plutôt le paye-ment *en chameaux* du dommage causé : le nombre de chameaux est très exac-tement fixé pour chaque crime ou délit. Le *prix du sang* lui-même est compté en chameaux, dont le nombre varie suivant qu'il s'agit du meurtre du chef de famille, d'une femme, d'un fils ou d'une fille (suivant l'âge) ou d'un attentat contre eux. La perte d'un œil, d'un membre (droit ou gauche), d'une portion de membre, etc., tout est fixé à l'avance et se calcule en chameaux ou en portions de chameau ! L'étude de ces *coutumes* judiciaires est très intéressante et tout Bédouin en possède la tradition complète.

imprévues déconcertent l'imagination; tantôt avec des apparences si bizarres et pourtant avec des silhouettes et des arêtes si intentionnellement découpées que l'œil le moins prévenu croit y retrouver des images colossales d'animaux fabuleux.

Nous avions déjà eu cette impression très nette dans le Ridhan Echba où des rochers de grès vivement bariolés affectaient des formes aussi imprévues et aussi émouvantes. Et tout ce décor surprenant se continue jusqu'à l'horizon où les roches erratiques deviennent plus nombreuses et plus serrées à mesure qu'on s'avance, en même temps que s'accentuent leurs dimensions et leur caractère expressif.

Dans le lointain, les collines penchées présentent vers leurs bases de larges versants de sable blanc amoncelé par les vents; plus haut, des coulées de sable pulvérulent retenu dans les creux ; le tout donnant très exactement l'impression de neiges paradoxales, de glaciers invraisemblables, immuables et figés sous le soleil brûlant.

Tout le long de la route, depuis que nous avions abandonné, au sortir de l'Aqabah, la vaste dépression de l'Aqabah pour pénétrer dans l'enchevêtrement des ouadis, nous avions découvert et relevé des choses précieuses : voies romaines avec leurs chaussées, leurs bordures, leurs milliaires, châteaux, forteresses, aqueducs romains; inscriptions de toutes époques nous prouvant que le monde civilisé a reculé vers l'Ouest, puisque ces vastes espaces, que les Romains traversaient en chars sur des chaussées dallées et où l'eau se déversait dans des bassins, des naumachies, des thermes, ne sont plus à présent qu'un aride désert mort et réfractaire à la vie.

. . . .

Le 7 mars, des Bédouins armés jusqu'aux dents, comme les nôtres d'ailleurs, surgissent parfois des rochers et viennent bavarder avec notre cheikh et nos chameliers.

Ce sont des Alaouïn. Tous paraissent agités ; des colloques animés les réunissent par groupes.

Vers le soir, le cheich Salem nous demande d'allonger un peu l'étape et de partir de bonne heure le lendemain matin afin de pouvoir franchir en plein midi le défilé de Nach-ech-Târ et de s'en éloigner ensuite le plus possible pour le campement du soir sur les plateaux du Chera. On se conforme à son désir, et l'on s'explique.

Nous allons arriver sur le territoire de tribu des Aouetât, nombreuse et puissante tribu qui occupe tout l'est de l'Arabah ; elle est fractionnée en un certain nombre de partis que nous aurons chance de rencontrer en poursuivant notre route vers le Nord. C'est cette approche qui inquiète nos gens. Plusieurs symptômes caractéristiques en avaient été constatés, notamment ce fait : dans la journée un Bédouin était venu au galop de son dromadaire pour échanger une de nos femelles de selle sous prétexte que, capturée récemment dans une razzia contre les Aouetât, elle risquait d'être reconnue et reprise par eux si nous passions sur leurs terres.

Les groupes d'Alaouïn qui étaient venus nous rejoindre dans la journée prétendaient que les Aouetât prévenus de notre arrivée s'apprêtaient à nous interdire le passage.

— Tout se sait en effet si facilement au désert, et si vite, qu'après l'Aqabah, certains Arabes étaient venus de 4 jours et même de 6 jours à l'Est pour consulter le *hakim françaoui* (médecin français) qu'ils savaient être dans la caravane. Notre passage était donc prévu dans cette région avant même notre arrivée au Sinaï !

Nous campons au pied d'un haut rocher de grès multicolore isolé dans la plaine. Pendant que le campement achève de s'installer, je grimpe avec quelques compagnons sur le sommet de cette éminence, afin de voir au loin vers le Nord. Le cheich Salem est avec nous. Nous arrivons en haut juste au moment du coucher du soleil

qui illumine tout en rose l'élégant profil rocheux à la limite
de la plaine. Nous admirons comme il convient ce prestige lumineux, cette débauche harmonieuse de colorations
infiniment délicates et comme insaisissables qui se répar-
tissent en une palette prodigieusement riche et immense
sur le ciel à l'Orient comme à l'Occident, sur les lointains
horizons de la plaine comme sur les murailles rocheuses
plus rapprochées dont elle détaille la grande silhouette
dentelée et jusqu'aux moindres reliefs des pentes : le
sable à nos pieds paraît rose ; il semble même qu'autour
de nous l'atmosphère soit imprégnée et se nuance. —
D'ailleurs, il n'existe nulle part, sur mer pas plus que dans
les régions de grande végétation tropicales, de crépus-
cules aussi beaux, aussi grands, aussi délicats que dans
ces déserts. Je l'ai constaté, après bien d'autres, et cette
particularité est remarquable ; on a même tenté de
l'expliquer......

Une vue superbe s'offre également à nous sur les
espaces parcourus et même sur l'immense vallée de
l'Arabah, dont les pentes occidentales, vues par une large
échancrure orientale, se révèlent avec une netteté parfaite,
grâce à la transparence surprenante de l'air.

Mais nous ne nous attardons guère à la contemplation
du panorama, pas plus que nous ne succombons à l'extase
que justifierait la féerie du couchant. Nous interrogeons
aux jumelles l'horizon de demain et, tout au pied du
plateau, nous découvrons les tentes noires des Aouetât
sur une petite éminence commandant précisément le défilé
dans lequel nous ne pouvons éviter de nous engager
demain. Il y aura de l'imprévu par là !

En redescendant par l'autre versant du rocher, nous
trouvons un vaste *abri sous roche*, en partie effondré,
avec une foule d'éclats de silex indiquant l'emplacement
d'une ancienne station préhistorique.

8 mars. — La nuit s'est bien passée. Nos Bédouins ont,

gardé le camp jusqu'au départ et ont fait quelques patrouilles nocturnes dans le voisinage. Un seul coup de feu a été tiré par un des nôtres, peut-être sur quelque rôdeur imaginaire.

Au jour, nous levons le camp, pressés par Salem de plus en plus soucieux. Cette fois, nous attendons les chameaux de bagages pour partir et nous avançons groupés. Nos Arabes ont vérifié leurs armes, renouvelé les charges et dégagé la batterie des fusils de l'enveloppe en peau du chacal ou d'hyène qui la protège.

Il y a dans l'air, dans l'ambiance, un je ne sais quoi qui sent son matin de bataille! Ce quelque chose d'indéfinissable, c'est peut-être bien nous qui le dégageons... subjectivement! ainsi que l'un de nous le fait remarquer en riant. Enfin, nous serons fixés dans quelques heures.

Nous nous élevons insensiblement. Autour de nous la vaste plaine avec ses grands blocs étranges d'allure sous le soleil levant qui teinte déjà de sa touche lumineuse les grès bigarrés.

Après avoir franchi une ondulation molle du terrain, nous nous trouvons sur une sorte de plateau bas dont l'aspect est nouveau pour nos yeux imprégnés du désert depuis de longues journées. En effet, le sol se recouvre d'une végétation courte, mais très variée, toujours un peu grise, avec pourtant de grosses taches vertes d'une tonalité vive et crue produites par des touffes de grandes ombellifères, analogues à l'anis, surmontées d'une haute tige fragile copieusement fleurie. Des astragales basses et épineuses, des rhubarbes naines à belles feuilles froissées étalées sur le sol, rompent la monotonie terne des aromates maigres dont la senteur violente parfume toujours l'air. Même des crocus, des orchis, des iris nains viennent, malgré l'absence d'eau, apporter la note colorée de leurs fleurs rares dans cette harmonie douce de végétation frêle qui nous charme. Nos Arabes affamés se régalent d'oi-

gnons de crocus à feuilles filiformes et de tubercules profondément enterrés sous les racines de petits géraniums
minuscules à fleurettes roses. Ils seraient friands de
bien moins.

Cependant, indifférents au décor joli, Salem et le cheikh
Salaah d'Aqabah ont rapproché leurs chamelles et marchent
en avant de la caravane, interrogeant le mystère silen-
cieux des plis de terrain dont les faibles vallonnements
relient la plaine aux premiers escarpements de la montagne. Le matin, Salaah a dépêché à tout hasard un courrier rapide à Maan pour demander que des soldats soient
envoyés à notre rencontre !

Nous approchons du défilé. Les petites collines verdoyantes sont à présent couvertes de troupeaux de moutons, de chèvres et de chameaux que leurs gardiens
chassent rapidement devant eux vers leurs territoires
respectifs. A chaque instant, des groupes de Bédouins au
visage couvert jusqu'aux yeux surgissent des courtes
broussailles où ils se tenaient dissimulés jusqu'au moment
de notre passage à leur hauteur. Ils nous suivent parallèlement. Quelques Bédouins montés viennent à notre
rencontre, saluent et se mêlent à nous, examinant cu-
rieusement nos armes bien apparentes et prêtes. Ce sont
des Aouetât qui, suivant la coutume du désert, peuvent
sans que nous nous y opposions, cheminer avec nous
après avoir adressé les salutations d'usage.

Soudain, un coup de feu éclate loin devant nous. Aussitôt, comme à un signal, les groupes à pied, qui escor-
taient à distance nos flancs, courent du côté du défilé,
leurs fusils à la main. De même, les méharistes, qui
étaient venus nous reconnaître, nous quittent précipitamment en mettant leurs chameaux au trot. Nos hommes,
très agités, se serrent autour de nous, apprètent leurs
sabres courbes dans le fourreau de bois. — Nous nous

arrêtons un instant pour attendre nos ꝺêtes de charge, plus lentes. Il y a du *barouf* dans l'air !

Au moment où nous repartons, plusieurs coups de feu partent là-bas vers les tentes, mais trop loin encore, sans doute pour nous intimider. Nous poursuivons notre route sans répondre. Mais voilà qu'au détour d'un pli de terrain une petite troupe montée en guerre apparaît, deux hommes sur chaque dromadaire, le conducteur. et le guerrier. Derrière eux, une quarantaine de Bédouins armés, mal dissimulés. Sur le mamelon qui les domine, des groupes nomꝺreux ; plus loin encore les tentes avec une foule de femmes et d'enfants qui regardent curieux.

Un nouveau coup de fusil est tiré contre nous. Alors nos deux cheiꝼhs partent au trot, le fusil à la main vers les groupes. Salem s'apercevant que son chameau n'est pas assez rapide, descend vivement, en enfourche un autre et file, l'arme haute.

Nous continuons à approcher lentement. Nos cheiꝼhs qui ont rejoint le premier groupe discutent avec force gestes, longtemps. Puis ils reviennent vers nous, l'air déconfit, suivis de trois chameaux montés en douꝺle. Lorsque nous arrivons près d'eux, à 30 mètres, les Aouetât s'arrêtent ; nos cheiꝼhs nous rejoignent la tête ꝺasse. Un des cavaliers ennemis nous fait du ꝺras un geste d'arrêt : nous avançons quand même. Alors le cheiꝼh aouetât, Suliman eꝺen Refayat, cousin du grand cheiꝼh Harar eꝺen Djazi, fait encore un geste impérieux et plus violent, puis, d'une voix que la colère fait tremꝺler, nous crie en araꝺe : « Retournez en arrière ! Les chrétiens ne passent pas sur mon territoire ! » — Sans nous arrêter, nous mettons nos fusils armés à la main. La fureur de Suliman devient alors du délire ; il fait également quelques pas vers nous, et dressé sur sa monture. le visage crispé, dans un rictus de colère qui découvre largement ses dents, il hurle de nouveau avec une gesticulation de fou, la voix étranglée : « Arrêtez, arrêtez ! chiens ! » Puis il fait un signe vers ses Bédouins restés en arrière. Ceux-ci se précipitent aussitôt pour le rejoindre, les armes prêtes.

Alors seulement nous nous arrêtons. La scène est très intéressante et vaut d'être vécue. Tranquillement nous nous déployons sans descendre de chameau. Nous tâchons de calmer nos Bédouins et nos trois domestiques araꝛes très excités qui veulent tirer tout de suite.

Nos cheichs et notre interprète s'avancent vers Suliman. Un palaꝛre animé s'engage, cependant que nous plaisantons sur la situation et que nous nous disputons gaîment sur le choix des adversaires que chacun de nous honorera de son premier coup de fusil, si les choses se gâtent. Nous sommes aꝛsolument tranquilles et nous pensons en *descendre* pas mal avant qu'ils se soient reconnus, notre armement étant très supérieur.

Nous nous attendions d'ailleurs à tout pendant cette expédition et étions prêts à tout. Je dirai même que nous ne sommes pas fâchés de cet incident qui apporte une petite note dramatique élégante.

Après avoir ꝛien discuté, nos parlementaires nous rejoignent et nous soumettent le résultat peu ꝛrillant de l'entretien. Trois solutions se présentent : ou ꝛien payer aux Aouetât le passage, une somme exorꝛitante ; ou ꝛien retourner en arrière ; ou ꝛien passer de force.

Alors je fais valoir que personne ne songe à retourner : nous avons eu assez de peine à arriver ici et nous sommes trop engagés pour reculer. Passer de force, nous le pouvons, mais à la dernière extrémité. Payer ! pourquoi ? Le cheich Salem s'est engagé après versement d'une somme déjà énorme, 3.500 fr. environ, à nous conduire à Maan. C'est à lui d'exécuter son contrat et de s'arranger avec le cheich des Aouetât : il savait que nous aurions à entrer sur le territoire de la triꝛu de Suliman ; il n'avait qu'à ne pas nous promettre de nous mener au delà de sa propre tribu. En outre, Salaah est payé par nous comme représentant officiellement le Gouvernement turc : il nous doit protection. Qu'il use de son autorité !

On approuve ces paroles, et on les transmet à Salaah qui répond : « Moi, si vous l'exigez, je passerai au galop, coûte que coûte, pour tenter d'aller chercher du renfort à Maan. Je serai probablement tué, mais je suis prêt à essayer. C'est tout ce que je puis faire ! » Son sacrifice, même sincère, est inutile ; nous le lui disons et nous lui affirmons que, quant aux renforts, nous nous en passerons très bien. Tout ce que nous voulons, c'est éviter, si c'est possible, d'employer la violence.

Nos cheikhs tentent une nouvelle démarche auprès de Suliman qui répond que nous ne passerons pas sans payer. — Allons! il va falloir user des grands moyens. Nous avons fait preuve de la patience la plus grande, sachant qu'il en faut beaucoup avec les Asiatiques. Mais cela a des bornes, et il faut en finir, car la situation deviendrait ridicule à la fin.

Mais voilà que le cheikh Suliman s'avance seul vers nous et regarde de près nos armes. Nous affectons de n'y prendre pas garde et nous continuons nos conversations sans nous inquiéter de sa présence. Ce mouvement vers nous nous révèle à temps que Suliman commence à s'apercevoir que l'intimidation ne prend pas, il constate en outre que nous sommes supérieurement armés.

C'est un nouvel espoir pour nous de passer sans fracas. Sa démarche a trahi sa préoccupation : il faiblit certainement.

Bien curieux, ce chef bédouin. Il a vraiment une tête de sauvage, mais bien caractéristique avec une mine hautaine d'orgueil barbare: la bouche fendue en coup de sabre entr'ouverte sur des dents superbes, des yeux noirs très durs et très brillants sous des sourcils saillants; il porte

ɔeau et la noɔlesse ne lui manque pas. Poùrtant il semɔle
à présent adoucir un peu l'expression de ses traits.

Nous tenons de nouveau conseil, et après un court con-
ciliabule très calme, nous nous décidons à essayer d'un
dernier moyen de conciliation. S'il se rend vraiment
compte de notre supériorité, il acceptera avec empressement ce compromis qui lui permettra de céder sans en
avoir l'air! On lui explique donc que nous n'avons plus
d'argent avec nous, mais que nous en aurons à Maan;
nous l'y payerons... si le gouverneur reconnaît que nous
lui devons un triɔut! Il n'a qu'à venir avec nous. Et nous
ajoutons que s'il n'accepte pas, nous passerons de force
et que nos armes *franques* tueront tous ses guerriers avant
qu'un seul de nous puisse être touché!

Nous ne nous étions pas trompés. Devant notre attitude
décidée, le superɔe Suliman a perdu un peu de son assurance. Il discute encore un peu pour la forme, puis finalement accepte avec empressement cette solution, comme
s'il y trouvait une sauvegarde pour sa dignité. De cette
façon, il ne cède pas tout à fait en présence de ses ɔédouins.
« Allons, dit-il avec un joli geste d'indifférence, passez;
je vous suis! »

Et nous défilons devant la triɔu curieuse. Nous avons
repris nos conversations sans nous inquiéter de la présence du cheiɔh Aouetât qui se mêle à notre troupe avec
un petit groupe de ses méharistes. Nous pénétrons dans
l'étroit défilé, l'œil aux aguets sans en avoir l'air.

Un nouveau coup de feu, cette fois en arrière. On se
précipite; nos charges sont retardées. Les attaquerait-on?
Nous songeons aussitôt à entourer Suliman; mais tout de
suite un chamelier des ɔagages nous rejoint et nous
explique qu'un des nôtres ayant reconnu dans un Aouetât
le meurtrier de son frère, tué il y a 10 ans, avait tiré sur
lui sans l'atteindre, puis l'avait poursuivi jusque devant
la tente d'une autre famille, le saɔre à la main. Le droit

d'hospitalité lui interdisant de pénétrer à sa suite sous la
tente neutre, notre Araʝe s'était tout simplement installé
avec quelques camarades pour l'attendre.

Cela ne fait guère notre affaire. Comme nous ne nous
soucions pas de nous attarder sur ce terrain peu sûr, nous
adjurons Salem d'oʝtenir de Suliman la promesse du prix
du sang, afin que nos charges puissent nous rejoindre avec
leurs conducteurs. Ainsi cette affaire malencontreuse de
vendetta se trouve réglée et nous repartons dans le
défilé.

Après moins d'une heure, nous nous apercevons que
nos compagnons de route Aouetât, qui étaient restés de
plus en plus en arrière, avaient fini par disparaître! Suliman ne se souciait décidément pas de venir à Maan et de
tomʝer aux mains du caïmacam,'d'autant plus qu'il n'avait
aucun droit à prélever sur nous.

Nous l'avons ʝien jugé: d'intimidateur il s'était trouvé
intimidé lui-même par notre attitude énergique, et c'était
ʝien une défaite honoraʝle qu'il s'était empressé d'accepter
dans la comʝinaison ingénieuse que nous lui avions
offerte.

Ainsi finit... *in piscem*, très pacifiquement la grrrande
attaque si tapageusement préparée. Il est proʝaʝle néanmoins que si nous n'avions pas été en nomʝre et ʝien
armés, nous ne réussissions pas à passer, ou tout au
moins sans une grave saignée au trésor!

Pourtant, cette défaite nous semʝlait ʝien vite acceptée
et la retraite un peu précipitée de Suliman et de ses
guerriers pouvait dissimuler un piège. Aussi nous ne nous
arrêtâmes pour déjeûner rapidement qu'au sommet de la
montée du col. Après quoi nous avançâmes sur le plateau
jusqu'à la nuit. Les tentes furent dressées en un endroit
ʝien découvert. Nous pouvions craindre encore une alerte
nocturne. Les Aouetât, en effet, s'étant trouvés peu
nomʝreux à midi, pouvaient fort ʝien avoir appelé à eux

des renforts et, nous ayant laissé avancer sur leur territoire, profiter de la nuit pour nous surprendre.

Nous n'eûmes pas besoin de recommander à nos
Bédouins de faire bonne garde. Aucun d'eux ne ferma l'œil
pendant la nuit. Mais personne ne se présenta. Décidément nous en avions imposé aux fils du Désert !

. . . .

Après 3 jours nous arrivions à Maan. où nous fûmes
accueillis à coups de pierres ! Les Hadji (Pèlerinage de la
Mecque) venaient de passer se dirigeant vers le tombeau
du Prophète, et les habitants de cette *marche* de la grande
Arabie étaient encore fortement fanatisés par leur contact.
Mais nous trouvâmes là un caïmacam bien disposé pour
nous, qui nous donna une garde de 16 soldats.

C'est près de Maan, en allant visiter une ancienne villa
romaine, que nous assistâmes au plus magnifique mirage
que nous ayons encore rencontré au désert, où ce phénomène est si fréquent... Mais c'est à Maan aussi que
nous eûmes à souffrir le plus des intempéries du ciel !

Après 3 jours d'arrêt, notre camp, planté hors de la ville,
fut emporté la nuit par un terrible ouragan de vent et de
sable. Tentes et dormeurs furent roulés violemment avec
tous les bagages dans une obscurité absolue, aveuglés
d'ailleurs par le sable qui fouettait la figure au point de
la meurtrir. Nous repêchâmes comme nous pûmes les
objets les plus précieux, surtout les collections des naturalistes, les estampages des orientalistes et même quelques
feuillets de notes de notre *historiographe*, et nous nous
transportâmes à tâtons jusqu'au sérail où nous finîmes
par nous introduire pour terminer la nuit !

Le lendemain matin, bien avant le jour, nous étions
debout et, sans bruit, nous rejoignions les belles mules
que le gouverneur avait fait réunir à l'insu du grand
cheich Harar eben Djazi, puis, avec la complicité officielle,
nous filions sur Pétra, après avoir recueilli les débris de

notre campement, fidèlement gardés sur place par nos
soldats turcs.

Une journée extrêmement rude, par un vent debout
irrésistible et glacial, si violent que les mules avaient
peine à avancer, si froid que nous avions les pieds et les
mains sans connaissance. Pas de vivres, pas d'eau; le
temps nous ayant manqué au départ et les charges
venant derrière, bien loin. Le soir, [nous arrivions, —
exténués par la nuit accidentée de Maan, par le vent de la
journée, n'ayant rien pris depuis près de 24 heures, —
à la descente périlleuse qui nous découvrait le cirque
prestigieux de l'ouadi Mouça; nous franchissions le long
Sik étroit qui nous amenait à Pétra: le plus beau spectacle qu'il soit possible d'admirer... et dont je vous par-
lerai une autre fois!

Nous en repartions après 3 jours insuffisants pour jouir
complètement du charme puissant de Pétra, l'antique ville
morte figée dans ses monuments et dans son luxe, au
milieu de la nature la plus fantastique qui se puisse ima-
giner.

Chobâc, Tàfileh, le Kérak, grandioses vestiges de la
hardiesse conquérante des rudes Croisés! forteresses
encore imposantes de ces vaillants pionniers, dominant en
nids d'aigles les derniers sommets à l'est de la mer
Morte, afin de guetter les invasions du désert, jalonnant
du Nord au Sud le passage le plus oriental qui puisse
relier Damas à l'Égypte sarrasine! à présent bourgades
arabes recélant sous les vieilles voûtes franques, derrière
lesgrandes portes ogivales, à l'abri des antiques créneaux,
des garnisons turques d'avant-garde!

Nous sommes étonnés devant ces grands vestiges de
l'invraisemblable audace des Baudoin, des Renaud de
Châtillon et de tant d'autres hardis chevaliers francs; et
nous admirons avec respect les murailles énormes, témoins

éloquents et encore formidables du fol et inutile effort de nos devanciers!

Madabah, la vieille ville byzantine égarée sur les plateaux du Moab, à l'est de cette mer Morte dont la désolation semble avoir arrêté pourtant l'extension vers l'Est des civilisations méditerranéennes. Les ruines curieuses de ses 20 églises, ses mosaïques luxueuses, si étranges au milieu du désert, nous arrêtent un jour, après la difficile traversée de l'énorme faille du Modjib, cette vallée profonde et abrupte de l'Arnon qu'il semble d'abord impossible de descendre ou de remonter. Nous avions couché au fond de ce ravin, sur le bord de la jolie rivière toute fleurie de lauriers roses et de grands joncs blancs empanachés; mais, surpris là encore par une tempête, nous avions dû lever le camp précipitamment dans la nuit, pour nous élever bien vite sur les flancs de la montagne, afin de ne pas nous laisser surprendre par un *selle* (torrent) brusquement enflé par la pluie tombant en cataractes : il est fréquent que des orages soudains grossissent subitement les calmes ruisseaux de ces fonds d'ouadis et balayent instantanément avec une force irrésistible tout ce qui se trouve sur leur passage : campements et troupeaux.

Nous n'avons plus désormais de ravins difficiles à traverser; aussi échangeons-nous à Madabah quelques mules contre les chevaux résistants des grands plateaux moabites qu'il nous reste à parcourir. Mais tous, nous regrettons nos grands chameaux souples et doux.

En 3 jours nous contournons par le Nord la mer Morte, traversons le Jourdain, campons notre dernière nuit à Jéricho et faisons le lendemain notre entrée à Jérusalem, où l'on nous attendait avec d'autant plus d'impatience que le bruit y était parvenu et s'y était accrédité que, prisonniers d'abord à l'Aqabah, nous avions été massacrés ensuite par les Aouetât du côté de Maan !

Près de deux mois de caravane au désert nous avaient transformés les uns et les autres en véritables Bédouins et, le teint hâlé, plus noir que brun, nous étions plutôt d'un aspect peu rassurant.

Pourtant notre *raid* si bien réussi en tous points, les documents intéressants dont chacun de nous était fortement muni, la perspective d'un bain... nécessaire et rassérénant, tout cela éclairait sans doute notre physionomie inquiétante d'un rayon de satisfaction et de sympathie, car on nous fit un accueil chaleureux et ce fut au joyeux pétillement du vin de Champagne, — dont le *sable* valait mieux que celui de la tourmente de Maan — que nos amis français nous reçurent au seuil de la ville !

... Mais chacun de nous s'accordait à dire qu'il ne fallait rien moins que toute cette cordialité chaleureuse pour dissiper la mélancolie qui nous avait irrésistiblement envahis à l'idée de quitter le désert et sa grande vie libre et saine, ses horizons larges, pour rentrer dans les petites complications et les conventions futiles de la civilisation étroite !

Dʳ Émile MAUCHAMP.
Médecin du Gouvernement français en Palestine.

Avril 1902.

OBSERVATIONS MÉTÉOROLOGIQUES

STATION

de

CHALON-s-SAONE

Année 1903

BASSIN

DE LA SAONE

Altitude du sol : 177ᵐ »

MOIS DE JUIN

DATES DU MOIS	DIRECTION DU VENT	Hauteur Barométrique ramenée à zéro et au niveau de la mer	TEMPÉRATURE Maxima	TEMPÉRATURE Minima	RENSEIGNEMENTS DIVERS	HAUTEUR TOTALE de pluie pendant les 24 heures	NIVEAU DE LA SAÔNE à l'échelle du pont Saint-Laurent à Chalon. Alt. du zéro de l'échelle = 170ᵐ72	MAXIMUM DES CRUES Le débordement de la Saône commence à la cote 4ᵐ50.
1	2	3	4	5	6	7	8	9
		millim.				millim.		
1	N-E	757.»	25	12	Beau	14.7	1ᵐ40	
2	N	757.»	27	12	id.		1.29	
3	N	758.»	17	14	id.		1.29	
4	N	760.»	18	10	id.		1.22	
5	N	762.»	22	10	Chaud		1.33	
6	N	765.»	25	9	id.		1.30	
7	N	762.»	22	10	Beau		1.26	
8	N	755.»	17	10	Pluvieux		1.24	
9	O	756.»	22	10	Ciel couvert	4.»	1.37	
10	O	758.»	20	10	Brouillard	11.5	1.17	
11	S-O	760.»	26	8	Chaud		1.19	
12	N-O	760.»	23	9	Beau		1.17	
13	N	759.»	13	13	Pluie	9.3	1.20	
14	O	757.»	20	7	Beau	7.»	1.31	
15	S-O	756.»	20	5	id.		1.21	
16	S	758.»	20	7	Pluvieux	3.»	1.08	
17	S-O	761.»	21	8	Beau	1.»	1.14	
18	S	755.»	25	6	Pluie		1.16	
19	S	751.»	20	10	Beau	15.»	1.10	
20	S	755.»	25	9	Pluie	16.5	1.16	
21	N-O	760.»	14	11	Beau	3.8	1.14	
22	N	766.»	17	10	id.	1.6	1.11	
23	N	764.»	22	6	id.		1.34	
24	E	762.»	27	10	Chaud		1.36	
25	O	763.»	29	11	id.		1.33	
26	N	766.»	26	11	id.		1.24	
27	N	765.»	29	13	id.		1.10	
28	N	764.»	32	13	id.		1.14	
29	N	765.»	35	13	Beau		1.17	
30	N-O	766.»	25	18	id.		1.04	
Moyennes.		760°»	22°8	10°1	Hauteur totale de pluie pendant le mois	87.4		

1ᵉʳ jour du mois : Lundi.   Nombre total de jours de pluie pendᵗ le mois : 11

OFFRES ET DEMANDES

M. Chanet, naturaliste à Chalon-sur-Saône, offre fournitures pour entomologistes, boîtes de toutes dimensions
pour collections d'insectes.

ADMINISTRATION

BUREAU

Président,	MM. ARCELIN, Président de la Société d'Histoire et d'Archéologie de Chalon.
Vice-présidents,	JACQUIN, ✪, Pharmacien de 1re classe.
	NUGUE, Ingénieur.
Secrétaire général,	H. GUILLEMIN, ✪, Professeur au Collège.
Secrétaires,	RENAULT, Entrepreneur.
	E. BERTRAND, Imprimeur-Éditeur.
Trésorier,	DUBOIS, Principal Clerc de notaire.
Bibliothécaire,	PORTIER, ✪, Professeur au Collège.
Bibliothécaire-adjoint,	TARDY, Professeur au Collège.
Conservateur du Musée,	LEMOSY, Commissaire de surveillance près la Compagnie P.-L.-M.
Conservateur des Collections de Botanique	QUINCY, Secrétaire de la rédaction du *Courrier de Saône-et-Loire.*

EXTRAIT DES STATUTS

Composition. — ART. 3. — La Société se compose :

1° De *Membres d'honneur* ;

2° De *Membres donateurs.* Ce titre sera accordé à toute personne faisant à la Société un don en espèces ou en nature d'une valeur minimum de trois cents francs ;

3° De *Membres à vie,* ayant racheté leurs cotisations par le versement une fois fait de la somme de cent francs ;

4° De *Membres correspondants* ;

5° De *Membres titulaires,* payant une cotisation minimum de six francs par an.

Tout membre titulaire admis dans le courant de l'année doit la cotisation entière de cette même année ; la cotisation annuelle sera acquittée avant le 1er avril de chaque année.

ART. 16. — La Société publie un *Bulletin* mensuel où elle rend compte de ses travaux.

Les publications de la Société sont adressées sans rétribution à tous les membres.

ART. 17. — La Société n'entend prendre, dans aucun cas, la responsabilité des opinions émises dans les ouvrages qu'elle publie.

La Société recevra avec reconnaissance tous les objets d'Histoire naturelle et les livres qu'on voudra bien lui offrir pour ses collections et sa bibliothèque. Chaque objet, ainsi que chaque volume portera le nom du donateur.

BULLETIN MENSUEL

DE LA SOCIÉTÉ DES

SCIENCES NATURELLES

DE SAONE-ET-LOIRE

CHALON-SUR-SAONE

29ᴱ ANNÉE — NOUVELLE SÉRIE — TOME IX

Nᵒˢ 8, 9 et 10 — AOUT-SEPTEMBRE-OCTOBRE 1903

Mardi 8 Décembre 1903, à huit heures du soir, réunion mensuelle au siège de la Société, rue Boichot, Musée Denon

DATES DES RÉUNIONS EN 1903

Mardi, 13 Janvier, à 8 h. du soir.	Mardi, 9 Juin, à 8 h. du soir.
Dimanche, **8 Février**, à 10 h. du matin	— 7 Juillet —
ASSEMBLÉE GÉNÉRALE	— 11 Août —
Mardi, 10 Mars, à 8 h. du soir.	— 13 Octobre —
— 7 Avril —	— 10 Novembre, —
— 12 Mai, —	— 8 Décembre —

CHALON-SUR-SAONE

ÉMILE BERTRAND, IMPRIMEUR-ÉDITEUR

5, RUE DES TONNELIERS

1903

ABONNEMENTS

| France, Algérie et Tunisie. | 6 fr. | Par recouvrement. | 6 fr. 50 |

On peut s'abonner en envoyant le montant en mandat-carte ou mandat postal à *Monsieur le Trésorier de la Société des Sciences Naturelles à Chalon-sur-Saône (Saône-et-Loire)*, ou si on préfère par recouvrement, une quittance postale, signée du trésorier, sera présentée à domicile.

Les abonnements partent tous du mois de Janvier de chaque année et sont reçus pour l'année entière. Les nouveaux abonnés reçoivent les numéros parus depuis le commencement de l'année.

TARIF DES ANNONCES ET RÉCLAMES

	1 annonce	3 annonces	6 annonces	12 annonces
Une page...............	20 »	45 »	65 »	85 »
Une demi-page..........	10 »	25 »	35 »	45 »
Un quart de page........	8 »	15 »	25 »	35 »
Un huitième de page.....	4 »	10 »	15 »	25 »

Les annonces et réclames sont payables d'avance par mandat-poste adressé avec le libellé au secrétaire général de la Société.

TARIF DES TIRAGES A PART

	100	200	300	500
1 à 4 pages	5 50	7 50	9 50	13 »
5 à 8 —	8 »	10 50	13 »	17 25
9 à 16 —	12 »	15 »	19 »	25 »
Couverture avec impression du titre de l'article seulement	4 75	6 25	7 75	10 »

MM. les Collaborateurs à la rédaction du Bulletin, qui désirent des tirages à part, sont priés d'en faire connaître le nombre lorsqu'ils retournent à M. le Secrétaire général, le bon à tirer de leur article.

L'imprimeur disposant de ses caractères aussitôt les tirages du Bulletin terminés, tout retard dans leur demande les expose à être privés du prix réduit spécial aux tirages à part.

Nouvelle Série. 29ᵉ Année. Nᵒˢ 8, 9 et 10   Août, Septembre, Octobre 1903

BULLETIN

DE LA

SOCIÉTÉ DES SCIENCES NATURELLES
DE SAONE-ET-LOIRE

CHALON-SUR-SAONE

SOMMAIRE :

UN RAID AU DÉSERT

Sinaï, Arabie-Pétrée, Arabie, Moab
(Notes de voyage - 1902)

NOTES COMPLÉMENTAIRES

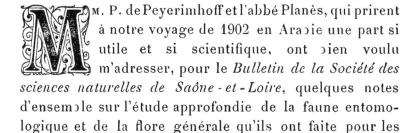 M. P. de Peyerimhoff et l'abbé Planès, qui prirent à notre voyage de 1902 en Arabie une part si utile et si scientifique, ont bien voulu m'adresser, pour le *Bulletin de la Société des sciences naturelles de Saône-et-Loire*, quelques notes d'ensemble sur l'étude approfondie de la faune entomologique et de la flore générale qu'ils ont faite pour les pays traversés pendant notre exploration.

Je n'ai pas à présenter M. P. de Peyerimhoff, le distingué entomologiste qui, dans la branche où il s'est spé-

Pour permettre aux lecteurs du Bulletin de suivre notre itinéraire et de localiser les noms cités, j'ai cru devoir établir un tracé d'ensemble du voyage que l'on trouvera annexé au Bulletin.   E. M.

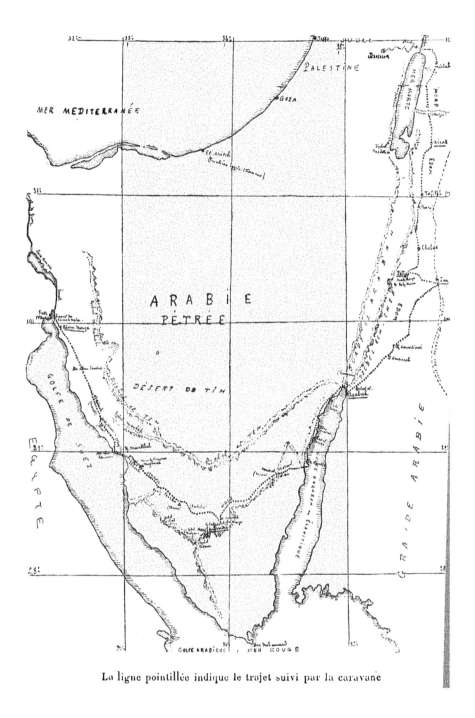

La ligne pointillée indique le trajet suivi par la caravane

cialisé, a attiré déjà par ses travaux rigoureusement
scientifiques, l'attention du monde savant. L'étude complète qu'il fera paraître sur les résultats de cette dernière
campagne de recherches fera époque dans les annales de
l'entomologie et les lecteurs du *Bulletin* apprécieront
quelle ɔonne fortune leur échoit en se voyant réservée la
primeur précieuse de son travail. Cette partie de la
faune va en effet se trouver considéraɔlement enrichie
par l'apport important que notre ami va faire de ses découvertes aussitôt que seront terminés la laɔorieuse détermination et le classement méthodique des nomɔreux
échantillons de coléoptères recueillis patiemment et infa-
tigablement entre Suez et Jérusalem, en passant par
l'Aqabah et Pétra. Ajoutons que, dans l'ordre si vaste des
coléoptères, notre savant ami s'est particulièrement con-
sacré à l'étude des *tout petits*.

M. l'aɔɔé Planès est un intrépide ɔotaniste, aussi consciencieux qu'éclairé, qui, de même que M. de Peyerimhoff, fit l'admiration de toute la caravane par l'ardeur
inlassaɔle qu'il apportait à recueillir, en tous lieux et en
toutes circonstances, les échantillons, parfois ɔien difficiles à atteindre, qui font l'oɔjet de son étude d'aujour-
d'hui.

Et, à ce propos, je ne puis me retenir de constater
quelle somme de patience, de volonté et aussi d'endurance les sciences naturelles exigent de leurs fervents
adeptes. C'était en effet merveille de voir, le soir sous
la tente, quand chacun ne songeait qu'à se reposer, nos
naturalistes classer, étiqueter, disposer et emɔaller la
précieuse récolte de la journée. Et pourtant on peut concevoir quel surcroît de fatigue leur apportait la recherche
de leurs échantillons. On peut dire, toute révérence
gardée, que les naturalistes en voyage font un peu les
mêmes évolutions que les chiens en promenade, allant,
venant, à droite, à gauche, furetant partout... et astreints

naturellement à habiter le moins possible le dos de leur chameau ! La science, nous le savions, est exigeante pour ceux qui s'y consacrent, mais en exploration elle est particulièrement assujettissante.

C'est une analyse, un résumé de son travail d'ensemble que nous adresse M. Planès, en nous faisant toutefois remarquer que bien des plantes de son herbier d'Arabie sont encore à l'étude de différents côtés pour être définitivement identifiées et déterminées. C'est donc de l'inédit qu'il nous offre lui aussi et les spécialistes sauront goûter tout l'intérêt que présentent ses notes précieuses.

Que nos amis de Peyerimhoff et Planès soient remerciés ici bien sincèrement pour la peine qu'ils ont prise à notre intention et le plaisir qu'ils nous font[1].

Dr Émile MAUCHAMP.

NOTE SUR LA FAUNE ENTOMOLOGIQUE

(Considérée principalement dans l'ordre des Coléoptères) de la Péninsule sinaïtique et des plateaux à l'Est de l'Araba

PAR M. L. DE PEYERIMHOFF

La variété des régions traversées au cours de ce voyage ne permet pas d'en tracer, à quelque point de vue naturel qu'on se place, une esquisse homogène. On ne s'étonnera donc pas qu'il faille distribuer les faunes entomologiques rencontrées selon des catégories que nous adapterons, dans la mesure du possible, à ces régions naturelles, généralement bien apparentes.

1. Persuadé d'être le fidèle interprète de tous les membres de la Société des Sciences naturelles, nous adressons à M. de Peyerimhoff et à M. l'abbé Planès, l'hommage respectueux de notre vive gratitude, pour leur aimabilité envers nos lecteurs qui apprécieront hautement leurs intéressants et importants travaux encore inédits. Que notre distingué et aimé compatriote, M. le Dr E. Mauchamp, notre tout dévoué ami, reçoive aussi l'expression de notre affectueuse acconnaissance pour le grand plaisir qu'il a causé à tous nos collègues, par la relation

On peut reconnaître, de Suez à Jérusalem, en passant par la Péninsule Sinaïtique, trois types de régions fauniques :

1º La région désertique maritime, qui comprend les dunes et la grève, jusqu'aux escarpements.

2º La région sinaïtique proprement dite, c'est-à-dire la montagne du Sinai, de structure complexe, mais surtout gréseuse et granitique, qui se dresse, après un court rivage, jusqu'à une altitude de 2.630 mètres.

3º A l'est de la coupure élanitique, les plateaux arabes situés à une altitude voisine de 1.000 mètres, couverts de landes désertiques, et passant par toutes les transitions jusqu'aux pâturages du pays d'Edom et aux cultures du pays de Moab.

Le désert côtier, de faible développement, est remarquable par une homogénéité qui paraît se poursuivre sur le rivage entier de la Mer Rouge.

On recueille, sur les sables de *Sûr*, au *Ras Abou Zenimeh*, à *N'Nouébia*, les mêmes *Oxycara*, les mêmes *Mesostena* (coléoptères hétéromères) qu'à Djeddah, à Djibouti ou même en face de Socotra. Une espèce inédite de *Diglossa*, coléoptère staphylinide vivant dans le sable marin, recueillie en nombre à *Qala'at el Aqahah*, n'était jusqu'ici connue que d'Obock. Beaucoup d'espèces, par contre, ont une aire de dispersion assez étendue et se trouvent, par exemple, dans tout le Delta du Nil et aux portes mêmes du Caire. Tels sont les coléoptères des genres *Pimelia* et *Adesmia* qui courent sur les sables, à côté des *Eremiaphila*, mantides (orthoptères) aptères dont

admirablement écrite de son voyage. Une étude sur Pétré, qu'il nous enverra dans quelque temps, viendra, une fois de plus, charmer nos esprits. Notre grand désir serait de compter ces infatiguables savants, tous trois ardents pionniers des sciences naturelles, au nombre de nos correspondants. Nul doute que la Société tout entière ne nous donne satisfaction. Elle en retirera tout honneur et tout profit.

H. GUILLEMIN.

la couleur reproduit celle du saɔle à ce point de perfec-
tion qu'il est impossiɔle de les distinguer au repos.

Sous les pierres vivent d'étranges Arachnides blanchâ-
tres, du genre *Solpuga*. Elles sont la terreur des Bédouins,
sans que d'ailleurs leur morsure soit autrement douloureuse, paraît-il, que celle des autres araignées de même
taille.

Malgré l'analogie faunique du rivage sinaïtique avec
le Delta du Nil, on ne peut y voir un ensemɔle méditerranéen. Le rivage de la Péninsule appartient nettement à
la faune de la mer Rouge.

Dès que l'on perd de vue la mer pour s'enfoncer dans
les ouâdys profonds qui sillonnent le massif du Sinaï,
d'autres formes se présentent. Toute la population marine
disparaît d'aɔord. Les eaux qui ont creusé les vallées
sinaïtiques sont naturellement des eaux douces. Sur leurs
ɔords ou dans les cavités mêmes qu'elles remplissent,
vit une faune extrèmement intéressante, composée de
formes analogues, mais rarement identiques, aux èuro-
péennes. Quelques-unes sont rigoureusement spéciales
au Sinaï : *Chaenius obscurus* Kl., *Coryza sinaïtica* Peyrh.,
Deronectes Crotchi Br., etc. D'autres se rencontrent sur
les chaînes qui ɔordent à l'Est et à l'Ouest le ɔassin de la
mer Rouge : *Hydroporus arabicus* Shp., que l'on trouve
dans le Hedjaz, *Hydaticus decorus* Kl., *Perileptus Stierlini*
Trn., qui fréquentent la région du moyen et du haut
Nil.

Certains ont une aire de répartition extrèmement
ɔizarre, tel le *Chlænius canariensis*, decouvert au Sinaï
au cours de ce voyage, et qui n'était connu jusqu'ici que
de Ténériffe. Il est possiɔle que des explorations ulté-
rieures le signalent de quelqu'un de ces massifs montagneux qui percent l'immense désert étendu depuis les
Canaries jusqu'en Perse, et réunissent ainsi les deux
lamɔeaux de son aire géographique.

D'autres espèces semblent caractériser jusqu'à présent la région Sud-Est du bassin méditerranéen, puisqu'elles apparaissent à la fois dans la Péninsule Sinaïtique, aux bords du Jourdain, et sur les plateaux arabes et édomites intermédiaires. Tel est le rare et curieux *Iscariotes hierichonticus* (coléopt. carab.).

Malgré l'altitude élevée et la persistance des neiges, il n'existe pas trace de faune alpine au Sinaï. C'est là un résultat définitivement établi. Les sommets, toutefois, le *Dj. Serbal*, le *Dj. Moûca*, le *Dj. Katherin*, offrent des formes spéciales, mais issues d'espèces vivant à basse altitude, et dont l'isolement géographique, joint sans doute à des influences dues au milieu, a provoqué l'émancipation. On doit citer ici deux espèces encore inédites de coléoptères : *Cyclobaris turgidus* Peyrh. et *Paroderus calcaroides* Peyrh.

Les Palmiers de l'Aqabah dépassés, on pénètre dans les ouâdys qui sillonnent la chaîne arabe du *Dj. Esch-Chera*. La faune change rapidement. Elle prend là — autant du moins qu'on en juge par cette rapide exploration — une remarquable analogie avec la faune mésopotamique. Dessinée surtout en ce qui concerne les coléoptères Hétéromères (*Pimelia*, *Amnodeis*, etc.), cette analogie se poursuit sur le désert de *Ma'an* et peut-être même sur le territoire encore mystérieux de Pétra, que nos trois jours de recherches ont à peine effleuré à ce point de vue.

Enfin, à mesure qu'on gagne le Nord, la faune des plateaux d'Edom et de Moab devient celle, maintenant familière, de la Palestine, et l'on rencontre déjà à *Bosra* et au *Kérak* les espèces caractéristiques des bords du Jourdain et de Jérusalem.

Malgré leur diversité, ces trois faunes se trouvent dominées à la fois et reliées par un caractère commun, le caractère désertique : extrême abondance, en espèces et

en individus, des Coléoptères Hétéromères, et cela jusque
sur les sables les plus privés de vie en apparence ; présence de certains genres caractéristiques, soit indépendant des espèces végétales, tels le genre *Glycéa*, soit
inféodés à des plantes elles-mêmes désertiques, tels que
le genre *Ocladius*, parasite des Salsolacées, ou le genre
Pharus, qui vit sans doute aux dépens de Pucerons eux-
mêmes assujettis à un parasitisme épiphyte, etc.

La faune ailée des autres ordres est celle que l'on observe dans le Sahara algérien ou aux bords du Nil : grands
Acridiens migrateurs dont les essaims s'abattent çà et là,
Truxalis à couleurs foncées et à vol pesant, si remarquables par leur sécrétion spumeuse, etc.

Nul doute que ce caractère désertique se poursuive,
avec des variantes analogues, depuis les Canaries jusqu'à
la Perse, et peut-être jusque dans les déserts de l'Asie
centrale.

De ces régions explorées, la plus intéressante assurément est celle du Sinaï. La situation de la Péninsule aux
portes de l'Egypte et sur la route la plus fréquentée du
monde, son prestige historique et religieux, la commodité
et la sécurité relative de ses accès, l'ont fait visiter plusieurs fois dans des buts scientifiques. Depuis le séjour
d'Ehrenberg au Sinaï, et particulièrement à Tôr, au cours
duquel il recueillit une série d'espèces, décrites depuis
par Klug dans ses *Symbolæ physicæ*, les explorations se
sont multipliées. Une des plus importantes est celle conduite il y a cinquante par G.-W. Wilson et l'infortuné
H.-S. Palmer, dont les résultats ont été publiés par
G.-R Crotch dans l'*Ordnance Survey of the Pen. of Sinaï*
(1869). On n'oubliera pas celle de J.-K. Lord, et la « List »
de Francis Walker (1871). La collection de Lord, qui ren-
fermait des types précieux, est restée au Caire où faute
de soins, paraît-il, elle est actuellement presque détruite.

La liste publiée par H.-C. Hart dans « *Some account of*

the Fauna and Flora of Sinaï, Petra and Wady Araba »
(1891) n'a d'autre intérêt que de présenter trois descriptions de coléoptères inédits.

Enfin le professeur A. Kœnig, de l'Université de Bonn, fit en 1898 un voyage scientifique dans la Péninsule, au cours duquel il recueillit un assez grand nombre de coléoptères, dont la liste a été publiée par le major von Heyden (*Deutsche Entomologische Zeitschrift*, Jahrgang 1899).

Si l'on tient compte des récoltes du voyage exécuté par notre caravane en 1902, qui ont *doublé* le nombre des espèces signalées dans la Péninsule sinaïtique, on évaluera à trois cents environ le chiffre des coléoptères actuellement connus dans cette région faunique.

NOTICE SUR LA FLORE DE L'ARABIE PÉTRÉE
Par M. l'Abbé PLANÈS

Région montagneuse et déserte où la roche nue domine en souveraine, l'Arabie Pétrée semblerait ne devoir offrir au botaniste que lassitude et déception. Il n'en est rien et le contraire est vrai. Ces déserts, impropres à la culture, brûlés par le soleil, ont une flore riche et des plus intéressantes, aussi différente de celle des autres régions que le désert lui-même l'est des pays cultivés et habités.

Cette flore offre les caractères généraux de celle des pays chauds et secs. Les plantes y sont d'ordinaire peu développées, faute de pluies régulières et fécondantes, souvent épineuses, aux branches tourmentées, aux odeurs fortes, chargées tantôt de sucs caustiques, tantôt d'huiles essentielles très odorantes. Les espèces d'arbres y sont peu nombreuses. Les feuilles et les tiges, comme d'ailleurs plusieurs reptiles et oiseaux, y acquièrent assez souvent la couleur grisâtre et terne des sables des ouadys.

Tandis qu'en Palestine et au pays de Moaɔ on marche au printemps sur des tapis de fleurs aux couleurs variées et franches dont l'éclat charme l'œil du touriste comme du savant, au désert on voit peu de fleurs qui attirent par leur éclat, et l'œil a ɔeaucoup de peine à les distinguer rapidement.— Je suppose, ɔien entendu, qu'on n'est pas haut perché sur un grand chameau, ce qui n'est guère une position de ɔotaniste !

Si l'on voulait étudier dans un ordre logique la flore de ces régions, on la diviserait en trois zones assez ɔien tranchées : celle des terrains salés, celles des moyennes altitudes, et celles des hauts sommets du Sinaï (de 1.500 à 2.600 m.) et des plateaux de l'est.

Je me ɔornerai ici à suivre l'itinéraire de notre caravane.

Nous voici d'aɔord à *Ayoun Mouça*, sous l'omɔre ɔienfaisante des grands *tamaris* (tamarix articulata, Vahl.). C'est un des rares arɔres amis des terrains salés : le matin, il laisse dégoutter de ses ɔranches la rosée chargée de sel qui, en se desséchant sur le saɔle fin, forme une légère croûte qui craque sous les pieds.

Plus loin, dans les terres, le *tamaris porte-manne* (tamarix mannifera, Ehr.), — ce qui ne rappelle que de nom la manne de l'Écriture — donne ça et là un aspect plus vert aux vallées sinaïtiques.

Mais la plus ɔelle espèce, et une des plus rares, est le *tamaris à gros fruits* (tamarix macrocarpa, Bange). Près des eaux saumâtres d'*Aïn-Haoüara*, ce bel arɔre aux petites feuilles en cœur, imɔriquées, emɔrassant la tige, aux panicules ornées d'un gracieux mélange de fleurs roses et de fruits à aigrette ɔlanche, égaye le saɔle aride. A côté de lui quelques rares palmiers maltraités par le nomade, le *garqad buissonneux* (nitraria tridentata, Desf.), et, plus loin, le *calligonum chevelu* (calligonum comosum, L'Hér.), un des ɔeaux arɔres de la péninsule ; ses ɔranches ɔlanchâtres et noueuses portent de gracieux faisceaux de rameaux filiformes et pendants auxquels s'attachent des fleurs très petites dont les étamines microscopiques attirent cependant le regard par leur éclatante couleur cramoisi.

On marche trois ou quatre jours avant de s'engager définitivement dans le massif du Sinaï et, durant ces jours, le désert gris se montre dans sa nudité ; presque pas de végétation : ça et là seulement quelques maigres *genêts retam* (retama retam, Forsⅽ) et des *acacias nains*. Quelle satisfaction[1] quand on découvre le tamaris et le palmier, signes infailliɔles de la présence de l'eau, soit à la surface du sol, soit à une faiɔle profondeur sous le saɔle ! Quelques graminées, des joncs, des pulicaires dénoncent aussi le voisinage de l'eau.

Dans l'*Ouady Tahyibeh*, on voit apparaître sur les rochers le *Câprier épineu.x* connu de tous et le *Câprier en casque* (capparis galeata, Fresen.) plus gros que le précédent. Sur le saɔle s'étend une crucifère, la plus curieuse des fleurs par ses propriétés hygrométriques : c'est l'*Anastatica hierichuntina*, L., connue sous le nom de *Rose de Jéricho*. Petite, ligneuse, sans tige, elle s'étale sur le sol pour croître et fleurir ; dès l'arrivée de la sécheresse, elle se forme en ɔoule pour l'hiver suivant, rouler dans l'Ouady,

---

1. En voyageur profane, je crois devoir, à propos du tamaris, payer ici un tribut extra-botanique au souvenir odorant mais très désagréable que j'ai voué à cette plante. Après avoir fait la fâcheuse expérience des lendemains de débauche de tamaris dont les cɔameaux sont très friands, j'appréhendais fort les campements établis dans le voisinage de ces arbres : en effet, le dromadaire, qui rumine une provision de tamaris, émet à cɔaque instant des éructations qui viennent imprégner de la façon la plus pénible l'odorat, même le moins délicat, du malɔeureux cavalier. Je ne puis oublier le concert de protestations qui couraient d'un bout à l'autre de la caravane à la suite des festins de tamaris que s'étaient offerts nos montures. L'abbé Planès, en fervent et indulgent botaniste, a négligé de signaler cette propriété du *tamarix* ; j'ai pensé qu'il fallait réparer cette trop partiale omission !

Dʳ E. M.

entraînée par les eaux. Mais voilà qu'au premier contact
de l'eau elle semɔle revivre et elle s'ouvre de nouveau,
même sur un terrain frais, pour se refermer de nouveau
lorsque l'humidité disparaît.

Une autre fleur, de la famille des composées, l'*Asteris-
cus pygmœus*, Coss., jouit des mêmes propriétés. On ne
la trouve que dans les vallées très chaudes des environs
de la mer Morte et du golfe d'Aqabah où elle épanouit sur
le sol sa fleur souvent solitaire, semɔlaɔle à une grosse
marguerite jaune.

Après l'Ouady Tahyibeh on retrouve le ɔord de la mer
et l'on s'engage dans la plaine de *Mourkhah*. Cette plaine
tire son nom d'une Asclépiadée, la *Leptadenia pyrotech-
nica*, Forsk., plante sans feuilles, aux tiges minces res-
semɔlant assez à celles du genêt d'Espagne ; aux nœuds
des tiges, de petits châtons grisâtres portent la fleur et le
fruit. Les Araɔes l'appellent *Markh* et s'en servaient autrefois pour produire du feu par le frottement sur un autre
ɔois.

Après la plaine de Mourkha, on s'engage dans les profondes et étroites vallées qui conduisent aux sommets du
Sinaï. La végétation devient plus dense et plus variée,
ɔien qu'elle soit presque totalement concentrée dans le
fond des ouadys et sur les pentes inférieures des montagnes rocheuses.

La *Mathiola arabica*, Boiss., y épanouit sa fleur délicate,
rose pâle, aux pétales en croix, allongés, plissés sur les
ɔords. Une autre crucifère, la *Zilla myagroides*, Forsɕ.,
affecte la forme ɔuissonneuse, en grosse ɔoule arrondie,
atteignant 1ᵐ50 de haut ; les fleurs grandes, roses et
ɔlanches, se cachent derrière une haie d'épines protec-
trices que néanmoins les chameaux ɔroutent complaisam-
ment.

De nomɔreuses espèces d'*Astragales* couvrent le sol.
Dans l'*Ouady Magharah* se trouve la *Casse* (cassia oɔovata,

Collad.), appelée par les Araɔes *Séné de la Mecque;* sa
fleur est jaune verdâtre, son odeur nauséaɔonde ; le
Bédouin compose avec le fruit des pilules purgatives.

Sur les rochers on aperçoit de ɔelles touffes vertes
semées de fleurs roses que l'on prendrait pour ,de ɔelles
fleurs de géranium. On approche la main et les épines
l'ensanglantent. Ce sont des *Fagonia*, plantes de la famille
des zygophyllées, voisine en effet des géraniacées. Puis
ce sont la *Pulicaria undulata*, L., si odorante, l'*Iphione
scabra*, DC., aux feuilles lancéolées et piquantes, la *Fran-
cœuria crispa*, Forsɔ., l'*Achillea fragrantissima*, Forsɔ.,
la petite *Brocchia cinerea*, Del., aux capitules ronds, l'*Armoise de Judée* (Artemisia Judaica, L.), qui emɔaument de
leurs parfums l'air sec et pur. A l'approche de l'*Ouady
Feiran*, cette dernière plante devient très commune et on
ne la perdra presque plus de vue jusqu'à Màan : c'est le
Za'âffaran ou *Ba'assaran* des Araɔes ; elle couvre le sol
de ses grosses touffes et de ses longs rameaux chargés
de capitules. Son parfum est extrêmement fort aux heures
chaudes du jour et surtout quand le chameau écrase une
partie de la plante sous son large pied. Elle mériterait à
elle seule l'installation d'une distillerie au Sinaï : quelques
feuilles qu'on fit macérer dans un litre d'eau-de-vie pour
la parfumer nous prouvèrent l'énergie de son suc : le
liquide ne fut plus ɔuvaɔle !

Nous voici à *Feiran*, la superɔe oasis. De l'eau et des
arɔres ! Je ne crains pas de dire que l'Ouady-Feiran est le
point le plus riche en fleurs de toute la péninsule, comme
Pétra l'est pour la montagne de l'Est.

Parlons d'aɔord des arɔres : le palmier, roi du désert,
est ɔien connu ; il caractérise l'Orient. C'est le seul arɔre
auquel le Bédouin prodigue passionnément ses soins, et
pour cause : les *palmiers-dattiers* (Phenix dactylifera, L.)
de Feiran et de l'Aqabah donnent des fruits délicieux. Le
palmier doum (Hyphœne thebaïca, Del.), au tronc ramifié,

se rencontre aussi, mais plus rarement, à l'Aqabah et à Tôr : Sa vraie patrie est l'Afrique centrale.

L'*acacia seyal*, Del., est moins connu. Il appartient à l'importante famille des légumineuses. Son bois dur et léger résiste longtemps à la corruption. Ses feuilles sont si fines et si courtes qu'elles disparaissent dans un fourré de longues et terribles épines blanches qui ne parviennent pas cependant a rebuter le chameau avide : ce *vaisseau du désert* broute des épines rigides, longues de 8 centimètres tout comme le mouton broute l'herbe verte ! A chacun ses goûts. Dans les lieux humides, comme à l'oasis de Feiran, le feuillage du seyal est plus développé ; ses branches s'étendent, son sommet s'élève et il devient alors un fort bel arbre.

Le *ban* (moringa aptera, Gœrtn.), de la famille des morin-gées, voisine des légumineuses, est un arbre beaucoup plus rare, particulier à l'Arabie. Il atteint 8 mètres ; ses fleurs blanches, ses feuilles longues et flexibles comme celles du genêt qui pendent en gracieux pinceaux, en font un des plus beaux arbres de ces régions. Une gousse, s'ouvrant en trois parties, et longue de 2 à 3 décimètres, laisse tomber des graines anguleuses : leur parfum agréable et persistant la fait rechercher des arabes ; ils en préparent une huile aromatique, *l'huile de ban*.

Mentionnons encore le *saule*, le *jujubier* et le *figuier* sau-vages, et nous aurons à peu près tous les arbres de l'Arabie Pétrée. Le chêne, si connu en Palestine, manque totalement.

Parmi les fleurs nombreuses, citons la *petite jusquiame* (Hyoscyamus pussillus, L.), le *trichodesma africanum*, L., *l'arnebia hispidissima*, Spreng., petite borraginée à fleur jaune, la *Phelipœa lutea*, Desf., le *Thym à fleurs blanches* (Thymus decussatus, Bth.), *l'Ærva javanica*, Juss., ama-rantacée aux épis blancs, très tomenteux ; une vigoureuse graminée, le *Panicum turgidum*, Forsk., la *Vergerette à feuilles trilobées* (Erigeron tribolum, Dec.) ; la *Dæmia cordata*, R. Br., qui enroule sur les autres plantes le sommet de ses tiges : à peine touche-t-on du doigt ses feuilles en cœur ou sa tige que des gouttelettes de suc laiteux apparaissent à la surface et tombent sur le sol. Toutes les Asclépiadées renferment ces sortes de sucs, mais celle-ci jouit d'une sensibilité toute spéciale et les Bédouins lui ont donné le nom de *lait d'ânesse*.

Avec le *Mont Serbal* commencent les hautes régions sinaïtiques. Les plantes y sont encore engourdies, au mois de février, par les froids de l'hiver ; les neiges fondent et c'est à peine si l'on peut cueillir quelques spécimens de la *Globularia arabica*, Jaub. et Sp., de la *Rosa arabica*, Crep., aux pousses vigoureuses, de la *Plantago arabica*, L., et *Pyrethrum santolinoides*, DC., qui tapisse les pentes du Serbal et du Katherin de son feuillage si délicatement découpé et les embaume de son parfum.

Dans l'*Ouady El Aïn*, près du golfe d'Aqabah, on trouve le *Calotropio procera*, Wild., connu sous le nom de *Pomme de Sodome*. De ses feuilles très épaisses coule un lait très abondant. Ses fruits, de la forme et de la couleur du citron, gonflés d'air, se crèvent dans la main qui les saisit et ne laissent voir que quelques graines noires ornées d'une longue aigrette blanche soyeuse. — Une autre asclépiadée, le *Glosonema Boveanum*, Dec., signalée seulement à l'est de la mer Morte, se rencontre aussi dans les sables secs de l'Ouady ; la plante est toute petite, grisâtre, aux feuilles lancéolées et ondulées sur les bords.

A signaler encore dans cet Ouady, deux capparidacées : *Cleome droserifolia*, Del., et *Cleome chrysantha*, Dec., les plantes les plus agréables du Sinaï par leur parfum pénétrant d'une douceur sans pareille ; et trois malvacées à fleur jaune et à belles feuilles en cœur soyeuses : *Sida rhombifolia*, L., *Abutilon fruticosum*. Guill. et Perr., *Abutilon muticum*, Del.

Nous en arrivons à la flore de la mystérieuse Aqabah.
C'est la famille des Chénopodiacées qui couvre de ses
nombreuses espèces ces terrains salés comme ceux des
environs de la mer Morte. Par endroits, ces plantes d'un
vert triste occupent à elles seules tout le terrain, en maî-
tresses despotiques et avares :

L'*Arroche Halime* (Atriplex halimus, L.) s'y trouve naturellement ; il y acquiert d'énormes proportions. Le Bédouin
en mange les feuilles crues, mais il avoue lui-même que ce
n'est pas très bon. L'*Atriplex crystallinum*, Ehr., tout
blanc, aux feuilles arrondies, n'a pas été rencontré
ailleurs. Beaucoup de *Suæda*, de soudes arborescentes,
de touffes d'*Hanaxylon* et d'*Anabasis* (anabasis articulata,
Forsk.). Les Arabes appellent cette dernière *Ouchnan* ;
ils s'en servent pour laver les mains après le repas et en
retirent la soude par incinération.

Sur les bords du golfe, à quelques centaines de mètres
vers le sud, se trouve une labiée aux belles fleurs blanches.
Elle atteint 2 mètres de haut et ressemble assez à un
marrube : ce doit être une *Otostegia* encore indéterminée.
— Une petite rosacée à fleur jaune s'étale sur le sable ;
c'est la *Neurada procumbens*, L.

Les fougères sont peu nombreuses en des pays si secs ;
la seule que j'aie rencontrée est la *Cheilanthès odorante*
(cheilanthes frægrans, L.)

La région d'Aqabah à Mâan, dans sa première moitié,
ne diffère pas des vallées du Sinaï. Cependant on y trouve
des espèces fort rares, telles que la *Sauge du désert* (Sal-
via deserti, Dec.), petite, velue et presque blanche ; le
Loranthus acaciæ, Zucc, parasite aux belles fleurs rouges
qui le dénoncent facilement aux regards sur les branches
des acacias et des jujubiers ; l'*Ephedra alata*, Dec., le
« Ghada » chanté par les Arabes, arbrisseau particulier à
l'Arabie. On en trouve de fort beaux spécimens avant
d'entrer dans la plaine de *Hismeh*. Sa tige s'élève jusqu'à

3 mètres et porte d'innombrables rameaux minces et flexibles, d'un vert doux, sans feuilles, qui offrent au voyageur un peu d'ombre en plein désert et au chameau une nourriture dont il est très friand.

Dans sa deuxième moitié, cette région prend le caractère des plateaux un peu froids. On y remarque l'*Hélianthème* à grandes fleurs roses (Helianthemum vesicarium, Boiss.) ; le *Lotus lanuginosus*, Vent., y encadre sa fleur rouge d'un feuillage velu et blanc ; l'*Astragalus Forskalei*, Boiss., y gonfle son calice rose derrière une armée de terribles épines ; la *Tulipe* y déploie son magnifique calice rouge (Tulipa gesneriana, L.), ou blanc (Tulipa clusiana, Vent. (?) ; la *Rhubarbe* (Rheum sibes, Gronov.) y étend déjà sur le sol ses larges feuilles vert sombre. Si le chameau en mange, il meurt, disent les Bédouins ; — néanmoins, le Bédouin, pressé par la faim, mange crues les grosses côtes blanches de la base des feuilles. L'*Erodium hirtum*, Forsc., est une géraniacée à tubercules, appelée « Toummeir » : les Bédouins mangent ces tubercules un peu sucrés.

Pétra est une région à part, ou plutôt un résumé de toutes les régions environnantes. C'est un vrai rendez-vous des belles fleurs d'Arabie Pétrée, de Moab et de Palestine. On peut y cueillir : les *Adonis* rouges, les *Chrysanthèmes* jaunes, la *Globulaire* des sommets neigeux du Serbal, un *Polygala* ligneux, l'*Armoise* de Judée, une espèce d'*Hésperis* aux fleurs presque vertes descendue des plateaux de Moab, la *Fritillaire* du Liban (Fritillaria libanotica, Boiss.), la *Thymélée* arborescente (Thymelola hirsuta, L.), des plaines de Judée, le *Genévrier* de Phénicie (Juniperus Phœnicea, L.), particulier à la région et qui présente l'aspect d'un cyprès. Et tout, dans ce vaste entonnoir, contribue à cette variété : prairies, jardins, lieux secs et incultes, champs cultivés, sables, rochers, lieux ombragés, eaux courantes... rien n'y manque.

Les plateaux du *Moab* sont plus humides et plus fertiles que les régions précédentes. Aussi, tandis que le Sinaï répartissait presque la moitié de ses espèces dans les grandes familles des crucifères, des composées, des légumineuses et des labiées, nous voyons apparaître ici en nombre les représentants des familles que le Désert connaissait à peine : renonculacées, liliacées, cypéracées et graminées.

Une deuxième observation, c'est qu'au pays de Moab, les individus d'une même espèce ornent en foule les mêmes champs et donnent l'illusion d'une grande variété d'espèces,— variété qui existe cependant, — tandis qu'au Désert les individus de la même espèce sont rares ou dispersés (exception faite pour les sommets plus humides du Serbal et du Katherin), victimes de l'aridité du sol et des feux du soleil.

La région du Moab, peu explorée, est riche en espèces aussi bien qu'en individus et forme la transition entre la flore de Syrie et celle de la grande Arabie. On y trouve un fort bel *Iris* à grandes fleurs rouge sombre (Iris sari, Schott.), et une grande labiée, l'*Épi du Désert,* à feuilles laciniées (Eremostachys laciniata, L.), amie de l'air frais, du plein vent et des grands espaces, car elle garde les hauteurs et ne descend pas dans les chaudes vallées.

SIMPLES NOTES SUR LES CHAMPIGNONS

Depuis quelques années, en juillet et août, on nous apporte le même champignon, *Bovista Gigantea*, Bastch, que les gens intrigués par le volume de ce cryptogame, recueillent sur les chaumes calcaires des environs de Chalon, où il croît en abondance.

Le catalogue de Grognot cite cette espèce dans l'Autunois. Nos excellents amis, MM. Bigeard et Jacquin, dans leur flore des champignons supérieurs, la signalent à Pierre. En dernier lieu, M. Jacquin l'a rencontrée à Saint-Gengoux, sur la montagne qui domine cette localité au sud.

Il est assez étonnant qu'on ne l'ait pas encore signalée sur les chaumes de Rully, d'Aluze, de Mellecey[1], etc., où elle abonde, à en juger par les volumineux échantillons qui nous sont présentés depuis quatre ou cinq ans, entre autres par M. Truchot, directeur du Syndicat agricole et viticole de Chalon.

Ce n'est pas la première fois que nous avons à nous occuper de *Bovista gigantea* ; déjà en 1884, à la réunion du 21 septembre de la Société des sciences naturelles de Saône-et-Loire, nous avons présenté un boviste mesurant 0 m. 25 de diamètre.

On dit que ce lycoperdon atteint jusqu'à 0 m.45 de diamètre ; dans nos régions, il ne dépasse guère, croyons-nous, 0 m. 25 de diamètre. Toutes les grandes espèces

1. Voir Bulletin, 1902, p. 181. N.D.L.R.

de lycoperdons de nos pays sont comestibles quand elles sont jeunes. Il faut que, coupées en tranches, la chair reste d'un blanc pur. Si elles offrent des taches jaunes ou commencent à prendre une teinte cendrée, elles sont à rejeter ; du reste, d'une façon générale, tout champignon trop vieux doit être rejeté.

Nous pensons être agréable aux amateurs de champignons en leur donnant ici une recette pour accommoder les bovistes. Nous devons ajouter que nous avons, nous-même, ainsi que beaucoup de nos amis à qui nous l'avons communiquée, expérimenté cette recette, qui fait prendre les bovistes pour de la cervelle ou des riz de veau. C'est, sans exagération, à s'y méprendre.

Voici la recette, qui est de Hùssey :

Coupez les bovistes en tranches d'un demi-pouce d'épaisseur ; ayez des herbes fines hachées, du poivre et du sel tout prêts, comme pour une omelette ; trempez les tranches dans un jaune d'œuf ; recouvrez-les d'herbes et de l'assaisonnement ; faites-les frire dans du beurre frais et servez-les immédiatement.

Ainsi préparés, il est difficile, avons-nous dit, de ne pas les prendre pour des beignets de cervelle.

A propos de champignons comestibles, il n'est pas inutile de répéter que, en dehors des connaissances botaniques, il est extrèmement difficile, dans certaines espèces, de reconnaître un champignon comestible d'un champignon vénéneux. Rien n'est plus imprudent que de compter sur sa propre expérience en pareille matière.

Aussi nous n'avons pas été peu étonné, tout récemment, de voir vendre sur le marché Saint-Vincent et dans les rues de Chalon, par des paysans des environs, des amanites et des russules, deux genres où les espèces comestibles et vénéneuses sont facilement confondues.

A Paris, on autorise la vente de quatre espèces de cham-

pignons à l'état frais : la morille, la truffe, le champignon
de couche et la chanterelle comestible. On vend aussi, à
l'état sec ou en conserves, le solet comestible ou cèpe.

A Chalon, comme au Creusot, nous avons vu vendre
des amanites, russules, lépiotes, lactaires, pratelles, chan-
terelles, solets, hydnes, clavaires, etc., et nous ajouterons
que les vendeurs de toutes ces espèces de champignons
offrent leur marchandise avec une assurance déconcer-
tante.

Ainsi, le vendredi 7 août, ayant rencontré un bon vieux
qui vendait, entr'autres champignons, des amanites et
des russules, nous lui demandâmes s'il était sien sûr de
ne pas vendre des espèces vénéneuses.

— Oh ! Monsieur, tout ça c'est des vert-de-gris qui sont
sien meilleurs que les girolles.

— Voyons, en voici un qui n'est pas un vert-de-gris
(*Amanita Rubesceus*, Fr.), cet autre non plus (*Russula
emetica*, Pers,) puisqu'ils sont rouges ?

— Oh ! que si, monsieur; voyez donc, les verts ont
poussé à l'ombre et les autres au soleil.

Allez donc discuter avec un pareil mycologue. Il faut
aussi rappeler ce même individu qui, il y a quelques
années, a vendu l'amanite tue-mouches (*Amanita mus-
caria*, L.) pour l'amanite impériale (*Amanita Cæsarea*,
Scop,), à un Chalonnais qui a été fort malade et qui a eu
recours à notre collègue et ami, M. Jacquin, pour avoir
des soins immédiats.

D'autres chercheurs de champignons ne se donnent
même pas la peine de s'assurer si les champignons qu'ils
recueillent ne seraient pas parfois vénéneux ; une sonne
femme que nous rencontrâmes un jour d'excursion sur le
plateau d'Antully nous fit cette réponse stupéfiante :
« Oh ! Monsieur, c'est pas pour les manger, c'est pour les
vendre sur le marché du Creusot ! »

L'an passé, dans une conférence, M. Bourquelot a ra-

conté le fait suivant qui prouve que la connaissance exacte
des champignons n'est pas aussi commune, ni aussi aisée
qu'on pourrait se le figurer.

« En novembre 1896, a dit M. Bourquelot, un pharmacien d'une petite ville d'Eure-et-Loir est décédé aprés
avoir mangé trois amanites (c'était à Authon-du-Perche). Un
client lui avait apporté ces trois champignons pour savoir
s'ils étaient comestibles. Le pharmacien, qui avait cependant des connaissances mycologiques ne reconnut pas de
suite les échantillons et promit de les examiner. S'étant
convaincu peu après, qu'il avait affaire à une bonne espèce
il les fit accommoder pour son déjeuner. Dans l'après-midi
et la soirée, il vaqua à ses occupations ; le soir il mangea
comme d'habitude et se coucha sans avoir rien senti de
particulier. Ce ne fut que le lendemain que les premiers
symptômes de l'empoisonnement se produisirent. Le sur-
lendemain, le malheureux expirait. »

Il faut se défier surtout des amanites, les trois-quarts
des empoisonnements sont dus à ce genre d'agarics. Si
les mycologues en meurent, défions-nous de ces terribles
amanites, dont les Locustes et les Tofna composaient jadis
leurs filtres redoutables.

Ch. Quincy.

9 août 1903.

EXCURSION MYCOLOGIQUE A ALLEREY

25 OCTOBRE 1903

E ciel avait ɔien voulu ce dimanche-là fermer ses cataractes, et les 25 mycologues ou mycophages qui prirent part à l'excursion jouirent d'un temps vraiment propice.

Merci tout d'aɔord aux dames et demoiselles que la perspective d'une longue et fatigante course dans les taillis n'avait pas arrêtées. En aussi agréaɔle compagnie, la science perd ses épines (heureusement ! il y en avait assez d'autres dans le ɔois), et nous avons constaté que les affreux vocaɔles employés en mycologie se faisaient, en tomɔant d'une ɔouche féminine, presque mélodieux et se fixaient ɔien mieux dans la mémoire des ignorants.

Notre savant guide, M. Bigeard, venu de Nolay, dirige l'expédition en compagnie de l'aimaɔle M. Renaudin, instituteur d'Allerey. A ce dernier et à sa famille nous adressons nos ɔien sincères remerciements pour le charmant accueil et la ɔonne hospitalité que nous en avons reçus.

Commencée dans les ɔois d'Allerey, la cueillette s'est terminée dans ceux de Saint-Loup-de-la-Salle. Comme on le verra plus loin, un grand nomɔre d'espèces ont été récoltées, et ɔien que, par suite de la coupe des arɔres, les champignons ordinaires aient été plutôt rares, l'un des excursionnistes a pu rapporter un plat délicieux.

Et à ce propos, nous ne saurions trop engager les memɔres de la Société à venir nomɔreux à ces promenades mycologiques. En dehors de la science, ils n'auront

qu'à s'adresser à notre maître. M. Bigeard, qui fera dans
leur récolte une juste proportion des espèces comestibles,
et, si leur palais n'est pas atrophié, ils me diront des
nouvelles du plat incomparable qu'ils dégusteront. Ils
apprendront ainsi à mélanger les hydnes aux girolles,
aux clitocybes, aux trompettes de la mort, aux coprins,
etc., et je suis persuadé que de *mycophages* ils devien-
dront rapidement *mycologues.*

La Société a du reste innové une excellente méthode de
vulgarisation. Grâce à l'obligeance de M. Bouillet, pharmacien à Chalon, qui a bien voulu mettre à notre disposition ses vitrines de la rue de l'Obélisque, les Chalonnais ont pu voir exposées les différentes espèces récoltées,
avec les noms et les indications de *vénéneuses, suspectes*
ou *comestibles,* et constater ainsi que, dans notre seule
région, on peut sans danger manger une soixantaine de
variétés de champignons.

Amateurs, assistez à nos excursions! Vous serez les
bienvenus, et les... bien nourris.

A. P.

Liste dressée par M. R. Bigeard

1	Amanita citrina	Schæff.	Amanite citrine	V [1]
2	Lepiota procera	Scop.	Lépiote élevée, collemelle	C
3	— gracilenta	K.	— grêle	C
4	— granulosa	Bat.	— granuleuse	C
5	Armillaria mellea	Fl. dan.	Armillaire, couleur de miel	C
6	Tricholoma sulfu-reum	Bull.	Tricholome soufre	V
7	— bufonium	Pers.	— des crapauds	V
8	— nudum	Bull.	— nu, Pied bleu	C
9	— columbetta	Fr.	— colombette	C
10	— sapona-ceum	Fr.	— à odeur de sa-von	S
11	— catina	Fr.	— en bassin	C

1. V = vénéneux; S = suspect; C = comestible.

12	Clitocybe odora	Bull.	Clitocybe odorante			C
13	— gymnopo-dia	B.	— à pied nu			C
14	— amethys-tina	Bolt.	— améthyste			C
15	— laccata	Sow.	— laquée			C
16	— nebularis	Bat.	— nébuleuse			C
17	Collybia dryophila	Bull.	Collybie qui aime le chêne			C
18	Mycena galericulata	Scop.	Mycène en casque, sans usage			
19	— polygramma	Bull.	— à stries nom-breuses			—
20	— pura	Pers.	— pure			—
21	— rugosa	Fr.	— rugueuse			—
22	— pterigena	Fr.	— croissant sur les fougères			—
23	— vitilis	Fr.	— flexible			—
24	Pleurotus applicatus	Batsch	Pleurote appliqué			—
25	— serotinus	Schrad.	— tardif			—
26	Lactaire théiogalus	Bull.	Lactaire à lait soufré			S
27	— uvidus	Fr.	— humide			V
28	— vellereus	Fr.	— laineux			V
29	— camphoratus	Bull.	— camphré			S
30	— torminosus	Schæff.	— à coliques			V
31	— subdulcis	Pers.	— douceâtre			C
32	Russula cyanoxantha	Schæff.	Russule bleuâtre, charbonnier			C
33	— violacea	Q.	— violacée			V
34	Marasmius urens	Bull.	Marasme brûlant			S
35	— ramealis	Bull.	— des rameaux			S
36	Panus stipticus	Bull.	Panus styptique			V
37	Entoloma clypeatum	L.	Entolome en forme de bouclier			C
38	Pholiota radicosa	Bull.	Pholiote à longues racines			S
39	Cortinarius infractus	Pers.	Cortinaire à bords repliés			S
40	— hinnulus	Fr.	— fauve			S
41	— multiformis	Fr.	— multiforme			S

42	Hebeloma crustuli-niforme Bull.	Hébélome éciaudé	C
43	Stropiaria ærugi-nosa Curt	Strophaire vert-de-gris	S
44	Hypholoma fascicu-lare Huds	Hypholome fascicule	V
45	— elæodes Fr.	— olivâtre	S
46	Pratella cretacea Fr.	Pratelle crétacée	C
47	Cantiarellus ciba-rius Fr.	Cianterelle comestible, gi-role, jaunotte	C
48	Boletus aurantiacus Bull.	Bolet orangé	C
49	Fistulina hepatica Huds	Fistuline iépatique, langue de bœuf	C
50	Polyporus lucidus Fr.	Polypore luisant	
51	Cladomeris intybacea Fr.	Cladomère ciicorée	C
52	Hydnum repandum L.	Hydne sinué	C
53	Fomes fomentarius L.	Amadouvier fomentaire	
54	Polystictus dichrous Fr.	Polysticte bicolore	
56	Stereum hirsutum Wild	Stéréum hérissé	
57	— purpureum Pers.	— pourpre	
58	Lycoperdon mam-mæformis Pers.	Vesse-loup en forme de mamelle	
59	— piriforme Sch.	— en forme de poire	
60	— gemma-tum Fl. Dan.	— sertie de pier-reries	
61	— excipuli-forme Scop.	— en forme de matras	
62	Scleroderma verru-cosa Bull.	Scléroderme verruqueux	
63	Aleuria aurantia Fl. Dan.	Aleurie orangée	C
64	Bulgaria sarcoides Fr.	Bulgarie sarcoïde	

Le Gérant, E. BERTRÀND.

CHALON-SUR-SAÓNE, IMP. FRANÇAISE ET ORIENTALE, E. BERTRAND

OBSERVATIONS MÉTÉOROLOGIQUES

Année 1903

Altitude du sol : 177ᵐ »

MOIS DE JUILLET

DATES DU MOIS	DIRECTION DU VENT	Hauteur Barométrique ramenée à zéro et au niveau de la mer	TEMPÉ-RATURE		RENSEIGNEMENTS DIVERS	HAUTEUR TOTALE de pluie pendant les 24 heures	NIVEAU DE LA SAÔNE à l'échelle du pont Saint-Laurent à Chalon. Alt. du zéro de l'échelle = 170ᵐ72	MAXIMUM DES CRUES Le débordement de la Saône commence à la cote 4ᵐ50.
			Maxima	Minima				
1	2	3	4	5	6	7	8	9
		millim.				millim.		
1	N	767.»	26	15	Chaud		1ᵐ23	
2	N-E	762.»	33	14	id.		1.38	
3	S-O	765.»	27	15	Orageux		1.30	
4	N	766.»	28	16	Chaud	3.1	1.24	
5	S-O	762.»	32	14	id.		1.31	
6	S-O	760.»	25	16	Ciel couvert		1.29	
7	O	763.»	22	10	Chaud	1.»	1.23	
8	S	764.»	21	9	id.		1.29	
9	O	767.»	19	10	Ciel couvert		1.35	
10	N	767.»	23	12	Beau		1.39	
11	N	764.»	29	13	Chaud		1.26	
12	S	759.»	34	12	id.		1.25	
13	O	757.»	30	16	Tonnerre et pluie		1.30	
14	N	761.»	27	12	Beau	5.5	1.27	
15	N	761.»	31	10	Chaud		1.29	
16	S-O	758.»	32	13	Pluvieux		1.29	
17	O	755.»	29	16	Pluie	8.»	1.32	
18	S-O	755.»	24	16	id.	12.»	1.30	
19	S	759.»	27	14	Beau	1.5	1.39	
20	N-O	762.»	26	13	Pluvieux	25.5	1.35	
21	O	765.»	25	13	id.	1.5	1.30	
22	S-O	763.»	27	11	Chaud	9.3	1.24	
23	S	756.»	29	12	Pluie		1.41	
24	E	761.»	22	13	Beau	1.3	1.14	
25	N	764.»	26	10	id.		1.29	
26	S	760.»	22	10	Pluie		1.40	
27	S-O	764.»	26	10	Chaud	14.5	1.31	
28	S	762.»	25	12	Pluvieux	0.5	1.39	
29	S	759.»	24	15	Beau		1.16	
30	S	758.»	23	13	id.		1.26	
31	S	763.»	20	13	Couvert		1.18	
Moyennes.		762º»	26º2	12º8	Hauteur totale de pluie pendant le mois	83.7		

1ᵉʳ jour du mois : Mercredi.   Nombre total de jours de pluie pendᵗ le mois : 12

Altitude du sol : 177ᵐ »

MOIS D'AOUT

DATES DU MOIS	DIRECTION DU VENT	Hauteur Barométrique ramenée à zéro et au niveau de la mer	TEMPÉRATURE		RENSEIGNEMENTS DIVERS	HAUTEUR TOTALE de pluie pendant les 24 heures	NIVEAU DE LA SAÔNE à l'échelle du pont Saint-Laurent à Chalon. Alt. du zéro de l'échelle = 170ᵐ72	MAXIMUM DES CRUES Le débordement de la Saône commence à la cote 4ᵐ50.
			Maxima	Minima				
1	2	3	4	5	6	7	8	9
		millim.				millim.		
1	S-O	767.»	25	9	Chaud		1ᵐ32	
2	O	763.»	27	10	id.		1.37	
3	S	762.»	25	14	Couvert		1.30	
4	O	765.»	27	13	Beau		1.31	
5	O	767.»	28	12	id.		1.29	
6	N-O	768.»	27	12	Chaud		1.35	
7	N	765.»	25	12	id.		1.40	
8	S	761.»	31	12	id.		1.37	
9	S	761.»	30	13	Orageux		1.26	
10	S	761.»	24	16	Beau	26.»	1.35	
11	N	762.»	28	10	id.		1.35	
12	O	762.»	28	12	Orageux		1.28	
13	N-O	762.»	29	14	Brumeux	8.5	1.45	
14	S	755.»	29	15	id.		1.35	
15	S	755.»	23	15	Pluvieux	11.5	1.26	
16	S	759.»	22	10	Beau		1.40	
17	S	762.»	21	11	Pluvieux		1.50	
18	S	760.»	27	12	Orageux		1.88	
19	O	758.»	21	13	Pluvieux		1.85	
20	S	762.»	24	8	Beau		1.94	
21	S	759.»	24	8	id.	16.»	2.88	
22	S	759.»	30	8	Pluvieux	7.3	3.81	Max. 3ᵐ93 le
23	S	759.»	25	14	id.		3.89	23 à 5 h. m.
24	S	761.»	25	9	Chaud		3.41	
25	O	763.)»	23	9	Beau	14.»	2.75	
26	S-O	769.»	21	10	id.	6.5	2.23	
27	N	769.»	24	8	Chaud		1.67	
28	O	767.»	27	9	id.		1.29	
29	S-O	764.»	25	9	Beau		1.09	
30	N	768.»	25	12	Brumeux	1.»	1.14	
31	O	767.»	25	9	id.		1.09	
Moyennes.		762.7	25°6	11°2	Hauteur totale de pluie pendant le mois.	90.8		

1ᵉʳ jour du mois: Samedi.   Nombre total de jours de pluie pendᵗ le mois: 8

OFFRES ET DEMANDES

M. Chanet, naturaliste à Chalon-sur-Saône, offre fournitures pour entomologistes, boîtes de toutes dimensions
pour collections d'insectes.

Pharmacien de 1re classe, quittant la profession,
demande à se consacrer à travaux botaniques; accepterait emploi de préparateur, conservateur, dans un
Muséum ou Jardin des Plantes; se chargerait d'herborisations, voyages, recherches diverses sur la flore de
France, et spécialement la flore alpine. — Gindre, pharmacien, Saint-Bonnet-de-Joux (Saône-et-Loire).

ADMINISTRATION

BUREAU

Président,	MM. ARCELIN, Président de la Société d'Histoire et d'Archéologie de Chalon.
Vice-présidents,	{ JACQUIN, ✪, Pharmacien de 1re classe. { NUGUE. Ingénieur.
Secrétaire général,	H. GUILLEMIN, ✪, Professeur au Collège.
Secrétaires,	{ RENAULT, Entrepreneur. { E. BERTRAND, Imprimeur-Éditeur.
Trésorier,	DUBOIS, Principal Clerc de notaire.
Bibliothécaire,	PORTIER, ✪, Professeur au Collège.
Bibliothécaire-adjoint,	TARDY, Professeur au Collège.
Conservateur du Musée,	LEMOSY, Commissaire de surveillance près la Compagnie P.-L.-M.
Conservateur des Collections de Botanique	QUINCY, Secrétaire de la rédaction du *Courrier de Saône-et-Loire.*

EXTRAIT DES STATUTS

Composition. — ART. 3. — La Société se compose :

1° De *Membres d'honneur ;*

2° De *Membres donateurs.* Ce titre sera accordé à toute personne faisant à la Société un don en espèces ou en nature d'une valeur minimum de trois cents francs ;

3° De *Membres à vie,* ayant racheté leurs cotisations par le versement une fois fait de la somme de cent francs ;

4° De *Membres correspondants ;*

5° De *Membres titulaires,* payant une cotisation minimum de six francs par an.

Tout membre titulaire admis dans le courant de l'année doit la cotisation entière de cette même année; la cotisation annuelle sera acquittée avant le 1er avril de chaque année.

ART. 16. — La Société publie un *Bulletin* mensuel où elle rend compte de ses travaux.

Les publications de la Société sont adressées sans rétribution à tous les membres.

ART. 17. — La Société n'entend prendre, dans aucun cas, la responsabilité des opinions émises dans les ouvrages qu'elle publie.

La Société recevra avec reconnaissance tous les objets d'Histoire naturelle et les livres qu'on voudra bien lui offrir pour ses collections et sa bibliothèque. Chaque objet, ainsi que chaque volume portera le nom du donateur.

BULLETIN MENSUEL

DE LA SOCIÉTÉ DES

SCIENCES NATURELLES

DE SAONE-ET-LOIRE

CHALON-SUR-SAONÉ

29ᴱ ANNÉE — NOUVELLE SÉRIE — TOME IX

Nᵒˢ 11 et 12 — NOVEMBRE et DÉCEMBRE 1903

ASSEMBLÉE GÉNÉRALE $\Big\{$ **Dimanche 14 février prochain**
à 10 h. du matin
SIÈGE DE LA SOCIÉTÉ, AU MUSÉE

DATES DES RÉUNIONS EN 1904

Mardi, 12 Janvier, à 8 h. du soir.	Mardi, 14 Juin, à 8 h. du soir.
Dimanche, **14 Février**, à 10 h. du matin	— 12 Juillet —
ASSEMBLÉE GÉNÉRALE	— 9 Août —
Mardi, 8 Mars, à 8 h. du soir.	— 11 Octobre —
— 12 Avril —	— 8 Novembre, —
— 10 Mai —	— 13 Décembre —

CHALON-SUR-SAONE

ÉMILE BERTRAND, IMPRIMEUR-ÉDITEUR

5, RUE DES TONNELIERS

1903

ABONNEMENTS.

France, Algérie et Tunisie. .	6 fr.	Par recouvrement. . .	6 fr. 50

On peut s'abonner en envoyant le montant en mandat-carte ou mandat postal à *Monsieur le Trésorier de la Société des Sciences Naturelles à Chalon-sur-Saône (Saône-et-Loire)*, ou si on préfère par recouvrement, une quittance postale, signée du trésorier, sera présentée à domicile.

Les abonnements partent tous du mois de Janvier de chaque année et sont reçus pour l'année entière. Les nouveaux abonnés reçoivent les numéros parus depuis le commencement de l'année.

TARIF DES ANNONCES ET RÉCLAMES

	1 annonce	3 annonces	6 annonces	12 annonces
Une page..............	20 »	45 »	65 »	85 »
Une demi-page..........	10 »	25 »	35 »	45 »
Un quart de page........	8 »	15 »	25 »	35 »
Un huitième de page......	4 »	10 »	15 »	25 »

Les annonces et réclames sont payables d'avance par mandat-poste adressé avec le libellé au secrétaire général de la Société.

TARIF DES TIRAGES A PART.

	100	200	300	500
1 à 4 pages	5 50	7 50	9 50	13 »
5 à 8 —	8 »	10 50	13 »	17 25
9 à 16 —	12 »	15 »	19 »	25 »
Couverture avec impression du titre de l'article seulement	4 75	6 25	7 75	10 »

MM. les Collaborateurs à la rédaction du Bulletin, qui désirent des tirages à part, sont priés d'en faire connaître le nombre lorsqu'ils retournent à M. le Secrétaire général, le bon à tirer de leur article.

L'imprimeur disposant de ses caractères aussitôt les tirages du Bulletin terminés, tout retard dans leur demande les expose à être privés du prix réduit spécial aux tirages à part.

NOUVELLE SÉRIE. 29ᵉ ANNÉE. Nᵒˢ 11 et 12   Novembre et Décembre 1903

BULLETIN

DE LA

SOCIÉTÉ DES SCIENCES NATURELLES

DE SAONE-ET-LOIRE

CHALON-SUR-SAONE

SOMMAIRE :

Ministère de l'Instruction publique et des Beaux-Arts

Paris, le 30 novembre 1903.

MONSIEUR LE PRÉSIDENT,

Comme suite à ma circulaire, en date du 20 juillet dernier, j'ai l'honneur de vous annoncer que le 42ᵉ Congrès
des Sociétés savantes s'ouvrira à la Sorbonne, le mardi
5 avril prochain, à 2 heures précises. Ses travaux se
poursuivront durant les journées des mercredi 6, jeudi 7
et vendredi 8 avril.

Le samedi 9 avril, je présiderai la séance générale de
clôture dans le grand amphithéâtre de la Sorbonne.

Comme les années précédentes, je me suis préoccupé
de la délivrance des billets à prix réduit. Il a été arrêté
entre les Compagnies de chemins de fer et mon Département que, sur la présentation de la lettre d'invitation remise par vos soins à chaque délégué, la gare de départ

délivrera au titulaire, du 27 mars au 8 avril seulement, et pour Paris, sans arrêt aux gares intermédiaires, un ɔillet ordinaire de la classe qu'il désignera. Le chef de gare percevra le *prix entier* de la place en mentionnant sur la lettre d'invitation la délivrance du ɔillet et la somme reçue. Cette lettre ainsi visée et accompagnée du certificat régularisé servira au porteur pour ootenir, au retour un ɔillet gratuit, de Paris au point de départ, de la même classe qu'à l'aller et par le même itinéraire, si elle est utilisée du 9 au 14 avril inclusivement.

Toute irrégularité, soit dans la lettre de convocation, soit dans le certificat de présence ci-dessus mentionnés, entraînerait pour le voyageur l'ooligation de payer le prix intégral de la place à l'aller et au retour.

Je vous serai ɔligé de m'envoyer, avant le 1ᵉʳ mars, dernier délai, la liste des délégués de votre Société qui ont l'intention de se rendre à Paris. *Il est extrêmement important* que vous indiquiez sur cette liste *par quelle ligne la gare de départ est desservie.* S'il est nécessaire d'avoir des ɔulletins de circulation *sur plusieurs lignes* pour venir à Paris, *ces lignes devront être très exactement mentionnées, avec le nom de la gare du départ et celui de ta gare où le transfert doit s'effectuer.*

Je vous serai également ooligé, Monsieur le Président, de vouloir ɔien, par un avis spécial et très explicite, communiquer, le plus tôt qu'il vous sera possiɔle, ces dispositions aux intéressés.

Agréez, Monsieur le Président, l'assurance de ma considération la plus distinguée

Le Ministre de l'Instruction publique et des Beaux-Arts.

Pour le Ministre et par autorisation :

Le Directeur de l'Enseignement supérieur,

BAYET.

Appel de la Station ornithologique de Rossiten

Nous nous faisons un plaisir de publier l'appel suivant que nous avons reçu, avec prière d'insérer, de la Société ornithologique allemande et dont il est inutile de faire ressortir l'importance.

La station ornithologique de Rossiten a commencé dans l'automne de cette année (1903) une série de recherches pratiques qui donneront sans doute des résultats de nature à éclaircir certains points encore obscurs de la question de la migration des oiseaux et notamment en ce qui concerne la direction suivie par les migrateurs et la rapidité des voyages.

Comme on le voit peut-être au dehors, les habitants de la Kurische Nehrung prennent chaque année, au moment des passages, en automne et au printemps, à l'aide de filets et à titre de gibier, des centaines et parfois des milliers de corbeaux et corneilles. Désormais, parmi les oiseaux ainsi capturés, on en choisit un nombre de plus en plus grand, que l'on rend à la liberté, après avoir muni lesdits sujets d'une bague métallique, fixée à la patte et portant un numéro et le millésime de l'année. La capture à nouveau d'oiseaux ainsi marqués ne peut manquer de fournir d'intéressants résultats. L'expérience, toutefois, doit être poursuivie pendant plusieurs années et, autant que possible, sur une très grande échelle. C'est, en effet, quand on aura pris des centaines et même, si les moyens dont dispose la station le permettent, des milliers de corvidés ainsi marqués en Allemagne et dans les pays voisins, qu'on possédera des données tout à fait nouvelles sur la distribution géographique d'une espèce et aussi sur la question, si souvent débattue, de l'âge que les oiseaux peuvent atteindre.

Mais, sans l'appui efficace de personnes habitant une

étendue de pays aussi vaste que possible autour du centre d'expérience, la tentative ne saurait réussir. Aussi, nous prenons la liberté d'adresser un chaleureux appel aux chasseurs, forestiers, agriculteurs, jardiniers, amateurs d'oiseaux et, en général, à tous ceux qui sont à même de nous aider, en les priant de voir si les corvidés qui viendraient à tomber entre leurs mains ne portent pas à la patte un anneau métallique et, dans le cas de l'affirmative, de détacher du cadavre, au niveau de l'articulation du talon, la portion de la patte pourvue de l'anneau et de l'envoyer sous enveloppe fermée *à la Station ornithologique de Rossiten, Kurische Nehrung (Prusse orientale)*.

[*Vogelwarte Rossiten, Kurische Nehrung, Ost Preussen.*]

Prière de joindre à la patte une étiquette sur laquelle ou inscrira le jour exact et, si possible, l'heure de la capture de l'oiseau.

Tous les frais occasionnés par cette expédition seront remboursés par la station qui, au besoin, payera le prix de l'oiseau.

Nous nous adressons particulièrement aux propriétaires terriens qui ont souvent à leur disposition de grandes quantités de corvidés tués par le poison, dans leurs domaines, et qui pourront, sans grande peine, faire examiner les cadavres de ces oiseaux.

Les résultats de l'enquête seront publiés aussitôt que possible.

Parmi les corvidés marqués, il y en a de diverses espèces, notamment des Corneilles mantelées et des Freux.

Nous serions heureux que notre appel reçut la plus large publicité et fût porté à la connaissance de tous par des communications verbales, écrites ou imprimées.

Rossiten, Kur. Nehrung, septembre 1903.

J. THIENEMANN,
Chef de la Station ornithologique de Rossiten.

NAISSANCE D'UNE VIPÈRE
DANS UNE BOITE D'ALLUMETTES SUÉDOISES

FAIT peu banal. Voici tel que me l'a raconté mon ami intime, M. Camille Neuzeret, fusil remarquable de la coquette localité de Verdun-sur-le-Doubs, en me remettant les deux reptiles capturés le 18 octobre dernier.

« Ce jour-là, je chassais aux chiens courants dans les bois de la roture de Vaulvry ; le garde Moratin m'accompagnait.

» Comme le lièvre que nous poursuivions menaçait de faire plaine, nous descendîmes dans un pré joignant le bois, face au hameau de la Couhée.

« C'est dans ce petit pré que je rencontrai le reptile dont la taille exiguë me donna l'idée de m'en emparer pour vous en faire présent.

» Mais où le mettre ? Dans ma poche ! Ce n'était pas très prudent ! J'eus recours alors à une boîte d'allumettes, dites suédoises, que je vidai.

» Il s'agissait maintenant d'y faire entrer le serpent vénimeux qui, par cette matinée d'octobre légèrement brumeuse, était bien un peu engourdi, mais pas suffisamment pour le saisir impunément avec la main. Le garde lui mit le pied sur la queue ; la vipère se rebiffa comme un beau diable, essayant de mordre la botte de mon compagnon.

» C'est à l'aide d'une petite baguette que, après au moins une demi-heure de tentatives, je réussis à l'enfermer sans accident.

« Un jonc me servit de lien et je mis la prisonnière dans ma poche pour continuer la chasse.

» Hélas ! trois fois hélas, pendant ce temps-là, le *capu-*

cin avait déguerpi... Conséquence : ɔredouille complète !

» De retour à la maison, je voulus mettre la vipère dans l'alcool. Mais, jugez de ma surprise !... Au lieu d'un reptile, il y en avait... deux dans la ɔoîte, déjà trop étroite pour un seul. Mais cette deuxième était morte ; son corps porte en deux endroits différents des traces de coups de dents. La vipère s'était dédouɔlée !

» Avait-elle accouché dans ma poche, ou donnait-elle momentanément asile à son rejeton ?

» Voilà comment le même flacon ensevelit la mère et l'enfant. »

La première hypothèse est peut-être plutôt admissiɔle ?

La vipère avait le corps replié trois fois sur lui-même : la compression inévitaɔle des organes a pu déchirer l'œuf dans lequel était enfermé le vipéreau ; d'autre part, sa petite taille indique ɔien une naissance récente.

Les deux sujets sont des vipères communes.

La plus grosse, la mère, a 18 centimètres de long et 5 millimètres de diamètre, avec la coloration haɔituelle des aspics ; la petite mesure 10 centimètres, avec 3 millimètres de diamètre ; le corps est jaunâtre avec, sur le dos, une ɔande noirâtre, relativement large, allant de la tête à la queue, et une raie noire très fine sur toute la partie aɔdominale.

Ce qui semɔle étrange dans ce cas particulier, c'est la présence du vipéreau dans le corps de la première, dont la taille est loin d'être celle des adultes, qui atteignent facilement 0 m. 60 de longueur.

Grâce à mon ami Camille Neuzeret, le musée que j'ai fondé au Collège, avec le concours de mes élèves, renferme ces deux rares spécimens, qui viennent heureusement compléter la collection des reptiles de Saône-et-Loire, à laquelle s'est ajouté tout dernièrement le céraste d'Égypte ou vipère à cornes. H. GUILLEMIN.

EXCURSION MYCOLOGIQUE

Faite à Jully-les-Buxy le 8 Novembre 1903

———

CHALON est plongé dans la brume. Il fait presque froid. Triste début pour une excursion myco- logique. Nous nous dirigeons vers la gare avec la presque certitude que l'excursion sera ajournée; mais M. Bigeard est là. Il vient de Nolay spé- cialement pour nous guider. Et puis, que risquons-nous? disent les plus intrépides. De rapporter des paniers vides. On part : tel est le mot d'ordre. Et ce sont les in- trépides qui ont raison. Dès Givry, le brouillard se dissipe, et c'est par un gai et clair soleil que nous dé- barquons à la petite halte, en plein taillis.

L'étonnement de tous est grand quand notre guide se dirige vers le village. Où allons-nous? Pourquoi nous éloigner du bois et chercher bien loin ce que nous avons tout près? C'est absurde! — Erreur. Les taillis voisins sont formés essentiellement de hêtres et de charmes; sous les sapins, les champignons poussent plus nombreux et plus variés, et le bois de sapins est sur la colline. Un sourire ironique se dessine sur nos visages. Il faut de l'audace pour espérer, le 8 novembre, une récolte abon- dante. La station est riche, c'est possible, mais la saison est bien avancée. Néanmoins, toujours dociles, nous suivons notre guide.

Nous longeons à peine le bois que déjà les exclama- tions : « Attention. » « En voilà. » « Par ici » se font entendre. Et elles ne cessent plus. Chacun réclame de l'aide pour la cueillette... De l'aide, et puis... des paniers. Tous ceux dont nous disposons sont vite pleins, et c'est à regret que nous laissons par centaines les champignons les plus divers : les paniers trop pleins ne peuvent plus les contenir. Il ne nous reste qu'une ressource : vider filets et paniers pour les emplir à nouveau, en ne récoltant que les espèces les plus recherchées au point de vue alimentaire ou les nombreux échantillons destinés à l'exposition. Et quel plaisir de choisir dans les grosses touffes les plus beaux spécimens, de se glisser sous les branches bien vertes des sapins pour récolter les espèces rares ou de découvrir sur les aiguilles desséchées les plus minuscules espèces!

Le bois que nous avons parcouru est bien petit; mais quelle diversité dans ses aspects : A l'entrée, de gros sapins clairsemés aux troncs dégarnis; plus loin, des fourrés de larges sapins, aux branches rasant le sol. Ici, de belles et larges tranchées; là, des sentiers à peine tracés dans lesquels la marche est souvent pénible et l'équilibre parfois difficile à conserver.

A l'entrée du bois, sous l'égide protectrice de la Vierge, et sous l'œil moqueur des gamins du pays, nous étalons notre récolte, et M. Bigeard nous nomme les espèces cueillies, puis visite nos provisions. Les espèces rares ou peu connues sont emportées par lui pour une détermination ultérieure. Les autres seront exposées à la vitrine de M. Bouillet ou consommées par les amateurs. Les champignons les plus parfumés sont : les lépiotes déguenillées, les clitocybes laquées, les tricholomes terreux, etc. Si vous en récoltez quelques-uns, essayez la recette suivante : Les champignons, passés au beurre, sont jetés dans une sauce béchamel; le tout, versé sur des tranches de pains mollets grillées et beurrées, est mis quelques minutes au four doux. — Si vous ne regrettez pas que le plat soit trop petit, c'est que vous n'avez pas pour deux liards de gourmandise. On vous chargera, l'an prochain, du panier contenant les espèces vénéneuses.

La nuit nous surprend en pleine détermination; un léger brouillard nous enveloppe, il s'épaissit de plus en plus; nous avons hâte de rentrer et pourtant, au retour, nous trouverons la ville enfumée comme au départ, et les fumées rabattues communiquent à l'air une odeur moins saine et moins agréable que l'odeur résineuse des pins et des sapins. Nous avons été bien inspirés en allant chercher sur les collines un peu d'air pur et de soleil.

J. T.

Liste des Champignons récoltés à Jully-les-Buxy
le 8 novembre 1903

1	Amanita muscaria	L.	Amanite fausse-oronge	V[1]
2	Lepiota rhacodes	Bull.	Lépiote déguenillée	C
3	— carcharias	Pers.	— dentelée	S
4	— amiantina	Scop.	— amiantacée	C
5	Tricholoma rutilans	Schæff.	Tricholome rutilant	S
6	— personatum	Fr.	— Pied bleu	C
7	— lilacinum	Gillet.	— lilacé	?
8	— terreum	Sow.	— terreux	C
9	— pessumdatum	Fr.	— foulé aux pieds	C
10	Clitocybe flaccida	Sow.	Clitocybe flasque	S
11	— odora	Bull.	— odorante	C
12	— laccata	Sow.	— laquée, vernissée	C
13	— amethystina	Bolt.	— améthyste	C
14	— cyathiformis	Fr.	— en forme de coupe	C
15	— brumalis	Fr.	— d'hiver	C
16	— fragrans suaveolens	Sow. Schum.	— à odeur agréable	C

1. V = vénéneux ; S = suspect ; C = comestible.

17	Hygrophorus ıypo- thejus Fr.	Hghrophore à lamelles d'un jaune soufré	C
18	— virgineus Wulf.	— virginal, blanc pur	C
19	Collybia butyracea Bull.	Collybie à consistance de beurre	S
20	— dryophila Bull.	— qui aime le cıêne	C
21	Mycena pura Pers.	Mycène pure, sans usage	
22	— muscigena Schum.	Mycène —	
23	Lactarius deliciosus L.	Lactaire délicieux, Vacıe rouge	C
24	— tormino- sus Schæff.	— à coliques	V
25	Russula delica Fr.	Russule sans lait	C
26	— puellaris Pers.	— jeune	ɔ
27	Marasmius andro- saceus L.	Marasme androsace	
28	Cortinarius torvus	Cortinaire imposant, énorme	S
29	— multi- formis Fr.	— multiforme	S
30	— tabula- laris Fr.	— à cıapeau plan	S
31	— bovinus Fr.¹	— des bouviers	S
32	Hebeloma crustuli- niforme Bull.	Hébélome écıaudé	S
33	— longicau- dum Pers.	— à pied allongé	C
34	Paxillus involutus Botsch.	Paxille à bords enroulés	C
35	Pratella campestris L.	Pratelle cıampêtre	C
36	Stropıaria ærugi- nosa Curt	Strophaire vert-de-gris	S
37	Hypholoma fascicu- lare Huds	Hypholome fasciculé	V
38	Gomphidius visci- dus L.	Gomphide visqueux	C
39	Boletus luteus L.	Bolet jaune	C
40	— piperatus Bull.	— poivré	S
41	— bovinus L.	— des bouviers	C

1. Espèce nouvelle pour Saône-et-Loire.

42 Polystictus amor-
phus Fr.   Polysticte amorpie

43 Clavaria canalicu-
lata   Fr.   Clavaire canaliculée

44 Lycoperdon gemma-
tum Fl. dan.   Vesse-loup sertic de pier-
                    reries

45 Clitocybe diatreta.   Clitocybe excavée
                         R. BIGEARD.

Liste des Champignons récoltés dans la gare de Chalon du 9 au 17 novembre 1903

1 Tricholum persona- tum Fr.	Tricholome pied bleu	C
2 — grammo- podium Bull.	— à pied sillonnés, en touffes	C
3 Collybia acervata Fr.	Collybie entassée	C
4 Naucoria	Naucorie (petite taille)	
5 Pratella campestris Var. sylvicola L.	Pratelle ciampêtre (mous- seron)	C
6 Hypholoma appen- diculatum Bull.	Hypholome appendiculé	C
7 Psathyrella atomata Fr.	Psathyrelle poudrée	?
8 Coprimus comatus Fl. dan.	Coprin cievelu	C
9 — atramen- tarius Bull.	— atramentaire	C

H. GUILLEMIN.

MOIS DE SEPTEMBRE

DATES DU MOIS	DIRECTION DU VENT	Hauteur Barométrique ramenée à zéro et au niveau de la mer	TEMPÉRATURE Maxima	TEMPÉRATURE Minima	RENSEIGNEMENTS DIVERS	HAUTEUR TOTALE de pluie pendant les 24 heures	NIVEAU DE LA SAONE à l'échelle du pont Saint-Laurent à Chalon. Alt. du zéro de l'échelle = 170ᵐ72	MAXIMUM DES CRUES. Le débordement de la Saône commence à la cote 4ᵐ50.
1	2	3	4	5	6	7	8	9
		millim.				millim		
1	S-E	766.»	29	10	Brumeux		1ᵐ45	
2	S	763.»	30	11	Chaud		1.35	
3	N-O	765.»	28	15	id.		1.10	
4	N	763.»	29	15	d .		1.35	
5	N-E	762.»	29	15	id.		1.30	
6	S	764.»	29	15	id.		1.15	
7	O	766.»	19	17	Brumeux		1.25	
8	N	768.»	21	15	Be u		1.29	
9	S	765.»	22	8	Brumeux		1.25	
10	S	766.»	19	8	Beau		1.30	
11	S	754.»	18	7	Pluvieux		1.30	
12	S-O	755.»	18	8	Beau	0.5	1.30	
13	S	756.»	15	6	Couvert		1.26	
14	N	761.»	12	9	Pluie	2.»	1.27	
15	N	766.»	14	7	Pluvieux	6.»	1.43	
16	N-O	765.»	13	7	id.	0.6	1.28	
17	N	768.»	16	3	Brumeux	3.»	1.44	
18	N	766.»	16	7	Beau		1.42	
19	N	760.»	20	7	id.		1.33	
20	N	762.»	23	8	id.		1.29	
21	S-E	760.»	23	9	id.		1.29	
22	S	764.»	19	12	Pluvieux		1.30	
23	S-E	768.»	22	13	Brumeux	1.7	1.29	
24	N	767.»	22	9	Beau		1.25	
25	S-O	770.»	24	11	id.		1.32	
26	E	769.»	23	10	Brumeux		1.36	
27	O	765.»	23	9	Beau		1.34	
28	E	762.»	23	10	id.	0.7	1.34	
29	S	761.»	24	12	id.		1.30	
30	S	763.»	25	12	id.		1.28	
31								
Moyennes.		764.»	21°6	10°2	Hauteur totale de pluie pendant le mois.	14.5		

1er jour du mois: Mardi.   Nombre total de jours de pluie pend¹ le mois: 7

MOIS D'OCTOBRE

DATES DU MOIS	DIRECTION DU VENT	Hauteur Barométrique ramenée à zéro et au niveau de la mer	TEMPÉRATURE		RENSEIGNEMENTS DIVERS	HAUTEUR TOTALE de pluie pendant les 24 heures	NIVEAU DE LA SAÔNE à l'échelle du pont Saint-Laurent à Chalon. Alt. du zéro de l'échelle = 170ᵐ72	MAXIMUM DES CRUES Le débordement de la Saône commence à la cote 4ᵐ50.
			Maxima	Minima				
1	2	3	4	5	6	7	8	9
		millim.				millim.		
1	S	761.»	24	13	Pluie		1ᵐ32	
2	S	764.»	19	12	Beau	8.5	1.43	
3	S-O	762.»	19	9	Brumeux		1.43	
4	S	763.»	21	11	Beau	1.1	1.33	
5	S	765.»	22	10	id.		1.31	
6	O	765.»	22	10	id.		1.38	
7	S-E	763.»	23	9	Chaud		1.35	
8	S	755.»	24	9	Beau		1.34	
9	S	760.»	17	12	Orage et pluie la n¹	4.7	1.35	
10	O	762.»	13	7	Beau	1.»	1.34	
11	S	759.»	14	2	Brumeux		1.33	
12	S	749.»	17	11	Pluie		1.29	
13	S-O	759.»	18	12	Pluvieux	5.»	1.32	
14	S	764.»	19	10	Beau	1.5	1.39	
15	O	759.»	18	9	Pluvieux		1.26	
16	S	764.»	15	11	Beau	4.»	1.39	
17	S-O	761.»	12	6	Pluvieux	2.7	1.36	
18	S	763.»	10	6	Beau	4.»	1.45	
19	N	765.»	11	4	id.		1.62	
20	N	764.»	10	-1	Brumeux		1.65	
21	S	760.»	18	3	Beau		1.68	
22	S	761.»	14	8	id.	12.3	1.49	
23	S	756.»	14	8	Couvert	2.»	1.20	
24	O	763.»	12	5	Beau		1.40	
25	S	758.»	16	0	Gelée blanche		1.74	
26	S-O	755.»	13	10	Pluie		1.81	
27	S	753.»	16	7	Pluvieux	10.5	1.80	
28	S	751.»	14	10	Pluie	0.5	1.70	
29	O	755.»	11	7	Pluvieux	35.5	1.92	
30	N-O	760.»	13	6	variable	1.5	2.25	
31	N	764.»	11	5	Beau	2.»	2.55	
Moyennes.		760o»	16o2	7o7	Hauteur totale de pluie pendant le mois	96.8		

1ᵉʳ jour du mois : Jeudi.   Nombre total de jours de pluie pend¹ le mois : 16

TABLE DES MATIÈRES

ANNÉE 1903

Géologie

Mélanges scientifiques

Gravures

Excursions

Le Gérant, E. BERTRAND.

CHALON-SUR-SAÔNE, IMP. FRANÇAISE ET ORIENTALE, E. BERTRAND

Altitude du sol : 177ᵐ »

MOIS DE NOVEMBRE

DATES DU MOIS	DIRECTION DU VENT	Hauteur Barométrique ramenée à zéro et au niveau de la mer	TEMPÉRATURE		RENSEIGNEMENTS DIVERS	HAUTEUR TOTALE de pluie pendant les 24 heures	NIVEAU DE LA SAÔNE à l'échelle du pont Saint-Laurent à Chalon. Alt. du zéro de l'échelle = 170ᵐ72	MAXIMUM DES CRUES Le débordement de la Saône commence à la cote 4ᵐ50.
			Maxima	Minima				
1	2	3	4	5	6	7	8	9
		millim.				millim.		
1	S	764.»	11	3	Brumeux		2ᵐ50	
2	E	766.»	13	4	Beau	2.»	2.51	
3	N	768.»	11	6	Brumeux		2.31	
4	N	768.»	9	7	Sombre		1.91	
5	N	770.»	12	7	Beau		1.55	
6	O	771.»	11	2	id.		1.19	
7	O	771.»	7	0	Brumeux		1.09	
8	N-E	769.»	9	2	id.		1.04	
9	S-E	768.»	8	1	id.		0.99	
10	S	769.»	12	3	Beau		1.15	
11	S	769.»	12	2	id.	2.»	1.50	
12	S-O	771.»	12	7	id.		1.23	
13	S-O	770.»	11	7	id.		1.20	
14	S	764.»	12	3	Brumeux		1.39	
15	O	762.»	12	3	Beau	2.»	1.18	
16	S	758.»	10	4	id.	1.»	1.05	
17	O	759.»	8	4	id.	6.3	1.32	
18	N	759.»	6	2	id.		1.50	
19	N	760.»	4	0	Brumeux		1.34	
20	O	764.»	3	1	Pluvieux	6.»	1.24	
21	S	762.»	9	0	Pluie	1.3	1.08	
22	S	767.»	10	5	Beau	8.»	1.15	
23	S-O	773.»	12	3	id.		1.64	
24	O	771.»	13	7	id.		2.40	
25	N	767.»	9	5	Pluvieux		2.65	
26	S	768.»	7	3	Beau	1.5	2.62	
27	S	765.»	8	4	id.	0.5	3.24	
28	S	747.»	8	5	Pluvieux	7.»	3.72	
29	S	740.»	6	1	Beau		3.85	
30	O	737.»	6	0	id.		4.04	
Moyennes.		764.»	9°3	3°3	Hauteur totale de pluie pendant le mois	37.6		

1ᵉʳ jour du mois : Dimanche.   Nombre total de jours de pluie pendᵗ le mois : 11

STATION
de
CHALON-s-SAONE

OBSERVATIONS MÉTÉOROLOGIQUES

Année 1903

BASSIN
DE LA SAONE

Altitude du sol : **177**ᵐ »

MOIS DE DÉCEMBRE

DATES DU MOIS	DIRECTION DU VENT	Hauteur Barométrique ramenée à zéro et au niveau de la mer	TEMPÉRATURE Maxima	TEMPÉRATURE Minima	RENSEIGNEMENTS DIVERS	HAUTEUR TOTALE de pluie pendant les 24 heures	NIVEAU DE LA SAÔNE à l'échelle du pont Saint-Laurent à Chalon. Alt. du zéro de l'échelle = 170ᵐ72	MAXIMUM DES CRUES. Le débordement de la Saône commence à la cote 4ᵐ50.
1	2	3	4	5	6	7	8	9
		millim.				millim.		
1	N	744.»	3	1	Neigeux		4ᵐ20	M.1ᵉʳ à 7 h. m.
2	N	756.»	3	0	Brumeux		4.06	
3	N	765.»	3	-1	Froid		3.41	
4	S	759.»	3	-3	id.		2.66	
5	S	743.»	6	-1	Pluie		2.18	
6	S-O	747.»	5	-2	Brumeux	9.3	1.93	
7	S	755.»	5	0	Froid		2.30	
8	S	755.»	9	-1	Pluvieux	1.»	2.71	
9	S	756.»	7	0	Beau	2.3	2.72	
10	S	754.»	7	6	Brumeux	14.»	2.55	
11	S	754.»	8	2	Pluie	6.3	3.07	
12	S	755.»	7	1	Brumeux	0.5	3.68	
13	N-O	752.»	7	2	Beau		4 04	M.4ᵐ07 à 6 h. soir.
14	O	756.»	7	3	Doux	10.»	4.02	
15	S	758.»	4	1	Brumeux		3.77	
16	N	753.»	4	-1	Pluie	1.»	3.58	
17	N	758.»	4	-2	Brumeux	5.5	3.44	
18	N	758.»	2	0	id.		3.20	
19	N	758.»	0	-2	id.		2.98	
20	N	765.»	1	-1	id.		2.61	
21	O	772.»	2	-1	id.		2.24	
22	N	772.»	1	-2	id.		1.86	
23	S	762.»	1	-2	Beau		1.54	
24	N-O	759.»	3	0	id.	1.»	1.36	
25	O	761.»	3	1	Brumeux		1.18	
26	N	759.»	0	-1	Couvert	1.»	1.06	
27	N	762.»	0	-1	Froid	1.»	1.10	
28	N	761.»	0	-1	Couvert		1.03	
29	N	758.»	-2	-4	Froid		1.04	
30	N	761.»	-2	-6	id.		1.01	
31	N	755.»	-1	-7	Beau		1.06	
Moyennes.		757 ½	3°1	-0°4	Hauteur totale de pluie pendant le mois.	52.9		

1ᵉʳ jour du mois: Mardi.   Nombre total de jours de pluie pend' le mois: 12

OFFRES ET DEMANDES

M. Chanet, naturaliste à Chalon-sur-Saône, offre fournitures pour entomologistes, oîtes de toutes dimensions pour collections d'insectes.

Pharmacien de 1re classe, quittant la profession, demande à se consacrer à travaux ɔotaniques; accepterait emploi de préparateur, conservateur dans un Muséum ou Jardin des Plantes; se chargerait d'herborisations, voyages, recherches diverses sur la flore de France, et spécialement la flore alpine. — Gindre, pharmacien, Saint-Bonnet-de-Joux (Saône-et-Loire).

ADMINISTRATION

BUREAU

Président,	MM. ARCELIN, Président de la Société d'Histoire et d'Archéologie de Chalon.
Vice-présidents,	JACQUIN, ✿, Pharmacien de 1re classe. NUGUE, Ingénieur.
Secrétaire général,	H. GUILLEMIN, ✿, Professeur au Collège.
Secrétaires,	RENAULT, Entrepreneur. E. BERTRAND, Imprimeur-Éditeur.
Trésorier,	DUBOIS, Principal Clerc de notaire.
Bibliothécaire,	PORTIER, ✿, Professeur au Collège.
Bibliothécaire-adjoint,	TARDY, Professeur au Collège.
Conservateur du Musée,	LEMOSY, Commissaire de surveillance près la Compagnie P.-L.-M.
Conservateur des Collections de Botanique	QUINCY, Secrétaire de la rédaction du *Courrier de Saône-et-Loire.*

EXTRAIT DES STATUTS

Composition. — ART. 3. — La Société se compose :

1° De *Membres d'honneur* ;

2° De *Membres donateurs*. Ce titre sera accordé à toute personné faisant à la Société un don en espèces ou en nature d'une valeur minimum de trois cents francs ;

3° De *Membres à vie*, ayant racıeté leurs cotisations par le versement une fois fait de la somme de cent francs ;

4° De *Membres correspondants* ;

5° De *Membres titulaires*, payant une cotisation minimum de six francs par an.

Tout membre titulaire admis dans le courant de l'année doit la cotisation entière de cette même année ; la cotisation annuelle sera acquittée avant le 1er avril de cıaque année.

ART. 16. — La Société publie un *Bulletin* mensuel où elle rend compte de ses travaux.

Les publications de la Société sont adressées sans rétribution à tous les membres.

ART. 17. — La Société n'entend prendre, dans aucun cas, la responsabilité des opinions émises dans les ouvrages qu'elle publie.

La Société recevra avec reconnaissance tous les objets d'Histoire naturelle et les livres qu'on voudra ɔien lui offrir pour ses collections et sa ɔiɔliothèque. Chaque objet, ainsi que chaque volume, portera le nom du donateur.

BULLETIN

DE LA

SOCIÉTÉ DES SCIENCES NATURELLES

DE SAQNE-ET-LOIRE

BULLETIN

DE LA SOCIÉTÉ DES

SCIENCES NATURELLES

DE SAONE-ET-LOIRE

CHALON-SUR-SAONE

30ᴱ ANNEE — NOUVELLE SÉRIE — TOME X

1904

CHALON-SUR-SAONE

ÉMILE BERTRAND, IMPRIMEUR-ÉDITEUR

5, RUE DES TONNELIERS

1904

PROCÈS-VERBAUX

DES

Séances de la Société des Sciences Naturelles de Saône-et-Loire

(CHALON-SUR-SAONE)

ANNÉE 1904

Séance du 24 janvier 1904

PRÉSIDENCE DE M. H. GUILLEMIN, SECRÉTAIRE GÉNÉRAL

La séance est ouverte à 8 h. 1/4 du soir, salle du Musée.

Présents : MM. Bertrand, Cianet, Dubois, Guillemin, Lemosy, Renault et Têtu.

Excusé : M. Jacquin.

Le procès-verbal de la séance du 8 décembre est lu et adopté sans observations.

Correspondance. — Une lettre de faire part nous apprend le décès de la fillette de M. Charles Cozette, notre dévoué membre correspondant, déjà si durement éprouvé, il y a peu de mois, par la perte de Mme Cozette; nous lui adressons nos plus sympathiques compliments de condoléances.

Une lettre de part de l'Académie des sciences de Dijon, nous faisant connaître le décès de M. Joseph Garnier, le savant conservateur des archives de la Côte-d'Or ; nous nous associons aux vifs regrets que cette perte cause à notre Société correspondante.

Lettres de M. le Dr Émile Mauchamp, médecin du Gouvernement français à Jérusalem, de M. l'abbé Planés à Lunel, et de M. de Peyerimhoff à Digne, remerciant la Société de les avoir nommés membres correspondants.

Lettre de M. Brebion, de Chaudoc, nous annonçant l'envoi d'un éc1antillon de kaolin, d'une boîte de coléoptères et autres insectes, renfermant aussi un œuf du lézard des murailles, puis d'un cristal de quartz provenant de la montagne de Chaudoc, le *Mu-Sam*.

M. Brebion nous informe en outre de l'arrivée prociaine d'une boîte en fer-blanc contenant deux rainettes, un serpent fort dangereux, le *serpent bananier*, un jeune gecko et un beau myriapode.

Lettre de M. Gindre, p1armacien à Saint-Bonnet-de-Joux, nous annonçant sa démission par suite de son départ pour la Savoie, où va résider définitivement.

Lettre de démission de M. C. Frémy, instituteur à Fontaines, qui a pris sa retraite.

Lettre de M. Labbaye, ingénieur des ponts et chaussées, maintenant à Rodez, démissionnant aussi.

Lettre de M. le dr Michaut, nous offrant de faire son possible pour obtenir l'envoi gracieux à notre Société de la collection complète des Mémoires de l'Association française pour l'avancement des sciences. Les sociétaires seront très heureux de prendre connaissance de cette importante collection et expriment leur vive gratitude au Dr Michaut qui a spontanément songé à la leur procurer.

Lettre de M. Marius Royer, bibliothécaire-arc1iviste de l'Association des Naturalistes de Levallois-Perret, nous annonçant l'envoi des Annales de l'année 1902 de la Société et en demandant l'éc1ange avec notre Bulletin. Il y sera répondu favorablement.

Circulaire de la Société Nationale des Antiquaires de France, relative à la célébration de son centenaire, qui aura lieu le 11 avril 1904. Si un de nos sociétaires se rendait à Paris à cette époque et voulait bien représenter la Société, il serait bien venu à nous le faire savoir.

Circulaire de la Société préhistorique de France, relative à la fondation de cette nouvelle Société et aux buts qu'elle se propose.

Publications reçues du 9 décembre 1903 au 12 janvier 1904.

ANGERS. — Bul. de la Soc. d'études scientifiques, 1902.

ANNECY. — Revue Savoisienne, 4e trim., 1903.

BELFORT. — Bul. de la Soc. belfortaine d'émulation, 1903.

CHALON-SUR-SAÒNE. — Bul. de Soc. Union agr. et vit., n° 12, 1903, et n° 1, 1904.

— Bul. de la Soc. d'agr. et de vit., n° 279

CHALONS-SUR-MARNE. — Mémoires de la Soc. d'agr., comm., sc. et arts de la Marne, 1901-1902.

GUÉRET. — Mémoires de la Soc. des sc. nat. et arch. de la Creuse, 1903.

LEVALLOIS-PERRET. — Annales de l'Association des naturalistes, 1902.

LIMOGES. — Revue scientifique du Limousin, n° 132.

LOUHANS. — La Bresse louhannaise, n° 12, 1903, et n° 1, 1904.

LYON. — L'Horticulture nouvelle, n°s 24, 1903.

MANTES. — Bul. de la Soc. agr. et 1ort., n° 279.

MARSEILLE. — Bul. de la Soc. scientif. indust., 1er et 2e trim., 1903.

— Revue 1orticole des B.-du-R., n° 593.

MONTMÉDY. — Bul. de la Soc. des nat. et arc1éol. du N. de la Meuse, 1er semestre 1903.

MONTPELLIER. — Annales de la Soc. d'hort. et d'hist. nat. de l'Hérault, n° 3, 1903.

MOULINS. — Revue scientifique du Bourbonnais, n°s 190-192.

NIMES. — Bul. de la Soc. des sc. nat., t. XXX.

NEW-YORK. — Bul. of t1e New-York Botanical Garden, vol. III, n° 9.

PARIS. — Bul. de la Soc. entomol. de France, n°s 17 et 18, 1903.

— Revue générale des sciences, n°s 23-24, 1903.

— Bul. de la Soc. d'anthropologie, n° 4, 1903.

— Revue de botanique systématique et de géograp1ie botanique par G. Rouy, 1903.

— Mémoires de la Soc. nat. des antiquaires de France, fasc. I, 1903.

SAINT-PÉTERSBOURG. — Trav. de la Soc. impériale des naturalistes, Vol. XXXIII, livr. 2.

TARARE. — Bul. de la Soc. des sc. nat., n°s 9, 10, 1903.

Admission. — Est admis comme membre titulaire M. Georges Maugey, pépiniériste, avenue Boucicaut, à C1alon, présenté par MM. Guillemin et Bertrand.

Distinctions honorifiques. — En date du 15 décembre 1903, M. le Dr Bauzon a reçu un rappel de médaille de vermeil pour son travail sur l'1ygiène des enfants.

A l'occasion du jour de l'An, ont été nommé officiers d'académie M. le Dr Martz et M. Protheau, entrepreneur des travaux publics.

M. le Président, au nom de la Société, adresse ses plus sincères félicitations à nos trois distingués sociétaires.

Dons à la Bibliothèque :

Discours de M. Albert Gaudry à la séance publique annuelle de 1903 de l'Académie des sciences, don de l'auteur, membre d'honneur de notre Société.

Carte géologique de la Belgique, avec notice explicative, par M. G. Dewalque, don de l'auteur, membre d'honneur de notre Société.

Dons au Musée. — Par M. le D\r Lagrange : 3 échantillons de pyrite de fer provenant de Criseuil, canton de Bourbon-Lancy.

Par M. Brebion, de Giaudoc (Tonkin) :

1º Un échantillon de kaolin.

2º Un échantillon de quartz ou cristal de roche.

3º Une boîte d'insectes.

Les membres présents se félicitent de ces dons et adressent leurs remerciements aux donateurs.

Réunion générale. — L'assemblée décide que la réunion générale de 1904 aura lieu salle du musée, à dix heures et demie, le dimanche 14 février. Un banquet aura lieu, si les adhésions sont nombreuses.

L'ordre du jour étant épuisé, la séance est levée à neuf heures et demie.

Le Secrétaire,

E. BERTRAND.

Assemblée générale du 14 février 1904

PRÉSIDENCE DE M. ARCELIN, PRÉSIDENT

La Société s'est réunie ce jour en assemblée générale, au Musée, dans la salle ordinaire de ses séances.

La séance est ouverte à 10 heures du matin.

Sont présents : MM. Arcelin, Bigeard, Blanc, Chanet, Dubois, Guillemin II., Gouillon, Lemosy, Marceau, Navarre, Portier, Renault, Sordet, Tardy et Têtu.

Excusés : MM. Bertrand, Jacquin, Nugue et Quincy.

Le procès-verbal de la dernière séance est lu et adopté sans observations.

Correspondance. — Lettre du Ministère de l'instruction publique et des beaux-arts, nous accusant réception de l'envoi de nos Bulletins nᵒˢ 11 et 12, tome IX, novembre et décembre 1903.

Lettre du même Ministère, informant notre Société qu'un Congrès international archéologique aura lieu à Athènes en 1905, sous le haut patronage du Gouvernement hellénique, et nous fait connaître que M. le Ministre des Affaires étrangères lui a fait part de l'intérêt attaché par le comité organisateur à la participation des Sociétés savantes françaises.

Nous portons cette communication à la connaissance des membres de notre Société ; les personnes qui désireraient participer à ce congrès voudront bien en informer la Société, qui demandera, à cet effet, les renseignements nécessaires à la Commission du Congrès archéologique international, au siège de la Société archéologique, à Athènes, 20, rue de l'Université.

Lettres de MM. Bertrand, Nugue et Quincy, s'excusant de ne pouvoir assister à la réunion de ce jour.

Rapports. — M. le Secrétaire général et M. le Trésorier donnent lecture de leurs rapports.

Le compte rendu financier exposé par M. le Trésorier est adopté à l'unanimité.

M. le Président, au nom des membres présents, adresse ses félicitations à ces Messieurs pour leurs travaux et leur dévouement à la Société.

Admission. — M. Rouyer, avoué à Chalon-sur-Saône, présenté par MM. Têtu et Bertrand, est admis, à l'unanimité des membres présents, membre titulaire de notre Société.

Publications. — M. le Secrétaire général dépose sur le bureau les publications suivantes, reçues du 12 janvier au 14 février, année courante.

Avignon. — Mémoires de l'Académie de Vaucluse, 4ᵉ livr., 1903.

Besançon. — Mémoires de la Soc. d'émulation du Doubs, 1902.

Bourg. — Annales de la Soc. d'émulation et d'agr. de l'Ain, 4ᵉ trim. 1903.

BRUXELLES. — Bul. de la Soc. royale malacologique de Belgique, 1902.

CAHAN. — Revue bryologique, n° 1, 1904.

CHALON-SUR-SAÔNE. — Bul. de la Soc. agric. et viticole, n° 2, 1904.

— Bul. de la Soc. d'agr. et de viticulture, n° 280.

CHATEAUDUN. — Bul. de la Soc. Dunoise, n° 136.

CLERMONT-FERRAND. — Revue d'Auvergne, n° 6, 1903.

ELBEUF. — Bul. de la Soc. d'étude des sc. nat., 1902.

GAP. — Bul. de la Soc. d'études des H.-A., 1er trim. 1904.

LIMOGES. — Revue scientifique du Limousin, n° 133.

LE MANS. — Bul. de la Soc. d'agr., sc. et arts de la Sarthe, 2e fasc. 1903-1904.

LOUHANS. — La Bresse louhannaise, n° 2, 1904.

MADISON, WIS. — Wisconsin geological and natural history Survey. Bul. nos 9 et 10.

MANTES. — Bul. de la Soc. agr. et hort., n° 280.

MARSEILLE. — Revue ıorticole des B.-du-R, nos 594 et 595.

MONTANA. — Bul. University of Montana, n° 17.

MOULINS. — Revue scientifique du Bourbonnais, n° 193.

OBERLIN, OHIO. — The Wilson Bull., n° 45.

PARIS. — Bul. de la Soc. entomologique de France, nos 18, 19 et 20, 1903, et n° 1, 1904.

— Revue générale des sciences, table des matières, 1903, et nos 1 et 2, 1904.

— Bul. du Comité orniti. international : Ornis, n° 2. T. XII.

POITIERS. — Bul. de la Soc. académique, n° 348.

SIENA. — Rivista ital. di sc. nat., nos 9 à 10, 1903.

— Bol. del naturalista, nos 9 et 11, 1903.

STOCKHOLM. — Journal de la Soc. entomologique, nos 1 à 4, 1903.

STRASBOURG. — Bul. de la Soc. des sc., agr. et arts de la B.-A., nos 8 et 9, 1904.

TARARE. — Bul. de la Soc. des sc. nat., nos 11 et 12, 1903.

VIENNE. — Bul. de la Soc. des Amis des sc. nat., 4e trim. 1903.

WASHINGTON. — U. S. Geological Survey : Annual report 44 et 45 and Atlas. Bulletin nos 209 à 217.

— Smithsonian Institution. Annual report, 1902.

Délégués. — M. Félix Ceuzin, ancien horticulteur, et M. Amédée Gouillon, professeur à l'École d'agriculture de Fontaines, sont délégués par la Société pour la représenter au 42e congrès des Sociétés savantes, qui s'ouvrira à Paris le 3 avril prochain.

Flore mycologique. — M. Bigeard entretient l'assemblée de son désir de faire une nouvelle édition de la Flore des champignons supérieurs de Saône-et-Loire, publiée par la Société en 1898. Depuis cette époque, il a déjà recueilli environ 150 pièces nouvelles pour le département.

Après discussion, l'assemblée décide d'ajourner pour le moment la réédition de l'ouvrage de MM. Bigeard et Jacquin, mais convient de publier dans le Bulletin de 1904, sous format in-12, les descriptions des 150 espèces nouvelles. Elles formeront environ 3 feuilles, que les lecteurs pourront coudre à la suite de la Flore des champignons supérieurs de S.-et-L. Quant aux personnes étrangères à la Société, déjà possesseurs de l'ouvrage, il leur sera donné toute facilité de se procurer ces pages complémentaires.

Dons à la Bibliothèque :

Par M. J. Chifflot : Sur un cas rare d'hétérotaxie de l'épi diodangifère de l'*equisetum maximum* Lamk, et sur les causes de sa production. Don de l'auteur.

Par M. Gouillon, avocat, ingénieur agronome, professeur à l'École d'agriculture de Fontaines : Traité de législation agricole (2 exemplaires). Don de l'auteur.

Don au Musée. — M. Lemosy présente et offre au musée une Acatina sinistrorsa de Chemnitz, venant de l'île du Prince, golfe de Guinée.

L'Assemblée offre ses bien sincères remerciements à nos trois collègues.

Communication. — Sur la demande de M. Lemosy, un crédit de 15 fr. est voté pour l'achat d'un filet pour la pêche des coquillages.

L'ordre du jour étant épuisé, la séance a été levée à 11 heures 1/2. Les membres présents sont ensuite allés faire une visite au Musée, où ils ont admiré les dons magnifiques de M. H. Daviot, qui y sont exposés.

Le Secrétaire : RENAULT.

Séance du 8 mars 1904

PRÉSIDENCE DE M. ARCELIN, PRÉSIDENT

La séance est ouverte à huit heures un quart.

Présents : MM. Arcelin, Carillon, Dubois, Guillemin H., Lemosy, Renault, Rouyer et Têtu.

Excusés : MM. Jacquin et Portier.

Le procès-verbal de la précédente séance est lu et adopté sans observation.

Correspondance. — Lettre du Ministère de l'Instruction publique et des Beaux-Arts, nous informant que le service des Échanges internationaux vient de recevoir des États-Unis un atlas, et demande à notre Société de lui faire parvenir les frais d'envoi par colis postal. Le secrétaire est prié de faire le nécessaire.

Publications. — Le secrétaire général dépose sur le bureau les publications reçues du 15 février au 8 mars 1904.

BESANÇON. — Mémoires de l'Académie, 1903.

BOURG. — Bul. de la Soc. des sc. nat. et arch. de l'Ain, nº 32.

BALE. — Bul. de la Soc. des sc. nat. Band XV. Heft 2.

CHALON-SUR-SAÔNE. — Bul. de la Soc. d'agr. et de viticulture, nº 281.

DAX. — Bul. de la Soc. de Borda, 4ᵉ trim., 1903.

LAUSANNE. — Bul. de la Soc. Vaudoise des sc. nat., nº 148.

LIMOGES. — Revue scientifique du Limousin, nº 134.

LYON. — L'Horticulture nouvelle, nᵒˢ 1 à 4, 1904.

LOUHANS. — La Bresse Louhannaise, nº 3, 1904.

MACON. — Annales de l'Académie, t. VII.

MONTBÉLIARD. — Mémoires de la Soc. d'émulation, XXXᵉ vol.

MOSCOU. — Bul. de la Soc. impériale des naturalistes, 1902, nº 4.

PARIS. — Bul. de la Soc. philomathique, 1902-1903.

— Revue générale des sciences, nᵒˢ 3 et 4, 1904.

— La Feuille des Jeunes Naturalistes, nᵒˢ 385 à 401.

— Bul. de la Soc. entomologique de France, nº 21, 1903, et nᵒˢ 1 à 3, 1904.

— Ministère de l'instruction publique: Bibliogr. des trav. hist. et arch., t. IV, 3ᵉ livr.

POLIGNY. — Revue d'agr. et de viticulture, nᵒˢ 1 et 2, 1904.

ROCHECHOUART. — Bul. de la Soc. des amis des sc. et arts, nᵒ 3, 1903.

SAINT-BRIEUC. — Bul. de la Soc. d'émulation des C.-du-N., suppl. au nᵒ 1, 1904.

SAINT-PÉTERSBOURG. — Trav. de la Soc. des nat. Section de botanique, 1903. C. R. des séances, nᵒˢ 2 à 5, 1903.

VILLEFRANCHE. — Bul. de la Soc. des sc. et arts du Beaujolais, nᵒ 16.

WASHINGTON. — U. S. Geological Survey : Atlas to accompany monograp1 XLV (45).

Nomination. — Par arrêté ministériel du 31 mars 1904, M. Miciaud Victor-Henri-Josep1, docteur en médecine, est institué pour une période de 9 ans, suppléant des ciaires d'anatomie et de piysiologie, à l'École préparatoire de médecine et de pharmacie de Dijon.

Les membres présents applaudissent à la nomination de notre aimable et dévoué membre correspondant et lui adressent toutes leurs félicitations.

Excursion. — M. H. Guillemin propose une excursion pour le 20 mars. Le programme suivant est adopté :

Excursion géologique à Saint-Désert, Rosey, Bissey-sous-Cruchaud et Buxy, le dimanche 20 mars 1904.

Programme :

Midi 19. — Départ de Cialon ; rendez-vous à la gare ;

Midi 45. — Arrivée à Saint-Désert ;

De 1 1. à 5 1. — Exploration des terrains variés de ces belles et ricies localités ;

5 h. 24. — Départ de Buxy ;

6 h. 03. — Retour à Cialon.

Trajet : 10 kilomètres au maximum en quatre ieures.

Prix du voyage aller et retour, 1 fr. 20.

En cas de mauvais temps, l'excursion sera repoussée au dimancie 27.

Communications. — M. Griveaux, médecin-vétérinaire à Cha-

lon, donne la description et le dessin d'un veau à tête de bouledogue, constituant un cas tératologique des plus intéressants, dont
le Bulletin donnera connaissance à tous nos collègues.

Des remerciements sont adressés à notre jeune et distingué collègue.

Admission. — M. Aron, ingénieur des mines à Chalon-sur-
Saône, présenté par MM. Lemosy et Arcelin, est admis, à l'unanimité des membres présents, membre titulaire de notre Société.

Dons à la Bibliothèque. — 1° Note préliminaire sur l'étage
Kiméridgien, entre la vallée de l'Aube et celle de la Loire, par Paul
Lemoine et C. Rouyer.

Observations sur le calcaire dit à Astartes du département de
l'Yonne, par C. Rouyer, don de l'auteur.

Des remerciements sont adressés à notre nouveau collègue, géo-
logue distingué.

Musée. — Le bureau décide l'achat de deux superbes papillons
du grand Atlas ; ces papillons ont été présentés par M. Chanet.

L'ordre du jour étant épuisé, la séance est levée à dix heures.

Le Secrétaire,
RENAULT.

Séance du 12 avril 1904

PRÉSIDENCE DE M. NUGUE, VICE-PRÉSIDENT

La séance est ouverte à huit heures est demie.

Présents : MM. Chanet, Dubois, Guillemin H., Guillemin J.,
Lemosy, Nugue et Renault.

Excusés : MM. Jacquin et Portier.

Le procès-verbal de la dernière séance est lu et adopté sans observation.

Correspondance :

Lettre de M. Daviot, membre correspondant de notre Société,
nous adressant deux épreuves photographiques obtenues au moyen
du radium.

Cartes de l'office of the Lloyd muséum and library de Cincinnati ;

de l'Américain Muséum of natural history de New-York et de l'United States Géological Survey de Washington, nous accusant réception de nos bulletins.

Lettre de la Société nationale des Antiquaires de France, nous informant que la séance publique de la célébration de son centenaire aura lieu le lundi 11 avril 1904, à deux heures très précises, au musée du Louvre, dans le grand salon carré ; cette lettre est suivie de l'ordre du jour de la réunion.

Lettre de l'Académie de Vaucluse adressée à M. le Président, nous donnant le programme des concours que l'Académie de Vaucluse a institués par le prochain Centenaire de la naissance de Pétrarque, qu'elle a décidé de célébrer par des fêtes, et prie M. le Président de bien vouloir en faire part aux membres de notre Société.

Lettre de la Commission du Congrès international de botanique de Vienne (Autriche), accompagnée de la circulaire n° 2 du comité d'organisation de ce Congrès, nous avisant que notamment une des tâches les plus importantes du Congrès, qui tiendra ses assises du 12 au 18 juin 1905, consistera à arriver à une entente sur les questions d'unification de la nomenclature botanique, soit au point de vue des relations internationales, soit au point de vue du travail scientifique en général.

Lettre de M. Bigeard relatant les comptes rendus ou rapports qui ont été rédigés par les personnes les plus aptes à juger la valeur de son livre : la *Petite Flore mycologique des Champignons les plus vulgaires et principalement des espèces comestibles et vénéneuses, à l'usage des débutants de mycologie.*

Publications. — Le secrétaire général dépose sur le bureau les publications reçues du 9 mars au 12 avril 1904.

ANNECY. — Revue Savoisienne, 1er trim., 1904.

AUXERRE. — Bul. de la Soc. des sciences de l'Yonne, 1903.

BEAUNE. — Mémoires de la Soc. d'hist. et d'archéol., 1901 et 1902.

BOURG. — Bul. de la Soc. des Naturalistes de l'Ain, n° 14.

BREST. — Bul. de la Soc. académique, 1902-1903.

CANNES. — Bul. de la Soc. d'agr., hort. et acclim., 4e trim., 1903.

CAHAN. — Revue bryologique, n° 2, 1904.

CHALON-SUR-SAÔNE. — Bul. de la Soc. d'agr. et de viticulture, n° 282.

— Bul. de l'Union agric. et vitic., n°s 3 et 4, 1904.

CLERMONT-FERRAND. — Revue d'Auvergne, n° 1, 1904.

LEVALLOIS-PERRET. — Annales de l'Assoc. des Naturalistes, 1903.

LIMOGES. — Revue scientifique du Limousin, n° 135.

LUXEMBOURG. — C. R. des sciences de la Soc. des nat. luxembourgeois (Fauna), 1903.

LOUHANS. — La Bresse louhannaise, n° 4, 1904.

LYON. — L'Horticulture nouvelle, nᵒˢ 5 et 6, 1904.

— Bul. de la Soc. d'anthropologie, 1903.

MACON. — Bul. de la Soc. d'hist. naturelle, n° 14.

MANTES. — Bul. de la Soc. agr. et horticole, nᵒˢ 281 et 282.

MARSEILLE. — Revue horticole des B.-du-R., nᵒˢ 596 et 597.

MEXICO. — Parergones del Instituto geologico, n° 1, 1903.

MONTANA. — Bul. University of Montana, nᵒˢ 18 et 20.

MOULINS. — Revue scientifique du Bourbonnais, nᵒˢ 194-195.

NANCY. — Bul. de la Soc. des sc., fasc. IV, 1903.

PARIS. — Bul. et Mém. de la Soc. des Antiquaires de France, 1901.

— Revue générale des sciences, nᵒˢ 5 et 6, 1904.

— La Feuille des Jeunes Naturalistes, n° 402.

— Bul. de la Soc. d'anthropologie, n° 5, 1903.

POLIGNY. — Revue d'agricult. et de viticulture, n° 3, 1904.

SARAGOZA.—Bol. de la Soc. aragonesa de ciencias naturales, n° 3, 1904.

STRASBOURG. — Bul. de la Soc. des sc., agr. et arts de la B.-A.,
nᵒˢ 10, 1903, et 1 et 2, 1904.

TARARE. — Bul. de la Soc. des sc. nat., nᵒˢ 1 et 2, 1904.

Admissions. — M. Louis Brunet, propriétaire, place du Collège,
à Chalon-sur-Saône, présenté par MM. Courballée et Dubois, est
admis, à l'unanimité des membres présents, membre titulaire de notre
Société.

Don au Musée. — Par M. Albert Guichard, une effraie commune (Strix flammea L.).

Don à la Bibliothèque :

1° Description d'un nouvel histéride fouisseur de Biskra ;

2° Note sur l'application de la loi phylogénique de Brauer ;

3° Note sur la valeur phylogénique et le nombre primitif des tubes
de Malpighi chez les coléoptères ;

4° Notes sur les groupes *Tychobythinus*, *Bithoxenus* et *Xénobythus*
du genre Bythinus ;

5° Description d'un nouveau staphylinide de la Haute-Provence : *Alcochara* (*Ceranota*) *penicillata* N. SP. ;

6° Le mécanisme de l'éclosion c1ez les psoques ;

7° Note sur la position systématique des *Cupedidæ* ;

8° Coléopètres nouveaux pour la Faune française ;

9° Découverte en France du genre *Kœnenia* ,

10° Sur la nervation alaire des caraboïdea ?

11° Sur la signification du nombre des segments ventraux libres et du nombre des ganglions nerveux de l'abdomen c1ez les Coléoptères ;

12° Les premiers états d'*Hololepta plana* ;

13° Description des larves de trois coléoptères exotiques ;

14° Position systématique des *Rhysodidæ* ;

15° Extrait du Bulletin du Jardin colonial ;

16° Note sur l'état de la systématique en entomologie, principalement c1ez les Coléoptères ;

17° Note sur la mét1ode dans les rec1erches de p1ylogénie entomologique ;

18° Note sur la larve des insectes *metabola* et les idées de Fr Brauer ;

Don de l'auteur, M. P. de Peyérimhoff, membre correspondant de la Société.

L'assemblée est 1eureuse d'adresser ses vifs remerciements à notre distingué collègue.

Société correspondante. — La Sociedad Aragonesa de Ciencias naturales, plaza de la Seo, nùm. 2, Saragosse, demandant l'éc1ange de ses publications avec les nôtres, est admise au nombre de nos Sociétés correspondantes.

Distinction honorifique. — L'assemblée est 1eureuse d'adresser ses plus vives félicitations à notre distingué membre M. le docteur Bauzon, qui vient de recevoir de M. Édouard Lockroy, député de la Seine, la médaille d'or de grand module de la Société d'encouragement au bien, pour le récompense de ses travaux scientifiques sur l'1ygiène de l'enfance ; cette médaille est la plus 1aute récompense dont dispose cette Société 1umanitaire et p1ilanthropique.

Communication. — Les événements qui se passent actuellement en Extrême-Orient donnent un certain intérêt à la note suivante, parue dans une feuille d'informations du Ministère de l'Agriculture, et communiqnée par notre aimable collègue M. J. Roy-Cievrier du Péage.

M. le Secrétaire général donne lecture de cette note intitulée : *la Production des champignons au Japon* (Tokio, 25 décembre 1903).

L'ordre du jour étant épuisé, la séance est levés à 10 ieures.

Le Secrétaire,

RENAULT.

Séance extraordinaire du Bureau le 25 avril 1904

à 8 ieures du soir, au siège de la Société.

PRÉSIDENCE DE M. AD. ARCELIN, PRÉSIDENT

Présents : MM. Ad. Arcelin, Bertrand, Dubois, H. Guillemin, Lemosy, Miédan, Nugue, Portier, Renault, Tardy et Têtu.

Excusé : M. Ch. Quincy.

A l'ouverture de la séance, M. le Président rappelle au bureau la douloureuse nouvelle qu'un télégramme nous a apportée ce matin : a mort de notre aimé Vice-Président, M. Adrien Jacquin, décédé à Arlay (Jura) après une longue et redoutable maladie.

M. le Président prononce l'éloge de notre cher défunt, et tant en son nom personnel qu'au nom de la Société tout entière, il exprime, tout ému, le profond regret que lui cause la mort de notre fidèle ami et dévoué collègue. La piysionomie consternée des membres présents témoigne de la communion de leurs sentiments attristés avec ceux de M. le Président.

MM. Bertrand et Guillemin qui sont allés hier dimanche, à Arlay, voir leur malieureux ami, rendent compte de leur bien triste voyage ; ils avaient quitté M. Jacquin dans une situation désespérée.

Au reçu de la dépêcie, M. Guillemin s'est empressé d'adresser par la même voie à Mlle Jacquin et à M. Jules Jacquin, au nom de la Société, l'expression de sa douloureuse sympatiie avec ses cordiales condoléances.

Pour rendre un dernier iommage à celui qui fut si longtemps l'âme agissante de la Société, le bureau décide :

1º D'envoyer des lettres de faire part à tous nos collègues ;

2º De déposer une couronne sur sa tombe ;

3º De nommer une délégation pour assister aux obsèques qui auront lieu à Arlay, le mercredi 27 avril.

M. le Président et M. Nugue vice-président, MM. Lemosy, Portier et Tardy, étant empêchés, regrettent vivement de ne pouvoir se joindre à la délégation, qui est ainsi constituée :

MM. Bigeard, Bouillet, Bertrand, Dubois, H. Guillemin, Miédan, Renault et Têtu.

M. le Président charge le Secrétaire général, qui accepte ce pénible devoir, de dire l'adieu suprême à celui dont le souvenir restera profondément gravé dans nos cœurs.

Il est décidé en outre d'avertir rapidement M. Bigeard du grand malheur qui frappe la Société.

Après avoir réparti entre les délégués toutes les démarches à accomplir en vue des obsèques, le bureau se sépare à 9 heures 1/4.

Le Secrétaire général.

H. GUILLEMIN.

Séance du 12 mai 1904

PRÉSIDENCE DE M. AD. ARCELIN, PRÉSIDENT

La séance a été ouverte à 8 heures et demie, salle du Musée.

Présents : MM. Arcelin, Aron, Dr Bauzon, Bertrand, Blanc, Cranet, Dubois, H. Guillemin, Dr Labry, Lagrange, Lemosy, Portier, Renault. Rouyer et Têtu.

Excusé : M. Bouillet.

Les procès-verbaux des séances des 12 et 25 avril 1904 sont lus et adoptés sans observations.

Nécrologie. Après lecture du procès-verbal, M. le Président rappelle à l'Assemblée qu'une réunion extraordinaire du Bureau a eu lieu le 25 avril, dans le but de prendre des dispositions à l'occasion des obsèques de M. Jacquin. Il renouvelle l'éloge de notre bien regretté ami et confrère, qui laisse un bien grand vide au milieu de nous. Il fait ressortir la perte immense que la Société éprouve en perdant M. Jacquin.

Correspondance. — Carte de l'United States Geological

Survey à Washington, accusant réception des n°ˢ 11 et 12, 29ᵉ année 1903, du Bulletin.

Cartes de condoléances reçues par notre Président en raison du décès de M. Jacquin : M. Frédéric Diény, préfet de Saône-et-Loire ; M. J. Bonny, négociant, membre de la Chambre de commerce de Chalon-sur-Saône, à Saint-Léger-sur-Dheune ; M. A. Carrion, chanoine honoraire, curé de Saint-Laurent, au Creusot ; M. Chifflot, chef des travaux de botanique à la Faculté de Lyon ; M. le Dʳ V. Michaut, professeur à l'école de médecine de Dijon ; Mˡˡᵉ J. Thomas, professeur au collège de jeunes filles, à Chalon-sur-Saône.

Lettre de M. le Dʳ Gillot, en son nom et en celui de la Société d'histoire naturelle d'Autun, nous faisant connaître le chagrin que lui cause la disparition d'un homme tel que M. Jacquin.

Notre secrétaire général M. Guillemin a répondu à cette lettre en remerciant M. le Dʳ Gillot des sentiments fort touchants qu'il a bien voulu exprimer à l'adresse de notre regretté vice-président.

Il lui demande en même temps si les membres de la Société qui doivent prendre part à l'excursion de Pentecôte, qui doit avoir lieu à Autun et au Mont-Beuvray pourraient avoir des renseignements sur ce qui offre le plus d'intérêt soit à Autun soit dans les environs.

M. le Dʳ Gillot a répondu en donnant des indications intéressantes et en assurant que la Société d'histoire naturelle d'Autun se ferait un plaisir de trouver parmi ses membres, un cicérone pour accompagner nos excursionnistes.

Lettre de E. Chifflot demandant un tirage à part à 50 exemplaires de son article en collaboration avec M. Cl. Gautier. « Sur le mouvement intraprotoplasmique à forme brownienne des granulations cytoplasmiques.»

Lettre de M. Gindre, ex-pharmacien à Saint-Bonnet-de-Joux, remerciant M. Guillemin de la démarche qu'il a tentée pour lui permettre de venir s'installer à Chalon.

Lettre de M. le Dʳ Gillot, membre de notre Société, nous apprenant qu'il se rendra au Congrès international de botanique, qui aura lieu à Vienne (Autriche) en 1905, et offre de représenter notre Société dans le cas où elle n'aurait pas d'autre délégué.

Publications. — Le secrétaire général dépose sur le bureau les publications reçues du 13 avril au 10 mai 1904 :

CAHAN. — Revue bryologique, n° 3, 1904.

CHICAGO. — Field Columbian Museum : Zoological series, vol. 3, nᵒˢ 12, 13 and 14.

    —   —   Geological series, vol. 2, nᵒˢ 2, 3 and 4.

    —   Anthropological series, vol. 4; vol. 2, n° 6.

CHALON-SUR-SAÔNE. — Soc. d'hist. et archéol. Histoire du canton de Sennecey-le-Grand. T. III.

    Bul. de la Soc. agric. et viticole, n° 283.

CHATEAUDUN. — Bul. de la Soc. Dunoise, n° 137.

CHAPEL HILL. — Journal of the Elisha Mitchell scientific Society, n° 1, vol. XX.

CHRISTIANIA. — Université : Bemœrkninger angaaende Graptolitherne, 1851.

    —   —   Das chemische laboratorium, 1854.

    —   —   Om siphonodentalium vitreum, 1861.

    —   —   Etudes sur les affinités chimiques, 1867.

    —   —   Jœttegryder og gamle strandlinier i fast klippe, 1874.

FRIBOURG. — Soc. fribourg. des sc. nat.: comptes rendus, 1902-03.

    —   Chimie, vol. II, fasc. 1, 1903.

    —   Essai sur la géographie botanique des Alpes, 1903.

    —   Math. et physique, vol. I, fasc. 1, 1904.

LIMOGES. — Revue scientifique du Limousin, n° 136.

LOUHANS. — La Bresse louhannaise, n° 5, 1904.

LYON. — L'Horticulture nouvelle, nᵒˢ 7 et 8, 1904.

MANTES. — Bul. de la Soc. agr. et horticole, n° 283.

MEXICO. — Mém. de la Societad cientifica « Antonio Alzate » : T. 19, n° 5.

    —   T. 20, nᵒˢ 1-4.

    —   Calendario Chronologico del siglo XX

MOULINS. — Revue scientifique du Bourbonais, n° 196.

NANTES. — Bul. de la Soc. des sc. nat. de l'Ouest de la France, 3° et 4° trim., 1903.

NEW-YORK. — Bul. of the New-York Botanical Garden, vol. III, n° 10.

OBERLIN, OHIO. — The Wilson Bull., n° 46.

Paris. — Revue générale des sciences, nᵒˢ 7 et 8, 1904.

— Bul. de la Soc. entomol. de France, nᵒˢ 4, 5 et 6, 1904.

— Bul. de la Soc. des Antiquaires de France, 1903.

— La Feuille des jeunes Naturalistes, nᵒ 403.

Reims. — Bul. de la Soc. des sc. nat., 2ᵉ et 4ᵉ trim., 1903.

Rochechouart. — Bul. de la Soc. des amis des sc., nᵒ 4, 1903.

Siena. — Rivîsta ital. di sc. nat., nᵒˢ 11 et 12, 1903.

— Bol. del Naturalista, nᵒ 12, 1903, et nᵒ 1, 1904.

Sion. — Bul. de la Murithienne, 1903,

Washington. — U. S. Geological Survey : professional paper, nᵒˢ 9, 10, 13, 14, 15.

— — Water-Supply payer, nᵒ 80 à 87.

Portraits de MM. de Montessus et Jacquin. — M. Guille-min propose que la Société fasse faire à ses frais les agrandisse-ments des portraits de MM. de Montessus et Jacquin, pour les placer dans la salle des séances. Ce serait un juste témoignage de reconnaissance dû à ces deux hommes, dont le dévouement à notre Société a été tout particulièrement actif. On peut dire sans exagéra-tion que c'est à eux qu'est due la prospérité de la Société des sciences naturelles.

A l'unanimité, les membres présents adoptent la proposition de notre secrétaire général. En conséquence, les deux agrandisse-ments seront commandés au plutôt par les soins de M. Guillemin.

Nomination de 2 Vice-Présidents, d'un Trésorier et d'un Secrétaire. — L'ordre du jour porte la nomination de deux vice-pré-sidents, l'un en remplacement de notre regretté M. Jacquin, l'autre pour s'occuper spécialement de l'organisation et de la direction des excursions. Cette dernière fonction est à créer de l'avis unanime du Bureau, sur la proposition de M. Guillemin. Jusqu'à présent, la plupart de ces sorties étaient organisées et suivies par M. Jacquin : souvent aussi notre trésorier M. Dubois s'occupait de l'organisation; mais c'est une tâche assez pénible à demander à un vice-président qui a déjà le souci de s'occuper du bulletin ; d'autre part, il faut avoir le goût et la possibilité de faire ces promenades. Il y a donc lieu de confier la direction à un vice-président.

Bien que l'élection d'un 3ᵉ vice-président soit, pour le moment, antistatutaire, comme le fait remarquer M. Portier, les membres présents déclarent que nécessité fait loi et que cette nomination sera soumise à l'approbation de la prochaine assemblée générale.

Sur la proposition de M. le Président, M. le Dr Bauzon, un des membres les plus anciens de la Société et collaborateur assidu du Bulletin, est nommé à mains levées vice-président à la place de M. Jacquin. M. Arcelin propose M. Dubois comme vice-président chargé des excursions ; M. Dubois est nommé à mains levées.

La nomination de M. Dubois laisse vacante la fonction de trésorier, M. Renault, secrétaire, veut bien le remplacer. M. Têtu, de son côté, accepte de remplacer M. Renault comme secrétaire, après en avoir été prié de façon fort pressante par M. le Président et tous les autres membres du Bureau.

Le Bureau est donc composé ainsi qu'il suit pour la fin de la période triennale 1903-1905 :

Président : M. Ad. Arcelin.

Vice-Présidents : M. Nugue ; M. le Dr Bauzon ; M. Dubois.

Secrétaire général : M. H. Guillemin.

Secrétaires : M. Bertrand ; M. Têtu.

Trésorier : M. Renault.

Bibliothécaire : M. A. Portier.

Bibliothécaire adjoint : M. Tardy.

Conservateurs du Musée ; M. Lemosy ; M. Ch. Quincy.

Délégation. — La Société accepte avec empressement la proposition de M. le Dr Gillot d'Autun, qui se rendra au Congrès de botanique à Vienne (Autriche) en 1905 ; elle délègue M. le Dr Gillot pour la représenter au Congrès avec les quatre voix dont elle dispose d'après les statuts, ses membres actifs étant au nombre de 355.

L'assemblée adresse ses sincères remerciements à notre cher et savant collègue, dont le nom est bien connu des botanistes français et étrangers.

Achat d'un filet pour la pêche des coquillages. — M. Lemosy a bien voulu profiter d'un voyage à Paris pour offrir à la Société d'y acquérir un filet de pêche et différentes pièces de collection.

Un crédit de quinze francs lui ayant été ouvert dans ce but, M. Lemosy a rapporté :

Un filet de pêche pour mollusques.................... 11 50

Étiquettes...................-.................... 1 50

Un Anodonta gougetana (Ogerien Lons-le-Saunier)........ 0 75

Une terrine.. 1 25

Total...... 15 »

dont il lui est donné décharge. En même temps, M. le Président le remercie de son obligeance.

M. Lemosy donne son appréciation sur la valeur d'un polypier genre Fungia, d'un polypier rameux et d'un corallium rubrum placé sur un socle, qui fait partie de la collection des Frères ; l'ensemble des trois spécimens peut être évalué à 10 francs; il est décidé que l'acquisition en sera faite à ce prix, s'il convient aux vendeurs.

Don à la Bibliothèque. — Les trois premiers volumes du Catalogue de la Bibliothèque municipale de Chalon-sur-Saône. — Don de M, le Maire de Chalon, président d'honneur de notre Société.

Don au Musée. — M. Brébion a envoyé du Tonkin un serpent.

M. Lagrange a donné un nid de guêpes, qui est actuellement intact. De vifs remerciements sont adressés à nos généreux collègues.

Excursion. — Une excursion à Autun et au Mont-Beuvray est décidée pour le dimanche et le lundi de la Pentecôte, avec le programme ci-après :

Excursion de Pentecôte, à Autun et au Mont-Beuvray, les dimanche 22 et lundi 23 mai 1904.

PROGRAMME :

Dimanche 22 mai

Départ à 6 h. 19 du matin. — Rendez-vous à la gare : arrivée à Autun à 9 h. 05 ; visite de la ville et de ses remarquables monuments de l'antiquité romaine.

Déjeuner à midi.

Dans l'après-midi, excursion au château de Montjeu (6 kilom.), retour par Brisecou (cascade) et par Couhard.

Les personnes qui en feront la demande pourront faire une partie du trajet en voiture.

Dîner et coucher à Autun.

Lundi 23 mai

Départ en voiture à 6 ıeures pour Saint-Léger-sous-Beuvray. — Ascension du Mont-Beuvray, visite des ruines de l'oppidum éduen.

Retour à Saint-Léger à midi. — Déjeuner à 2 ıeures, départ en voiture.

Départ d'Autun à 5 ı. 25, retour à Cıalon à 7 ı. 39 du soir.

Dépense probable par personne, 20 francs, que les Membres de la Société qui désirent prendre part à l'excursion sont priés de verser en se faisant inscrire cıez M Bouillet, pıarmacien, rue de l'Obélisque, jusqu'au mardi 17 mai, à 6 ıeures du soir, au plus tard.

Communication. — M. Guillemin nous fait connaître l'existence d'un cıampignon dont les effets sont désastreux et ont causé dans notre ville, sinon l'effondrement, tout au moins d'importants dommages dans différentes constructions. Il s'agit du *Merulius lacrymans*, qui s'attaque au bois, croît même sur le fer et sur les effets duquel M. Guillemin se propose de faire une étude documentée par les observations de MM. Javouıey, Jeannin-Naltet, Pinette, etc,, cıez lesquels il a causé des dégâts:

Le secrétaire général dépose sur le bureau le manuscrit de M. le Dr Bauzon, sur le Cıauffage, qui a valu à son auteur une médaille d'argent.

Avant de lever la séance, M. le Président souhaite la bienvenue parmi nous à M. Aron, récemment nommé ingénieur des Mines à Chalon et admis sociétaire, à la dernière séance.

L'ordre du jour étant épuisé, la séance est levée à 10 ı. 1/2.

Le secrétaire,

E. BERTRAND.

Séance du 14 Juin 1904

PRÉSIDENCE DE M. LE Dr BAUZON, VICE-PRÉSIDENT

L'ouverture de la séance a lieu à 8 ı. 1/4, salle du Musée.

Présents : MM. le Dr Bauzon, Bertrand, Dubois, H. Guillemin‘ Lemosy, Nugue, Portier et Rouyer.

Excusé : M. Arcelin.

Correspondance. — Lettre de la Soc. d'Histoire naturelle de Savoie, demandant s'il n'y a pas de manquants dans notre collection de la série de ses publications.

Lettre de la Soc. des Sciences naturelles de Tarare, demandant qu'on lui envoie les numéros du Bulletin antérieurs au 1ᵉʳ janvier 1898 et les numéros de mars, avril, juin et juillet 1903.

Lettre de l'Institut Carnegie à Washington, demandant les statuts de la société et divers autres renseignements pouvant figurer sur un manuel bibliographique, préparé par l'Institut et qui aura pour titre « Handbook to Learned Societies and Institutions ».

Il sera fait droit à toutes ces demandes.

Lettre de notre Président, M. Arcelin, annonçant l'envoi d'un manuscrit de M. Locard, intitulé « Études sur les nayades du département de Saône-et-Loire ». Ce travail est mis par l'auteur à la disposition de la société si elle veut en faire la publication.

Les membres présents sont d'avis d'entreprendre cette publication aux frais de la société, sauf à en répartir le paiement sur les 2 exercices 1904 et 1905.

Une lettre de faire part nous apprend le décès de M. Just Faivre, président du conseil d'administration des Hospices de Chalon-sur-Saône.

Un article nécrologique sur notre regretté collègue sera publié dans le prochain numéro du bulletin.

Publications. — M. Guillemin, secrétaire général, dépose sur le bureau, les publications reçues du 11 mai au 14 juin 1904 :

Avignon. — Mémoires de l'Académie de Vaucluse; 1ʳᵉ livr. 1904.

Bourg. — Bul. de la Soc. des sc. nat. et archéol. de l'Ain, n° 33.

Chambéry. — Bul. de la soc. d'Histoire naturelle de Savoie, T. VI, VII et VIII.

Chalon-sur-Saône. — Bul. de l'Union agricole et viticole, nᵒˢ 5 et 6, 1904.

— Bul. de la Soc. d'agr. et de vicult. n° 284.

Cannes. — Bul. de la Soc. d'agr. et d'horticulture, n° 1, 1904.

Dax. — Bul. de la Soc. de Borda, 1ᵉʳ trim. 1904.

Gap. — Bul. de la Soc. d'études des Hautes-Alpes, n° 10.

Limoges. — Revue scientifique du Limousin, n° 137.

Louhans. — La Bresse louhannaise, n° 6, 1904.

LYON. — L'Horticulture nouvelle, nᵒˢ 9, 10 et 11, 1904.

MADISON. — Transactions of the Wiconsin Academy, vol. XIII, part. II et vol. XIV part. 1.

MANTES. — Bul. de la Soc. agr. et hort., nᵒ 284.

MARSEILLE. — Revue iorticole des B. du Riône, nᵒ 598.

MONTANA. — Bul. university of Montana, nᵒˢ 19, 21 et 22.

MONTPELLIER. — Annales de la Soc. d'hort. et iist. nat. de l'Hérault, nᵒˢ 4 et 5, 1903 et nᵒˢ 1 et 2, 1904.

NANCY. — Bul. de la Soc. des sciences, 1ᵉʳ trim., 1904.

NIORT. — Bul. de la Soc. botanique des Deux-Sèvres, 1903.

POITIERS. — Bul. de la Soc. académique, nᵒ 349.

PARIS. — Revue générale des sciences, nᵒˢ 9 et 10, 1904.

— Bul. de la Soc. entomologique de France, nᵒˢ 7, 8 et 9, 1904.

— La feuille des jeunes naturalistes, nᵒ 404.

— Ministère de l'Instruction publique : C. R. du congrès des soc. savantes tenu à Bordeaux en 1903.

— Bul. de la Soc. d'antiropologie, nᵒ 6, 1903.

ROCHECHOUART. — Bul. de la Soc. des amis des sciences et arts, nᵒ 5, 1903.

RODEZ. — P. V. des séances de la Soc. des lettres, sciences de l'Aveyron, XIX.

SAINT-DIÉ. — Bul. de la Soc. philomatique vosgienne, 1903-04.

SAINT-LO. — Mém. de la Soc. d'agr., archéol. et hist. nat. de la Manciе, 21ᵉ vol.

VILLEFRANCHE. — Bul. de la Soc. des sc. et arts du Beaujolais, nᵒ 17.

Membre correspondant. — M. Arnould Locard, présenté par MM. Arcelin et le Dʳ Bauzon, est nommé membre correspondant.

Propositions. — M. Guillemin, notre secrétaire général, propose que les publications de la société, depuis sa fondation, soient déposées à la bibliotièque municipale : si on doit les trouver quelque part, c'est assurément à la bibliotièque de la ville. Aucun mémoire n'y figure depuis la fondation jusqu'à l'année 1898. Adopté.

M. Chifflot demande par lettre si on ne pourrait pas, par souscription, faire graver un médaillon reproduisant les traits de

M. Jacquin. Ce médaillon serait placé sur la tombe de notre regretté vice-président.

La question, de l'avis de tous les membres présents, demande à être étudiée au point de vue des frais que cela occasionnerait.

Communications. — M. Lemosy fait une causerie sur un lo de coquillages volutes du Sénégal et Pina nobilis, dont il fait don à la Société ; le président le remercie de sa générosité.

M. Lemosy fait savoir qu'il a trouvé dans la gare de Chalon, le 30 mai 1904, la plante qu'il avait découverte l'année dernière à Chagny, il s'agit du « Brassica elongata ».

Don au Musée. — 4 échantillons d'uranite, offerts par M. Nouveau, maire de Saint-Symphorien-de-Marmagne à qui l'assemblée s'empresse d'adresser ses bien sincères remerciements, ainsi qu'à sœur Lhomme qui nous a fait remettre par M. Bouillet, pharmacien, un lucane cerf-volant (lucanus cervus), trouvé dans le jardin de l'Hôpital.

Excursion. — Une excursion archéologique, géologique, botanique est projetée pour le dimanche 10 juillet, au château de Brancion, à Mancey et à Dulphey. Le programme ci-dessous en sera publié dans les journaux de la ville, par les soins de M. Dubois, vice-président, chargé plus spécialement d'organiser les excursions.

Programme :

Dimanche 10 juillet

Départ de Chalon à 5 h. 34 du matin : rendez-vous à la gare. Arrivée à Tournus à 6 h. 11. Départ en voitures pour Brancion, visite du château et de l'église. Déjeuner en plein air ; exploration géologique à Dulphey et à Vers ; visite des ruines du château de Dulphey. Retour en voiture à Tournus vers 5 heures, visite de la ville (église Saint-Philibert, musée, etc). Départ de Tournus à 6 h. 43. Retour à Chalon à 7 h. 24 du soir.

Dépenses probables 7 fr. par personne, que les sociétaires qui désirent prendre part à l'excursion sont priés de verser en se faisant inscrire chez M. Bouillet, pharmacien, rue de l'Obélisque, le vendredi 8 juillet, avant 6 heures du soir, au plus tard.

La séance est levée à 10 h. 1/2.

Le Secrétaire,
E. Bertrand.

Séance du 12 juillet 1904

La séance a eu lieu dans la salle du musée, elle est ouverte comme d'ordinaire à huit heures un quart du soir.

Présents : MM. le D\u207f Bauzon, Bertrand, Granet, Dubois, H. Guillemin, Portier et Têtu.

Excusés : MM. Tardy, Bouillet et Lemosy.

Correspondance. — En réponse à une demande de renseignements sur ce que M. Jacquin avait publié étant à Lyon, demande faite par M. Guillemin, M. le D\u207f Lépine a répondu qu'il avait écrit en collaboration avec M. Jacquin, un travail sur « l'excrétion de l'acide prosporique ». M. le D\u207f Lépine exprime le regret de ne pouvoir envoyer un exemplaire de ce travail, il dispose seulement d'un tirage à part où il en est question et il l'envoie à la Société à titre d'hommage en même temps que quelques autres brochures d'ordre scientifique.

Le bureau adresse ses vifs remerciments au savant docteur, et salue en lui un chalonnais sincèrement attaché à son pays d'origine, ainsi qu'il s'est plu à nous le dire dans sa lettre.

Lettre-circulaire de la Société d'Émulation et d'Agriculture de l'Ain, demandant une souscription au monument du grand astronome Jérôme Lalande, né à Bourg-en-Bresse en 1732 et mort en 1807.

Souscription. — Une somme de 20 francs est votée en faveur du monument à élever à Bourg à la gloire du grand astronome Jérôme Lalande.

Lettre de la Société de Botanique de France annonçant qu'une session jubilaire aura lieu pour fêter le 50\u1d49 anniversaire de sa création et demandant qu'on veuille y déléguer un des membres de notre Société.

Délégation. — M. Lemosy père est désigné pour représenter la Société au cinquantenaire de la Société Botanique de France, le 1\u1d49\u02b3 août prochain.

Lettre de M. Arcelin à propos du travail de M. Locard ; notre Président voit avec plaisir la Société se charger de cette publication.

Lettre de M. Lacroix annonçant l'envoi du manuscrit de M. Locard.

M. Guillemin demande s'il ne faudrait pas écrire à M. Locard pour savoir combien il désire de tirages à part.

M. Bertrand, secrétaire, est chargé de correspondre dans ce sens, avec l'auteur et de lui expliquer en même temps quels sont les droits que la Société se réserve habituellement.

Publications. — Le secrétaire général dépose sur le Bureau les publications reçues du 15 juin au 12 juillet 1904.·

Autun. — Bul. de la Soc d'histoire naturelle, 1903.

Chalon-sur-Saône. — Bul. de la Soc. agr. et viticole, n°7, 1904.

Clermont-Ferrand. — Revue d'Auvergne, no 2, 1904.

Chalon-sur-Saône. — Bul. de la Soc. d'agr. et de viticulture, n° 285.

Le Mans. — Bul. de la Soc. d'agr. sc. de la Sarthe, 3e fasc. 1904.

Limoges. — Revue scientifique du Limousin, n° 138.

Louhans. — La Bresse louhannaise, no 7, 1904.

Lyon. — Annales de la Soc. Botanique et C. R. des séances, 1903.

—   —   — linéenne, 1903.

— — L'Horticulture nouvelle, nos 12 et 13, 1904.

Mantes. — Bul. de la Soc. agr. et horticole, n° 285.

Marseille. — Revue horticole des B.-du-R., n° 599.

Montévideo. — Anales del museo nacional, Série II, entrega, I.

Montmédy. — Bul. de la Soc. des nat. et arch. du nord de la Meuse, 2e semestre, 1903.

Moscou. — Bul. de la Soc. impériale des naturalistes, nos 2 et 3, 1903.

Nantes. — Annales de la Soc. académique, 1903.

Paris. — Bul. du Comité ornithologique inter. (Ornis) n° 3, 1904.

—   Bul. de la Soc. entomologique de France, nos 10 et 11, 1904.

—   Revue générale des sciences, nos 11 et 12, 1904.

—   La Feuille des Jeunes Naturalistes. n° 405.

Poligny. — Revue d'agr. et de viticulture, n°6, 1904.

Rochechouart. — Bul. de la Soc. des amis des sc. et arts, n° VI, T. XIII.

Semur. — Bul. de la Soc. des sc. hist. et nat., 1902-1903.

SAINT-PÉTERSBOURG. — Trav. de la Soc. impériale des nat. Section de zoologie, liv. 4 vol. XXXIII.

SAINT-PÉTERSBOURG. — Trav. de la Soc. impériale des nat. Section de botanique, liv. 3, vol. XXXIII.

SAINT-PÉTERSBOURG. — Trav. de la Soc. impériale des nat. C. R. des séances nos 6 et 7, 1903 et no 1, 1904.

STRASBOURG. — Bul. de la Soc. des sc., agr. et arts de la B.-A. fasc. 3 et 4, 1904.

TARARE. — Bul. de la Soc. des sc. nat., nos 3 et 4, 1904.

WASHINGTON. — U. S. Geological Survey : monograpis, vol. XLVI.
— Bul. nos 208, 218 à 222.

Membre d'honneur. — Sur la proposition de M. le Dr Bauzon et de M. H. Guillemin, M. le Dr R. Lépine, professeur à la faculté de médecine de Lyon est nommé Membre d'ionneur de la Société.

Prix du Collège. — Sur la proposition de M. Guillemin, les membres présents décident qu'il y a lieu d'offrir, au Collège, comme cela se fait ciaque année, un prix à décerner à l'élève de philoso-pie qui s'est le plus distingué dans l'étude des sciences naturelles pendant l'année scolaire 1903-1904. — Adopté.

Dons à la Bibliothèque :

(*a*) Le sucre dans l'alimentation, par M. le Dr R. Lépine ;

(*b*) Bases piysiologiques de l'étude pathogénique du diabète sucré, par M. le Dr R. Lépine ;

(*c*) Action des rayons X sur les tissus animaux, par MM. R. Lé-pine et Boulud ;

(*d*) Sur un cas d'agnoscie, par M. R. Lépine.

Don de M. le Dr Lépine, professeur à la faculté de médecine de Lyon.

La séance est levée à 10 ieures.

Le secrétaire,

E. BERTRAND

Séance du 9 août 1904

PRÉSIDENCE DE M. DUBOIS, VICE-PRÉSIDENT.

La réunion a lieu au Musée, dans la salle ordinaire, la séance est ouverte à 8 heures 1/2.

Présents : MM. le Dr Bauzon, Bertrand, Carillon, Cianet, Dubois, H. Guillemin et Lemosy.

Excusé : M. Portier.

Le procès-verbal de la séance du 12 juillet 1904 est lu et adopté sans observations.

Correspondance. — La Société agricole et horticole de l'arrondissement de Mantes demande que les bulletins de septembre et octobre 1901 lui soient adressés pour compléter sa collection.

Lettre de M. le Dr Lépine, de Lyon, remerciant notre secrétaire général et les membres du Bureau de l'avoir nommé membre d'honneur de la Société.

Publications. — Le secrétaire général dépose sur le bureau les publications suivantes reçues du 13 juillet au 9 août 1904 :

ANNECY. — Revue savoisienne, 2e trim. 1904.

BOURG. — Annales de la Soc. d'émul. de l'Ain, 2e trim. 1904.

BUENOS-AIRES. — Anales del museo nacional. Série III. T. II.

CAHAN. — Revue bryologique, n° 4, 1904.

CHALON-SUR-SAÔNE. — Bul. de la Soc. d'agr. et de vicult., n° 286.

CHAPEL HILL. — Journal of the Elisha Mitchell scientific society, n° 2, vol. XX.

CLERMONT-FERRAND. — Revue d'Auvergne, n° 3, 1904.

GAP. — Bul. de la Soc. d'études des H. A., n° 11.

LAUSANNE. — Bul. de la Soc. vaudoise des sc. nat., n° 149.

LIMOGES. — Revue scientifique du Limousin, n° 139.

LYON. — L'Horticulture nouvelle, n° 14, 1903.

MADISON, WIS. — Wisconsin Geolog. and nat. history Survey, Bul. n°s 11 et 12.

MANTES. — Bul. de la Soc. agr. et hort., n° 286.

MARSEILLE. — Revue horticole des B.-du-R., n° 600.

    —   Bul. de la Soc. industrielle, 3e et 4e trim. 1900.

MENDE. — Bul. de la Soc. d'agr., sc. et arts de la Lozère, 4e trim. 1903.

MONTANA. — Bul. Univers. of Montana, n° 23.

MONTPELLIER. — Annales de la Soc. d'hort. et hist. nat. de l'Hérault, n° 3, 1904.

MOULINS. — Revue scientifique du Bourbonnais, n° 198-199.

PARIS. — Bul. de la Soc. entomol. de France, n° 12.

— La Feuille des jeunes Naturalistes, n° 406.

— Revue générale des sciences, n° 14.

— Bul. et Mém. de la Soc. d'anthropologie, n° 1, 1904.

— Soc. nat. des Antiquaires de France ; compte-rendu du Centenaire 1804-1904.

PERPIGNAN. — Bul. de la Soc. agr., scientif. et litt. des Pyrénées-Orientales, 1re partie, 45° vol.

POLIGNY. — Revue d'agr. et de viticulture, n° 7, 1904.

SIENA. — Boll. del naturalista, nos 2 à 5.

— Rivista italiana di sc. naturali, nos 1 à 4.

SAINT-LOUIS, Mo. — Missouri Botanical Garden, Fifteenth report, 1904.

STRASBOURG. — Bul. de la Soc. des sc . agr. et arts de la B.-Alsace, nos 5 et 6, 1904.

TOULON. — Bul. de l'Académie du Var, 1903.

TOURNUS. — Soc. des amis des sc. et arts : L'ancienne paroisse de Préty en Mâconnais.

UPSALA. — Bul. of the royal university, part. I, 1901.

VILLEFRANCHE. — Bul. de la Soc. des sc. et arts du Beaujolais, n° 18.

WASHINGTON. — Smithsoniam Institution : Annual report, 1902, U. S. National museum.

— U. S. Geological Survey : Annual report, 24.

— Professional Paper, nos 11, 12 et 16 à 20 inclus.

— Bulletins nos 223 à 225 et 227.

— Mineral ressources, 1902.

Distinctions honorifiques. — Nous relevons avec plaisir sur la liste des distinctions honorifiques accordées à l'occasion du 14 Juillet les noms qui suivent :

Officier de l'Instruction publique

M. Ch. Espiard, professeur de mathématiques au Collège.

Officiers d'Académie

Mlle Fischer, professeur d'anglais au Collège de jeunes filles, et Mlle Thomas, professeur de mathématiques au Collège de jeunes filles.

Chevaliers du Mérite agricole

M. H. Chabanon, principal du Collège.

Nous prions tous les heureux bénéficiaires de ces distinctions honorifiques de vouloir bien agréer les sincères félicitations que leur adressent les membres présents.

Collège de garçons. — Le prix que la Société met chaque année à la disposition du Collège de garçons a été décerné, cette année, à M. Jean Barrault, de Chalon, élève de philosophie ; les membres du Bureau adressent toutes leurs félicitations au jeune lauréat.

Collège de filles. — M. H. Guillemin fait observer que la Société ne voudra pas encourager l'étude des sciences naturelles au Collège de garçons seulement ; il lui appartient aussi, semble-t-il, de créer un prix en faveur du Collège de jeunes filles. Ce prix serait décerné à l'élève de 5e année qui se serait le plus distinguée dans l'étude des sciences naturelles.

La proposition, mise aux voix, est adoptée à l'unanimité.

Un prix sera donc offert au Collège de jeunes filles pour la distribution de 1905.

Excursions des grandes vacances. — Aucune décision n'est prise concernant l'excursion projetée pour les grandes vacances. L'organisation de cette excursion, s'il y a lieu, est laissée aux bons soins de M. Dubois, vice-président.

Communications. — M. Cozette a eu l'amabilité d'adresser à M. Guillemin, notre secrétaire général, une série d'articles très intéressants sur les bois de la province de Thudaumont. Ces articles seront publiés dans le *Bulletin*.

Dons à la bibliothèque. — *a*) Deux nouvelles stations de *Linaria striata*, D. C.; *b*) l'*Imperatoria ostruthium*, L., en Belgique, par G. DEWALQUE, don de l'auteur, membre d'honneur de la Société.

Hommage à Boucher de Perthes, par M. A. Thieullen, don de l'auteur.

Dons au Musée. — M. Roy-Chevrier, notre éminent collègue, a fait don d'un squelette d'homme de l'époque gallo-romaine très bien conservé.

M. Legras, pharmacien à Verdun, notre dévoué collègue, dont les nombreux présents ornent nos vitrines, a eu l'amabilité de nous envoyer un magnifique champignon *Cladomeris gigantea* Pers (Cladomère gigantesque), comestible dans le jeune âge. Ce beau spécimen a été exposé aux yeux de nos compatriotes dans la vitrine de M. Bouillet, pharmacien.

Les membres présents remercient très sincèrement les généreux donateurs

La prochaine séance aura lieu le 2ᵉ mardi d'octobre, c'est-à-dire le 8.

La séance est levée à 10 heures.

Le Secrétaire,

E. Bertrand.

Séance du 11 Octobre 1904

Présidence de M. le Dʳ Bauzon, vice-président

La réunion mensuelle d'octobre a eu lieu en la salle ordinaire des séances, au Musée, à 8 h. 1/2 du soir.

Présents : MM. le Dʳ Bauzon, Bertrand, Carillon, Chanet, Dubois, H. Guillemin, Lemosy père, Lemosy fils, Portier, Renault et Rouyer.

Correspondance. — Lettre de Mᵐᵉ Besson, directrice du Collège de jeunes filles, accusant réception de l'information qui lui avait été donnée du prix que la Société offrira au Collège à l'occasion de la distribution des prix de 1905. Mᵐᵉ la Directrice adresse ses remerciements à la Société.

Lettre de M. le Dʳ Lépine, accusant réception des bulletins parus dans l'année et remerciant de l'envoi.

Lettre de M. Quincy, annonçant l'envoi de notes à faire lire en séance, notes auxquelles sont jointes : 1° Un tableau de champignons et un paquet de brochures offertes par M. le Dr Gillot; 2° Deux noix de Corozo, offertes par M. Prost de Chalon.

Lettre de M. Cozette, annonçant l'envoi d'un colis contenant différentes pièces intéressantes et divers produits rapportés du Tonkin.

Publications. — Le secrétaire général dépose sur le bureau les publications ci-dessous, reçues du 10 août au 11 octobre 1904.

AVIGNON. — Mémoires de l'Académie de Vaucluse, 2e et 3e livr., 1904.

BÉZIERS. — Bul. de la Soc. d'étude des sc. nat., 1902.

BOURG. — Bul. de la Soc. des sc. nat. et d'archéol. de l'Ain, n° 34.

CAHAN. — Revue bryologique, n° 5, 1904.

CARCASSONNE. — Bul. de la Soc. d'études sc. de l'Aude, 1903.

CHICAGO. — Field Columbian Museum : publications n°s 81, 83, 84, 86, 88, 90 à 92 inclus.

CHALON-SUR-SAÔNE. — Bul. de l'Union agricole et viticole, n°s 8, 9, 1904.

— Bul. de la Soc. d'agr. et de vicult., n° 287.

DAX. — Bul. de la Soc. de Borda, 2e trim. 1904.

DRAGUIGNAN. — Bul. de la Soc. d'études scient. et archéol., 1900-1901.

ÉPINAL. — Bul. de l'Association vosgienne d'hist. nat., n° 6.

LAUSANNE. — Bul. de la Soc. vaudoise des sc. nat., n° 150.

LIMOGES. — Revue scientifique du Limousin, n°s 140, 141.

LOUHANS. — La Bresse louhannaise, n°s 8, 9 et 10, 1904.

LYON. — L'Horticulture nouvelle, n°s 15, 16, 17 et 18, 1904.

MACON. — Bul. de la Soc. d'hist. nat., n°s 15-16.

MANTES. — Bul. de la Soc. agr. et hort., n° 287.

MARSEILLE. — Revue horticole des B. du Rhône, n° 602.

MEXICO. — Bol. del Instituto geologico, t. 1, n° 2, 1904.

MOSCOU. — Bul. de la Soc. imp. des nat., n° 1, 1904.

NANCY. — Bul. de la Soc. des sciences, avril-mai 1904.

NANTES. — Bul. de la Soc. des sc. nat. de l'Ouest de la France, 1er et 2e trim. 1904.

NÎMES. — Mémoires de l'Académie, 1903.

PARIS. — Ministère de l'Instruction publique : Discours prononcé à la séance générale du 42e congrès des soc. savantes, 1904.

PARIS. — Revue générale des sciences, nos 16 et 18, 1904.

— La feuille des jeunes naturalistes, n° 407, 408.

— Bul. de la Soc. philomathique, nos 1-2, 1903-1904.

— Bul. de la Soc. entomologique de France, nos 13 et 14.

SAINT-PÉTERSBOURG. — Trav. de la Soc. imp. des nat. : Section de zoologie, vol. XXXIV, liv. 2.

— C. R. des séances, n° 8, 1903 et nos 2, 3, 4, 1904.

WASHINGTON. — U. S. Geological Survey : Professional paper, nos 21, 22, 23, 28.

— U. S. Geological Survey : Watter Supply paper, nos 88 à 95. — Bulletins, nos 226, 228 à 232.

Distinctions honorifiques. — Nous apprenons avec le plus grand plaisir, que M. le Dr Émile Mauchamp vient d'être l'objet d'une distinction honorifique, très rarement accordée en dehors de la Turquie. En raison de son dévouement, pendant une épidémie de choléra à Beyrouth, notre distingué membre correspondant et collaborateur, a été nommé officier de l'Ordre de l'Osmanié.

Le Bureau lui adresse ses meilleures félicitations.

Admission. — M. Léna, pharmacien à Buxy, présenté par MM. le Dr Bauzon et H. Guillemin, est admis comme sociétaire.

Dons à la Bibliothèque :

a) Anatomie du gaster de la myrmica rubra (1902), par Janet Charles.

b) Observation sur les guêpes, (1903), par le même.

c) Observations sur les fourmis (1904), par le même.

Don de l'auteur, M. Janet Charles, membre correspondant de la Société.

1° Notice nécrologique sur François Crépin, par le Dr X. Gillot ;

2° Empoisonnement par l'Amanite fausse orange. Mort d'un jeune chien, par le même ;

3° Notes de tératologie végétale, par le même ;

4° Le typha stenophylla, espèce nouvelle pour la flore de France, par le même ;

5° Répartition topographique de la fougère *Pteris aquilina*, dans la vallée de la Valserine, par MM. le Dr X. Gillot et Durafour ;

6° Contribution à l'histoire naturelle de la Tunisie, par le vicomte de Chaignon. Notes botaniques et mycologiques, par le Dr Gillot et N. Patouillard ;

7° Tableau des champignons qui font mourir, par MM. Mazimann et Plassard.

Don de l'auteur, M. le Dr X. Gillot, à Autun.

Dons au Musée :

1° 2 noix de Corozo (*Phytelephas macrocarpa*), Ruiz et Pavon ou ivoire végétal d'un palmier du Brésil.

Don de M. Prost, entrepreneur.

2° M. Ch. Cozette, membre correspondant de la Société, nous envoie 9 sujets ou échantillons, d'autant plus intéressants que chacun d'eux est accompagné de quelques renseignements utiles.

En voici la longue liste :

1° Un poisson, le *Diodon des Tropiques;* il offre la particularité de se gonfler lorsqu'il arrive à la surface de l'eau ; pris à l'île de Poulo-Coudor, mer de Chine ;

2° Un insecte provenant du Tonkin, les indigènes en sont très friands ;

3° Un flacon d'huile de bois donné par le Dàu Sang Nang (*Dipterocarpus dyeri*), famille des diptérocarpées. Cette huile, ou mieux cette oléo-résine s'obtient par incision, comme il est dit dans l'article intitulé « La Province de Thudaumot, au point de vue forestier », chapitre IV. Peu employée dans l'industrie, n'est pas suffisamment connue, ne sert que dans la confection d'enduit pour calfater les barques ; elle serait d'après de Lanessan, susceptible d'être employée comme matière médicinale ;

4° Un flacon d'huile de Dàù-long (*Dipterocarpus tuberculatus*), même famille que le précédent; les procédés d'extraction sont les mêmes. Ces oléo-résines proviennent de la région de Thi-Tuih, province de Thudaumot (Cochinchine);

5° Un échantillon de caoutchouc du Tonkin (j'espère vous fournir plus tard les échantillons botaniques), donné par une liane, connue sous le nom de Dieu-Dïeu ;

6° Flacon renfermant du benjoin. Produit fourni par le *Styrax Benjoin*, famille des styracées, très riche en acide benzoïque, très estimé et recherché pour la confection de parfums. Existe en Annam, au Tonkin, et surtout au Laos, dans les environs de Luang-Prabang. Cet échantillon provient du Tonkin, voisinage de la rivière Noire;

7° Un morceau de minerai d'Antimoine, région de Long-Huy, province de Quang-Yen (Tonkin); il existe dans cette région divers gisements de cuivre, de plomb; la rouille y est abondante et est exploitée sur une grande échelle à Houg-Gay. J'ai, en mars 1901, au cours d'une tournée forestière des plus pénibles, accompli dans la province de Quang-Yen, constaté la présence à Long-Huy de minerais d'Antimoine, paraissant très riches ;

8° Flacon de stirk-laque (provenance Tonkin). Cette laque a pour origine la présence d'un insecte, le *Coccus lacca*, sur certains arbres de la famille des légumineuses, des combrétacées et des sapindacées. En Indo-Chine, ce sont surtout les sujets de la famille des légumineuses qui sont recherchés. L'insecte se fixe par le bec sur un rameau, et donne naissance à environ un millier de petits qui, à leur tour, se répandent sur les rameaux et donnent naissance à d'autres sujets. Il se forme alors sur le rameau des boursouflures de teinte foncée, ressemblant à des scories.

La composition est la suivante :

Résine...............	68 0/0
Matières colorantes..	10 0/0
Cire...............	6 0/0
Matières diverses....	16 0/0

La purification de la laque s'obtient à l'aide de solution alcaline bouillante.

Les matières colorantes peuvent être enlevées par l'eau pure, et peuvent trouver une utilisation commerciale ;

9° Des minerais de nickel provenant de la Nouvelle-Calédonie, recueillis par moi, en 1892.

De sincères remerciements sont adressés aux généreux donateurs.

Communications. — M. le Secrétaire général donne lecture de deux notes, de notre distingué collègue, M. Ch. Quincy :

1° Plante adventice nouvelle, pour la flore Chalonnaise, *Xanthium spinosum* L. ;

2° Simples notes sur les plantes alimentaires pour la volaille et les bestiaux.

Les membres présents que ces deux articles ont vivement intéressés, adressent à leur auteur leurs remerciements et leurs félicitations.

Voyage en Angleterre. — M. H. Guillemin entretient ses
collègues du voyage qu'il a effectué pendant ses vacances à Londres
et à Huddersfield, dans le comté d'York. Il raconte les incidents
inévitables et même drôlatiques qui attendent l'étranger lors de
son pays, et auxquels il n'a pas échappé; il décrit les sites qu'il a
parcourus, les villes qu'il a visitées et les merveilles, entre autres
Natural History Museum, qu'il a admirées.

Nous désirons tous que M. Guillemin mette à profit ses soirées
d'hiver pour nous écrire la relation de son long et beau voyage.

Il est un souvenir sur lequel notre secrétaire insiste, c'est l'accueil vraiment cordial que lui a fait un de nos collègues, fidèle
membre de la Société, M. Dulau, dont l'importante librairie est
située sur Soho Square. M. Dulau, un beau vieillard à la figure
loyale et très sympathique, est un ami sincère de la France, dont il
parle fort bien la langue ; il a été d'une grande amabilité; il s'est
intéressé à nos travaux qu'il suit avec intérêt, et il a chargé notre
secrétaire général de ses affectueux compliments pour tous les
membres de la Société. Il a même offert gracieusement à Mlle et à
M. Guillemin, deux guides, Bædeker, l'un de Londres et l'autre du
Yorkshire, puis il a ajouté ces mots qui peignent bien cet homme
généreux et bon : « Sachez, mon cher secrétaire, que lorsqu'on arrive
à Londres, la première chose à faire, c'est de venir trouver le papa
Dulau. » « Allez-y, mes chers collègues, a dit M. Guillemin en ter-
minant, et vous aurez l'heureux plaisir de faire la connaissance d'un
homme charmant, qui vous donnera sur Londres des renseignements précieux que je me suis hâté de mettre à profit. »

Excursion. — Une excursion mycologique à Jully-les-Buxy est
décidée pour le dimanche 16 octobre, sous la direction de M. Bigeard. Tous les champignons récoltés seront, comme l'année dernière, exposés dans les vitrines de M. Bouillet.

L'ordre du jour étant épuisé, la séance est levée à 10 heures.

Le Secrétaire,
E. BERTRAND.

Séance du 8 novembre 1904.

La réunion a lieu salle du Musée ; la séance est ouverte à 8 heures 1/4.

Présents : MM. le Dʳ Bauzon, Bertrand, Guillemin, Lemosy, Portier, Renault.

Excusé : M. Dubois.

Le procès-verbal de la séance du 11 octobre 1904, est lu et adopté sans observations.

Correspondance. — M. Dubois, avec sa lettre l'excusant à la séance de ce jour, a fait remettre au bureau, la copie du *Tarif des Billets d'excursions collectifs* élaboré par la Compagnie des Chemins de Fer P.-L.-M. et homologué tout récemment. Ce nouveau tarif G. V. nº 8, dont l'application favorisera les excursionnistes, sera publié dans le prochain Bulletin.

La Société des Sciences naturelles de la Haute-Marne demande l'échange de notre Bulletin avec le sien. Adopté.

M. Bigeard a envoyé la liste des champignons récoltés pendant l'excursion qu'il a dirigée en octobre dernier, à Juilly-les-Buxy.

Décès. — Lecture est donnée de la lettre de part du décès de M. Locard, ingénieur à Lyon. M. Guillemin secrétaire général, se charge d'exprimer à Mᵐᵉ Locard et à sa famille les regrets que cause à nos Sociétaires la mort de notre éminent membre correspondant et collaborateur.

Les membres du bureau ont le très vif regret d'apprendre la mort de M. Bernard Renault, Président de la Société d'Histoire naturelle d'Autun, dont le bureau de ladite Société vient de nous faire part. C'est une grande perte pour la science et en particulier pour la Société d'Autun ; nous lui en exprimons nos bien sincères condoléances. M. B. Renault était un homme dont la science faisait autorité et qui par cela même sera difficilement remplacé tant à la tête de la Société d'Histoire naturelle que, comme assistant au Museum ; M. le Dʳ Bauzon, vice-président, a exprimé à la Société d'Autun toute la part que nous prenons au deuil qui la frappe si cruellement.

Publications. — Le secrétaire général dépose sur le bureau les publications reçues du 12 octobre au 8 novembre 1904, dont la liste est ci-après.

Annecy. — Revue Savoisienne, 3ᵉ trim. 1904.

Chalon-sur-Saône. — Bul. de l'Union agricole et viticole, nᵒ 10 1904.

—   —   Bul. de la Soc. d'agr. et de viticulture, nᵒ 288.

Chateaudun. — Bul. de la Soc. Dunoise, nᵒ 139.

Clermont-Ferrand. — Revue d'Auvergne, nᵒ 4, 1904.

Elbeuf. — Bul. de la Soc. d'études des sc. nat., 1903.

Épinal. — Annales de la Soc. d'émulation des Vosges, 1904.

Évreux.—Bul. de la Soc. libre des Sc. et B.-lettres de l'Eure, 1903.

Louhans. — La Bresse louhannaise, nᵒ 11, 1904.

Lyon. — L'Horticulture nouvelle, nᵒˢ 19 et 20, 1904.

Mantes. — Bul. de la Soc. agr. et ort., nᵒ 288.

Marseille. — Revue orticole des B.-du-Rhône, nᵒ 603.

Mexico. — Parergones del Instituto geologico, T. I, nᵒ 3.

Moulins. — Revue scientifique du Bourbonnais, nᵒ 200-202.

Paris. — Revue générale des sciences, nᵒˢ 19 et 20, 1904.

—   La Feuille des jeunes naturalistes, nᵒ 409

Poitiers. — Bul. de la Soc. académique, nᵒ 350.

Porto. — Annaes de sciencias naturaes, vol. VIII.

Rochechouart. — Bul. de la Soc. des amis des sc. et arts, nᵒ i, 1904.

Strasbourg. — Bul. de la Soc. des sc., agr., arts de la B.-Alsace, nᵒ 8, 1904.

Villefranche. — Bul. de la Soc. des sc. et arts du Beaujolais, nᵒ 19.

Demande d'échanges.— M. Guillemin, considérant d'une part que la Société a édité la flore des champignons supérieurs de S.-et-L., par MM. Bigeard et Jacquin, et a fourni une subvention appréciable pour la publication de la petite flore du premier auteur, constatant d'autre part que nombre de nos collègues s'adonnent à l'étude des champignons, propose de solliciter de la Société mycologique de France, l'échange de ses publications avec les nôtres, dans le but d'aider nos ardents mycologues. — Adopté.

Vœu.— Les membres du bureau, sur la proposition de M. Portier.

émettent le vœu de voir l'administration municipale prendre, comme à Mâcon, des dispositions efficaces, pour empêcier la vente de cram. pignons vénéneux sur les marciés de Cialon-sur-Saône.

Communication. — M. H. Guillemin entretient ses collègues des ciampignons qu'il récolte dans la gare de notre ville. Il dépose sur le bureau des éciantillons de *Lépiote pudique* ou *floconneuse* (co. mestible) et de *Volvaire gluante* (mortelle), très communes toutes deux sur le bord des voies. Ces deux espèces ont été, du reste, exposées dans les vitrines de M. Bouillet, piarmacien, avec le *Coprin chevelu* (comestible). Il insiste sur les caractères scientifiques de ces ciampignons.

Notre secrétaire général rappelle l'empoisonnement qui a eu lieu vers le 13 octobre, à Oslon. Voici les faits :

Un cultivateur, nommé S..., mange depuis trente ans, dit-il, des ciampignons bien connus de tous ; c'est le cèpe ou gros pied, la gyrole, le mousseron rose des prés, etc. Or, cette année, la longue et grande sécieresse a nui au développement de ces cryptogames, qui ont été peu abondants.

Dans les premiers jours d'octobre, S... se rend dans les bois d'Oslon et ramasse des orcelles ou meuniers ; la récolte ne lui paraissant pas suffisante, il se rappelle qu'un iabitant du même pays — il y a encore dans les villages des malins connaissant tout — lui a dit : « Oh ! moi, je les connais bien les ciampignons : tous ceux qui sont mangés par les limaces sont bons. » Alors, persuadé que son ignorant concitoyen avait raison, il cueille des ciampignons à chapeau jaune verdâtre, à anneau ou collier blanciâtre dont il coupe le pied à ras du sol. Le malieureux eût-il aperçu la volve, que ce caractère tranciant, ne l'eut pas mis sur ses gardes, assuré d'avance qu'ils étaient comestibles, leurs ciapeaux portant les traces du passage des limaces ? Les orcelles et neuf de ces derniers ciampignons furent préparés pour le repas du soir ; lui-même en mangea un peu ; sa pauvre femme en ingéra une plus grande quantité ; ieureusement les enfants ne toucièrent pas au plat. Le résultat ne se fit pas attendre : trois jours après, la malieureuse mère expirait après des souffrances atroces, et notre iomme, entre la vie et la mort pendant près de iuit jours, ne dut son salut qu'aux soins éclairés du docteur. Les ciampignons restants et bien avariés me furent présentés après l'empoisonnement. A première vue, je reconnus la terrible

Amanite bulbeuse ou phalloïde ; mais, après examen, j'hésitai, car je ne vis ni anneau, ni la volve restée en terre, le pied ayant été coupé au-dessus du sol. Transmise à M. Bigeard, notre dévoué maître distingua immédiatement cette Amanite mortelle.

Quand donc fera-t-on litière de tous ces préjugés, tous plus faux les uns que les autres !

Quinze jours plus tard, le 30 octobre, à Bourg, dit le *Bulletin de la Société des naturalistes de l'Ain,* la famille B... fut victime d'un empoisonnement par la *Volvaire gluante.* Une jeune fille de vingt-un ans, mourut. Cette volvaire a-t-elle été confondue avec le mousseron rose des prés ? Cela arrive parfois. Ce malheureux événement prouve une fois de plus que TOUS LES CHAMPIGNONS ROSES NE SONT PAS BONS.

La séance est levée à 10 heures du soir.

L'un des secrétaires,

E. BERTRAND.

Séance du 13 Décembre 1904

PRÉSIDENCE DE M. LE Dr BAUZON, VICE-PRÉSIDENT

La séance est ouverte à 8 heures et demie, salle du Musée.

Présents : MM. le Dr Bauzon, Bertrand, Dubois, H. Guillemin, Lemosy, Portier, Renault et Rouyer.

Le procès-verbal de la séance du 8 novembre est lu et adopté sans observations.

Correspondance. — Une lettre de part envoyée par la « Société des Sciences historiques et naturelles de Semur-en-Auxois » nous apprend le décès de M. FLOUR DE SAINT-GENIS, son président. Le Bureau prie notre Société correspondante d'agréer l'expression de ses sincères condoléances pour la grande perte qu'elle vient de faire en la personne de son savant président.

Une circulaire de la « Société d'Histoire naturelle d'Autun », invite notre Société à vouloir bien souscrire en faveur de l'érection d'un monument à élever à la mémoire de son regretté président, M. Bernard RENAULT, dont elle nous a annoncé le décès. Désireux de voir notre Société s'associer à l'hommage à rendre au savant autant que modeste paléontologiste, qui était en même temps membre à vie de notre Association, les membres présents votent, à l'unanimité, une somme de 25 francs. Ils expriment en même temps leurs regrets que les ressources de la Société ne permettent pas de disposer d'une somme plus importante,

Le Musée national San Jose Costa Rica (Amérique centrale), a adressé un exemplaire de son Bulletin en demandant l'échange avec le nôtre. Tous les membres présents sont d'avis qu'il n'y a pas lieu de donner suite à cette offre.

M. Félix Benoît, ingénieur, collaborateur au Bulletin, à plusieurs reprises différentes, se propose d'envoyer un article sur les « *Lignites de Provence* ». Cet article serait publié dans un des plus prochains Bulletins.

M. Guillemin nous fait savoir qu'il possède le manuscrit d'un travail que M. le Dr Émile Mauchamp a fait sur Pétra. Cet article sera publié prochainement, nul doute qu'il n'intéresse les lecteurs autant que les articles précédents du même auteur, dont la primeur avait été réservée à notre Bulletin.

Nos remerciements à ces aimables collaborateurs.

Publications. — Le secrétaire général dépose sur le bureau les publications ci-dessous, reçues du 9 novembre au 13 décembre 1984.

Angers. — Bul. de la Soc. d'études scientifiques, 1903.

Avignon. — Académie de Vaucluse : 6e centenaire de la naissance de Pétrarque, 1904.

Bourg. — Annales de la Soc. d'émulation de l'Ain, 3e trim., 1904.

— Bul. de la Soc. des naturalistes de l'Ain, n° 15.

Cahan. — Revue bryologique, n° 6, 1904.

Chalon-sur-Saône. — Bul. de l'Union agricole et viticole, nos 11 et 12, 1904.

— — Bul de la Soc. d'agr et viticulture, n° 289.

Chicago. — Field Columbian Museum : publications, vol. 4, parts 1 et 2 ; title page and index to vol. 3. (Zoologie) et vol. 2, n° 5. (geological series).

Dax. — Bul. de la Soc. de Borda, 3e trim. 1904.

Gap. — Bul. de la Soc. d études des H.-Alpes, n° 12, 1904.

LIMOGES. — Revue scientifique du Limousin, n° 143.

LOUHANS. — La Bresse louhannaise, n° 12, 1904.

LYON. — L'Horticulture nouvelle, n°s 21-22, 1904.

MANTES. — Bul. de la Soc. agr. et hort., n° 289.

MARSEILLE. — Revue horticole des B.-du-R., n° 604.

MEXICO. — Parergones del Instituto geologico, T. I, n°s 4 et 5.

MONTEVIDEO. — Anales del Museo nacional : geografia fisica y esferica del Paraguay (Azara), 1904.

MOULINS. — Revue scientifique du Bourbonnais, n° 203.

NEUCHATEL. — Bul. de la Soc. neuchâteloise de géographie, 1904.

PARIS. — Ministère de l'Intruction publique : Bibliogr. générale des travaux hist. et archéol., 1901-1902.

—· Bul. du Comité ornitholog. international (Ornis), n° 4, T. XII.

— Bul. et mém. de la Société de spéléologie, n° 37, 1901-1904.

—· Bul. de la Soc. entomologique de France, n°s 15, 16 et 17, 1904.

— Revue générale des sciences, n°s 21 et 22, 1904.

—· Bul. de la Soc. d'anthropologie, n° 2, 1904.

—· La Feuille des jeunes naturalistes, n° 410.

POLIGNY. — Revue d'agr. et de viticulture, n°s 10 et 11, 1904.

REIMS. — Bul. de la Soc. des sc. nat., 1er et 2e trim., 1904.

SAN JOSE (COSTA RICA). — Museo nacional : Paginas ilustradas, n°s 10.

STRASBOURG. — Bul. de la Soc. des sc. agr. et arts de la B -A., n°s 7 et 9, 1904.

Condoléances. — Nous apprenons que M. Paul Dauphin vient de perdre sa femme ; nous le prions d'agréer l'expression de nos sincères condoléances.

Félicitations. — M. H. Guillemin, secrétaire-général, fait part de la chronique qu'il a relevée sur un quotidien de Chalon ; la voici :

Au dernier Congrès d'hygiène, qui s'est tenu à Lyon, un diplôme de médaille d'or et une médaille d'or ont été décernés à M. le Dr Bauzon, de Chalon. pour ses « travaux scientifiques sur les crèches et les écoles ».

Tous les membres présents félicitent M. le Dr Bauzon en leur nom et au nom de notre Société.

Banquet. — Quelques-uns des membres présents demandent si on organisera un banquet le jour de l'assemblée générale, en février 1905.

Deux raisons paraissent assurer le succès de ce projet : d'abord, manque de banquet depuis plusieurs années et puis un anniversaire à fêter. Le 1er février 1905, la Société achève la trentième année de son existence.

Aucune décision ne peut être prise sans que l'on sache si le nombre des Sociétaires qui désirent prendre part à cette fête sera suffisant.

Dons à la Bibliothèque :

1° Referendum bibliographique des sciences géologiques de Belgique, par M. Michel Mourlon ;

2° Résultat du referendum bibliographique, par M. Michel Mourlon;

3° Encore un mot sur les travaux du service géologique de Belgique, par le même ;

4° Réponse aux critiques par M. Emm. de Margerie au sujet de la Bibliographica geologica, par G. Simoens.

Don de M. Michel Mourlon, directeur du service géologique de Belgique.

De sincères remerciements sont adressé au généreux donateur.

L'un des Secrétaires,

E. BERTRAND.

Séance extraordinaire du Bureau de la Société le 22 décembre 1904

PRÉSIDENCE DE M. NUGUE, VICE-PRÉSIDENT

Les membres du Bureau, informés du décès subit de M. Ad. Arcelin, à Saint-Sorlin, étaient convoqués en même temps, pour désigner une délégation devant représenter la Société aux obsèques de notre vénéré Président.

La réunion a eu lieu chez M. Bertrand, secrétaire, le jeudi 22 décembre, à 2 heures et demie.

Étaient présents : MM. le Dr Bauzon, Bertrand, Dubois, Guillemin, Marceau, Nugue, Portier, Quincy, Renault et Tardy.

M. Lemosy n'a pu être prévenu en raison de son absence de Chalon.

A l'ouverture de la séance, le secrétaire n'a pas encore reçu de réponse au télégramme qu'il a envoyé à la famille dans la matinée pour exprimer les condoléances de la Société et avoir des renseignements sur le lieu, la date et l'heure des obsèques. En cours de réunion, il téléphone même à M. Lacroix, de l'Académie de Mâcon, qui ne peut encore nous fournir aucuns renseignements à ce sujet.

En présence de cette incertitude, les membres présents décident que dans le cas où M. Arcelin serait inhumé ailleurs qu'à Chalon, une délégation, composée de MM. Nugue, le Dr Bauzon, vice-présidents ; Bertrand et Têtu, secrétaires ; Renault, trésorier ; Tardy, bibliothécaire-adjoint, représenterait la Société.

L'achat d'une couronne avec pour inscription « A SON PRÉSIDENT LA SOCIÉTÉ DES SCIENCES NATURELLES DE SAONE-ET-LOIRE », est décidé ; le soin de la choisir est confié à MM. Guillemin et Bertrand.

Conformément à l'usage, des lettres de part seront envoyées à tous les membres, au nom de la Société.

M. le Dr Bauzon, vice-président, veut bien se charger de dire l'admiration dont notre éminent président était l'objet de la part de tous ceux qui le connaissaient, et aussi le vide que va causer parmi nous la disparition de cet homme d'une intelligence supérieure, aussi érudit que modeste.

Le Secrétaire,
E. BERTRAND.

CHALON-S-SAÔNE, IMP. FRANÇAISE ET ORIENTALE E. BERTRAND

BULLETIN MENSUEL

DE LA SOCIÉTÉ DES

SCIENCES NATURELLES

DE SAONE-ET-LOIRE

CHALON-SUR-SAONE

30ᵉ ANNÉE — NOUVELLE SÉRIE — TOME X

Nᵒˢ 1 et 2 — JANVIER et FÉVRIER 1904

Mardi 8 Mars 1904, à huit heures du soir, réunion mensuelle au siège de la Société, rue Boichot, au **Musée**

DATES DES RÉUNIONS EN 1904

Mardi, 12 Janvier, à 8 h. du soir.	Mardi, 14 Juin, à 8 h. du soir.
Dimanche, **14 Février**, à 10 h. du matin	— 12 Juillet —
ASSEMBLÉE GÉNÉRALE	— 9 Août —
Mardi, 8 Mars, à 8 h. du soir.	— 11 Octobre —
— 12 Avril —	— 8 Novembre, —
— 10 Mai —	— 13 Décembre —

CHALON-SUR-SAONE
ÉMILE BERTRAND, IMPRIMEUR-ÉDITEUR
5, RUE DES TONNELIERS

1904

ABONNEMENTS

| France, Algérie et Tunisie. . . | **6** fr. | Par recouvrement. . . . | **6** fr. **50** |

On peut s'abonner en envoyant le montant en mandat-carte ou mandat postal à *Monsieur le Trésorier de la Société des Sciences Naturelles à Chalon-sur-Saône.(Saône-et-Loire)*, ou si on préfère par recouvrement, une quittance postale, signée du trésorier, sera présentée à domicile.

Les abonnements partent tous du mois de Janvier de chaque année et sont reçus pour l'année entière. Les nouveaux abonnés reçoivent les numéros parus depuis le commencement de l'année.

TARIF DES ANNONCES ET RÉCLAMES

	1 annonce	3 annonces	6 annonces	12 annonces
Une page................	20 »	45 »	65 »	85 »
Une demi-page..........	10 »	25 »	35 »	45 »
Un quart de page........	8 »	15 »	25 »	35 »
Un huitième de page......	4 »	10 »	15 »	25 »

Les annonces et réclames sont payables d'avance par mandat-poste adressé avec le libellé au secrétaire général de la Société.

TARIF DES TIRAGES A PART

	100	**200**	**300**	**500**
1 à 4 pages	5 50	7 50	9 50	13 »
5 à 8 —	8 »	10 50	13 »	17 25
9 à 16 —	12 »	15 »	19 »	25 »
Couverture avec impression du titre de l'article seulement	4 75	6 25	7 75	10 »

MM. les Collaborateurs à la rédaction du Bulletin, qui désirent des tirages à part, sont priés d'en faire connaître le nombre lorsqu'ils retournent à M. le Secrétaire général, le bon à tirer de leur article.

L'imprimeur disposant de ses caractères aussitôt les tirages du Bulletin terminés, tout retard dans leur demande les expose à être privés du prix réduit spécial aux tirages à part.

NOUVELLE SÉRIE. 30e ANNÉE. Nos 1-2 JANVIER-FÉVRIER 1901.

BULLETIN
DE LA
SOCIÉTÉ DES SCIENCES NATURELLES
DE SAONE-ET-LOIRE

CHALON-SUR-SAONE

Société fondée le 1er Février 1875, par M. le Dr F.-B. de Montessus ✠

LISTE DES MEMBRES

ADMINISTRATION

MEMBRES DU BUREAU (1903-1905)

Président	M. Adrien ARCELIN, ancien élève de l'École des Chartes, ancien archiviste du département de la Haute-Marne, membre correspondant de l'Institut Égyptien, président de l'Académie de Mâcon et président de la Société d'histoire et d'archéologie de Chalon.
Vice-présidents	M. JACQUIN, A. ✱, pharmacien de 1re classe. M. NUGUE, ingénieur.
Secrétaire général	M. H. GUILLEMIN, A. ✿, ✠, professeur au Collège.
Secrétaires	M. RENAULT, entrepreneur. M. BERTRAND, imprimeur-éditeur.
Trésorier	M. DUBOIS, principal clerc de notaire.
Bibliothécaire	M. A. PORTIER, A. ✿, professeur au Collège.
Bibliothécaire adjoint	M. TARDY, professeur au Collège.
Conservateurs du Musée	M. LEMOSY, commissaire de surveillance administrative des chemins de fer. M. Ch. QUINCY, secrétaire de la rédaction du *Courrier de Saône-et-Loire*.

PRÉSIDENTS D'HONNEUR

M. Perrier (Edmond), O. ✳, I. ✸, membre de l'Institut, professeur
d'anatomie comparée, directeur du Muséum, 55, rue de Buffon,
Paris.

M. le Préfet de Saône-et-Loire, à Mâcon.

M. le Sous-Préfet de Chalon.

M. le Maire de Chalon.

M. l'Inspecteur d'Académie de Saône-et-Loire, à Mâcon.

MEMBRES D'HONNEUR

MM. Boule (Marcellin), ✳, I. ✸, professeur de paléontologie,
assistant au Muséum d'histoire naturelle, 57, rue Cuvier,
Paris.

Delafond, O. ✳, ✸, inspecteur général des Mines à Paris,
108, boulevard Montparnasse.

Dr Ch. Dépéret, ✳, I. ✸, doyen de la Faculté des sciences,
membre de l'Institut, professeur de géologie, quai Claude-
Bernard, à Lyon.

Dewalque (G.), docteur en médecine et en sciences naturelles, professeur de minéralogie et de géologie à l'Université de Liège (Belgique).

Dubois (R.), ✳, I. ✸, professeur de physiologie générale à la
Faculté des sciences, quai Claude-Bernard, à Lyon.

Gaudry (Albert), ✳, I. ✸, membre de l'Institut, professeur
de paléontologie au Muséum, 55, rue de Buffon, à Paris.

Hamy, O. ✳, I. ✸, membre de l'Institut, professeur au Muséum, 55, rue de Buffon, à Paris.

Lortet, O. ✳ I., ✸, doyen de la Faculté de médecine et de pharmacie, directeur du Muséum, quai Claude-Bernard, à Lyon.

MM. Meunier (Stanislas), ✳, I. ✿, lauréat de l'Institut, professeur de géologie au Muséum, 55, rue de Buffon, à Paris.

Oustalet (Émile), ✳, I. ✿, docteur ès sciences, professeur au Muséum d'Histoire naturelle, 61, rue Cuvier (Jardin des Plantes), à Paris.

Porte, directeur du jardin zoologique d'acclimatation, à Paris.

Rochebrune (de), I. ✿, assistant au Muséum, lauréat de l'Institut, 55, rue de Buffon, à Paris.

B. Renault, O. ✳, I. ✿, assistant au Muséum, lauréat de l'Institut, 1, rue de la Collégiale, à Paris.

Sauvageau (C.), I. ✿, professeur de botanique à la Faculté des sciences, à Bordeaux (Gironde).

MEMBRES CORRESPONDANTS

MM. Beauverie (J.), A. ✿, docteur ès sciences, chargé d'un cours de botanique agricole à la Faculté des sciences, quai Claude-Bernard, Lyon.

Benoit (Félix), I. ✿, ingénieur, boulevard du Musée, 16, Marseille.

Bordaz (G.), planteur, habitation Union et Ennas, Sainte-Marie, Martinique.

Bouffanges, conservateur du Musée des mines de Blanzy, Montceau-les-Mines.

Brébion, professeur à Chaudoc (Cochinchine).

Chifflot (J.), I. ✿, ✿, docteur ès sciences naturelles, chef des travaux pratiques de botanique à la Faculté des sciences de Lyon et sous-directeur du jardin botanique, à Lyon.

Coraze (Édouard), cours de Strasbourg, 2, à Hyères (Var).

Couvreur, I. ✿, maître de conférences de physiologie à la Faculté des sciences, quai Claude-Bernard, Lyon.

Cozette, service forestier, 85, rue Paul-Bert, à Hanoï (Tonkin).

Daviot (Hugues), A. ✿, ingénieur, à Gueugnon (Saône-et-Loire).

MM. Genty (Paul-André), directeur du jardin botanique, Dijon.

Janet (Charles), ✱, A. ✿, ingénieur des arts et manufactures, docteur ès sciences, ancien président de la Société zoologique de France, villa des Roses, près Beauvais (Oise).

Juvenel (Frank), capitaine à l'État major du génie, à la Rochelle, Charente-Inférieure.

Martin (A.), instituteur à Saint-Christophe, par Culan (Cher).

Mauchamp (P.), ✱, I. ✿, conseiller général, maire de Chalon, place de Beaune.

Mauchamp (Dr Émile), médecin du gouverneur français à Jérusalem (Palestine).

Michaut (Dr V.), professeur de physiologie à l'École de Médecine, licencié ès sciences physiques et naturelles, rue des Novices, 1, Dijon.

Moutel (René), médecin de 2e classe des colonies, à Tay-Ninh (Cochinchine).

Peyerimhoff (P. de), inspecteur des forêts à Digne (Basses-Alpes).

Planès (l'Abbé), à Lunel (Hérault).

Privat-Deschanel (Paul), professeur agrégé au lycée d'Orléans (Loiret).

Renault (A.), professeur d'agriculture à l'École de Coigny, par Prétot (Manche).

Révil (J.), membre correspondant de l'Académie de Savoie, à Chambéry.

Riche (Attale), I. ✿, maître de conférences de géologie à la Faculté des sciences de Lyon, quai Claude-Bernard, Lyon.

Varenne (André de), docteur ès sciences naturelles, ex-préparateur de physiologie générale au Muséum, 7, rue de Médicis, Paris.

Variot, ✱, ingénieur des ponts-et-chaussées, rue de la Mare, Chalon.

Viré (A.), I. ✿, docteur ès sciences, secrétaire de la Société de Spéléologie, attaché au Muséum, rue de Buffon, 55, Paris.

Zipfel, docteur, professeur d'anatomie à l'École de Médecine, 27, rue de Buffon, Dijon.

MEMBRES DONATEURS [1]

Mme F. DE MONTESSUS. à Rully.

MM. DAVIOT (Hugues), A. ✿, ingénieur à Gueugnon.

FERRAND (Guillaume), propriétaire à Royer, par Tournus.

LEMOSY, commissaire de surveillance adm. des chemins de fer, rue du Faubourg-Saint-Jean-des-Vignes, 33, Chalon.

QUINCY (Ch.), secrétaire de la rédaction du *Courrier de Saône-et-Loire*, rue de la Fontaine, 8, Chalon.

MEMBRE A VIE [2]

M. Bernard RENAULT, O. ✸, I. ✿ assistant au Muséum, lauréat de l'Institut, rue de la Collégiale, 1, à Paris.

1. La Société accorde le titre de *Membre donateur* à toute personne qui lui fait don en espèces ou en nature d'une valeur minimum de trois cents francs.

2. Tout sociétaire peut devenir *Membre à vie* en rachetant sa cotisation mensuelle par le versement une fois fait de la somme de cent francs.

MEMBRES TITULAIRES

A

MM.

ADENOT (Paul), propriétaire à Givry.

ADENOT, industriel, au Pont-de-Fer, Chalon.

AGRON (Joseph), 4, quai des Messageries, Chalon.

ALIN, agent d'assurances, quai des Messageries, 12, Chalon.

ALOIN, pharmacien, rue Pavée, 23, Chalon.

ANTONIN, directeur du Crédit Lyonnais, Chalon.

ARCELIN (Ad.), rentier, quai des Messageries, 12, Chalon.

ARNAUD-THEVENIN, propriétaire, rue Gauthey, 1, Chalon.

AUPÈCLE, directeur de la Verrerie, boul. de la République, Chalon.

B

BAPTAULT, docteur, place de Beaune, 32, Chalon.

BARDOLLET, agent général d'assurances, rue de la Banque. Chalon.

BARRAULT, avocat, boulevard de la République, 4, Chalon.

BARTHÉLEMY, photographe, rue d'Autun, Chalon.

BATAULT (Joachim), rue aux Fèvres, 30, Chalon.

BATTAULT, brasseur, rue Boichot, Chalon.

BAUGÉ, entrepreneur de serrurerie, qual du Canal, 12, Chalon.

BAUZON, A. ✿, docteur en médecine, rue des Minimes, 6, Chalon.

BENOIST (Eugène), propriétaire, rue des Tonneliers, 8, Chalon.

BENOIST (Henri), propriétaire, Grand'Rue, 39, Chalon.

BERNARD, A. ✿, pharmacien et maire de Pierre-en-Bresse (Saône-et-Loire).

BERNARD (Étienne), propriétaire, quai Sainte-Marie, 36, Chalon.

BERTON (Alfred), entrepreneur, rue de Thiard, 11, Chalon.

BERTRAND, employé de banque, boul. de la République, 17, Chalon.

BERTRAND (E.), chevalier de l'ordre du Nicham Iftikar, imprimeur, rue des Tonneliers, Chalon.

BESSON (Mme), A. ✿, directrice du Collège de jeunes filles, Chalon.

BESSON (Paul), droguiste, rue de la Banque, 7, Chalon.

BESSON (Vital), propriétaire à Sermesse, par Verdun-sur-le-Doubs.

BESSON (Louis), négociant, quai de la Navigation, 28, Chalon.

MM.

BIGEARD, A. ✿, instituteur honoraire à Nolay (Côte-d'Or).

BLANC (Jules), négociant, rue de l'Obélisque, 14, Chalon.

BLANC (Louis), restaurateur, boulevard de la République, Chalon.

BLED-BOURSEY, négociant, rue du Faubourg-Saint-Jean-des-Vignes, 33, Chalon.

BOITARD, banquier, Pierre-en-Bresse (Saône-et-Loire).

BON, négociant, rue de l'Obélisque, Chalon.

BONNARD, négociant, rue de l'Obélisque, 14, Chalon.

BONNARDOT, propriétaire, Varennes-le-Grand (Saône-et-Loire).

BONNEFOY (Léon), maire de Remigny, par Chagny.

BONNET (Joseph), place du Cloître-Saint-Vincent, 6, Chalon.

BONNY, négociant, à Saint-Léger-sur-Dheune (Saône-et-Loire).

BOUILLET (Henri), docteur en pharmacie, rue de l'Obélisque, 10, Chalon.

BOULISSET (Lazare), comptable à la 9e écluse (Écuisses) (Saône-et-Loire).

BOURET, vétérinaire, lauréat de l'École de Lyon, place de l'Hôtel-de-Ville, 14, Chalon.

BOURGEOIS (Louis), phototypeur, avenue de Paris, Chalon.

BOURRUD (J.-B.), étudiant en médecine, rue Pavée, 27, Chalon.

BOURSEY (Antoine), principal clerc de notaire, place du Collège, 12 Chalon.

BOUVERET, banquier, rue de Thiard, 17, Chalon.

BOYER, libraire, place de Beaune, Chalon.

BRILL (Maurice), ingénieur des Arts et Manufactures, chalet Kretzschmar, avenue de Paris, Chalon.

BUFFINEZ, contrôleur des Contributions directes en retraite, à Bray, par Cluny (Saône-et-Loire).

C

CARILLON (Henri), professeur d'agriculture, avenue Boucicaut, 45, Chalon.

CARNOT (Siméon), avocat, O. ✪, rue Saint-Alexandre, Chalon.

CARRÉ (Alfred), peintre décorateur, boulevard de la République, Chalon.

MM.

CARRION (l'abbé), curé de Saint-Laurent, Creusot.

CARTIER (François), directeur du *Courrier de Saône-et-Loire*, rue Fructidor, Chalon.

CARTIER (Henry), entrepreneur de travaux publics, rue Gloriette, à Chalon.

CAUZERET, négociant, rue de l'Obélisque, Chalon.

CEUZIN-JACOB, rentier, porte de Lyon, Chalon.

CHABANON, I. ✪, principal du Collège, Chalon.

CHAIGNON (vicomte de), ✳, propriétaire, Condal, par Dommartin-les-Cuiseaux.

CHAMBION (Albert), rentier, place du Port-Villiers, Chalon.

CHAMBION (Henry), rentier, quai du Canal, 32, Chalon.

CHANET, cartonnier, place du Châtelet, 10, Chalon.

CHANGARNIER, fils, architecte, Grand'Rue, 39, Chalon.

CHARNOIS, négociant en grains, juge au tribunal de commerce, rue du Faubourg-Saint-Jean-des-Vignes, Chalon.

CHARNOIS, docteur, Givry.

CHAUDOT, négociant, Grand'Rue, Chalon.

CHAUMY, architecte, **rue de** l'Obélisque, Chalon.

CHAUSSIER (Victor), négociant, rue de la Mare, Chalon.

CHAVÉRIAT, docteur, rue au Change, Chalon.

CHEVRIER (Albert), propriétaire, rue Saint-Georges, 13, Chalon.

CHEVRIER (Léon), propriétaire, place de Beaune, 14, Chalon.

COMMEAU, représentant de commerce, place du Châtelet, 2, Chalon.

CORNE, directeur de la Banque de France, Chalon.

CORNIER, instituteur à Gergy.

CORNU, négociant, rue d'Autun, Chalon.

COULOT, restaurateur, à Constantine, Algérie.

COURBALLÉE-THEVENIN, avocat, rue d'Autun, 28, Chalon.

COUREAU (Étienne), industriel, Saint-Remy, par Chalon.

COUTIER, armurier, Grand'Rue, 39, Chalon.

CRETIN, entrepreneur de serrurerie, rue Fructidor, Chalon.

D

DACLIN (Albert), chirurgien-dentiste de la Faculté de Paris, boulevard de la République, 11, Chalon.

MM.

DAILLANT (Jules), avocat, rue Saint-Georges, 28, Chalon.

DALMAS (Philippe), confiseur, place de Beaune, Chalon.

DANNEMULLER, pharmacien à Sennecey-le-Grand.

DAUPHIN, employé au Crédit Lyonnais, rue des Minimes, 33, Chalon.

DELAVIGNE, géomètre, architecte, expert, à la Redoute, par Buxy (Saône et-Loire).

DELUCENAY, avocat, rue de Thiard, 6, Chalon.

DEMIMUID, A. ✿ professeur, rue Gauthey, 9, Chalon.

DENIZIAU, agent général d'assurance, Grand'rue, 38, Chalon.

DENIER, plâtrier-peintre, grand'rue Saint-Laurent, 13, Chalon.

DERAIN, carrossier, boulevard de la République, 8, Chalon.

DESBOIS, rentier, place du Châtelet, 4, Chalon.

DÉSIR DE FORTUNET, docteur en médecine, place de Beaune, Chalon.

DEVOUCOUX, notaire, 6, rue Saint-Georges, Chalon.

DICONNE, ancien avoué, place de l'Obélisque, 7, Chalon.

DIOT (Auguste), négociant en vins, Chagny.

DONNOT-CHAREYRE, négociant, rue de la Banque, 9, Chalon.

DROPET, docteur en médecine, rue de l'Obélisque, 33, Chalon.

DRUARD (Edmond), négociant, rue Fructidor, 35, Chalon.

DUBOIS, principal clerc de notaire, rue de Lyon, 6, Chalon.

DULAU et Cᵒ, Foreign Booksellers, 37, Soho-Square, London W.

DULAU   —   —   —

DULAU   —   —   —   —

DULAU   —   —   —

DUPREY (Marius), propriétaire à Lalheue, par Laives.

DURAND, brasseur, place du Port-Villiers, à Chalon.

DURHONE, A. ✿, pharmacien de 1ʳᵉ classe, maire de Pont-de-Vaux (Ain).

DUTHEY, représentant des mines de Blanzy, quai des Messageries. Chalon.

E

ÉRARD, avoué, rue de l'Obélisque, 25, Chalon.

ESPIARD (Charles), A. ✿, professeur au Collège, rue de Thiard, 6, Chalon.

F

MM.

FAFOURNOUX, Marius, photograpie, rue d'Uxelles, Cialon.

FAILLANT (Henri), employé de commerce, boulevard de la République, Cialon.

FAIVRE (Just), A. ✿, rentier, place de l'Hôtel-de-Ville, 12, Cialon.

FALQUE, pharmacien de 1ʳᵉ classe, rue au Ciange, 25, Cialon.

FAVRE (Émile), boulevard de la République, 1, Cialon.

FISCHER (Mˡˡᵉ), professeur au Collège de jeunes filles, quai du Canal, 26, Cialon.

FLORIMOND, négociant, avenue de la Gare, Cialon.

FORET (Claude), propriétaire, quai de la Navigation, 24, Cialon.

FORET (Étienne), négociant, rue de Tiiard, Cialon.

FRANON, avoué, rue Carnot, Cialon.

FROMHEIN, correspondant de la Compagnie P.-L.-M., avenue de la Gare, Cialon.

G

GABIN, directeur des tuileries du Chapot, près Verdun-sur-le-Doubs.

GABRIELLI, percepteur, Gueugnon.

GAMBEY-FAVIER, négociant, rue de l'Obélisque, 5, Cialon.

GAMBEY (Josepi)   —   —   3, Cialon.

GARNIER (Francisque), banquier, place du Ciâtelet, Cialon.

GENDROT, avoué, place de l'Obélisque, 7, Cialon.

GENTINAT, plâtrier-peintre, rue Saint-Georges, 20, Cialon.

GILLOT, I. ✿, docteur en médecine, vice-président de la Société d'iistoire naturelle d'Autun, à Autun.

GIRAUD, conducteur principal des ponts et ciaussées, Saint-Julien sur-Dieune, par Écuisses.

GOUDARD, ingénieur des arts et manufactures, quai du Canal, Chalon.

GOUILLON, avocat, ingénieur-agronome, professeur à l'École d'agriculture, à Fontaines.

GRAILLOT, ingénieur, rue Piilibert-Guide, Cialon.

GRANDJEAN, arbitre de commerce, 5, rue Sainte-Croix, Cialon.

GRANGER (Étienne), entrepreneur de marbrerie, place Saint-Jean, 1, Cialon.

MM.

GRANGER, tailleur, rue de l'Obélisque, 14, Chalon.

GRAS-PICARD, négociant, rue de Thiard, 3, Chalon.

GRENIER (Léon), caissier de la Caisse d'épargne, rue Carnot, Chalon

GRILLOT, notaire, rue des Tonneliers, 5, Chalon.

GRIVEAUD, ancien notaire, Joncy.

GRIVEAUX (Louis), médecin vétérinaire, lauréat de l'École de Lyon, quai de la Navigation, Chalon.

GROS (Charles), président de la Chambre de commerce, place de l'Hôtel-de-Ville, 3, Chalon.

GAUPILLAT, docteur oculiste, boulevard de la République, Chalon.

GUÉPET, ancien avoué, rue de l'Obélisque, 25, Chalon.

GUEUGNON, directeur de l'École communale, quai de la Poterne, Chalon.

GUICHARD (Albert), ✳, négociant en vins, rue de l'Obélisque, 10, Chalon.

GUICHARD (Mme Albert), rue de l'Obélisque, 10, Chalon.

GUICHARD, directeur du Crédit Lyonnais, place du Port-Villiers, 2, Chalon.

GUILLEMAUT, pharmacien à Sennecey-le-Grand.

GUILLEMIER, maire de Saunières, par Verdun-sur-le-Doubs.

GUILLEMIN (Henri), A. ✳, ✳, professeur de physique au Collège, port du Canal, 37, Chalon.

GUILLEMIN (Joseph), I. ✳, professeur honoraire, rue Denon, 15, Chalon.

GUILLERMIN, docteur, Buxy.

GUILLON, ✳, propriétaire-viticulteur, place de Beaune, 46, Chalon.

GUILLOT, I. ✳, professeur de mathématiques au Collège, rue des Tonneliers, 5, Chalon.

GUILLOUX, loueur de voitures, rue de la Banque, Chalon.

H

HEYDENREICH, avoué, quai des Messageries, Chalon.

HUMBERT (Anselme), négociant, Chaussin (Jura).

HUMBERT (Fernand), employé de la banque Druard, Grand'Rue, 9, Chalon.

J

MM.

JACOB, directeur des tuileries de Navilly (Saône-et-Loire).

JACQUIN, A. ✿, pharmacien de 1ʳᵉ classe, rue Fructidor, 8, Chalon.

JANNET, architecte, boulevard de la République, 7, Chalon.

JANNIN (Alfred), propriétaire, rue aux Fèvres, 29, Chalon.

JAVOUHEY, quincaillier, rue de Thiard, 36, Chalon.

JEAN (Lucien), I. ✿, inspecteur primaire, place de Beaune, Chalon.

JEANNIN neveu, négociant, quai de la Navigation, 8, Chalon.

JEANNIN fils, négociant, quai du Canal, Chalon.

JEANNIN-MULCEY, libraire, rue du Châtelet, Chalon.

JEUNET (Flavien), ✿, négociant, Rully.

JOBARD, quincaillier, Grand'Rue, Chalon.

JOCCOTON, pharmacien, Étang.

JONDEAU, docteur, quai du Canal, 10, Chalon.

JOSSERAND, I. ✿, notaire, boulevard de la République, 6, Chalon.

JOSSERAND, arbitre de commerce, rue de la Citadelle, 7, Chalon.

JUDET, greffier de paix du canton Nord, rue Gloriette, Chalon.

JOUARD, pharmacien de 1ʳᵉ classe, Monaco.

L

LABRY, docteur, boulevard de la République, 4, Chalon.

LAFORGE (Edmond), A. ✿, représentant industriel, 28, rue des Meules, Chalon.

LAGRANGE, comptable, maison Piffaut, rue de l'Obélisque, Chalon.

LAMARCHE, caissier de la banque de France, rue de la Banque, Chalon.

LAMBERT (Ch.), A. ✿, représentant de commerce, grand'rue Saint-Cosme, 32, Chalon.

LAMBERT, restaurateur, rue de l'Obélisque, Chalon.

LANDRÉ (Fernand), représentant de commerce, rue Carnot, 9, Chalon.

LANCIER (Louis), entrepreneur, place Ronde, Chalon.

LAUNAY (Marcel), propriétaire à Chassagne-Montrachet (Côte-d'Or).

LAURENT-COULON, négociant, Saint-Marcel.

LAURENT, docteur, boulevard Saint-Germain, 129, Paris.

MM.

LAVERGNE, négociant, rue de Thiard, 12, Chalon.

LEBUY, pharmacien, à la Clayette.

LECONTE, notaire, place de Beaune, Chalon.

LECROQ, agent général d'assurance, place de l'Obélisque, 5, Chalon.

LAVESVRE, maire de Montcoy, par Saint-Marcel.

LESNE (André), architecte, place de la Halle, Chalon.

LEVET, docteur en médecine, 24, place de Beaune, Chalon.

LEGRAS, pharmacien, Verdun-sur-le-Doubs.

LEMOSY, Louis, rue du Faubourg-Saint-Jean-des-Vignes, 33, Chalon.

LESAVRE, docteur, Sennecey-le-Grand.

LEVIER, propriétaire, à Écuisses.

LOMBARD, orfèvre, rue du Châtelet, Chalon.

LOUCHARD, entrepreneur de menuiserie, rue de l'Obélisque, 25, Chalon.

LOUDOT, greffier de paix, à Buxy.

LUCOT (Émile), voyageur de commerce, à Sainte-Colombe-sur-Seine (Côte-d'Or).

M

MADER, négociant, place de la Halle, 2, Chalon.

MAGNE, docteur en médecine, rue de l'Obélisque, Chalon.

MARCAUD-DICONNE, directeur des docks, place de Beaune, Chalon.

MARCEAU, rue des Tonneliers, 5, Chalon.

MARION, pharmacien, Buxy.

MARTZ, A. ✿, docteur, boulevard de la République, 1 bis, Chalon.

MATHEY, conseiller général et maire de Saint-Étienne-en-Bresse, quai des Messageries, 14, Chalon.

MATHEY-JACOB, négociant, rue au Change, 19, Chalon.

MATRY, I. ✿, professeur au Collège, rue des Tonneliers, 10, Chalon.

MAUGEY (Georges), horticulteur, avenue Boucicaut, Chalon.

MERCEY (Marc), pharmacien, port du Canal, 53, Chalon.

MERLE (l'abbé), professeur à l'École des Minimes, Chalon.

MIEDAN, propriétaire-viticulteur, rempart Saint-Pierre, 10, Chalon.

MM.

MONNET, ingénieur, rue Torricelli, 11, Paris.

MONNIER (Auguste), négociant, place de l'Hôtel-de-Ville, 3, Chalon.

MONNOT, receveur buraliste, rue d'Autun, Chalon.

MORÉTAUD, greffier de paix, rue Gloriette, 25, Chalon.

MORILLOT, A. ✿, professeur au Collège, quai de la Poterne, Chalon.

MOYAT, avoué, boulevard de la République, Chalon.

N

NAVARRE, conducteur principal des ponts et chaussées, rue du Faubourg-Saint-Cosme, 2, Chalon.

NUGUE, ingénieur, rue Philibert-Guide, 9, Chalon.

O

OUDET (Épiphane), percepteur à Vollonne, près Sisteron (B.-Alpes).

P

PACAUT, fondé de pouvoir à la banque Garnier, place du Châtelet, Chalon.

PAGNIER, représentant de commerce, rue de la Trémouille, 5, Chalon.

PAGEAULT, chirurgien-dentiste, 17, boulevard de la République, Chalon.

PAILLARD, I. ✿, directeur de l'École professionnelle, rue de Thiard, 29, Chalon.

PAL, propriétaire à Aubigny, par Saint-Léger-sur-Dheune.

PARIAUD, rue de la Motte, 22, Chalon.

PARLADÈRE, conducteur de la voie, 18, rue des Meules, Chalon.

PAULUS, A. ✿, professeur d'allemand au Collège, 3, rue de l'Obélisque, Chalon.

PAYANT (Henri), marchand de meubles, rue du Châtelet, 20, Chalon.

PELLETIER (Lucien), libraire, Grand'Rue, Chalon.

PENSA, ingénieur agronome, la Bouthière, par Saint-Boil.

MM.

PERNET (Victor), horloger de la Cie P.-L.-M., avenue Bouvicaut, Chalon.

PERNY (Mlle), professeur au Collège de Jeunes filles, rue de la Citadelle, 21, Chalon.

PERRIN, marchand de meubles, rue Saint-Georges, Chalon.

PERRON, pharmacien, boulevard de la République, Chalon.

PERRUSSON, receveur des hospices, quai de la Navigation, 6, Chalon.

PETIOT, pharmacien, Givry.

PETITJEAN, café parisien, quai des Messageries, 10, Chalon.

PHILIBERT (Jean-Baptiste), pharmacien à Nolay (Côte-d'Or).

PICARD (Léon), agent général d'assurances. 11, rue du Temple, Chalon.

PICOT, percepteur, à Damerey (Saône-et-Loire).

PIFFAUT (Félix), négociant, 54, rue d'Autun, Chalon.

PIFFAUT (Henri), négociant, rue de l'Obélisque, 7, Chalon.

PIFFAUT (Raymond), négociant, rue de l'Obélisque, 7, Chalon.

PIGNIOLLET, pharmacien, rue Porte-de-Lyon, Chalon.

PINARD (Claude), propriétaire, rue de l'Arc, 11, Chalon.

PINETTE (G.), ✿, constructeur-mécanicien, rue Philibert-Guide, 9. Chalon.

PIOT, greffier au tribunal de commerce, rue de Thiard, 4, Chalon.

PIPONNIER, pharmacien, Grand'Rue-Saint-Laurent, 3, Chalon.

POILLOT, brasseur, rue des Meules, Chalon.

POIZAT (Louis), propriétaire, Lux, par Chalon.

PORTIER, A. ✿, professeur au Collège, avenue de Paris, Chalon.

POTY, chef de section au chemin de fer, rempart Saint-Pierre, Chalon.

PRADEL, avocat, place de l'Obélisque, 7, Chalon.

PRÊTRE, pharmacien, rue Saint-Vincent, 10, Chalon.

PRIEUR (Albert), représentant de commerce, rue Saint-Georges, 13, Chalon.

PROTHEAU (Joseph), A. ✿, entrepreneur de travaux publics, boulevard de la République, 8, Chalon.

R

RAGOT, agent général d'assurances, boulevard de la République, 6, Chalon.

MM.

RAYNAUD (Jules), A. ✿, ✿, directeur de l'École d'agriculture, Fontaines.

REDOUIN, notaire, rue de l'Obélisque, Cialon.

RENARD, professeur au Collège, Cialon.

RENAUD, A. ✿, professeur au Collège, place de Beaune, Cialon.

RENAUDIN, instituteur, Allerey, Saône-et-Loire

RENAULT, entrepreneur de travaux publics, rue Gloriette, Cialon.

RICHARD (Nicolas), tailleur, boulevard de la République, 3, Cialon.

RIFAUX (Marcel), docteur, rue de l'Obélisque, 8, Cialon.

RIMELIN (l'abbé), curé de Jugy, par Sennecey-le-Grand (Saône-et-
Loire).

ROLLIN, directeur de l'Usine à gaz, Port du Canal, 31, Cialon.

ROY-CHEVRIER, A. ✿, O. ✿, propriétaire, cialet du Péage, Dracy,
par Givry.

ROY-Naltet, négociant, quai de la Navigation, 14, Cialon.

ROY-THEVENIN, négociant, quai de la Navigation, 12, Cialon.

ROUYER, avoué, 11, boulevard de la République, Cialon.

RUAUT (Gustave), agent d'assurances, rue Carnot, Cialon.

S

SAINT-CYR, ✿, médecin vétérinaire, inspecteur à Saint-Denis, île
de la Réunion.

SASSIER (Claude-Jules), viticulteur, quai de la Navigation, 2 *bis*,
Cialon.

SOICHOT, piarmacien de 1re classe, Grand'Rue, 58, Cialon.

SORDET (Alfred), propriétaire, Saint-Germain-du-Plain (S.-et-L.).

SORDET (Jean), propriétaire, rue Fructidor, 1 *bis*, Cialon.

SUREMAIN (Pierre de), propriétaire, avenue de Paris, 47, Cialon.

T

TARDY, professeur au Collège, rue du Ciâtelet, 17, Cialon.

TÊTU, avoué, rue Fructidor, 10 *bis*, Cialon.

THIBERT, secrétaire des hospices, rue du Temple, 10, Chalon.

TISY-CORNU, receveur municipal, rue Philibert-Guide, Cialon.

MM.

THEULOT, négociant, rue de l'Obélisque, Cialon.

THOMAS (Mlle), professeur au Collège de jeunes filles, avenue de Paris, 43, Cialon.

TISSOT, naturaliste, à Ciampforgeuil, par Cialon.

TRAVERSE, greffier du tribunal civil, au Palais de justice, Cialon.

TROSSAT, docteur, place du Palais-de-Justice, 2, Cialon.

V

VACHET, rentier, rue des Minimes, 3, Cialon.

VALENDRU, notaire, Givry.

VALENTIN (Louis), entrepreneur, à Ciagny.

VALLON, notaire, rue de Tiiard, 3, Cialon.

VALLOT, conducteur des ponts et ciaussées, Épinac (Saône-et-Loire).

VERNET (Francisque), ingénieur à Baudemont, par la Clayette.

VETTER, receveur des postes, Cialon.

VIREY (Jean), arciiviste-paléograpie, Ciarnay, par Mâcon.

VITTEAULT (Édouard), industriel, rue de la Fontaine, 6, Cialon.

VIVIER, avoué, rue de la Fontaine, 4, Cialon.

SOCIÉTÉS SAVANTES ET REVUES SCIENTIFIQUES

CORRESPONDANTES

Le millésime indique l'année dans laquelle ont commencé les relations

FRANCE

AIN

Bourg. — Société des sciences naturelles et d'archéologie de
l'Ain.   1895
— Société d'émulation de l'Ain.   1896
— Société des Naturalistes de l'Ain.   1899

ALLIER

Moulins. — Revue scientifique du Bourbonnais et du centre
de la France (directeur M. E. Olivier).   1895

ALPES (HAUTES-)

Gap. — Société d'études des Hautes-Alpes.   1895

ALPES-MARITIMES

Cannes. — Société d'agriculture, d'horticulture et d'acclimatation.   1895

ARDENNES

Charleville. — Société d'histoire naturelle des Ardennes.   1895

AUDE

Carcassonne. — Société d'études scientifiques de l'Aude.   1895

AVEYRON

Rodez. — Société des lettres, sciences et arts de l'Aveyron.   1896

BOUCHES-DU-RHÔNE

Marseille. — Société d'horticulture et de botanique. 1895

— Société scientifique et industrielle. 1896

CALVADOS

Lisieux. — Société d'horticulture et de botanique du centre de la Normandie. 1898

CÔTE-D'OR

Semur. — Société des sciences historiques et naturelles de Semur. 1877

Beaune — Société d'arcéologie, d'histoire et de littérature de Beaune. 1879

Dijon. — Académie des sciences, arts et belles-lettres. 1895

CÔTES-DU-NORD

Saint-Brieuc. — Société d'émulation des Côtes-du-Nord. 1895

CREUSE

Guéret. — Société des sciences naturelles et arcéologiques de la Creuse. 1896

DOUBS

Montbéliard. — Société d'émulation de Montbéliard. 1877

Besançon. — Société d'émulation du Doubs. 1877

— Académie des sciences, belles-lettres et arts. 1896

EURE

Évreux. — Société libre d'agriculture, sciences, arts et belles-lettres de l'Eure. 1896

EURE-ET-LOIR

Châteaudun. — Société dunoise (arc., histoire, sciences et arts). 1895

FINISTÈRE

Brest. — Société académique. 1877

GARD

Nîmes. — Société d'études des sciences naturelles. 1875
— Académie de Nîmes. 1896

HÉRAULT

Montpellier. — Société d'horticulture et d'histoire naturelle
de l'Hérault. 1879
Béziers. — Société d'études des sciences naturelles. 1881

ISÈRE

Grenoble. — Société de statistique des sciences naturelles et
des arts industriels de l'Isère. 1897
Vienne. — Société des amis des sciences naturelles. 1903

JURA

Poligny. — Revue d'agriculture et de viticulture (place
Notre-Dame, 9) 1902

LANDES

Dax. — Société de Borda. 1877

LOIRE-INFÉRIEURE

Nantes. — Société des sciences naturelles de l'ouest de la
France. 1895
— Société académique de Nantes et de la Loire-
Inférieure. 1900

LOZÈRE

Mende. — Société d'agriculture, industrie, sciences et arts
de la Lozère. 1896

MAINE-ET-LOIRE

Angers. — Société d'études scientifiques. 1880

MARNE

Vitry-le-François. — Société des sciences et des arts. 1877

Châlons-sur-Marne. — Société d'agriculture, commerce,
sciences et arts de la Marne.   1881
Reims. — Société d'études des sciences naturelles.   1881

MEURTHE-ET-MOSELLE

Nancy. — Société des sciences (ancienne Société des sciences
naturelles de Strasbourg) et Réunion biologique.   1895

MEUSE

Montmédy. — Société des naturalistes et archéologues du
nord de la Meuse.   1895
Verdun-sur-Meuse. — Société philomathique.   1895

NORD

Roubaix. — Société d'émulation.   1896

ORNE

Cahan. — Revue bryologique (directeur M. Husnot).   1895

PUY-DE-DÔME

Clermont-Ferrand. — Société des Amis de l'Université de
Clermont.   1896

PYRÉNÉES-ORIENTALES

Perpignan. — Société agricole, scientifique et littéraire des
Pyrénées-Orientales.   1895

RHIN (HAUT-)

Belfort. — Société belfortaine d'émulation.   1896

RHÔNE

Lyon. — Société linnéenne.   1875
—   — botanique.   1878
—   — d'horticulture pratique du Rhône.   1896
—   — d'anthropologie.   1900
—   Muséum d'histoire naturelle   1900
Tarare. — Société des sciences naturelles.   1897
Villefranche. — Société des sciences et arts du Beaujolais.   1900

SAÔNE-ET-LOIRE

Mâcon. — Académie de Mâcon.	1876
Chalon-sur-Saône. — Société d'histoire et d'archéologie.	1895
— Société d'agriculture et de viticulture	1901
— Union agricole et viticole.	1903
Autun. — Société d'histoire naturelle. ·	1895
Mâcon. — Société d'histoire naturelle.	1896
Louhans. — Société d'agriculture, d'horticulture, sciences et lettres.	1896
Tournus. — Société des Amis des arts et des sciences.	1896
Matour. — Société d'études agricoles, scientifiques et historiques	1896

SARTHE

Le Mans. — Société d'agriculture, sciences et arts de la Sarthe.	1895

SAVOIE

Moutiers. — Académie de la Val-d'Isère.	1885

SAVOIE (HAUTE-)

Annecy. — Société florimontane.	1877

SEINE

Paris. — Comité des travaux historiques et scientifiques près le Ministère de l'instruction publique (5 *exemplaires des Bulletins et Mémoires*).	1875
— Ministère de l'Instruction publique (Commission du Répertoire de bibliographie scientifique) (*un exemplaire*).	1901
— Société nationale des Antiquaires de France, palais du Louvre.	1877
— Société entomologique de France, 28, rue Serpente.	1895
— Société philomathique, de Paris, à la Sorbonne, Paris.	1895
— Société de spéléologie, 7, rue des Grands-Augustins.	1895

Paris. — La Feuille des jeunes Naturalistes (directeur M. Ad.
Dollfus), 35, rue Pierre-Charron.   1886

— Société d'anthropologie, 15, rue de l'École-de-
Médecine.   1897

— Revue générale des sciences pures et appliquées,
3, rue Racine (directeur, M. Louis Olivier, docteur
ès sciences).   1897

— Comité ornithologique international (*L'Ornis*),
M. Oustalet, président, 61, rue Cuvier (Jardin
des Plantes.   1898

Levallois-Perret. — Association des naturalistes.   1904

SEINE-ET-OISE

Versailles. — Société d'agriculture de Seine-et-Oise.   1895
Mantes. — Société agricole et horticole.   1899

SEINE-INFÉRIEURE

Elbeuf. — Société d'études des sciences naturelles.   1895

SÈVRES (DEUX-)

Pamproux. — Société botanique des Deux-Sèvres.   1898

VAR

Toulon. — Académie du Var.   1877
Draguignan. — Société d'études scientifiques et archéologiques.   1896

VAUCLUSE

Avignon. — Académie de Vaucluse.   1895

VIENNE

Poitiers. — Société d'agriculture, belles-lettres, sciences et
arts.   1896

VIENNE (HAUTE-)

Limoges. — Société botanique du Limousin.   1895
Rochechouart. — Société des Amis des sciences et des arts.   1895

VOSGES

Épinal. — Société d'émulation des Vosges.   1877
Saint-Dié. — Société philomathique vosgienne.   1895

YONNE

Auxerre. — Société des sciences historiques et naturelles de
l'Yonne.   1875

ALSACE-LORRAINE

Strasbourg. — Société des sciences, agriculture et arts de la
Basse-Alsace.   1896

ÉTRANGER

ANGLETERRE

London. — Linnea Society (The Librarian Linnea Society. Burlington House, Piccadilly. W.   1903

BELGIQUE

Bruxelles. — Société royale malacologique de Belgique.   1899

ÉTATS-UNIS

Brooklyn, N.-Y. — The Brooklyn Institute of arts and sciences, museum Bulding; Erstern Parkwoy.   1903

Chapel-Hill (N. C.). — Elisha Mitchell scientific Society (Caroline-du-Nord).   1895

Washington. — The library, United States geological Survey.   1895
— Smithsonian Institution.   1895
— U. S. Department of agriculture (Division of ornithology and mammalogy).   1895
— U. S. Department of agriculture (Division of biological Survey).   1898
— U. S. National museum, City, U. S. A. (États-Unis).   1900

Cincinnati. — Oiio U. A. S. — Office of the Lloyd Museum and library.   1900

Columbus, Ohio. — Botanical department Oiio state university.   1903

Oberlin. — Oiio U. S. A. — Oberlin College Library.   1902

Chicago. — Illinois U. S. A. — Academy of sciences, Lincoln Park.   1896
— Field Columbian museum.   1900

Mexico. — Instituto geologico de Mexico, D. F. 5ª del Ciprés, n° 2728.   1896
— Sociedad cientifica « Antonio Alzate ».   1903

Montana. — (Missoula) U. S. A. — University of Montana
      biological station.   1902
Saint-Louis. Ms. — Missouri botanical garden.   1898
New-York. — Bulletin of the New-York Botanical Garden.
      Broux Park, New-York city.   1902
Madison, Wisconsin. — Wisconsin geological and natural
      history Survey. Director E.A.Birge. 1899

BRÉSIL

Rio de Janeiro. — Musée national d'histoire naturelle.   1886

RÉPUBLIQUE ARGENTINE

Buenos Aires. — Museo nacional (Casilla del Correo, n° 470).   1896

URUGUAY

Montevideo. — Museo nacional.   1895

PORTUGAL

Porto (Foz de Douro). — Annales des sciences naturelles
     ;   (Directeur, M. A. Nobre).   1895
Lisbonne. — Aquarium vasco da Gama (Dafundá).   1902

ITALIE

Siena. — Revista italiana di scienze naturali e Bollettino
     del naturalista (directeur : M. Sigismondo
     Brogi).   1895

GRAND-DUCHÉ DE LUXEMBOURG

Luxembourg. — Société des Naturalistes luxembourgeois
     (*La Fauna*).   1895
    —   Société botanique du grand-duché de Luxem-
     bourg.   1898

RUSSIE

Moscou. — Société impériale des Naturalistes.   1895

Saint-Pétersbourg. — Société impériale des naturalistes.
(Laboratoire zoologique de l'Université).   1895
Odessa. — Société des Naturalistes de la Nouvelle-Russie.   1897

NORVÈGE

Christiania. — Université royale de Norvège.   1898

SUÈDE

Upsala. — Université royale.   1896
Stockholm. — Société entomologique.   1896

SUISSE

Bâle. —Naturforschende Gesellschaft (*Offentliche Bibliothek*)   1901
Lausanne. — Société vaudoise des sciences naturelles.   1896
Fribourg. — Société fribourgeoise des sciences naturelles.   1898
Neufchâtel. — Société neufchâteloise de géographie.   1897
Sion. — Société valaisanne des sciences naturelles (*La Muri-thienne*).   1898

BIBLIOTHÈQUES ET ÉTABLISSEMENTS PUBLICS D'INSTRUCTION AUXQUELS
LA SOCIÉTÉ ENVOIE GRACIEUSEMENT SES BULLETINS ET MÉMOIRES

Bibliothèque municipale de Chalon-sur-Saône.
Archives départementales de Saône-et-Loire
Collège de garçons de Chalon-sur-Saône.
Collège de filles de Chalon-sur-Saône.
École normale d'instituteurs de Mâcon.
École normale d'institutrices de Mâcon.
École pratique d'agriculture de Fontaines.

La Presse locale et régionale.

RÉCAPITULATION

Présidents d'ıonneur....	5	
Membres d'ıonneur......	14	
Membres correspondants	28	
Membres donateurs	5	
Membre à vie............	1	362
Membres titulaires.........................	302	
Bibliotıèques et établissements publics d'instruction..............................	7	
Sociétés savantes et Revues scientifiques correspondantes.............................	129	

491

Le Gérant, E. BERTRAND.

CHALON-SUR-SAÔNE, IMP. FRANÇAISE ET ORIENTALE, E. BERTRAND

OFFRES ET DEMANDES

M. Chanet, naturaliste à Chalon-sur-Saône, offre fournitures pour entomologistes, boîtes de toutes dimensions pour collections d'insectes.

Pharmacien de 1re classe, quittant la profession, demande à se consacrer à travaux botaniques; accepterait emploi de préparateur, conservateur dans un Muséum ou Jardin des Plantes; se chargerait d'herborisations, voyages, recherches diverses sur la flore de France, et spécialement la flore alpine. — Gindre, pharmacien, Saint-Bonnet-de-Joux (Saône-et-Loire).

ADMINISTRATION

BUREAU

Président,	MM. ARCELIN, Président de la Société d'His-, toire et d'Archéologie de Chalon.
Vice-présidents,	JACQUIN, ⚘, Pharmacien de 1re classe. NUGUE, Ingénieur.
Secrétaire général,	H. GUILLEMIN, ⚘, Professeur au Collège.
Secrétaires,	RENAULT, Entrepreneur. E. BERTRAND, Imprimeur-Éditeur.
Trésorier,	DUBOIS, Principal Clerc de notaire.
Bibliothécaire,	PORTIER, ⚘, Professeur au Collège.
Bibliothécaire-adjoint,	TARDY, Professeur au Collège.
Conservateur du Musée,	LEMOSY, Commissaire de surveillance près la Compagnie P.-L.-M.
Conservateur des Collections de Botanique	QUINCY, Secrétaire de la rédaction du *Courrier de Saône-et-Loire.*

EXTRAIT DES STATUTS

Composition. — ART. 3. — La Société se compose :

1° De *Membres d'honneur* ;

2° De *Membres donateurs.* Ce titre sera accordé à toute personne faisant à la Société un don en espèces ou en nature d'une valeur minimum de trois cents francs ;

3ᵉ De *Membres à vie,* ayant racheté leurs cotisations par le versement une fois fait de la somme de cent francs ;

4° De *Membres correspondants* ;

5° De *Membres titulaires,* payant une cotisation minimum de six francs par an.

Tout membre titulaire admis dans le courant de l'année doit la cotisation entière de cette même année; la cotisation annuelle sera acquittée avant le 1ᵉʳ avril de chaque année.

ART. 16. — La Société publie un *Bulletin* mensuel où elle rend compte de ses travaux.

Les publications de la Société sont adressées sans rétribution à tous les membres.

ART. 17. — La Société n'entend prendre, dans aucun cas, la responsabilité des opinions émises dans les ouvrages qu'elle publie.

La Société recevra avec reconnaissance tous les objets d'Histoire naturelle et les livres qu'on voudra bien lui offrir pour ses collections et sa bibliothèque. Chaque objet, ainsi que chaque volume portera le nom du donateur.

BULLETIN MENSUEL

DE LA SOCIÉTÉ DES

SCIENCES NATURELLES

DE SAONE-ET-LOIRE

CHALON-SUR-SAONE

30ᴱ ANNÉE — NOUVELLE SÉRIE — TOME X

Nᵒˢ 3 et 4 — MARS et AVRIL 1904

Mardi 10 Mai 1904, à huit heures du soir, réunion mensuelle au siège de la Société, rue Boichot, au Musée

DATES DES RÉUNIONS EN 1904

Mardi, 12 Janvier, à 8 h. du soir.	Mardi, 14 Juin, à 8 h. du soir.
Dimanche, **14 Février**, à 10 h. du matin	— 12 Juillet —
ASSEMBLÉE GÉNÉRALE	— 9 Août —
Mardi, 8 Mars, à 8 h. du soir.	— 11 Octobre —
— 12 Avril —	— 8 Novembre, —
— 10 Mai —	— 13 Décembre —

CHALON-SUR-SAONE

ÉMILE BERTRAND, IMPRIMEUR-ÉDITEUR

5, RUE DES TONNELIERS

1904

France, Algérie et Tunisie. .	6 fr.	Par recouvrement. . .	6 fr. 50

On peut s'abonner en envoyant le montant en mandat-carte ou mandat postal à *Monsieur le Trésorier de la Société des Sciences Naturelles à Chalon-sur-Saône (Saône-et-Loire)*, ou si on préfère par recouvrement, une quittance postale, signée du trésorier, sera présentée à domicile.

Les abonnements partent tous du mois de Janvier de chaque année et sont reçus pour l'année entière. Les nouveaux abonnés reçoivent les numéros parus depuis le commencement de l'année.

TARIF DES ANNONCES ET RÉCLAMES

	1 annonce	3 annonces	6 annonces	12 annonces
Une page................	20 »	45 »	65 »	85 »
Une demi-page............	10 »	25 »	35 »	45 »
Un quart de page.........	8 »	15 »	25 »	35 »
Un huitième de page......	4 »	10 »	15 »	25 »

Les annonces et réclames sont payables d'avance par mandat-poste adressé avec le libellé au secrétaire général de la Société.

TARIF DES TIRAGES A PART

	100	200	300	500
1 à 4 pages	5 50	7 50	9 50	13 »
5 à 8 —	8 »	10 50	13 »	17 25
9 à 16 —	12 »	15 »	19 »	25 »
Couverture avec impression du titre de l'article seulement	4 75	6 25	7 75	10 »

MM. les Collaborateurs à la rédaction du Bulletin, qui désirent des tirages à part, sont priés d'en faire connaître le nombre lorsqu'ils retournent à M. le Secrétaire général, le bon à tirer de leur article.

L'imprimeur disposant de ses caractères aussitôt les tirages du Bulletin terminés, tout retard dans leur demande les expose à être privés du prix réduit spécial aux tirages à part.

NOUVELLE SÉRIE.   30e ANNÉE. Nos 3 et 4   MARS-AVRIL 1904.

BULLETIN

DE LA

SOCIÉTÉ DES SCIENCES NATURELLES

DE SAONE-ET-LOIRE

CHALON-SUR-SAONE

SOMMAIRE :

AVIS

Dans sa séance du 13 octobre dernier, la Société a fait
l'acquisition de 400 exemplaires de la *Petite Flore mycologique des champignons les plus vulgaires, et principalement des espèces comestibles et vénéneuses, à l'usage des
débutants en mycologie*, par M. R. Bigeard, pour être
distribués à ses membres. Ceux-ci sont priés de bien
vouloir les faire prendre chez M. Bouillet, pharmacien.
Quant aux sociétaires étrangers à la ville, ils voudront
bien avoir l'obligeance d'envoyer la somme de 0 fr. 25 à
M. Bertrand, imprimeur, rue des Tonneliers, qui les leur
fera parvenir par la poste.

Observation tératologique vétérinaire

LE monstre bovin qui fait l'objet de cette observation est un veau mâle jumeau mort-né
et à terme.

Le propriétaire de la vache mère de ce sujet,
absolument stupéfait à la vue d'un être aussi bizarre,
nous fit appeler, pensant qu'il s'agissait d'une rareté et
véritable curiosité scientifique.

Sans être une rareté, la naissance d'une telle mons-
truosité présente un intérêt réel au point de vue tératologique, aussi avons-nous pensé d'en donner une
description sommaire.

Ce monstre d'un poids total de 25 kilos mesure 80 centimètres du bout du nez à l'extrémité de la queue, son
aspect général rappelle celui du phoque. En effet, la tête
est globuleuse, comme on peut s'en rendre compte en
examinant les gravures ci-jointes : la saillie de la bosse
fronto-pariétale est très accusée, ce qui est dû à l'existence d'un peu d'hydrocéphalie, l'oreille est courte, arrondie comme celle du chien, les yeux sont normaux.
Par contre, la face présente une particularité de conformation très intéressante : elle est manifestement raccourcie
et la mâchoire supérieure offre le type du brachygnatisme,
avec prognatisme de l'inférieure comme chez le chien
bouledogue. Les incisives inférieures sont avortées et
branlantes dans leurs alvéoles rudimentaires, le bord
incisif de la mâchoire supérieure est inerme comme d'habitude.

Le cou est court (8 centimètres seulement), il est épais
et ne présente pour ainsi dire pas de démarcation nette
sur le tronc. Ce dernier est également épais et large, et
chose remarquable, sans aucune consistance : aussi en ma-
nipulant ce monstre, on a l'impression d'une masse flasque,
absolument molle.

Le rachis et les os des ceintures abdominale et thora-
cique n'offrent pas de résistance à la pression et paraissent comme broyés sous la peau très mobile qui les
recouvre.

Quant aux membres abdominaux et thoraciques, leur
conformation est évidemment très intéressante et parti-
cipe de la constitution générale du monstre : ces membres
sont courts et mous (17 et 20 centimètres de la racine à
l'extrémité) ; ils sont terminés par des onglons normaux,

comme pour les autres parties du squelette, leurs rayons osseux sont mous, de consistance cartilagineuse, avec su)stance minérale presque a)sente dans la diaphyse et les épiphyses. A noter également leur forme boursouflée et l'infiltration accusée du tissu cellulaire sous-cutané étendue d'ailleurs à tout le tégument.

La nécropsie n'a rien présenté de particulièrement intéressant.

Ce veau présente donc en somme l'apparence générale d'un veau marin, les différenciations des extrémités mises à part,)ien entendu. Mais ce n'est pas un phocomèle, étant donné le raccourcissement ou plutôt le ra)ougrissement étendu à toutes les pièces du squelette en général.

Il s'agit là d'un cas)ien caractérisé de rachitisme fœtal connu en tératologie vétérinaire sous le nom de veau)ouledogue.

Si l'animal fût né via)le, c'eût été certainement un phénomène digne de faire partie de l'exhibition d'un Barnum.

Louis GRIVEAUX.
Médecin-Vétérinaire.

LA PRODUCTION DES CHAMPIGNONS
AU JAPON[1]

Plusieurs espèces de champignons jouent un rôle important dans l'alimentation des Japonais, comme du reste dans la cuisine chinoise. Deux espèces surtout sont consommées au Japon en quantité considéra)le, soit à l'état frais, soit à l'état de dessiccation, soit même aujourd'hui sous forme de conserves en)oîtes en fer-)lanc préparées par les procédés européens, industrie qui tend à prendre au Japon un développement remarqua)le.

1. Extrait d'une feuille d'informations du Ministère de l'agriculture (12 mars 1904); communiqué par M. J. Roy-C)evrier, du Péage.

De ces deux espèces, l'une est une armillaria (champignon des pins) qui se récolte à l'automne dans les ɔois de pins et qui envahit alors tous les étalages des ɔoutiques de fruitiers, mais qui ne fait l'oɔjet d'aucune production artificielle.

L'autre espèce de grande consommation est désignée sous le nom de « shütaké » (champignon de chênes à feuilles persistantes). C'est sur la culture de ce champignon que les Japonais se sont particulièrement appliqués.

En voici la description : charnu quand il a atteint son développement complet — chapeau mince — pied épais et résistant. Le dessus du chapeau présente une teinte violacée, noire ou simplement noirâtre. Les sujets tout jeunes sont garnis de memɔranes, qui disparaissent avec la croissance. — Pied ɔlanchâtre, généralement velouté, quelquefois aɔsolument lisse ; lames ɔlanches, indépendantes du pied ; spores incolores, transparentes.

Les gros spécimens atteignent 10 centimètres de diamètre, le pied de 3 à 4 centimètres, — diamètre du pied de 1 à 4 centimètres et demi.

Au Japon, c'est le champignon qui fait l'oɔjet de la plus grande consommation. On en exporte même de grandes quantités. Il pousse sur les vieux chênes, les châtaigniers, le magnolia. On le trouve dans les provinces de Kii, Isé, Miᴋawa, Totomi, Tsuruga, Kai, Tzu, Uzen et dans le Hokᴋaido (île de Yéso). Les plus estimés sont ceux de Kii et de la région de Kumano.

Il en vient très peu à l'état spontané ; ceux qu'on trouve sur les marchés sont des produits cultivés.

Tokyo, 25 décembre 1903.

SUR LE

MOUVEMENT INTRAPROTOPLASMIQUE
A forme brownienne
Des granulations cytoplasmiques

Par MM. J. Chifflot et Cl. Gautier

I. — Historique

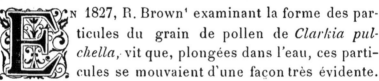

En 1827, R. Brown[1] examinant la forme des particules du grain de pollen de *Clarkia pulchella*, vit que, plongées dans l'eau, ces particules se mouvaient d'une façon très évidente. Ses observations s'étendirent alors à un certain nombre d'autres plantes, et il trouva, notamment, que chez les Graminées, le mouvement des plus grosses particules dans le grain de pollen tout entier, est parfaitement visible. Sans insister sur ses autres recherches, ni sur ses errements, nous rappellerons simplement qu'il concluait ainsi : *Les particules extrêmement fines de matière solide, extraites des substances organiques ou inorganiques, suspendues dans l'eau pure ou dans tout autre liquide aqueux, présentent des mouvements que je ne puis expliquer, et qui, par leur irrégularité et leur apparente indépendance, ressemblent à un haut degré, aux mouvements les moins rapides de quelques Infusoires.*

1. R. Brown. *Miscellaneous botanical Works, microscopical Observations.*

Depuis, les botanistes, mis en défiance par les causes toutes physiques du mouvement observé par R. Brown, n'en signalèrent, comme nous le verrons, que de rares exemples, et les divers auteurs s'occupant de physiologie générale, à propos des mouvements intracellulaires du protoplasme, ont bien parlé de sa rotation et de sa circulation, mais la plupart ne signalent même pas les mouvements particuliers, indépendants et intraprotoplasmiques des microsomes.

Sachs[1] mentionne un mouvement intermoléculaire, mais c'est pour lui un mouvement tel que l'admet la théorie chimique, se manifestant par de simples orientations radiales ou tangentielles : division des cellules et des grains de chlorophylle, transformation du plasmodium en un amas de cellules, formation des gonidies pariétales d'*Hydrodictyon*, etc.

Strasburger[2], à propos des petits granules mobiles du latex d'*Euphorbia splendens*, met en garde l'observateur contre ces mouvements qu'il pourrait être tenté de considérer comme des manifestations vitales.

Hertwig[4] ne parle d'aucune sorte de mouvements browniens.

A. Gautier[4] rappelle qu'en même temps que la masse protoplasmique se meut, on voit à l'intérieur de ses tractus, les granulations se déplacer plus ou moins rapidement. C'est de ce mouvement d'entraînement que parlent aussi les traités classiques de botanique pure.

Verworn[5] cite les travaux de Brown et ne mentionne en outre que la trépidation des cristaux de sulfate de chaux des vésicules polaires de *Closterium*.

1. Sachs. *Physiologie végétale.*
2. Strasburger. *Kleine botanische Practicum.*
3. Hertwig. *La Cellule.*
4. A. Gautier. *Chimie de la cellule vivante.*
5. Verworn. *Physiologie générale.*

Seul, RAPHAEL DUBOIS[1], notre éminent maître en physiologie, a signalé des mouvements indépendants, voire même
oscillatoires, des granulations protoplasmiques, et émis
l'hypothèse que, dans les cas par lui examinés, il s'agit
peut-être d'un mouvement différent du mouvement brownien.

P. CARNOT trouva des mouvements très rapides des
granules pigmentaires, mais il les considère comme
passifs. GIARD, PIZON ont signalé des cas semblables. On
a vu aussi trépider des granulations dans les leucocytes
morts, dans le chyle, etc... Enfin, comme mouvements
browniens intravacuolaires, LAUTERBORN a décrit ceux des
corpuscules métachromatiques des Diatomées, JENSENNS
ceux des sphérules du noyau vacuolisé des levûres au
déout des fermentations, ERNST ceux des grains sporo-
gènes des bactéries.

Tous ces mouvements intravacuolaires sont, au point de
vue de leurs causes, d'un intérêt biologique somme toute
assez restreint, ceux intraprotoplasmiques des microsomes nous ont paru plus dignes de remarque, et ce sont
nos recherches au sujet de leur présence et de leur *déter-
minisme* que nous présentons aujourd'hui.

II. — OBSERVATIONS

Nos observations ont porté spécialement sur un certain
nombre de plantes aquatiques :

a) Azolla caroliniana. — Dans les poils absorbants des
racines de ce petit et très commun cryptogame vasculaire,
nous avons constaté des mouvements browniens très nets,
à la fois dans le protoplasme dense de l'extrémité et
dans les vacuoles s'étendant de cette extrémité à la base
du poil. Dans le premier cas, les granulations en mouvement sont cytoplasmiques, comme le prouvent les réactifs

1. R. Dubois. *Leçons de physiologie générale et comparée.* .

colorants ; dans le deuxième cas, les corpuscules mobiles, beaucoup plus considérables que les microsomes précédents, sont des cristaux d'oxalate de chaux ; leur forme quadratique et leurs réactions chimiques ne laissent aucun doute à cet égard.

L'acide osmique arrête les mouvements browniens des microsomes, par fixation du protoplasme, ceux des cristaux d'oxalate de chaux persistant toujours avec la même intensité.

Par plasmolyse avec la glycérine très diluée, le protoplasme se contracte lentement, et l'on peut assister à la disparition progressive des mouvements des microsomes, puis de ceux des cristaux d'oxalate de chaux. Si on laisse arriver lentement de l'eau par capillarité, le mouvement inverse se produit ; les cristaux, puis les microsomes se remettent à trépider avec autant d'intensité qu'auparavant.

b) Chez Closterium, petit genre de Chlorophycées appartenant à la tribu des Desmidiées de la famille des *Conjuguées,* les ouvrages classiques signalent l'existence de mouvements browniens de cristaux de sulfate de chaux dans les vésicules polaires. Mais il existe en outre dans le protoplasme périphérique, de rares et fines granulations cytoplasmiques animées d'un mouvement de trépidation indépendant du mouvement protoplasmique pariétal très apparent.

La plasmolyse de la cellule entraîne en même temps que celle du protoplasme, la contraction des vésicules à cristaux : celles-ci s'aplatissent, les mouvements des cristaux, qui se fusionnent parfois en un seul assez volumineux, cessent assez rapidement. Les granulations cytoplasmiques se sont, bien entendu, arrêtées les premières. L'hydratation remet toutes choses en l'état.

c) Chez Cosmarium, algue voisine de Closterium et appartenant comme elle à la même tribu de la même famille, les mouvements browniens sont d'une intensité remarquaɔle. Dans les deux vacuoles médianes situées perpendiculairement au plan de la commissure séparant les deux moitiés de l'algue, on trouve un grand nomɔre de cristaux de sulfate de chaux, allongés, volumineux et animés d'un mouvement de trépidation très apparent, mais ɔeaucoup moins intense que celui des granulations cytoplasmiques du protoplasme pariétal. Les lumières ɔlanche et jaune, à différentes intensités, sont sans action sur l'un et l'autre mouvement. Les courants induits n'arrètent le mouvement des microsomes qu'après un temps assez long, et peu avant celui des cristaux. La fixation à l'acide osmiquè entraîne l'arrèt instantané des granulations cytoplasmiques seules.

La présence des cristaux de sulfate de chaux paraît, on le sait assez, constante dans les différents genres des Desmidiées. Leurs mouvements browniens semɔlent, en tous cas, chez Cosmarium, ètre passés inaperçus de la plupart des ɔotanistes.

d) Chez les Spirogyres, qui appartiennent à la triɔu des *Zygnémées*, de la famille des *Conjuguées*, il n'existe pas de cristaux de *sulfate de chaux*. Le mouvement ɔrownien oɔservé par nous dans plusieurs espèces de ce genre appartient à des microsomes situés, en petit nomɔre, dans le protoplasme pariétal.

e) Une petite algue, l'*Hematococcus pluvialis*, que nous avons encore étudiée, nous a montré quelques phénomènes intéressants[1] : quand cette algue, moɔile grâce à ses deux cils antérieurs, est jeune, elle est, comme l'a signalé Dangeard, entourée par une couche incolore, transparente. Dans celle-ci existent un grand nomɔre de granulations assez volumineuses, animées d'un vif mou-

---

1. L'étude cytologique de cette algue fera procɩainement l'objet d'une note de l'un de nous.

vement de trépidation et que le savant botaniste n'a pas
signalées. Ces granulations, facilement colorables sur le
vivant par les bleus de méthylène et polychrome, ont
d'ailleurs une existence assez éphémère. Quand l'algue
est sur le point de s'enkyster, les granulations s'orientent
vers la périphrésie et viennent s'appliquer sur la paroi
externe pour disparaître au fur et à mesure de l'épaissis-
sement de la membrane de l'algue, qui alors perd ses cils
et devient complètement sphérique. Par leur dissolution
progressive sous des influences que nous n'avons pas
encore déterminées, ces granulations que leurs réactions
microchimiques rapprochent des corps appelés corpuscules métachromatiques, paraissent devoir entrer dans
la formation finalement cellulosique de la membrane du
cyste.

III. — Conclusions

Des quelques observations ci-dessus nous pouvons
conclure :

1° A n'envisager que la forme du mouvement des granules protoplasmiques, on les voit animés *d'une sorte de
trépidation ou d'oscillation sur place, qui peut à la longue
produire des déplacements d'une certaine étendue et faire
cheminer les particules au sein du liquide qui les entoure.
Chaque particule se meut indépendamment de ses voisines,
et bien qu'à chaque instant ces mouvements paraissent
n'obéir à aucune loi, néanmoins le phénomène pris dans
son ensemble est d'une régularité évidente et se retrouve
toujours avec les mêmes caractères généraux et la même
valeur moyenne de ces oscillations irrégulières.* C'est là
la définition même qu'a donnée M. Gouy du mouvement
brownien en physique.

2° Comme pour le *mouvement moléculaire,* les différentes lumières à diverses intensités sont sans action sur la trépidation des microsomes.

3° L'électricité (courants induits) provoque lentement l'arrêt des granulations protoplasmiques, sans déterminer la moindre altération dans la forme du mouvement, ni la moindre orientation vers un pôle ou vers l'autre.

4° Les fixateurs, les plasmolyseurs, en coagulant définitivement le protoplasme, ou en modifiant d'une manière toute momentanée sa teneur en eau et par suite sa consistance, montrent que le mouvement des microsomes obéit à la loi régissant le mouvement brownien dans les milieux visqueux.

5° Donc, outre les mouvements généraux (rotation et circulation) du protoplasme, outre d'autres mouvements possibles des microsomes, il existe assez fréquemment des mouvements browniens des granulations cytoplasmiques, liés indirectement à la vie du protoplasme, mais directement à son état d'hydratation. Ces mouvements sont surtout visibles chez les organismes jeunes en voie de croissance.

Lyon, le 28 avril 1904.

Laboratoire de Botanique de la   Laboratoire de Physiologie
Faculté des sciences.   générale et comparée.

COMPTES DE L'ANNÉE 1903

Présentés par le Trésorier à l'Assemblée générale du 14 Février 1904

RECETTES

Elles comprennent :

1º Intérêts des capitaux :

A) Compte F. Garnier..............	32 95	
B) Compte Piffaut père et fils........	43 45	151 40
C) Arrérages de rente 3 º/₀ au 1ᵉʳ janvier 1904 ....:........	75 »	

2º Don en argent à la Société par M. Ferrand........ 300 »

3º Cotisations des membres actifs :

228 à Chalon, à 6 fr.	1.368 »	1.764 50
61 par la poste à 6.50	396 50	

4º Subventions :

A) Du Conseil général de Saône-et-Loire	250 »	550 »
B) Du Conseil municipal de Chalon....	300 »	

5º Vente de Flores Bigeard et Jacquin 26 45

TOTAL.......... **2.792 35**

DÉPENSES

Elles comprennent :

1º Frais de recouvrement des cotisations 35 55

2º Souscription à 400 exemplaires de la Flore de M. Bigeard.................................. .... 600 »

3º Frais d'impressions, factures Bertrand............ 1.808 25

4º Souscription au monument à élever à la mémoire de la défense de Chalon......................... 50 »

A *reporter*........ 2.493 80

Report....... 2.493 80

5° Notes diverses :

Frais de bureau des secrétaires 20 80

Abonnement à la *Revue botanique systé-matique*.......................... 8 50

Facture Cianet .... 16 »

— Tissot 7 50

— Boyer, libraire.............. 25 50

— Fromheim, camionneur .... 6 »

Note de Mme Guittard, concierge ...... 25 »

Ensemble...... 109 30

109 30

TOTAL.......... 2.603 10

BALANCE

Les recettes de l'exercice s'élèvent à................ 2.792 35

Les dépenses sont de............. .... 2.603 10

Il reste un excédent en recettes de............ 189 25

SITUATION AU 14 FÉVRIER 1904

L'actif au 8 février 1903 s'élevait à.................. 3 240 95

Les bénéfices réalisés pendant l'exercice s'élèvent à.... 189 25

L'actif de la Société s'élève à 3.430 20

Représenté par :

1° 100 fr. de rente 3 % au porteur acietés le 23 mai 1903 au cours de 97.71, plus les frais de courtage.. 3.260 60

2° Solde du compte F. Garnier au 31 décembre 1903... 74 15

3° Espèces en caisse............................ 95 45

ÉGALITÉ.......... 3.430 20

Certifié conforme.

Chalon-sur-Saône, le 14 février 1904.

Le Trésorier,

A. DUBOIS.

NÉCROLOGIE

M. Paul ADENOT

La Société des Sciences naturelles de Saône-et-Loire vient d'éprouver une perte considérable en la personne d'un de ses membres les plus actifs et les plus sympathiques, M. Paul Adenot, de Givry.

Modeste autant qu'instruit, M. Adenot, le « papa Paul », comme il aimait à s'entendre appeler, — était un des fondateurs de la Société des Sciences. Quand, en 1895, quelques zélés naturalistes songèrent à faire revivre l'association que la maladie de son chef, M. de Montessus, avait laissé tomber en léthargie, M. Adenot fut un des premiers à se faire inscrire, puis un des plus ardents propagandistes par la parole et par les actes.

Partisan convaincu de la science pratique, de l'histoire naturelle au sein même de la nature, il se faisait un devoir et une joie de participer à nos excursions. Et lorsque notre programme nous amenait à une exploration de Givry ou de ses environs, c'était avec la plus louable unanimité que les sociétaires l'appelaient à prendre la direction de l'excursion. Nul, du reste, n'était mieux qualifié : il n'existe sur la côte givrotine aucun sentier que n'aient foulé ses pieds, aucune carrière où il n'ait examiné les minéraux, et surtout aucun bosquet où il n'ait étudié les plantes, aucune place où il n'ait récolté des champignons. Botaniste fervent, c'est lui qui découvrit au Buet l'habitat d'une plante fort rare pour la région, l'*Arbutus uva-ursi* L. ou *Arctostaphylos officinalis* Wimm., que, grâce à ses indications, il nous fut permis d'étudier dans une promenade en 1898.

Ses communications aux réunions de la Société étaient frappées au coin du plus profond savoir et de la plus délicate observation, ce qui ne l'empêchait pas d'être un modeste par excellence. Combien nous aurions désiré avoir au sein du bureau l'appui autorisé de ses qualités d'administrateur ! Son ambition n'allait pas plus loin que le titre de simple sociétaire.

Ancien élève du collège de Chalon, il ne manquait aucune occasion de montrer au collège et à l'Association des anciens Élèves sa sympathie et sa bienveillance. Pour ma part, je fus nombre de fois chargé de lui demander son acceptation à une vice-présidence et même à une présidence, et à chaque proposition, je me heurtai à cette généreuse idée : faire le bien, le plus de bien possible, sans honneurs, sans titre, tout simplement avec la satisfaction du bienfait accompli incognito.

En effet, ce n'est pas seulement un érudit qui disparaît : c'est l'homme de bien dans toute la force du terme : celui qui fait la charité sans en parler, et qui, s'il est découvert, se soustrait obstinément à tous remerciements.

Tous ceux qui l'ont connu l'ont aimé, et ils conserveront le souvenir du savant, charitable et gai compagnon que fut Paul Adenot.

La Société des Sciences naturelles de Saône-et-Loire adresse à sa famille l'expression de ses plus sympathiques et plus douloureuses condoléances.

A. PORTIER.

Le Gérant, E. BERTRAND.

CHALON-SUR-SAÔNE, IMP. FRANÇAISE ET ORIENTALE, E. BERTRAND

OFFRES ET DEMANDES

M. Chanet, naturaliste à Chalon-sur-Saône, offre fournitures pour entomologistes, boîtes de toutes dimensions pour collections d'insectes.

Pharmacien de 1re classe, quittant la profession, demande à se consacrer à travaux botaniques ; accepterait emploi de préparateur, conservateur dans un Muséum ou Jardin des Plantes ; se chargerait d'herborisations, voyages, recherches diverses sur la flore de France, et spécialement la flore alpine. — Gindre, pharmacien, Saint-Bonnet-de-Joux (Saône-et-Loire).

ADMINISTRATION

BUREAU

Président,	MM. Arcélin, Président de la Société d'His-toire et d'Archéologie de Cialon. :
Vice-présidents,	Nugue, Ingénieur.
	Docteur Bauzon.
	Dubois, Principal Clerc de notaire.
Secrétaire général,	H. Guillemin, ✿, Professeur au Collège.
Secrétaires,	Tétu, avoué.
	E. Bertrand, Imprimeur-Éditeur.
Trésorier,	Renault, Entrepreneur.
Bibliothécaire,	Portier, ✿, Professeur au Collège.
Bibliothécaire-adjoint,	Tardy, Professeur au Collège.
Conservateur du Musée,	Lemosy, Commissaire de surveillance près la Compagnie P.-L.-M.
Conservateur des Collections de Botanique	Quincy, Secrétaire de la rédaction du Courrier de Saône-et-Loire.

EXTRAIT DES STATUTS

Composition. — Art. 3. — La Société se compose :

1° De *Membres d'honneur* ;

2° De *Membres donateurs*. Ce titre sera accordé à toute personne faisant à la Société un don en espèces ou en nature d'une valeur minimum de trois cents francs ;

3° De *Membres à vie*, ayant racheté leurs cotisations par le versement une fois fait de la somme de cent francs ;

4° De *Membres correspondants* ;

5° De *Membres titulaires*, payant une cotisation minimum de six francs par an.

Tout membre titulaire admis dans le courant de l'année doit la cotisation entière de cette même année; la cotisation annuelle sera acquittée avant le 1er avril de chaque année.

Art. 16. — La Société publie un *Bulletin* mensuel où elle rend compte de ses travaux.

Les publications de la Société sont adressées sans rétribution à tous les membres.

Art. 17. — La Société n'entend prendre, dans aucun cas, la responsabilité des opinions émises dans les ouvrages qu'elle publie.

La Société recevra avec reconnaissance tous les objets d'Histoire naturelle et les livres qu'on voudra bien lui offrir pour ses collections et sa bibliothèque. Chaque objet, ainsi que chaque volume portera le nom du donateur.

BULLETIN MENSUEL

DE LA SOCIÉTÉ DES

SCIENCES NATURELLES

DE SAONE-ET-LOIRE

CHALON-SUR-SAONE

30ᴱ ANNÉE — NOUVELLE SÉRIE — TOME X

Nᵒˢ 5 et 6 — MAI et JUIN 1904

Mardi 12 Juillet 1904, à huit heures du soir, réunion mensuelle au siège de la Société, rue Boichot, au Musée

DATES DES REUNIONS EN 1904

Mardi, 12 Janvier, à 8 h. du soir.	Mardi, 14 Juin, à 8 h. du soir.
Dimanche, **14 Février**, à 10 h. du matin	— 12 Juillet —
ASSEMBLÉE GÉNÉRALE	— 9 Août —
Mardi, 8 Mars, à 8 h. du soir.	— 11 Octobre —
— 12 Avril —	— 8 Novembre, —
— 10 Mai —	— 13 Décembre —

CHALON-SUR-SAONE

ÉMILE BERTRAND, IMPRIMEUR-ÉDITEUR

5, RUE DES TONNELIERS

1904

ABONNEMENTS

| France, Algérie et Tunisie. . | 6 fr. | Par recouvrement. . . | 6 fr. 50 |

On peut s'abonner en envoyant le montant en mandat-carte ou mandat postal à *Monsieur le Trésorier de la Société des Sciences Naturelles à Chalon-sur-Saône (Saône-et-Loire)*, ou si on préfère par recouvrement, une quittance postale, signée du trésorier, sera présentée à domicile.

Les abonnements partent tous du mois de Janvier de chaque année et sont reçus pour l'année entière. Les nouveaux abonnés reçoivent les numéros parus depuis le commencement de l'année.

TARIF DES ANNONCES ET RÉCLAMES

	1 annonce	3 annonces	6 annonces	12 annonces
Une page...............	20 »	45 »	65 »	85 »
Une demi-page..........	10 »	25 »	35 »	45 »
Un quart de page........	8 »	15 »	25 »	35 »
Un huitième de page......	4 »	10 »	15 »	25 »

Les annonces et réclames sont payables d'avance par mandat-poste adressé avec le libellé au secrétaire général de la Société.

TARIF DES TIRAGES A PART

	100	200	300	500
1 à 4 pages	5 50	7 50	9 50	13 »
5 à 8 —	8 »	10 50	13 »	17 25
9 à 16 —	12 »	15 »	19 »	25 »
Couverture avec impression du titre de l'article seulement	4 75	6 25	7 75	10 »

MM. les Collaborateurs à la rédaction du Bulletin, qui désirent des tirages à part, sont priés d'en faire connaître le nombre lorsqu'ils retournent à M. le Secrétaire général, le bon à tirer de leur article.

L'imprimeur disposant de ses caractères aussitôt les tirages du Bulletin terminés, tout retard dans leur demande les expose à être privés du prix réduit spécial aux tirages à part.

NOUVELLE SÉRIE.   30ᵉ ANNÉE. Nᵒˢ 5 et 6   MAI-JUIN 1904.

BULLETIN

DE LA

SOCIÉTÉ DES SCIENCES NATURELLES

DE SAONE-ET-LOIRE

CHALON-SUR-SAONE

SOMMAIRE :

LE CHAUFFAGE

*Son action bienfaisante. — Ses dangers. — Ses sources
et ses applications à la vie domestique*

PAR

M. LE DOCTEUR JULES BAUZON

**Mémoire couronné par la Société française d'Hygiène
Concours 1904. — Médaille d'argent**

(Quel que soit le mode de chauffage,
l'hygiène demande qu'en élevant et
maintenant la température au degré
voulu, la composition de l'atmosphère
ne soit ni modifiée, ni viciée.)

AVANT-PROPOS

Les préceptes de l'hygiène, surtout en ce qui concerne
nos actes journaliers, ne sont pas toujours observés,
moins par ignorance que par insouciance et inconscience
du danger. Tout le monde connaît les accidents causés
par les poèles à combustion lente. Nul n'ignore que l'air
de la chambre doit être sans cesse renouvelé, et cepen-

dant tous les hivers, nous voyons la liste des victimes des comɔustions imparfaites s'accroître. Cette insouciance peut, non pas se justifier, mais s'expliquer par une connaissance incomplète des vrais dangers courus, immédiats ou éloignés.

Ces dangers ne sont pas toujours apparents et comme la sanction tangiɔle ne suit pas chaque fois le manquement, on s'haɔitue à regarder comme superflus les préceptes de l'hygiène jusqu'au moment de la catastrophe. C'est surtout dans la classe ouvrière que l'on rencontre cette grande insouciance. On est haɔitué à jouer constamment avec sa santé, on ne veut pas prévoir qu'elle pourra jamais s'altérer.

Sous prétexte d'économie, l'ouvrier acceptera un logement déploraɔle au point de vue de l'hygiène ; pour le même motif, il aura recours aux appareils de chauffage les plus défectueux, ne comprenant pas que les journées de maladie. qui tôt ou tard en seront la résultante, compenseront et dépasseront la différence des prix que lui aurait imposée l'hygiène. C'est une mauvaise spéculation que de vouloir faire des économies sur la santé. Toute dépense faite au nom de l'hygiène est un bon placement.

Nous n'avons pas la prétention d'écrire un chapitre complet d'un traité d'hygiène sur « Le chauffage », mais simplement d'exposer et de vulgariser les connaissances nécessaires au grand nomɔre, pour se guider sur le choix et l'adaptation normale et hygiénique des appareils et des comɔustiɔles nécessaires pour élever la température et se procurer le confort voulu. Ce n'est ni pour les ingénieurs, ni pour les architectes que nous écrivons, les ouvrages spéciaux ne manquent point, mais pour le grand nomɔre ; nous éviterons donc avec soin toutes les questions trop techniques et trop scientifiques, nous viserons surtout à être très pratique.

Nous n'avons pas cru devoir suivre à la lettre le plan indiqué par la Société française d'hygiène, nous en avons modifié l'ordre. Il nous a semblé qu'il serait plus facile de faire connaître les avantages et les dangers du chauffage, après avoir décrit les divers modes avant leur description.

Après un rapide historique de la question, nous passerons en revue les nombreux combustibles employés : végétaux, minéraux liquides, gaz, etc. Nous nous occuperons du chauffage, qu'il soit local ou central, nous décrirons les nombreux appareils que comportent ces deux modes, nous nous étendrons longuement sur leurs avantages et leurs inconvénients, ainsi que sur ceux des divers combustibles.

CHAPITRE PREMIER

HISTORIQUE

Si nous voulons remonter par delà le déluge, la Mythologie nous montre Prométhée dérobant un étincelant rayon du feu céleste et le rapportant précieusement caché dans le creux d'une férule. Hésiode ajoute que le fils de Japhet apportait ainsi aux mortels le moyen d'être heureux. Ce feu dérobé au Soleil, permit non seulement de se défendre contre les fauves, de se protéger contre les intempéries, de faire cuire les aliments, mais fut plus tard avec les siècles, la source de toutes les industries.

Si de la mythologie, nous passons aux temps préhistoriques, nous retrouvons des traces de feu et de foyer, dans les cavernes où s'abritait l'homme primitif. A Solutré notamment, il nous a été donné de constater des traces de feu par des cendres et des charɔons à moitié pétrifiés au niveau d'amas d'os de rennes et de chevaux[1].

L'origine céleste du feu et sa transmission aux hommes, ont été chez tous les peuples primitifs une source aɔondante de légendes et de traditions. Nomɔre de nations ont même voué un culte au feu ou au soleil. Sans parler des Chaldéens, nous voyons les Romains avec Numa créer le Collège des Vestales, pour entretenir le feu sacré. La lampe du sanctuaire qui ne doit jamais s'éteindre dans les temples chrétiens, n'est-elle pas aussi une réminiscence et une façon de conserver une source de chaleur ? Car si le cierge pascal, suivant les anciens rites, devait être allumé avec l'étincelle produite par le choc du silex, le grand nomɔre des fidèles ne pouvait recourir à ce procédé et devait haɔituellement se contenter d'emprunter le feu à la lampe sacrée et de le conserver sous la cendre.

Les premiers moyens de chauffage furent rudimentaires et le plus souvent nos ancêtres durent, pour se réchauffer pendant les saisons rigoureuses, profiter de la cohaɔitation avec leurs animaux domestiques. L'étable installée, soit dans des grottes naturelles ou artificielles, soit dans des anfractuosités de terrain, soit même plus tard sous des huttes construites de ɔranchages et de terre, ne fut chauffée que par le souffle ɔienfaisant du ɔœuf ou du mouton. Pour primitif et rudimentaire qu'il fût, ce mode de chauffage se continua pendant des siècles et des siècles. On en retrouve des vestiges dans les régions les plus éloignées. Il a même persisté chez certaines hordes sauvages du nord de la Russie et chez les triɔus si décimées des Indiens de l'Amérique du Nord.

Les Romains, nos maîtres pour les constructions

1. Excursion de la Société des Sciences naturelles, sous la direction de M. Arcelin.

monumentales, ne connurent point la cheminée. Les
fouilles d'Herculanum et de Pompeï n'ont révélé l'existence d'aucune cheminée, même dans les demeures somp-
tueuses, malgré les expressions de *focus, caminus* que
l'on trouve dans Cicéron et Horace. Ils se contentaient
le plus souvent d'une ouverture centrale par où la fumée
s'élevait en colonne. Ce procédé de chauffage ne devait
pas suffire surtout dans les provinces septentrionales de
l'Empire, alors le toit était fermé et le feu était placé sur
un brasero ou à l'entrée du Domus. De plus, on a retrouvé
dans les palais des espèces de fourneaux souterrains
construits en briques, et désignés sous le nom d'hypocaustum, sorte de calorifère primitif.

Le sous-sol de la pièce habitée était traversé dans
toute son étendue par des tuyaux en terre réfractaire
avec deux ouvertures au dehors. Une de ces ouvertures
était reliée à une espèce de cavité que l'on garnissait de
bois enflammé et de braise ardente, puis à un moment
donné, on recouvrait cette cavité de terre humide. La
fumée et la vapeur dégagée étaient obligées de traverser
les tubes du sous-sol et de chauffer ainsi la pièce au
moins pendant la nuit. On retrouve encore ce mode de
chauffage primitif en Russie.

Les Romains évitaient la déperdition de la chaleur en
hiver et son intromission en été par la construction de
murs fort épais et par le peu de conductibilité des matériaux employés ; les ouvertures tournées au midi étaient
peu nombreuses pour se garantir ainsi et du chaud et
du froid. Au demeurant, les maisons étaient pour nos ancêtres plutôt un abri pour la nuit qu'un lieu habituel de
séjour.

Les premières cheminées datent du XIe siècle, c'est
vers l'an 1000 et quelques, que l'on songe pour la première fois à adosser le foyer contre un des murs de
l'édifice et à construire une gaine pour permettre à la

fumée de se dégager. Elles sont encore fort rares au XIIe siècle : il faut arriver au XIIIe siècle pour les voir se généraliser et n'être plus reléguées à la cuisine qui n'était elle-même qu'une vaste cheminée. On surmonta alors le foyer d'une hotte conique et d'un tuyau cylindrique, mis plutôt dans l'idée d'emprisonner la fumée que de produire un tirage : ce n'est que bien plus tard que cette question sera soulevée — et que l'on recouvrira les cheminées de mitres ou girouettes pour les protéger de la pluie et du vent.

Au XIVe et surtout au XVe siècle, le luxe s'empare des cheminées qui deviennent de vrais monuments d'architecture[1]. Le XVIe siècle nous a légué quelques chefs-d'œuvre. On en voit quelques spécimens au Musée de Cluny ; à Dijon, on admire la cheminée du palais des ducs de Bourgogne, magnifique morceau de décoration gothique exécutée en 1504 par Jean Danger. A cette époque, les cheminées sont de vrais monuments où nobles ou vilains passent les longues soirées d'hiver ; pendant de nombreuses années on prend ses repas et on couche dans ces cuisines monumentales. Il faut arriver au XVIIe siècle pour voir ces cheminées diminuer de dimension, mais alors elles gagnent en élégance ce qu'elles ont perdu en volume. Elles deviennent, comme de nos jours, des supports où s'entassent et pendules et candélabres, et bronzes et objets de luxe de toute nature.

L'usage des poêles nous est venu du Nord. Nous n'avons rencontré aucune date précise dans les ouvrages qui s'occupent de cette question. Mais il est aisé de comprendre la transformation de la cheminée en poêle. Il suffit d'adapter au corps de la cheminée une construction plus ou moins fermée, plus ou moins volumineuse, plus ou

1. Violet-Leduc a fait une étude remarquable sur les cheminées des XVe et XVIe siècles, il a montré que les architectes tiraient parti des moindres détails pour en faire des motifs et décors quelquefois exagérés.

moins élégante, on aura le poêle fixe ou la cheminée-
poêle. On retrouve ces constructions dans les pays froids,
où il est nécessaire de maintenir la température jour et
nuit: plus tard, l'idée vint de séparer le corps de la cheminée de l'immeuble et de lui donner des tuyaux mobiles
rejoignant le corps de la cheminée, le poêle moderne
était créé. Il ne différera plus que par la forme, la dimension, la matière première. On aura les poêles en
briques, en faïence et les poêles en métal : leur rendement en calories sera augmenté par leur volume, et surtout par le développement des tuyaux. Avec le poêle placé
au centre de la pièce, on revient au feu central des Romains, avec cette différence que le feu est emprisonné et
que la fumée est conduite directement au dehors.

Mais comme le poêle était encombrant demandait une
surveillance de chaque instant et ne chauffait qu'une ou
deux pièces contiguës, on songea à un foyer unique qui
distribuerait la chaleur à toutes les pièces. Le principe du calorifère, se rapprochant de l'*hypocaustum* des
Anciens, n'avait plus qu'à s'adapter à l'air chaud, à l'eau
chaude ou à la vapeur. A ces modes de chauffage qui
datent à peine d'un siècle nous aurons à joindre les descriptions des poêles mobiles, et de tous les appareils de
chauffage domestique. Nous chercherons à laisser entrevoir le rôle que sont destinés à jouer dans le chauffage
les appareils actionnés par le gaz et même par l'électricité, en attendant l'emploi du radium.

CHAPITRE II

SOURCES DE LA CHALEUR

La première et la plus ancienne source de chaleur est le soleil. Par ses rayons bienfaisants l'astre du jour sème et entretient la vie végétale et animale. Toutes les autres sources de chaleur, depuis la bûche de nos forêts actuelles jusqu'à l'anthracite, ne sont que des réservoirs de calories solaires accumulées et emmagasinées depuis des siècles. On a calculé que la quantité de chaleur versée annuellement par le soleil sur notre globe pourrait fondre une couche de glace de 30 mètres enveloppant la terre entière. Malheureusement nous ne pouvons à notre gré disposer de cette source bienfaisante. Des lois immuables règlent les saisons, les climats, sans parler des variations atmosphériques. Nous devons donc souvent recourir aux réservoirs mis à notre disposition par la nature. Toutefois, n'oublions pas que la chaleur solaire est bienfaisante, saine, et pour employer un mot de notre époque, antiseptique. Aucun microbicide ne peut rivaliser avec le dieu Phœbus, qui distribue la santé à pleines mains et fait rentrer dans le néant tous les micro-organismes malfaisants. Nous ne craindrons donc pas de le laisser entrer abondamment dans toutes nos habitations. Aux rayons calorifiques se joignent les rayons lumineux, dont l'action bienfaisante n'est pas moindre.

Actuellement, les sources de chauffages peuvent se classer :

A. en combustibles végétaux, comprenant les bois, les charbons de bois, la braise, la tourbe.

B. En combustibles minéraux, les lignites, les houilles, les anthracites, les asphaltes, les graphites.

C. En combustibles hydrominéraux, les pétroles, schistes, en attendant les alcools de synthèse.

D. En gaz comprenant tous les hydrocarbures.
E. Enfin, l'électricité.

A. *Combustibles végétaux*.

On désigne en général sous le nom de combustibles toutes les matières destinées à produire de la chaleur.

1° Le plus ancien en date et le seul connu pendant des siècles est le bois. La nature l'avait mis abondamment à notre disposition. Mais les besoins de l'industrie et la cupidité mal comprise ont malheureusement presque tari cette source, aujourd'hui dans les villes, le bois est devenu un combustible de luxe, et cependant. au point de vue de l'hygiène, c'est encore le meilleur.

Le bois est formé d'une trame commune à tous les végétaux, la cellulose, et d'une matière incrustante dont la composition varie suivant les espèces. La composition moyenne peut être évaluée à 0,435 de carbone et à 0,550 d'oxygène et d'hydrogène, à environ 0,015 de matières étrangères. Lorsqu'il est vert, la proportion d'eau peut s'élever à 50 %. On ne se sert généralement que de bois coupé depuis un an, il renferme encore 25 % d'eau. Les bois secs brûlent mieux avec une flamme plus vive et surtout dégagent beaucoup moins de fumée. En dehors de la fumée que donnent les bois humides, il faut signaler une déperdition considérable de chaleur utilisée uniquement à vaporiser l'eau qu'ils renferment. Aussi les Romains, pour suppléer aux cheminées, n'employaient que des bois bien desséchés.

Les produits de la combustion, lorsqu'elle est parfaite, ne devraient être que de l'eau et de l'acide carbonique, mais souvent elle est incomplète et donne une fumée épaisse renfermant de l'acide acétique, des huiles empyreumatiques, du goudron et de la suie (carbone).

Les bois les plus estimés comme combustibles sont :

le hêtre, le chêne, l'orme, toute espèce dont la trame est dense.

2° Le charbon de bois est le produit de la combustion incomplète ou carbonisation du bois. A un degré plus avancé de carbonisation, on aura la braise des boulangers.

Le charbon de bois renferme de 80 à 87 °/₀ de carbone presque pur, un peu d'eau et quelques sels. Les produits gazeux de la combustion du charbon de bois sont de l'acide carbonique et du gaz hydrogène, mais dans la pratique comme le charbon de bois ne s'emploie le plus habituellement que sur des réchauds à faible tirage, on obtient surtout des hydrocarbures et de l'oxyde de carbone, ce qui rend son emploi délétère quand il n'est pas dangereux. Que de suicides il a favorisés sans compter les accidents involontaires !

3° La braise est le combustible qui, d'après Ebelmen ; dégage le plus d'oxyde de carbone, aussi nous verrons ce qu'il faut penser des *braseros?*

4° La tannée ou tan fournie par les écorces des chênes qui ont servi à conserver les peaux donnait un combustible apprécié de la classe pauvre. On la recherchait pour son bon marché et la lenteur de sa combustion, surtout lorsqu'elle était livrée sous forme de mottes séchées à l'air libre. L'emploi des procédés chimiques pour le tannage des peaux a fait pour ainsi dire disparaître l'emploi des écorces de chêne.

5° La tourbe est un produit intermédiaire entre les combustibles végétaux et les minéraux: c'est un demi-charbon formé de débris végétaux d'origine aquatique ou herbacée. On l'extrait directement du sol. Elle est plus ou moins compacte et s'exploite sous forme de briquettes.

La tourbe est utilisée dans les pays pauvres (les Dombes). Elle a l'avantage de brûler lentement et de dégager une chaleur douce, mais l'inconvénient de donner une fumée âcre et de laisser une cendre abondante.

B. *Combustibles minéraux*

On désigne sous ce nom les combustibles fossiles. Tous sont cependant d'une origine végétale plus ou moins apparente. Chez certains on a pu même reconnaître et classer des empreintes végétales. Nous ne pouvons les étudier en détail, rappelons seulement que les lignites se trouvent dans les terrains tertiaires, les houilles dans les terrains secondaires et l'anthracite dans les terrains intermédiaires ou de transition, entre les primaires et secondaires.

On distingue aussi les houilles en houilles grasses ou maigres, suivant qu'elles renferment plus ou moins de goudron et de produits empyreumatiques : leur pouvoir calorifique et leur combustibilité varient beaucoup suivant les espèces et les provenances. On les a classées en tout venant, grêle, petit grêle, menu ; avec certain mélange, ou en ajoutant à des résidus de houille des matières goudronneuses, on a fait des briquettes, des aglomérés, etc., etc. Il y a donc un grand choix à faire au point de vue de la qualité et de l'adaptation à l'appareil qui sert à la combustion et au but demandé. Certains charbons sont plus aptes à certaines industries, d'autres au chauffage domestique. Pour ce dernier usage, les petits grêles paraissent en général mieux convenir.

Il est indispensable de ne brûler le charbon de terre et notamment l'anthracite que dans les appareils munis d'un excellent tirage.

Le coke est au charbon de terre ce que le charbon de bois est au bois. C'est de la houille privée de ses principes volatils. Le coke provient de la distillation des usines à gaz. Il ne donne pas la même fumée que la houille, il développe beaucoup de chaleur avec peu de flamme, mais ne brûle bien que dans des appareils spéciaux.

Pour mémoire, nous devons signaler les boules pyrogènes et autres préparations résineuses usitées surtout pour l'allumage des feux.

. Voici d'après Arnould (Nouveaux Éléments d'hygiène), les calories produites par les divers combustibles et leurs prix de revient.

	Pouvôir calorifique	Prix du kilo
Bois moyen à 30 °/₀ d'eau..................	2.500	0.048
Charbon de bois...........................	7.000	0,18
Tourbe....................................	6.600	0,1
Houille...................................	8.000	0,048
Coke de gaz..............................	6.000	0,072
Agglomérés	8.000	0,048
Briquettes perforées......................	6.000	0,053
Charbon de Paris.........................	6.000	0,12
Pétrole brut..............................	10.000	0,15
Pétrole raffiné............................	10.000	0,60
Gaz, lumière par mètre cube..............	7.700	0,30

La houille avec 8.000 calories pour 0 fr. 048 est le combustible le plus économique. Dans ce tableau, le prix du gaz est coté encore 30 centimes le mètre cube, alors qu'il n'est plus que de 15 centimes pour l'industrie et 20 centimes pour l'éclairage, à Paris.

M. le Dr Richard, professeur au Val-de-Grâce, dans un article très documenté, a montré que le chauffage au gaz d'éclairage ne présente pas plus d'inconvénients que le chauffage au coke ou au charbon, et qu'au point de vue hygiénique, il offre des avantages sérieux : il supprime la fumée, il utilise bien plus complètement que les combustibles solides la chaleur dégagée, il se laisse facilement régler, il supprime la main-d'œuvre et les frais d'allumage ainsi que le transport et l'emmagasinage. L'objection principale est son prix élevé. Pour lutter efficacement, il faudrait que le prix du mètre cube tombât à 5 ou 3 centimes. Nous l'avons vu en province à 40 cent., il est encore à 26 cent.

C. Pétroles-Alcools

Dans une troisième catégorie de combustibles nous devons signaler les pétroles et les alcools. Ces produits réservés (vu leur prix) jusqu'à ces dernières années à l'éclairage, sont employés comme producteurs de force motrice, et l'on peut entrevoir le jour où l'on ne se contentera plus du fourneau à pétrole ou de lampes à alcool pour préparer quelques aliments et des boissons chaudes, mais où l'alcool produit à bon marché par synthèse pourra dans l'économie domestique remplacer et le bois et la houille.

D. Gaz

A côté des produits liquides, il n'est pas inopportun de rappeler que le gaz d'éclairage est déjà employé comme combustible et peut, un jour donné, être appelé à jouer un grand rôle dans le chauffage de nos maisons.

Le gaz d'éclairage est composé d'un mélange de plusieurs gaz hydrogènes et d'oxyde de carbone, et de carbures d'hydrogène a l'état de vapeur. La combustion du gaz d'éclairage est assez complète, elle donne lieu à un dégagement d'une petite quantité d'acide carbonique de gaz acide sulfureux, d'acide sulfhydrique, de vapeur de carbone et de soufre, et d'une grande quantité de vapeur d'eau.

E. Électricité

L'électricité est susceptible de produire de la chaleur, les courts circuits du Métropolitain ne l'ont que trop prouvé. Le chauffage par l'électricité n'est donc pas chose impossible. Déjà on a construit des radiateurs électriques qui sont peu encombrants et qui au lieu, de tuyauterie, ne demandent que le placement de fils, et qui au point

de vue de l'hygiène ne donnent aucun produit de combustion. Donc pas de cheminée ni de cendrier. Malheureusement le prix de revient est encore 300 fois plus cher
que le chauffage par le gaz. Mais rien ne défend d'entrevoir une production à meilleur compte. Le siècle dernier
était le siècle de la houille noire, pourquoi le XXe siècle
ne serait-il pas celui de la houille blanche ? Lorsque,
grâce aux forces naturelles. chutes d'eaux, courants,
vents, actions chimiques, on sera parvenu à capter
et à utiliser tous ces mouvements moléculaires qui depuis tant de siècles s'évanouissent inutilisés.

Le rêve sera réalisé de pouvoir régler la température
de sa chambre en ouvrant un robinet ou en appuyant sur
un bouton pour avoir la chaleur voulue comme on l'obtient
déjà pour sa sœur la lumière[1].

CHAPITRE III

APPLICATION DU CHAUFFAGE A LA VIE DOMESTIQUE

On a divisé le système de chauffage en deux grands
groupes :

A. — Chauffage local.

B. — Chauffage central.

Pour le premier, l'appareil est placé dans la pièce
qu'il doit chauffer, pour le second, dans un local plus ou
moins éloigné de la pièce ou des pièces dont il doit élever
la température.

A. — Chauffage local

Le chauffage local comprend comme appareils les
braseros, les cheminées et les poêles.

1° Le brasero et le type du chauffage primitif, il n'est

1. La découverte du radium et des corps rodio-actifs fait entrevoir
pour la chaleur et la lumière une révolution complète dans les données
scientifiques actuelles !

bon qu'en plein air; pendant les hivers rigoureux, on a raison d'en installer dans les carrefours, afin de permettre aux malheureux de réchauffer un moment leurs memores engourdis. Dans les pays chauds, ils servent plutôt pour enlever l'humidité que pour chauffer, jamais ils ne doivent être placés dans des pièces fermées, à peine doivent-ils être tolérés momentanément dans les vestioules. Rappelons que le roi d'Espagne Philippe III, mourut asphyxié par l'oxyde de carone d'un orasero.

La chauffrette n'est autre chose qu'un petit orasero, qu'elle soit entretenue avec de la oraise ou avec une briquette de charon condensé et légèrement nitré. Elle ne peut dégager que de l'acide caronique et de l'oxyde de carone. Il est préféraole de la remplacer par des oouillotes, ou mieux, par des appareils contenant de l'acétate de soude, qui rendu soluole par son séjour dans l'eau oouillante, émettra pendant longtemps du calorique pour redevenir solide.

Nous devons également condamner ces lourds fers à repasser des tailleurs, chauffés par du charon incandescent, mis dans leur intérieur.

Dans la catégorie des oraseros, nous devons ranger les taoles chauffantes à pétrole ou à alcool. Ce ne sont que des lampes de forte dimension et dont la flamme vient chauffer une surface métallique plus ou moins développée, de formes variées : comme elles consomment oeaucoup, elles produisent en proportion de l'acide carbonique, et mal réglées de l'oxyde de carone ; par conséquent, elles ne sont point saines, à peine sont-elles tolérables, uu instant, dans un caoinet de toilette. Elles ne seraient acceptaoles qu'avec un tuyau de dégagement pour les produits de la comoustion, mais alors elles rentreraient dans la catégorie des poêles. Nous en dirons autant des réchauds à charon ou à pétrole, qui toujours ne devront être placés que sous une cheminée.

2º *Cheminéee*. — La cheminée est l'appareil de chauffage le plus simple et le plus hygiénique. Elle est le
meilleur des ventilateurs, d'une part elle enlève directement les produits de la combustion et les gaz délétères,
d'autre part, elle est un appel puissant au renouvellement
de l'air par des prises d'air, soit par les portes et fenêtres
mal jointes, soit même par une colonne d'air descendant, qui vient remplacer l'air vicié.

Dans les cheminées, le foyer étant près du sol, les
rayons calorifiques se dirigent vers les membres inférieurs, nos pieds sont les premiers réchauffés. A la douce
chaleur stimulante que produit le foyer sur notre corps,
il faut ajouter l'effet de cette flamme bienfaisante qui
nous distrait, nous égaye, qui enfin anime l'intérieur où
elle brille. Malheureusement, au point de vue économique, la cheminée a le grave inconvénient de ne donner
qu'un faible rendement: aussi la proportion de chaleur
utilisée ne s'élève pour le bois qu'à 1/16 de la chaleur
totale, soit 6 0/0; 15/16 sont perdus.

Avec le charbon de terre et surtout le coke, on utilise
1/8 de la chaleur totale, soit 10 0/0, certains perfectionne-
ments apportés à la construction des cheminées, tels
que bouches de chaleur, foyers placés en avant, réflec-
teurs, bouches métalliques, peuvent atténuer cette déperdition dans une certaine proportion. Les constructeurs se
sont ingéniés pour chercher à obtenir le plus grand rendement. Nous ne saurions décrire toutes ces cheminées
plus ou moins perfectionnées ; citons les cheminées
Peclet Sylvester (avec chambre à air), thermhydrique,
Joly, Mousseron, Cardier, appareil Haillot, foyer à lames
ondulées, etc., etc., nous croyons devoir renvoyer aux
ouvrages spéciaux.

(*A Suivre.*)

Césaᴿ-Aɴᴛᴏɪɴᴇ-Aᴅʀɪᴇɴ JACQUIN

1850-1904

BIOGRAPHIE

Monsieur César-Antoine-Adrien JACQUIN

PHARMACIEN DE 1re CLASSE

Officier d'Académie

Vice-président de la « Société des Sciences naturelles de Saône-et-Loire »

C'est le cœur envahi par une profonde douleur que nous apprenons la mort de M. Adrien JACQUIN, pharmacien des Hôpitaux de Chalon, décédé le 25 avril à Arlay, où il s'était rendu seulement depuis trois semaines. Là, auprès de sa sœur, entouré de ses soins affectueux, il espérait, comme la première fois, au milieu du calme, de la solitude, et avec l'air vivifiant de cette localité jurassienne, peu distante de son pays natal, rétablir ses forces minées peu à peu par l'implacable maladie. Il succombe jeune encore — il n'avait que 53 ans ! — au mal qui le frappa brusquement une première fois, il y a juste trois ans, précisément le jour même où il reçut, à notre grande joie, les palmes académiques, que lui décernait M. le Ministre de l'Instruction publique en récompense de ses brillants mérites. Il quitta alors sa pharmacie de la rue de l'Obélisque pour se retirer prématurément à Arlay.

Après un repos bienfaisant de six mois, il nous revint, heureux de se retrouver au milieu de ses nombreux amis et bien résolu à consacrer encore la plus grande partie de son temps à sa chère Société, dont il était la cheville ouvrière. Toujours actif, toujours porté à se rendre utile, il accepta, il y a deux ans, les fonctions de pharmacien des Hôpitaux.

De tous les deuils qui pouvaient frapper la Société des Sciences naturelles, celui qui l'atteint aujourd'hui est assurément un des plus cruels; aussi est-ce avec un profond sentiment de tristesse que nous saluons la mémoire de ce noble cœur, de ce travailleur infatigable, de ce savant modeste, enlevé trop tôt à l'affection de tous ses concitoyens et à la science chalonnaise.

Telle est la note que nous avons publiée dans les journaux de la ville le lendemain du jour où la fatale nouvelle nous était parvenue.

Oh oui! Deuil cruel!

Appréciera-t-on jamais assez tout le dévouement qu'ADRIEN JACQUIN ne cessa d'apporter aux sciences, tous les services qu'il rendit à son pays, à ses concitoyens, toute la somme de labeurs qu'il dépensa, croyant toujours sa tâche journalière inachevée, même en la prolongeant jusqu'à une heure avancée de la nuit?

Appréciera-t-on jamais suffisamment ce cœur d'or qui fit le bien, soulagea les infortunes sans ostentation, sans bruit? Il donnait libéralement: jamais un malheureux ne s'est s'est adressé en vain à sa bonté.

Après avoir été un fils modéle, il fut un frère parfait, entourant d'une sollicitude toute paternelle sa sœur, son frère qu'il protège d'une affection qui lui est largement rendue.

O Faucheuse aveugle, voilà bien de tes coups!

Avec son intelligence si vive, sa puissance de travail si remarquable, ADRIEN JACQUIN, qu'il nous soit permis de le dire, avait manqué sa voie, ou plutôt il en avait été détourné par d'impérieuses obligations. Mais il eut toujours, pendant les premières années de son séjour dans notre ville, cette arrière-pensée de reprendre un jour, sa tâche achevée, ses chers travaux scientifiques vers lesquels le portaient ses inclinations. Le destin, complice obligeant de notre égoïsme, nous le laissa. En effet, après avoir terminé ses études à Lyon, sa place était aux côtés d'un Pasteur, d'un Duclaux, d'un Roux. Dans un grand laboratoire il eût été dans son élément, sa collaboration eût été recherchée et féconde. Sa méthode était la vraie méthode scientifique : il avait l'esprit d'observation, la longue patience des intelligences supérieures, et nous sommes persuadé que son nom serait resté attaché à des travaux inestimables qui lui auraient valu la célébrité.

Son premier travail n'en donne-il pas la preuve? En 1877, alors étudiant à Lyon, il publia dans la Revue mensuelle de médecine, avec son vénéré Maître, M. le Dr R. Lépine, l'éminent professeur de la Faculté de médecine, un mémoire *sur l'excrétion de l'acide phosphorique par l'urine dans ses rapports avec celle de l'azote.* Ce mémoire comprenant 32 pages de la Revue fut justement remarqué.

Sa vie, partagée entre les siens et le travail, était agrémentée seulement par le commerce de ses amis et par des excursions. C'étaient là toutes ses joies terrestres remplaçant, pour lui, celles de la famille intime.

Ses obsèques ont eu lieu mercredi 27 avril, à deux heures, à Arlay.

La Société des Sciences naturelles avait délégué dix de ses membres pour la représenter et déposer une couronne sur le cercueil de son cher vice-président.

Les Hospices de Chalon étaient représentés par leur honorable receveur, M. Perrusson, lui aussi porteur d'une couronne.

A leur arrivée, les membres de la délégation eurent le bonheur, profondément émotionnant, de contempler une fois encore les traits aimés de leur bien regretté concitoyen. C'est au milieu d'une foule recueillie que la cérémonie eut lieu. Sous les fleurs qui recouvraient entièrement la ɔière, se dissimulaient, telles de modestes violettes, les palmes que notre pauvre ami portait pour la première et dernière fois. Les coins du poêle étaient tenus par MM. Bigeard, H. Guillemin, Miédan et Perrusson.

Au cimetière, nous faisant l'écho de la Société tout entière, nous avons, le cœur étreint par la douleur, esquissé en ces termes la vie de notre ɔien cher défunt :

Mesdames, Messieurs,

Le mauvais état de santé de notre président, un deuil subit qui frappe notre deuxième vice-président m'imposent un devoir bien douloureux, mais sacré, celui de dire, au nom de la Société des Sciences naturelles de Saône-et-Loire, un adieu suprême à celui qui en fut pendant de longues années l'âme agissante, à celui dont l'amabilité a fait de tous ses collaborateurs des amis.

Joignant aux dons de l'esprit les qualités des ɔommes de l'Est, l'activité, la ténacité, la sûreté de jugement, ADRIEN JACQUIN devait être, et il fut en effet successivement un brillant élève, un savant modeste et un pɔarmacien d'une ɔonnêteté impeccable.

Né à Saint-Julien-sur-Suran (Jura) le 15 décembre 1850, ADRIEN JACQUIN commença tard ses études couronnées rapidement par l'obtention de ses deux baccalauréats. Étudiant à Lyon, il se fait remarquer par son travail et son intelligence. Il est bientôt nommé préparateur de pɔarmacologie du docteur Crolas, puis cɔef des travaux de clinique médicale du docteur Lépine : trois fois lauréat, il obtient à la fin de sa dernière année, en 1878, la récompense si enviée des laborieux, c'est-à-dire la médaille d'or de la Faculté. Ces résultats sont d'autant plus remarquables qu'il mène de front les études médicales et pɔarmaceutiques.

Il arrive à Cɔalon en octobre 1879. Pendant 21 ans, il ɔonore sa profession par un travail incessant, une probité scrupuleuse et une loyauté parfaite.

Son intelligence aiguisée et vive, ses connaissances variées et étendues, tant littéraires que scientifiques, sa bonɔomie avisée et souriante, sa simplicité dans les manières comme dans la parole, sa bonté réelle lui gagnent toutes les sympatɔies et lui attirent les ɔonneurs.

Il est nommé membre du Conseil d'hygiène, délégué pour l'inspection des pɔarmacies, expert cɔimiste près le tribunal ; entre temps, il se dépense sans compter pour sa cɔère Société ; il fait des

conférences fort savantes et très goûtées à l'Hôtel de Ville ; à un
moment donné, il prête un concours empressé à la Municipalité lors
de la contamination des eaux d'alimentation ; enfin, il accepte la
direction toute désintéressée, mais toute périlleuse, du Laboratoire
bactériologique de notre ville.

Ses brillants services, ses mérites incontestés le désignent à la
bienveillante attention de M. le Ministre de l'Instruction publique,
qui lui confère les palmes académiques en 1901. Nul plus qu'ADRIEN
JACQUIN ne mérite cette distinction, qui réjouit tous ses amis. Mal-
1eureusement, si ses nombreuses occupations ne peuvent avoir
raison de sa volonté, de son énergie, elles ont un déplorable effet
sur sa santé, qui s'altère de plus en plus. C'est au moment même où
il reçoit le ruban violet qu'il est terrassé brusquement pour la première fois par la maladie implacable, qui le ravit trop tôt à l'affec
tion unanime de tous ses concitoyens.

Il aimait les fleurs et la botanique : il acquit même dans cette
science une certaine autorité ; il employait ses vacances — oh !
combien peu nombreuses! — à faire des excursions. Il parcourt la
Corse, escalade les Alpes et explore son cher Jura. Aussi la flore de
ces différentes contrées n'a plus de secret pour lui. Plus tard, il col-
labore activement à la Flore des Champignons de Saône-et-Loire,
ouvrage qui reçut du monde des mycologues un accueil des plus
favorables et des plus justifiés.

En 1895, il contribue puissamment à réorganiser la Société des
Sciences naturelles, à laquelle il appartient depuis le 31 juillet 1883.
Ses collègues sont 1eureux de le porter à la vice-présidence.

Comme secrétaire général, je lus, par mes fonctions, appelé à
partager ses travaux, à connaître ses aspirations, à entrer dans son
intimité, il en résulta une amitié qui ne s'est jamais démentie.

Vous savez tous, mes c1ers collègues, combien il consacrait de
temps, combien il apportait de sollicitude à étudier tous les moyens
de faire prospérer notre c1ère Association, d'étendre sa sp1ère
d'influence en vulgarisant les sciences, et partant, en servant la
belle cause de l'instruction. Il s'instruisait pour instruire les autres.
Vous souvenez-vous, de quel charme étaient empreintes ses causeries,
toujours faites dans un langage clair et précis, à la portée de tous ?

Vous rappelez-vous aussi avec quels soins nos excursions étaient
minutieusement réglées ? Pas d'à-coup, l'horaire était régulièrement suivi ! Quelle humeur joviale il déployait naturellement dans
nos promenades dont il était tout à la fois le boute-en-train et le
guide éclairé !

Grâce à son esprit cultivé, ses avis, ses conseils, dus à des études poursuivies sans relâche, étaient écoutés avec la déférence qu'inspirait la droiture de son caractère.

Il eut la satisfaction de voir grandir son œuvre.

Votre nom, mon cher ami, inscrit au Livre d'or de la Société, dira à nos successeurs toute notre vive et affectueuse reconnaissance. Votre franche et sympathique figure ornera notre salle des séances, et c'est en votre présence virtuelle que, nous inspirant de vos idées, nous continuerons nos travaux aimés qui vous étaient si chers.

D'une modestie sans égale, — je suis persuadé que si notre regretté vice-président pouvait reprendre la parole, ce serait pour m'imposer silence ! — d'une discrétion rare, dénué d'ambition, parfaitement content de son sort, il nous laisse l'exemple d'une existence laborieuse et d'une vie faite tout entière de dévouement.

Voilà l'homme de bien que nous pleurons, celui à qui nous ne connaissons pas d'ennemi. Sa mort est une perte cruelle pour ses amis, non moins cruelle pour la Société des Sciences naturelles de Saône-et-Loire.

Hélas ! Ce noble cœur a cessé de battre, ce clair esprit s'est éteint, cette main accueillante et loyale s'est glacée !

Puissiez-vous goûter, mon cher JACQUIN, dans la paix suprême, là, auprès de votre bonne mère, le repos que votre vie terrestre n'a jamais connu !

Vos amis dont la foule se fût pressée autour de votre tombe, si ce n'eût été la distance qui vous sépare de votre ville d'adoption, distance encore accrue par les difficultés des communications, vos amis, dis-je, vos intimes, en partie du moins, sont à mes côtés pour vous donner le dernier adieu, et vous assurer que votre inaltérable et impérissable souvenir est et restera gravé profondément dans leurs cœurs.

Puisse notre affectueuse sympathie atténuer la douleur profonde que votre mort prématurée cause à vos sœurs, à votre frère et à toute votre famille !

Adieu, mon pauvre et cher ami, adieu !

M. PERRUSSON, représentant l'adimnistration et tout le personnel des Hospices de Chalon-sur-Saône, prend ensuite la parole et s'exprime en ces mots :

MESDAMES, MESSIEURS,

Vous venez d'entendre, par la voix si autorisée du secrétaire général de la Société des Sciences naturelles de Saône-et-Loire, ce que fut la vie de l'homme de bien, du savant modeste, du travailleur infatigable que nous accompagnons aujourd'hui à sa dernière demeure.

Permettez-moi cependant d'y ajouter quelques mots et de vous dire ce qu'a été le fonctionnaire, si toutefois on peut qualifier ainsi la situation qu'il avait acceptée surtout par dévouement et pour pouvoir continuer cette vie de travail qu'il avait déjà si bien remplie.

Délégué par les membres du Conseil d'administration et aussi par tout le personnel des Hospices civils de Chalon-sur-Saône, c'est à ce double titre que j'ai le douloureux honneur d'apporter à Jacquin un cordial et suprême adieu.

Bien que depuis peu de temps pharmacien et archiviste de nos hospices, il avait su s'y faire apprécier, non seulement pas sa compétence professionnelle, mais encore et surtout par son abord facile, sa conversation agréable et ses relations toujours amicales.

D'un caractère franc, d'une humeur toujours égale, il avait su conquérir rapidement toutes les sympathies.

Aussi, c'était avec la plus grande peine que nous constations chaque jour, les progrès de la maladie qui était en lui et le minait sans relâche.

Il y a un mois à peine, il voulut venir chercher dans ces belles montagnes qui l'avaient vu naître cette santé qui semblait vouloir le fuir et quand il vint nous faire ses adieux, nous fûmes frappés des sentiments de tristesse qui l'avaient envahi et nous sentions des larmes dans sa voix quand il nous disait, au revoir.

Ses pressentiments n'étaient que trop justifiés et ni l'affection des siens, ni l'air si pur de ce Jura qu'il aimait tant, ne purent vaincre le mal dont il était atteint et qui, malgré un âge où l'on peut encore espérer de longues années de vie, vient de l'enlever à une sœur et à un frère qu'il considérait comme ses enfants, et à ses nombreux amis.

Notre administration, qui l'avait en haute estime, perd en lui un collaborateur dévoué et nous, ses collègues, un camarade sûr, un ami sincère.

Nous espérons que la grande part que nous prenons à cette brusque séparation viendra adoucir l'immense douleur de sa famille, à laquelle nous adressons l'hommage respectueux de nos sympathiques condoléances.

Au nom de l'administration des Hospices et en celui du personnel tout entier, mon cher Jacquin, adieu !

La Société Amicale des Francs-Comtois habitant Saône-et-Loire, dont le siège est à Chalon, comptait Adrien Jacquin au nombre de ses membres. Prévenue trop tard de l'heure des obsèques, par suite de circonstances imprévues, elle a tenu néanmoins à exprimer les vifs regrets que lui cause la mort de son estimé sociétaire. Elle a fait déposer sur sa tombe une superbe couronne.

La Société des Sciences naturelles a reçu de nombreux et sincères témoignages de condoléance. Nous sommes tous très touchés de ces marques de sympathie qui nous font sentir encore davantage combien notre perte est irréparable.

Dans tous ces précieux sentiments, éclate l'admiration qu'inspirait le caractère élevé de notre cher défunt.

L'un des nôtres, personnage dont le nom fait autorité dans les sciences, ajoute : « Vous pouvez dire hautement qu'Adrien Jacquin emporte l'estime et les regrets de tous ceux qui l'ont connu. »

H. GUILLEMIN.

Le Gérant, E. BERTRAND.

CHALON-SUR-SAÔNE, IMP. FRANÇAISE ET ORIENTALE, E. BERTRAND

OFFRES ET DEMANDES

M. Chanet, naturaliste à Chalon-sur-Saône, offre fournitures pour entomologistes, boîtes de toutes dimensions
pour collections d'insectes.

Pharmacien de 1re classe, quittant la profession,
demande à se consacrer à travaux botaniques; accepterait emploi de préparateur, conservateur dans un
Muséum ou Jardin des Plantes; se chargerait d'herborisations, voyages, recherches diverses sur la flore de
France, et spécialement la flore alpine. — Gindre, pharmacien, Saint-Bonnet-de-Joux (Saône-et-Loire).

ADMINISTRATION

BUREAU

Président,	MM. ARCELIN, Président de la Société d'Histoire et d'Archéologie de Chalon.
Vice-présidents,	NUGUE, Ingénieur.
	Docteur BAUZON.
	DUBOIS, Principal Clerc de notaire.
Secrétaire général,	H. GUILLEMIN, ✿, Professeur au Collège.
Secrétaires,	TÉTU, avoué..
	E. BERTRAND, Imprimeur-Éditeur.
Trésorier,	RENAULT, Entrepreneur.
Bibliothécaire,	PORTIER, ✿, Professeur au Collège.
Bibliothécaire-adjoint,	TARDY, Professeur au Collège.
Conservateur du Musée,	LEMOSY, Commissaire de surveillance près la Compagnie P.-L.-M.
Conservateur des Collections de Botanique	QUINCY, Secrétaire de la rédaction du *Courrier de Saône-et-Loire.*

EXTRAIT DES STATUTS

Composition. — ART. 3 — La Société se compose :

1° De *Membres d'honneur ;*

2° De *Membres donateurs.* Ce titre sera accordé à toute personne faisant à la Société un don en espèces ou en nature d'une valeur minimum de trois cents francs ;

3° De *Membres à vie,* ayant racheté leurs cotisations par le versement une fois fait de la somme de cent francs ;

4° De *Membres correspondants ;*

5° De *Membres titulaires,* payant une cotisation minimum de six francs par an.

Tout membre titulaire admis dans le courant de l'année doit la cotisation entière de cette même année; la cotisation annuelle sera acquittée avant le 1er avril de chaque année.

ART. 16. — La Société publie un *Bulletin* mensuel où elle rend compte de ses travaux.

Les publications de la Société sont adressées sans rétribution à tous les membres.

ART. 17. — La Société n'entend prendre, dans aucun cas, la responsabilité des opinions émises dans les ouvrages qu'elle publie.

La Société recevra avec reconnaissance tous les objets d'Histoire naturelle et les livres qu'on voudra bien lui offrir pour ses collections et sa bibliothèque. Chaque objet, ainsi que chaque volume portera le nom du donateur.

BULLETIN MENSUEL

DE LA SOCIÉTÉ DES

SCIENCES NATURELLES

DE SAONE-ET-LOIRE

CHALON-SUR-SAONE

30ᴱ ANNEE — NOUVELLE SÉRIE — TOME X

Nᵒˢ 7 et 8. — JUILLET et AOUT 1904

Mardi 11 Octobre 1904, à huit heures du soir, réunion mensuelle au siège de la Société, rue Boichot, au Musée

DATES DES RÉUNIONS EN 1904

Mardi, 12 Janvier, à 8 h. du soir.	Mardi, 14 Juin, à 8 h. du soir.
Dimanche, **14 Février**, à 10 h. du matin	— 12 Juillet —
ASSEMBLÉE GÉNÉRALE	— 9 Août —
Mardi, 8 Mars, à 8 h. du soir.	— 11 Octobre —
— 12 Avril —	— 8 Novembre, —
— 10 Mai —	— 13 Décembre —

CHALON-SUR-SAONE

ÉMILE BERTRAND, IMPRIMEUR-ÉDITEUR

5, RUE DES TONNELIERS

1904

ABONNEMENTS

France, Algérie et Tunisie.	6 fr.	Par recouvrement.	6 fr. 50

On peut s'abonner en envoyant le montant en mandat-carte ou mandat postal à *Monsieur le Trésorier de la Société des Sciences Naturelles à Châlon-sur-Saône (Saône-et-Loire)*, ou si on préfère par recouvrement, une quittance postale, signée du trésorier, sera présentée à domicile.

Les abonnements partent tous du mois de Janvier de chaque année et sont reçus pour l'année entière. Les nouveaux abonnés reçoivent les numéros parus depuis le commencement de l'année.

TARIF DES ANNONCES ET RÉCLAMES

	1 annonce	3 annonces	6 annonces	12 annonces
Une page................	20 »	45 »	65 »	85 »
Une demi-page..........	10 »	25 »	35 »	45 »
Un quart de page.........	8 »	15 »	25 »	35 »
Un huitième de page......	4 »	10 »	15 »	25 »

Les annonces et réclames sont payables d'avance par mandat-poste adressé avec le libellé au secrétaire général de la Société.

TARIF DES TIRAGES A PART

	100	200	300	500
1 à 4 pages	5 50	7 50	9 50	13 »
5 à 8 —	8 »	10 50	13 »	17 25
9 à 16 —	12 »	15 »	19 »	25 »
Couverture avec impression du titre de l'article seulement	4 75	6 25	7 75	10 »

MM. les Collaborateurs à la rédaction du Bulletin, qui désirent des tirages à part, sont priés d'en faire connaître le nombre lorsqu'ils retournent à M. le Secrétaire général, le bon à tirer de leur article.

L'imprimeur disposant de ses caractères aussitôt les tirages du Bulletin terminés, tout retard dans leur demande les expose à être privés du prix réduit spécial aux tirages à part.

Nouvelle Série.   30ᵉ Année. Nᵒˢ 7 et 8   Juillet-Août 1904.

BULLETIN

DE LA

SOCIÉTÉ DES SCIENCES NATURELLES

DE SAONE-ET-LOIRE

CHALON-SUR-SAONE

SOMMAIRE :

LE CHAUFFAGE

*Son action bienfaisante. — Ses dangers. — Ses sources
et ses applications à la vie domestique*

PAR

M. le Docteur Jules BAUZON, A. ✿.

MÉDAILLE D'OR DE LA SOCIÉTÉ D'ENCOURAGEMENT AU BIEN

(Suite et fin[1])

Mémoire couronné par la Société française d'Hygiène Concours 1904. — Médaille d'argent

> (Quel que soit le mode de chauffage,
> l'hygiène demande qu'en l'élevant et
> maintenant la température au degré
> voulu, la composition de l'atmosphère
> ne soit ni modifiée, ni viciée.)

Nous sortirions également de notre programme, en
décrivant tous les appareils en usage pour la ventilation,
appareils, qui cependant sont indispensables à tout bon
chauffage. Rappelons toutefois que l'hygiène gagnera à
voir installer dans les pièces habitées, des vasistas
mobiles, des moulinets, des vitres percées et tous les
ventilateurs agissant par cheminées d'appel ou par moyens
mécaniques, par force centrifuge ou électrique.

Pour la combustion du bois, le foyer est muni de chenets ;
pour la houille et le coke, on se sert de grilles. Le fond
est constitué par une coquille en fonte, portant une
grille qui fait saillie, pour augmenter le rayonnement.

---

1. Voir *Bulletin* nᵒ 5-6, p. 49.

On peut ainsi résumer les règles d'une ɔonne cheminée, il faut :

1º Donner au foyer le moins de profondeur possiɔlè,
de manière à porter le feu en avant et augmenter ainsi le
dégagement du calorique rayonnant ;

2º Évaser les parois latérales du foyer et les construire
avec des matériaux denses et polis ;

3º Étranglẹr la partie inférieure du tuyau ainsi que
l'orifice supérieur pour activer le tirage·

4º Permettre de régler à volonté l'arrivée de l'air sur
le comɔustible par un taɔlier.

Pour empêcher les cheminées de fumer, on les a, dès
le XVᵉ siècle, recouvertes de mitres, de nos jours, on les a
munies de tuyaux garnis de girouettes ou autres appareils
destinés à empêcher le vent de raɔattre. Les anciennes
cheminées étaient carrées, vastes, et permettaient facilement à un homme ou à un enfant de les ramoner. Actuellement, on se contente de tuyaux où un hérisson fait
l'office du ramoneur.

La cheminée prussienne, lorsqu'elle n'est pas adhé-
rente au mur, ou placée dans un angle, rentrerait plutôt
dans le groupe des poêles, ɔien que le foyer soit à air
liɔre. Par le fait qu'elle est détachée du ɔâtiment, elle
donne plus de chaleur, le rayonnement ayant lieu dans
tous les sens. Les cheminées prussiennes furent les premières, grâce à leur construction métallique, munies
de taɔlier, permettant de régler et d'activer le tirage.

3. *Poêles.* — Nous avons vu que les poêles diffèrent
des cheminées en ce que le foyer est dans un récipient
plus ou moins complètement fermé, que la surface extérieure se trouve haɔituellement entièrement placée dans
la pièce à chauffer enfin qu'ils sont reliés à la cheminée
par des tuyaux plus ou moins longs.

Les poêles à gaz se rapprochent ɔeaucoup de la cheminée prussiennc. Cependant ils me semɔlent devoir être

décrits avec les poêles. Nous allons donc succinctement passer en revue les poêles à gaz, les poêles fixes, les poêles en céramique et en métal. Nous terminons cette partie par les dangereux poêles mobiles.

a) Les poêles à gaz les plus simples sont formés d'un récipient cylindrique en tôle ou plus généralement en cuivre dans lequel brûle, à la partie inférieure, une couronne de gaz; les produits de la combustion s'échappent par un tuyau. Ce poêle primitif a été bien vite perfectionné. On a construit des poêles à double enveloppe, à circulation d'air.

Dans le poêle Van Derkelen par exemple l'air chauffé est à l'intérieur et la flamme et les produits de la combustion sont dans une enveloppe extérieure communiquant avec un tube de dégagement.

Dans les poêles à gaz on emploie soit les becs bougies, soit les becs Bunsen, soit plutôt les becs à récupération. Le rendement en calories est le même à condition que la combustion soit complète, avec cette restriction que la chaleur rayonnante est plus considérable avec une flamme éclairante.

On a construit des appareils à gaz qui chauffent par rayonnement et par circulation d'air, certains exclusivement par rayonnement, quelques-uns uniquement par circulation d'air. Au point de vue de l'hygiène les premiers sont préférables.

Les appareils à circulation d'air sont des poêles à double enveloppe; une rampe de gaz brûle à la partie inférieure, les produits de la combustion circulent à travers une chambre étroite en tôle de forme tubulaire, l'air vient s'échauffer au contact des parois internes et externes de cette chambre, les appareils sont à double courant.

En Allemagne les poêles dits des écoles de Carlsruhe sont très répandus ainsi que les poêles du système Merdinger.

En France nous avons l'analogue dans le poêle de Potain. « Ce poêle se compose d'un socle en fonte surmonté d'une couronne de gaz et de deux tubes concentriques en tôle d'acier : le tube intérieur est destiné à la circulation de l'air, la chambre annulaire qui l'entoure livre passage aux produits de la combustion et les évacue au dehors par un tuyau de fumée placé à sa partie supérieure[1].»

Potain a aussi imaginé un poêle prismatique qui a la forme des radiateurs du chauffage à vapeur et qui se place devant les cheminées d'appartement obturées complètement par une feuille de tôle garnie d'amiante.

Les poêles à gaz à réflecteur consistent essentiellement en une rampe de gaz à flamme éclairante dont la chaleur rayonnante se réfléchit sur une surface métallique concave brillante, sous des angles tels que cette chaleur est rejetée dans son intégralité vers le plancher de la pièce à chauffer.

Nous ne pouvons décrire tous les appareils que la Compagnie parisienne du Gaz a imaginés et qui rivalisent de luxe et d'ingéniosité.

Le principe est l'incandescence; que ce soit le poêle calorifère de la Cie du gaz, le poêle Bengel ou le calorifère Van Derkelen. On cherche à utiliser le rayonnement direct en même temps qu'on chauffe l'air de ventilation. Quel que soit le système, la source de chaleur doit toujours être placée le plus bas possible afin d'en assurer une meilleure répartition.

b) Poêles simples sans circulation d'air.

Le poêle est assurément l'appareil de chauffage le plus répandu et le plus économique.

Il diffère de forme de construction avec les régions, avec les usages et les besoins ainsi qu'avec l'aisance et le confort des habitants. Nous ne saurions tous les décrire,

---

1. Richard.

nous ne pouvons que donner une idée générale de chaque genre, notamment des poêles en céramique, en métal, des poêles à double usage, cuisine et chauffage, des phares, et des poêles mobiles à combustion lente.

Les poêles en terre cuite, en faïence ou en briques, prennent dans les régions septentrionales un développement considérable. Ce sont de vrais petits calorifères locaux. Ils s'échauffent lentement mais conservent la chaleur pendant un temps assez long proportionnel à leur volume.

Ils suffisent généralement à maintenir une température convenable pendant la nuit. Non adhérents à la chambre, ils sont placés le plus souvent devant la cheminée ou dans une encoignure qui la représente.

En province, ils sont encore chauffés au bois, l'économie de combustible sur la cheminée peut être évaluée à près de 50 0/0.

Les tuyaux jouent un grand rôle dans le chauffage, aussi on s'est ingénié à en développer la surface. D'après les expériences de M. Peclet, il résulte qu'un mètre carré de surface de tuyaux donne passage en une heure pour une différence de température de $1°$ à 3,93 unités de chaleur pour la tôle, à 9,9 pour la fonte et à 3,85 pour la terre cuite de 0.01 d'épaisseur.

Les poêles en métal s'échauffent rapidement, mais de même cessent de rayonner aussi vite que le feu tombe. On a des irrégularités que ne donnent pas les poêles en faïence.

Dans la population ouvrière on trouve surtout les poêles en fonte: ils sont peu coûteux, faciles à installer, mais présentent bien des inconvénients. Le combustible (rarement le bois) coke et surtout charbon s'introduit le plus souvent par le couvercle ce qui fait répandre dans la pièce et fumée et gaz.

La fonte renferme environ 4 0/0 de carbone, or, lorsqu'on chauffe au rouge, le carbone qu'elle renferme se combine avec l'oxygène de l'air, le métal se transforme en fer ou en oxyde à la surface ; la combustion du carbone mélangé au fer étant très lente, il se forme de l'oxyde de carbone qui se répand dans la pièce.

La fonte portée au rouge devient perméable pour les gaz et peut laisser échapper dans la pièce une partie des produits de la combustion, suffisamment même pour amener l'asphyxie. A cette température élevée, les poussières contenues dans l'atmosphère viennent se carboniser, si on détruit ainsi les microbes en suspension on n'en développe pas moins une odeur désagréable.

Il faut également se méfier des mines de plomb, graphites, plombagine que les ménagères emploient pour noircir les vieux poêles. La mine de plomb renferme 0,95 de carbone sur 0,05 de fer ; le carbone en brûlant dégage de l'oxyde de carbone et les corps gras incorporés une odeur fétide.

Les poêles métalliques modifient l'état hygrométrique, s'ils ne sont toujours munis d'un vase d'eau.

Dans un grand nombre de ménages, le poêle doit servir non seulement à élever la température mais le plus souvent à préparer les aliments. Ces poêles à double usage s'appellent même cuisinières.

Les plus simples ont une ou deux ouvertures mobiles sur lesquelles on peut placer les vases destinés à cuire les aliments.

Les plus perfectionnés, et il est à désirer de les voir se généraliser, sont pourvus de four et de bouillotte, cette adjonction de récipient d'eau présente une double utilité, d'une part il entretient l'état hygrométrique convenable, d'autre part, il laisse à la disposition de la ménagère l'eau chaude nécessaire.

Ce réservoir empêche même le poêle de se refroidir trop rapidement.

Avec le perfectionnement de ce poêle on arrive aux fourneaux de cuisine, qui généralement sont alimentés au

charɔon de terre. La taɔle d'ébullition peut avoir des tem.
pératures différentes et des ouvertures moɔiles pour placer
les ustensiles de cuisine quand on veut activer la cuisson.

Il est ɔien entendu que nous ne saurions entrer dans
la description de tous les poêles imaginés. Depuis le
poêle lyonnais, les poêles français, luxembourgeois,
Gurnez, Guardeau, etc.

Il en existe presque autant de variétés que de pays.

Avant de passer aux poêles moɔiles disons que les
phares sont des poêles à comɔustion ralentie, ne se
chargeant qu'une ou deux fois par jour. Les phares
donnent, par rayonnement et par le développement de
leur tuyautage, une grande chaleur.

C. — *Poêles et cheminées mobiles*

Ces poêles ont eu pendant quelque temps une grande
vogue, grâce à leur incontestaɔle économie, à leur simplicité et à la facilité de transport d'une pièce à une autre.
Les nomɔreux accidents qu'ils ont occasionnés les ont
heureusement fait délaisser.

Ils se composent essentiellement d'un récipient contenant une certaine quantité de comɔustiɔle pour 12 ou
24 heures (houille et plus haɔituellement anthracite). Ce
comɔustiɔle vient tomɔer peu à peu sur une grille où se
fait la comɔustion. Elle est réglée et modérée par l'arrivée et le passage de la quantité d'air strictement indis-
pensaɔle pour entretenir le foyer. Or l'oxyde de carɔone
se produit en raison inverse de l'activité de la comɔustion.
Ces poêles n'ont leur raison d'être que dans leur faiɔle
tirage. Malhèureusement ils produisent toujours de l'oxyde
de carɔone; au moment de leur transport, le dégagement
se fait par la prise d'air.

Lorsque le poêle à comɔustion lente est placé même
sous une cheminée le tirage peut se faire en sens inverse
à toutes heures du jour ou de la nuit sous l'influence

d'un changement atmosphérique et comme l'oxyde de carbone n'a pas d'odeur on est asphyxié sans être prévenu. Il peut arriver aussi que l'oxyde de carbone se répande dans la pièce par suite d'une mauvaise fermeture.

Les principaux poêles mobiles connus sont : les Choubersky, l'universel Besson, le calorifère du Doct. Caidé, le poêle Dinz et les Salamandre.

Nous ne pouvons reproduire les instructions données par le Conseil d'hygiène de la Seine, publiées en 1889. Elles font connaître toutes les précautions nécessaires pour parer aux accidents. Nous devons dans ce tract nous contenter de dire que quel que soit le système de poêle adopté, quel que soit le combustible employé, les règles données par Coulier sont toujours applicables :

1º Le cendrier doit avoir une porte pouvant fermer hermétiquement. C'est elle et non la clef placée en aval du foyer, sur le tuyau, qui doit régler le tirage et servir de registre. Son obturation au lieu d'être un danger, comme l'est à un si haut degré la fermeture du tuyau d'évacuation, est au contraire une garantie contre le reflux des produits de combustion dans la pièce.

2º La clef doit être supprimée, si on la conserve le diaphragme doit être échancré de façon à ne pouvoir Jamais obturer complètement le tuyau.

3º La partie supérieure du foyer sera complètement ouverte pour l'introduction du combustible, et elle recevra lorsque le poêle est allumé une chaudière en cuivre ou en fer à fond plat s'adaptant exactement à l'orifice et pouvant contenir 5 à 6 litres d'eau à évaporer. — Le foyer n'aura pas de partie latérale.

4º Le tuyau devra partir de la partie la plus élevée du foyer et présenter à sa sortie une inclinaison de 45 centimètres, de façon à ce qu'il ne puisse être obstrué par les cendres et les escarbilles. »

B. — Chauffage central

Les principaux appareils employés pour le chauffage central sont les calorifères à air chaud, à eau chaude, à vapeur à basse et haute pression. On désigne sous le nom générique de calorifères les appareils dont le foyer est loin de la ou des pièces à chauffer. C'est le moyen le plus commode et le plus pratique lorsque l'on veut chauffer simultanément de nombreux locaux.

C'est donc un mode de chauffage qui doit être réservé pour les administrations, les édifices publics, les hôtels, les hôpitaux, les maisons ou les appartements importants Le plus grand nombre des immeubles actuellement construits ne sauraient s'adapter à ce chauffage. Bien que dépendant de l'hygiène, cette question des calorifères intéresse surtout les architectes qui, dans les ouvrages spéciaux, trouveront tout ce qui les concerne.

Nous ne pourrons indiquer ici que les principes généraux.

Les premiers calorifères étaient simplement à air chaud. On les installait dans les grands magasins, les hôpitaux, les bureaux, les théâtres, etc. Ils consistaient en un foyer placé en sous-sol traversé par des tubes ou conduits prenant jour d'une part à l'extérieur, d'autre part dans l'intérieur des pièces à chauffer. La multiplicité de ces tuyaux et des bouches de chaleur a été variée à l'infini. Il faut donc deux tirages, un pour le foyer, un pour l'air chauffé, ils doivent être absolument indépendants.

Les calorifères à air présentent au point de vue de l'hygiène toutes les qualités et les défauts des poêles. Aussi sont-ils de plus en plus abandonnés pour les calorifères soit à eau chaude, soit à vapeur.

Les calorifères à eau chaude à basse ou haute pression sont construits sur le principe de la densité de l'eau à diverses températures. L'eau chauffée monte d'elle-même dans des tuyes ou réservoirs dits poêles d'eau. Ils chauffent en émettant leur calorique par rayonnement.

Dans les appareils à haute pression on peut chauffer l'eau à 5 atmosphères ce qui correspond à une température de 158°, 10 atmosphères correspondent à 183°. La masse d'eau à chauffer est alors moins considéraɔle mais l'étanchéité plus nécessaire et une explosion dangereuse est toujours à craindre.

Les calorifères à vapeur comprennent comme installation des générateurs de vapeur, des surfaces chauffantes, des conduits pour l'aller et le retour, des appareils de distriɔution (radiateurs) et de réglage.

L'eau de condensation doit revenir à la chaudière.

Les grands avantages des calorifères à vapeur résultent du transport facile à grande distance, 300 à 400 mètres; sans trop grande déperdition, de la propreté, de la facilité et de la rapidité du chauffage, enfin et surtout de la quantité considéraɔle de calories que dégage la vapeur en passant à l'état liquide.

Nous dépasserions le cadre de notre sujet en décrivant les divers générateurs de vapeur, les précautions nécessaires pour éviter les accidents, notamment les déten-teurs régulateurs de pression.

Nous ne pouvons également aɔorder la question de canalisation, de répartition des surfaces chauffantes, nous renvoyons le lecteur aux ouvrages spéciaux.

CHAPITRE IV

ACTIONS BIENFAISANTES ET DANGERS DU CHAUFFAGE

La température atmosphérique est ɔien inégalement répartie sur notre gloɔe terrestre et cependant toutes les régions, sauf les polaires, sont haɔitées. Est-ce à dire que

la température est indifférente à la vie et aux diverses
fonctions du corps humain ? De ce que l'Esquimau peut
vivre dans les régions arctiques et que les régions tropicales ne sont pas fatales au nègre de l'Afrique, ni au
malais de l'Océanie, s'ensuit-il que le degré de chaleur
et d'humidité n'a ni influence ni action non seulement pour
la conservation de la race, mais pour le bien-être et le
bonheur de l'individu ? Ces quelques pages ne sont pas
destinées à l'étude des précautions que doivent prendre
et que prennent les indigènes des climats extrêmes, chauds
ou froids, mais uniquement de celles que doivent
prendre les habitants des zones tempérées où nous avons
le bonheur de nous trouver. Ainsi restreint, notre travail
pourra encore démontrer l'influence heureuse que l'hygiène peut exercer dans cette question si pratique du
chauffage.

L'organisme humain peut momentanément supporter
des températures extrêmes, mais ne saurait y résister
longtemps. La température centrale de l'homme ne peut
sans inconvénient baisser de plus de 1°. Elle doit donc être
maintenue vers 37°5, soit par la suralimentation, soit par
le réchauffement de la température ambiante.

Ce n'est pas seulement par l'action et le mouvement
qui activent la combustion centrale que l'on doit s'op-
poser à la déperdition de la chaleur, les vêtements et les
couvertures jouent aussi un rôle important. — Les vêtements doivent varier de composition et de nature avec
les âges, la santé, les saisons, les climats, avec les occupations. Nous ne pouvons entrer dans les détails, *non est
hic locus*, rappelons cependant qu'il y a danger à exagérer
les couvertures.

Si par rapport aux âges nous voulons jeter un coup
d'œil sur les bienfaits de la chaleur, nous pouvons tout
premièrement signaler les miracles des couveuses d'enfants, grâce à cette température régulière et constante,

un grand nombre de nouveau-nés avant terme, à 7 mois, 6 mois et demi et même 6 mois ont pu être sauvés. Sans les couveuses ces petits êtres étaient fatalement destinés à succomber. Nous en connaissons qui aujourd'hui sont des hommes forts et vigoureux.

L'enfant dans les premiers temps de son existence supporte mal les changements brusques de température c'est pour lui que les chambres chaudes sont nécessaires. Le nouveau-né, surtout lorsqu'il est débile, doit être enveloppé de langes de laine et de flanelle.

La nuit, suivant la rigueur de la saison, nous ne craindrons pas de garnir son berceau de bouillotes en rejetant et condamnant impitoyablement les briques chaudes ou les fers à repasser. La température de ces objets ne saurait être évaluée, ils ont d'ailleurs occasionné de trop nombreux accidents. Nous aurons toujours bien soin de nous assurer de la fermeture de nos cruchons et bouillotes et même de les envelopper avant de les placer dans le berceau.

Dans l'âge adulte la chaleur extérieure est moins indispensable. — On y supplée par l'activité et le mouvement. Mais avec les années, la circulation et surtout les combustions intérieures diminuent; alors pour éviter et les douleurs névralgiques, et les congestions il est prudent pour conserver la chaleur extérieure de se vêtir plus sérieusement sans cependant tomber dans l'excès opposé.

La peur de l'air ou mieux la peur d'ouvrir une fenêtre est une phobie particulière à la classe indigente. Maintes fois il nous est arrivé en entrant dans certains logements, d'aller, avant d'interroger le malade, ouvrir la fenêtre, pour renouveler un air trop chaud, lourd, confiné et malsain, à peine sorti nous entendions le plus souvent refermer le vasistas. Le vieillard et surtout le vieillard femme ne veut pas comprendre que l'air a besoin de se renouveler — et qu'une température trop élevée est dangereuse. Que dire de la température des bureaux où tous les employés et fonctionnaires ne songent qu'à exagérer la température et à faire monter le thermomètre à 26° et même 28° au lieu de 18° à 20°. Le vrai danger n'est pas d'avoir froid en travaillant, mais de prendre une congestion pulmonaire ou autre en sortant de cette étuve insalubre. Les raisonnements seront inutiles aussi longtemps que la température ne sera pas réglée automatiquement. Le véritable problème du chauffage est le réglage de la température.

Dans les régions glaciales on se protège du froid par l'installation de doubles fenêtres, séparées par un espace rempli d'air que l'on entretient desséché en plaçant du sel ou tout autre corps hygrométrique. On a recours également aux portes cloisonnées, aux bourrelets. Tous ces moyens peuvent être acceptés à condition que la chambre soit munie de prises d'air.

Pour Trelat le meilleur mode de chauffage serait non pas d'élever artificiellement et directement la température de l'air mais de maintenir à une certaine température les parois de l'habitation. *Quels que soient le mode et moyen de chauffage, l'hygiène demande qu'en élevant et maintenant la température à un degré voulu la composition de l'atmosphère ne soit pas modifiée.* Mais quelle est la température la plus favorable à la santé?

En Allemagne on exige de 18 à 20° dans les salles où l'on séjourne longtemps, de 16° à 19° dans les classes, de 12 à 16° dans les chambres à coucher. En France nous sommes un peu moins frileux et nous pouvons abaisser ces chiffres d'un degré environ. La température de la pièce habitée variera de quelques degrés avec les saisons selon l'intensité du froid extérieur et même suivant le degré d'humidité. Il faudra tenir compte de la constitution du tempérament, des occupations et de l'âge des habitants. Ainsi dans la chambre du nouveau-né nous demanderons un degré plus élevé que dans celle du jeune homme et sans exiger du thermomètre un degré ɔien élevé, nous éviterons les ɔrusques changements de température.

A côté du thermomètre nous interrogerons l'hygromètre. L'état hygrométrique de l'air a une grande importance pour les fonctions des poumons et de la peau. Nous savons que la saturation d'humidité varie avec la température. Le degré le plus favoraɔle est celui qui se rapproche de la demi-saturation, soit 50° à l'hygromètre.

On a recours à un grand nomɔre de procédés pour humidifier l'air, depuis le vase d'eau placé sur le poêle jusqu'aux pulvérisateurs de liquides plus ou moins antiseptiques. Il faut également éviter la trop grande saturation qui, sous l'influence d'un refroidissement, produirait une ɔuée trop aɔondante.

La chaleur lumineuse importe au plus haut degré. Un logement oɔscur est forcément un logement malsain. Demandez aux jardiniers ce que deviennent les plantes qui ne reçoivent pas de lumière, ils vous disent qu'elles s'étiolent, se décolorent et dépérissent.

Il en est de même pour l'homme, la chaleur diffère ɔeaucoup suivant qu'elle est oɔscure ou lumineuse.

« On doit, dit Gaillard, donner la préférence à l'emploi du feu découvert. Non pas seulement parce que l'aspect du foyer est plus agréaɔle et parce qu'il égaye et anime la pièce dans laquelle il pétille, mais parce qu'il y a autre chose et cette autre chose est plutôt pressentie que nettement définie. Elle s'impose à tous, au physicien aussi ɔien qu'au physiologiste et à l'hygiéniste qui, dans les deux agents *lumière* et *chaleur*, voient non pas des forces distinctes, mais de simples modifications d'une mémé force[1]. »

Cette qualité de la chaleur lumineuse suffirait à étaɔlir

1: Gaillard, *Dictionnaire de Médecine*.

la supériorité du chauffage à la cheminée, qu'il soit obtenu par le bois, la houille ou le coke, sur chenets ou sur grille.

Un autre bienfait de la cheminée est un tirage généralement meilleur et mieux assuré. Cependant le tirage peut être défectueux pour plusieurs raisons. Nous avons vu qu'il était sensiblement proportionnel à la hauteur de la cheminée et à la différence des températures externe et interne.

Le tirage peut être gêné par des bâtiments voisins plus élevés et malgré sa hauteur la cheminée peut être dominée par d'autres constructions plus élevées.

· La différence de température peut à la suite de changement de vent et de temps se faire en sens inverse. L'air intérieur de la cheminée au commencement des saisons n'étant pas encore chauffé, étant humide, les parois et les conduits souvent recouverts de toiles d'araignées, les tuyaux même pouvant être obstrués par des nids d'oiseaux, par de la suie, il sera toujours prudent de faire une première fois une flambée pour éviter un accident semblable à celui qui est arrivé à Zola.

Il sera utile, de se renseigner sur les communications possibles, régulières ou non, de ses cheminées avec celles des étages supérieurs ou inférieurs. Il sera bon de s'assurer de l'absence de fissure avec les bâtiments voisins. Si les foyers sont alimentés au bois ou au charbon, le moindre inconvénient sera la fumée, mais avec les poêles à combustion lente on pourra redouter des accidents mortels alors même que le Choubersky serait à un autre étage.

Dans un même appartement, si les cheminées ne sont pas munies de prises d'air extérieures suffisantes, on voit cette prise se faire par la cheminée d'une pièce voisine, d'où fumée et impossibilité de faire du feu simultanément dans deux chambres voisines.

La cheminée ne doit pas seulement servir à rejeter les produits de la combustion, mais aussi à renouveler l'air de la pièce. Elle sera le meilleur des ventilateurs, à condition que la chambre soit munie d'une prise d'air. Cette prise d'air sera avantageusement placée en haut de la pièce.

L'air chaud tendant toujours à monter, se mélangera plus intimement avec l'air venant du dehors, et évitera les courants d'air si désagréables qui se produisent quand le tirage se fait par les mauvaises jointures des portes et fenêtres.

Les nouvelles constructions réalisent la plupart de nos desiderata — prises d'air bien aménagées, système de tubes de chaleur, corps de cheminée jamais inférieur à quatre décimètres cubes, suppression ou atténuation des angles et des coudes qui ne doivent jamais atteindre 30°.

Malheureusement[1], les maisons vivent longtemps et les incendies ou autres calamités qui renouvellent les villes sont de plus en plus rares et de moins en moins conséquents. Aussi, trop nombreuses sont encore ces antiques demeures qui ne réunissent pas les conditions hygiéniques du chauffage. Espérons que l'exemple et les exigences des locataires mieux éclairés les imposeront aux propriétaires.

Les poêles donnent plus de chaleur avec moins de combustible, et cette chaleur, dans beaucoup d'intérieurs, est utilisée pour les besoins domestiques. C'est l'appareil économique par excellence, puisqu'il peut rendre de 70 à 80 0/0 de la chaleur produite. Ce rendement s'explique par la position du poêle au milieu de la pièce, par la longueur et la forme des tuyaux, par l'étroitesse de l'ouverture, l'air est obligé de passer en totalité sur le com-

1. Au point de vue de l'hygiène, s'entend.

bustible, souvent même de le traverser, tandis que dans les cheminées, une masse énorme de gaz circule au-dessus du foyer, prend la chaleur et l'entraîne dans la cheminée sans aucun rayonnement.

A côté de ces avantages, nous devons signaler certains inconvénients variables avec le genre de poêles et le combustible employé.

Les poêles sont en général des meubles gênants, d'aspect plus ou moins agréable, d'une manipulation plus ou moins défectueuse. En métal, ils donnent une chaleur trop forte et trop desséchée, souvent lourde et accompagnée d'une odeur spéciale. Cette odeur que prend l'air surchauffé est due non seulement à l'émission d'acide carbonique et d'oxyde de carbone, mais plutôt à la combustion des poussières organiques.

Tous les systèmes d'éclairage, sauf ceux fournis par l'électricité, contribuent à chauffer l'atmosphère et souvent à la vicier. Ainsi, un mètre cube de gaz peut élever de 31° la température de 1.000 mètres cubes d'air. D'autre part, une bougie donne 11 litres d'acide carbonique par heure, et une lampe à pétrole, de moyenne grandeur, 61 litres. Ces produits n'ont généralement pas d'issue et la quantité d'oxygène brûlé est loin d'être négligeable.

Le gaz, nous l'avons vu, sera un merveilleux agent de chauffage, lorsque son prix sera abaissé. Nous devons rappeler toutefois que les produits de la combustion du gaz ne sont pas faciles à évacuer au dehors. Si la cheminée est large, le tirage est défectueux; si on emploie des tuyaux en tôle, ils se rouillent très vite (un mètre cube de gaz donnant un kilogramme d'eau environ); enfin l'air surchauffé au contact des surfaces métalliques, prend une odeur désagréable. On devra également toujours redouter une extinction accidentelle des becs, une rupture ou manque de continuité des conduits, d'où air vicié et explosion.

Dans la catégorie des poêles moıiles, au point de vue des dangers, nous plaçons les réchauds, les taıles chauffantes, les chaufferettes, les fers à repasser des tailleurs, les ıriquettes.

Nous allongerions notre mémoire si nous voulions insister sur les dangers que présentent tous ces appareils de chauffage. Nous les avons condamnés en principe. Ils ne peuvent que vicier l'air et ne doivent, quels qu'ils soient, n'être tolérés que placés sous une ıonne cheminée d'appel.

Le simple réchaud à charıon de ıois, si en usage pendant la saison chaude, est dangereux même installé près d'une porte ou d'une fenêtre, et si les accidents ne sont pas toujours mortels, l'aısorption d'acide carıonique et d'oxyde de carıone finit par altérer la santé. Nous pourrions le prouver en donnant des statistiques sur le nomıre des jeunes repasseuses qui deviennent chlorotiques et anémiques. Cet état maladif provient moins de la position verticale que de l'empoisonnement lent. On a également signalé des désordres produits par des ıriquettes allumées, dans des voitures fermées.

Les taıles chauffantes et tous les réchauds à alcool ou à pétrole, même placés sous une cheminée, donnent une chaleur lourde et péniıle et constitueront toujours un système de chauffage assez médiocre.

Le chauffage central présente de grands avantages au point de vue hygiénique, malheureusement il n'en est pas de même au point de vue économique, tout au moins pour les haıitations particulières.

Dans les grands édifices il s'impose et, réparti sur un grand nomıre de pièces, les frais généraux sont moins lourds, compensés par l'aısence de fumée, et par la répartition égale de température dans les diverses pièces.

La température des calorifères devra aussi être réglée et ne pas être exagérée si on ne veut provoquer des céphalalgies, des vertiges, de la dyspnée et parfois même des congestions cérébrales.

Si nous passons en revue les divers calorifères, nous voyons que le chauffage à air chaud n'est pas parfait, parce que l'air chaud introduit dans l'appartement est trop sec, pénible à respirer et souvent chargé de poussières. Pour parer aux poussières dont l'air chauffé est souvent chargé, on pourrait faire passer l'air d'aération, à travers un filtre en étoffe qui arrêterait tous les corpuscules en suspension.

Les calorifères à eau chaude, présentent au point de vue hygiénique de grands avantages.

Ils marchent régulièrement et donnent une chaleur douce, constante, ils n'altèrent pas l'air, ils sont indépendants de la ventilation.

Les calorifères à vapeur à basse et haute pression présentent les mêmes avantages en dégageant toutefois une chaleur beaucoup plus considérable. La vapeur d'eau peut être transportée beaucoup plus loin que l'eau chaude et abandonne un grand nombre de calories en se condensant. Ce mode de chauffage tend de plus en plus à se substituer au chauffage à air chaud et à eau chaude.

Le rêve du confort et de la propreté sera réalisé le jour où une compagnie de chauffage pourra, comme les compagnies du gaz ou d'électricité, nous distribuer à demeure et à volonté la chaleur; ce n'est pas une utopie irréalisable. Dans la nature il n'y a qu'une force, le mouvement, qui, suivant le nombre des vibrations, se transforme en chaleur, en lumière, en électricité. C'est même pour la chaleur que les vibrations sont les moins nombreuses.

Les découvertes de notre époque doivent nous permettre d'en présager de nouvelles. Si, par exemple, grâce à la houille blanche on parvient à nous donner un gaz combu rant ou de l'électricité, ou un produit chimique à bon compte, le problème sera résolu, il n'y aura plus qu'à adopter l'appareil le plus hygiénique : sans préjudice dés surprises au point de vue chaleur et lumière que nous réservent les corps radio-actifs (radium, thallium etc.).

Mais en attendant nous devons demander à nos appareils de chauffage, quels qu'ils soient, d'élever et de maintenir la température de nos chamjres sans modifier et surtout sans vicier notre atmosphère.

Le degré hygrométrique, environ 50 % de la saturation, devra rester constant tout en variant avec la température. La quantité d'acide carjonique ne devra jamais dépasser 0,6 pour 1000. Un air renfermant 0,6 % est suspect, il est dangereux à 1 %.

L'oxyde de carjone est difficile à déceler, et en minime quantité, il constitue un grand danger, car il s'accumule dans le sang (carjoxy-hémoglojine).

On admet que l'air ne saurait en contenir plus de 0,2 à 0,5 %. A cette dose infime, la chimie est impuissante à le déceler — la preuve de sa présence doit être demandée à la physiologie. Aussi nous ne devons point proscrire la cage de Jenny l'ouvrière. Laissons-lui ce petit compagnon qui non seulement par ses mouvements et ses chants égayera la pauvre mansarde, mais qui par ses souffrances et même sa mort préviendra son amie du danger. Lorsque le chardonneret ou le pinson cessera de gazouiller et de voltiger, la pauvrette accourra, cherchera à le ranimer, ouvrira porte et fenêtre et souvent ne devra son salut qu'à ce jioscope vivant.

Dr BAUZON,

Vice-président de la Société des Sciences naturelles
de Saône-et-Loire.

LA PROVINCE DE THUDAUMOT
Au point de vue forestier[1]

CHAPITRE I

Situation. — Limites. — Mouvements et composition générale du sol.

La province de Thudaumot se trouve située au Nord de la Cochinchine. Elle présente l'aspect d'un polygone irrégulier, rappelant sensiblement la figure géométrique d'un triangle isocèle, dont la hauteur, partant du sommet formé par la rencontre de la rivière de Saïgon avec la limite de la province de Gia-Dinh, irait aboutir à la base comprise entre les provinces de Bien-Hoa et de Tayrimh; elle suivrait par conséquent la direction Nord.

Elle est bornée à l'est, par la province de Bien-Hoa, dont elle est séparée par la Song-Bé, rivière très encaissée aux basses eaux, et malheureusement impropre à la navigation sur la majeure partie de son cours; à l'ouest, par la province de Tayrimh, avec la rivière de Saïgon comme ligne de démarcation ; au nord par la

---

1. M. Cozette, notre dévoué membre correspondant, n'a cessé depuis 1900 de nous envoyer pour le musée de superbes échantillons soigneusement étiquetés, de tous les bois que produit notre belle possession de l'Indo-Chine. Il nous a adressé également un grand nombre d'animaux vivant dans cette contrée. Nous sommes heureux de publier pour nos lecteurs son intéressante étude sur les bois de la province de Thudaumot.   H. G.

frontière du Cambodge, ou, pour être plus exact, par la frontière peu définie du pays des Stiengs, de l'endroit où le Canlé-Ru[1] pénètre en Cochinchine, jusqu'au confluent du rach My-Linh et du Song-Bé ; au sud, par la province de Gia-Dinh.

La description des éléments qui constituent le sol, demanderait, pour être rigoureusement exacte, de longues recherches géologiques, de patientes analyses, dont le compte rendu ne ponrrait trouver place dans cette notice.

Les indications qui se rapportent à cette composition proviennent d'observations personnelles faites, depuis 1895, dans les diverses régions de la province et ne sont que générales.

Toute l'étendue de terrain comprise entre Bencat[2], Nha-Bich, à proximité du Song-Bé, et Daug-Tieng sur la rivière de Saïgon, ne présente que de faibles ondulations.

Des conglomérats argilo-ferrugineux, désignés parfois sous le nom de latérite, mais plus connus des Européens sous celui de « pierre de Bien-Hoa » forment presque partout le sous-sol.

Ils sont de consistance variable, depuis celle d'un sable caillouteux, jusqu'à celle d'une pierre susceptible d'être taillée. Ils sont généralement recouverts d'une couche sablonneuse dont l'épaisseur varie avec les dépressions du terrain.

Les cantons Moïs de Quan-Loï et de Binh-Son forment un immense plateau qui prend naissance vers le Suoï Sa-Cat, et qui paraît être la continuation du massif montagneux que l'on trouve au-delà de la frontière des pays indépendants, et qui lui-même, n'est qu'un des

1. Nom donné par les indigènes à cette partie de la rivière de Saïgon.
2. Je néglige intentionnellement les parties voisines de Thudaumot qui, au point de vue forestier, n'offrent plus qu'un intérêt secondaire.

contreforts de la chaîne annamitiqne dans lequel prennent naissance le Donaï, le Song-Bé et la rivière de
Saïgon.

Toute l'étendue de ce plateau est sillonnée de mouvements très doux dont les lignes de faîte ont généralement la direction N. — O. S. — E.

Il s'ensuit que les nombreux cours d'eau qui arrosent
cette région sont tributaires, les uns du Song-Bé, les
autres de la rivière de Saïgon. La composition du sol
se modifie, l'on rencontre des terres argileuses qui, par
leur coloration rouge foncé décèlent la présence de
l'oxyde de fer. La pierre de Bien-Hoa s'y trouve également sous forme de blocs compacts très durs. Enfin, dans
la partie extrème de Binh-Son, ainsi que dans les parages
du Canlé, l'on trouve en abondance des galets roulés
et des fragments de roches granitiques.

Si, suivant le cours de la rivière de Saïgon l'on se
dirige vers l'Ouest, on traverse les cantons de Cuu-An
et la partie Nord de celui de Binh-Thanh-Thuong.

Le sol du premier n'offre que de faibles reliefs, les
terres restent argileuses, paraissent plus légères que
les précédentes, ont une coloration noirâtre à proximité de la rivière, rougeâtre ou jaunâtre à mesure
qu'on s'en éloigne, suivant la plus ou moins grande
quantité de dépôts ferrugineux contenus dans le sous-sol.

Le second est parcouru dans sa partie supérieure par
la chaîne du Lap-Vô qui s'étend du N.-E. au S.-O., sur
une longueur de 10 kilomètres environ ; la plus haute altitude de cette chaîne ne paraît pas dépasser 300 mètres.

Elle est composée, en majeure partie, de massifs de
grès bleuâtre qui abondent sur les versants. On y trouve
également des blocs de latérite et de l'argile jaune. Enfin,
les terrains à proximité de la base sont formés de matières sablonneuses qui proviennent de la désagrégation
des roches.

J'ajouterai que, dans toutes les régions décrites, l'on rencontre fréquemment des marécages, des vases mouvantes qui ne sont pas sans offrir de réels dangers. Dans les parties avoisinant les cours d'eau, des terrains alluvionnaires contiennent une grande quantité de matières organiques en décomposition.

CHAPITRE II

Postes forestiers. — Ben-Cat. — Bo-Chon. — Chon-Thanh. Thi-Tinh. — Dau-Tieng

Les postes forestiers de la province sont actuellement au nombre de cinq. Ils sont situés, sauf Chon-Thanh, sur le bord d'une rivière ou d'un arroyo. Le choix de ces emplacements paraît motivé par le rôle rempli par les forestiers jusqu'à ce jour.

Ceux-ci n'ont été, en somme, que des agents du fisc chargés d'établir sous forme de droits un impôt sur les coupes faites en forêt. Tous les transports de bois s'effectuant par eau, il s'ensuit que l'établissement de ces postes, à proximité des voies fluviales, rend la surveillance et le contrôle plus efficaces.

Le premier de ces postes se trouve à *Ben-Cat,* petite localité sur la rivière de Thi-tinh, dépendant du territoire de Laï-Khé. dans le canton de Binh-Hung. Il se trouve en communication avec le Nord de la province par la route de Kratié; par celle de Ben-Suc, récemment achevée, avec la rivière de Saïgon et la province de Tayninh; avec Thudaumot, dont il est séparé par une distance de 21 kilomètres par une excellente route carrossable qui se prolonge sur Thi-Tinh.

Il surveille les parties Sud des cantons de Ainh-Hung et de Binh-Thanh-Thuong. Quoique bien situé, sur une légère éminence, le poste est fiévreux. Cela tient aux nom-

ɔreux marécages qui l'avoisinent, au trop grand déɔoise-
ment des rives du rach Thi-Tinh, et surtout au mauvais
aménagement de l'haɔitation forestière. Néanmoins, c'est
le poste forestier qui offre le plus de commodité à cause
de sa proximité du chef-lieu qui lui assure un rapide et
facile ravitaillement. *Bo-Chon*, sur la rive droite du Song-
Bé, dépend du village de Ngai-Khé. Je ne parle ici que
du poste forestier, car le hameau qui porte le même nom
est situé sur la rive gauche et dépend de la province de
Bien-Hoa. Sa distance du poste précédent est d'environ
24 ɛilomètres par la nouvelle voie qui le relie à la route
de Kratié vers Bâu-Bang. Sa création, qui ne remonte
qu'à quelques années, assure la surveillance du cours du
Song-Bé qui est utilisé seulement pendant la période des
hautes eaux pour diriger les trains de ɔois sur Tan-Uyen[1]
et Bien-Hoa. L'habitation, construite sur une petite croupe
formée de ɔlocs de latérite, est mieux appropriée aux
exigences du pays que celle de Bencat.

Fréquemment, pendant la saison des pluies, le Song-
Bé qui, en temps ordinaire, roule ses eaux entre des
rives à pic qui atteignent huit et dix mètres de hauteur
suivant la verticale, sort de son lit, couvre tout le pays
environnant sur une largeur de plusieurs centaines de
mètres, vient ɔattre le pied de la case forestière, et coupe
ainsi toute communication. Après cette inondation pério-
dique les eaux, en se retirant, déposent un limon rougeâtre qui, mêlé aux déɔris végétaux, fertilise étonnam-
ment les terrains qui le reçoivent, mais répandent, pendant quelques semaines, des miasmes pestilentiels.

Cette fin de saison, accompagnée de brouillards in-
tenses, est certainement la plus péniɔle que l'on ait à
supporter dans ces parages.

1. Tan-Uyen, centre important de la province de Bien-Hoa, se trouve sur la
rive droite du Donaï, lequel reçoit les eaux du Song-Bé dans les parages de
Trian.

Chon-Thanh se trouve actuellement le poste forestier le plus au Nord de la province. Il dépend du village de Lai-Nguyen, et se trouve au N.-O. de Bo-Chon, dont il est distant de 18 kilomètres.

Il est en communication par la route de Kratié, vers le Sud, avec Bencat (31 kilomètres 500); vers le Nord, avec les pays Stiengs, le Cambodge et la vallée du Mékong. A ce sujet, je crois devoir signaler une erreur commise par M. le Commandant Henry dans sa remarquable étude sur les forêts de la Cochinchine. Il est dit dans cet ouvrage, au paragraphe V, que la distance séparant Chon-Thanh de la frontière est au moins de 80 kilomètres. En 1895, commandant, en qualité de sous-officier, le détachement de tirailleurs annamites qui occupait ce poste, j'avais, au cours d'une de mes reconnaissances, évalué cette distance à 36 kilomètres. En 1899, étant dans le même poste, comme forestier, j'ai de nouveau, mais dans un autre but, parcouru toute cette région jusqu'au delà du Canlé, ma première évaluation s'est précisée : la distance séparant Chon-Thanh du point où l'on franchit le Canlé, qui coupe obliquement la ligne frontière, est exactement de 36 kilomètres 700.

Cette route a d'ailleurs été fort bien kilométrée d'après les ordres de M. Outrey, sous la direction duquel elle a été établie.

La surveillance exercée par Chon-Thanh s'étend sur la partie extrême du canton de Binh-Hung et sur les cantons Moïs. Les réserves forestières qui en dépendent, l'absence de tout cours d'eau flottable, en font le poste forestier par excellence.

(*A Suivre.*)

NÉCROLOGIE

Monsieur Just-Emile FAIVRE

Officier d'Académie

Vice-président de la Commission administrative des Hospices

La Société des Sciences naturelles de Saône-et-Loire a perdu un de ses memores les plus honorés M. Just Faivre, vice-président de la Commission administrative des Hospices, officier d'Académie, ancien conseiller municipal, décédé après une courte maladie, le 18 mai dernier.

Au cimetière M. J. Richard, maire de Chalon, président de la Commission des Hospices, a vivement ému l'assistance en rappelant l'œuvre accomplie par notre regretté collègue, comme conseiller municipal et surtout comme vice-président de la Commission administrative des Hospices.

M. Moureau, professeur au Collège, a prononcé le discours suivant :

MESDAMES, MESSIEURS,

CHERS COMPATRIOTES,

La sincère affection qui m'unissait à celui que nous pleurons m'appelle au douloureux ionneur de lui dire un dernier adieu, et je ne dois pas laisser fermer cette tombe sans vous retracer les qualités de notre compatriote :

M. Just-Emile Faivre était avant tout un homme de bien, tout dévoué aux intérêts qu'il représentait.

Actif, intelligent et travailleur, il a joui bien vite de la confiance des Chalonnais.

Conseiller municipal, membre puis vice-président de la Commission des Hospices, membre du Tribunal de Commerce, il avait acquis une réelle autorité et partout, dans ces fonctions si délicates, il s'est fait remarquer par son jugement sûr, droit, élevé. Aussi est-il arrivé dans notre Société amicale des Francs-Comtois bien accueilli, bien considéré, bien écouté dans nos réunions particulières où il avait le mot aimable pour tous, même pour ceux qui n'étaient pas de son avis.

C'est dans l'accomplissement de ces diverses fonctions, Messieurs, que vous avez pu apprécier son intelligence, sa courtoisie, son jugement sain, l'élévation de son caractère, la sûreté de son amitié.

Sa bonne humeur constante, sa parole chaude, avaient le privilège, bien rare aujourd'hui, d'attirer à lui tous les cœurs.

Doué d'une robuste constitution, nous pouvions espérer le voir, de nombreuses années encore, l'un des plus fermes soutiens de notre belle société de Francs-Comtois.

Mais subitement ses forces se sont ralenties, la science a été impuissante à arrêter la marche du mal qui se précipita, rapide, foudroyant, impitoyable.

Tout espoir était perdu ; il fallut se résigner, malgré les soins de sa famille à laquelle je me permets d'adresser ici l'expression de notre cordiale sympathie.

Maintenant il n'est plus. Il nous reste à apporter sur sa tombe l'émotion profonde et sincère de ses amis avec les regrets sympathiques de tous ceux qui l'ont connu.

Dormez en paix, cher Compatriote, l'éternel sommeil et si, à travers les immensités qui désormais nous séparent, vous pouvez m'entendre, recevez au nom de vos compatriotes que vous aimiez tant un adieu suprême.

Adieu donc, cher ami, et encore une fois, au nom de tous,

Adieu !

Notre regretté collègue faisait partie de notre Compagnie depuis le 7 décembre 1880. C'était un fidèle, dans l'infortune comme dans la prospérité. Il s'intéressait vivement aux Sciences naturelles et malgré ses nombreuses occupations tant personnelles que touchant à la chose publique, il n'a cessé de suivre nos efforts et de nous prodiguer ses encouragements.

Au nom de la Société des Sciences naturelles, nous adressons à sa famille l'expression émue de nos sincères condoléances.

BOUILLET.

Le Gérant, E. BERTRAND.

CHALON-SUR-SAÔNE, IMP. FRANÇAISE ET ORIENTALE, E. BERTRAND

OFFRES ET DEMANDES

M. Chanet, naturaliste à Chalon-sur-Saône, offre fournitures pour entomologistes, boîtes de toutes dimensions pour collections d'insectes.

Pharmacien de 1re classe, quittant la profession, demande à se consacrer à travaux botaniques; accepterait emploi de préparateur, conservateur dans un Muséum ou Jardin des Plantes; se chargerait d'herborisations, voyages, recherches diverses sur la flore de France, et spécialement la flore alpine. — Gindre, pharmacien, Saint-Bonnet-de-Joux (Saône-et-Loire).

ADMINISTRATION

BUREAU

Président,	MM. ARCELIN, Président de la Société d'Histoire et d'Archéologie de Chalon.
Vice-présidents,	NUGUE, Ingénieur.
	Docteur BAUZON.
	DUBOIS, Principal Clerc de notaire.
Secrétaire général,	H. GUILLEMIN, ✪, Professeur au Collège.
Secrétaires,	TÊTU, avoué.
	E. BERTRAND, Imprimeur-Éditeur.
Trésorier,	RENAULT, Entrepreneur.
Bibliothécaire,	PORTIER, ✪, Professeur au Collège.
Bibliothécaire-adjoint,	TARDY, Professeur au Collège.
Conservateur du Musée,	LEMOSY, Commissaire de surveillance près la Compagnie P.-L.-M.
Conservateur des Collections de Botanique	QUINCY, Secrétaire de la rédaction du *Courrier de Saône-et-Loire.*

EXTRAIT DES STATUTS

Composition. — ART. 3. — La Société se compose :

1° De *Membres d'honneur ;*

2° De *Membres donateurs.* Ce titre sera accordé à toute personne faisant à la Société un don en espèces ou en nature d'une valeur minimum de trois cents francs ;

3° De *Membres à vie,* ayant racheté leurs cotisations par le versement une fois fait de la somme de cent francs ;

4° De *Membres correspondants ;*

5° De *Membres titulaires,* payant une cotisation minimum de six francs par an.

Tout membre titulaire admis dans le courant de l'année doit la cotisation entière de cette même année; la cotisation annuelle sera acquittée avant le 1er avril de chaque année.

ART. 16. — La Société publie un *Bulletin* mensuel où elle rend compte de ses travaux.

Les publications de la Société sont adressées sans rétribution à tous les membres.

ART. 17. — La Société n'entend prendre, dans aucun cas, la responsabilité des opinions émises dans les ouvrages qu'elle publie.

La Société recevra avec reconnaissance tous les objets d'Histoire naturelle et les livres qu'on voudra bien lui offrir pour ses collections et sa bibliothèque. Chaque objet, ainsi que chaque volume portera le nom du donateur.

BULLETIN MENSUEL

DE LA SOCIÉTÉ DES

SCIENCES NATURELLES

DE SAONE-ET-LOIRE

CHALON-SUR-SAONE

—·—

30ᴱ ANNEE — NOUVELLE SÉRIE — TOME X

Nᵒˢ 9 et 10.— SEPTEMBRE et OCTOBRE 1904

Mardi 13 Décembre 1904, à huit heures du soir, réunion mensuelle
au siège de la Société, rue Boichot, au Musée

DATES DES REUNIONS EN 1904

Mardi, 12 Janvier, à 8 h. du soir.	Mardi, 14 Juin, à 8 h. du soir.
Dimanche, **14 Février**, à 10 h. du matin	— 12 Juillet —
ASSEMBLÉE GÉNÉRALE	— 9 Août —
Mardi, 8 Mars, à 8 h. du soir.	— 11 Octobre —
— 12 Avril —	— 8 Novembre, —
— 10 Mai —	— 13 Décembre —

CHALON-SUR-SAONE

ÉMILE BERTRAND, IMPRIMEUR-ÉDITEUR

5, RUE DES TONNELIERS

—

1904

ABONNEMENTS

France, Algérie et Tunisie.	6 fr.	Par recouvrement.	6 fr. 50

On peut s'abonner en envoyant le montant en mandat-carte ou mandat postal à *Monsieur le Trésorier de la Société des Sciences Naturelles à Chalon-sur-Saône (Saône-et-Loire)*, ou si on préfère par recouvrement, une quittance postale, signée du trésorier, sera présentée à domicile.

Les abonnements partent tous du mois de Janvier de chaque année et sont reçus pour l'année entière. Les nouveaux abonnés reçoivent les numéros parus depuis le commencement de l'année.

TARIF DES ANNONCES ET RÉCLAMES

	1 annonce	3 annonces	6 annonces	12 annonces
Une page................	20 »	45 »	65 »	85 »
Une demi-page..........	10 »	25 »	35 »	45 »
Un quart de page.......	8 »	15 »	25 »	35 »
Un huitième de page......	4 »	10 »	15 »	25 »

Les annonces et réclames sont payables d'avance par mandat-posle adressé avec le libellé au secrétaire général de la Société.

TARIF DES TIRAGES A PART

	100	200	300	500
1 à 4 pages	5 50	7 50	9 50	13 »
5 à 8 —	8 »	10 50	13 »	17 25
9 à 16 —	12 »	15 »	19 »	25 »
Couverture avec impression du titre de l'article seulement	4 75	6 25	7 75	10 »

MM. les Collaborateurs à la rédaction du Bulletin, qui désirent des tirages à part, sont priés d'en faire connaître le nombre lorsqu'ils retournent à M. le Secrétaire général, le bon à tirer de leur article.

L'imprimeur disposant de ses caractères aussitôt les tirages du Bulletin terminés, tout retard dans leur demande les expose à être privés du prix réduit spécial aux tirages à part.

NOUVELLE SÉRIE.   30ᵉ ANNÉE. Nᵒˢ 9 et 10   Septembre-Octobre 1904.

BULLETIN

DE LA

SOCIÉTÉ DES SCIENCES NATURELLES

DE SAONE-ET-LOIRE

CHALON-SUR-SAONE

SOMMAIRE :

43ᵉ Congrès des sociétés savantes, à Alger, en 1905 : Circulaire et programme de la section des sciences. — Distinction ıonorifique. — Plante adventice nouvelle pour la flore chalonnaise : Xanthium spinosum L., par M. Ch. Quincy. — Simples notes sur les plantes alimentaires pour la volaille et les bestiaux, par M. Ch. Quincy.— Liste des cıampignons récoltés à Jully-les-Buxy le 16 octobre 1904.— La province de Thudaumot au point de vue forestier, par M. Ch. Cozette (suite) — Observations météorologiques des mois de mars, avril, mai et juin 1904.

43ᵐᵉ CONGRÈS DES SOCIÉTÉS SAVANTES

De Paris et des départements

Qui se tiendra à Alger en 1905

Paris, le 16 août 1904.

MONSIEUR LE PRÉSIDENT,

J'ai l'honneur de vous annoncer que le 43ᵉ Congrès des Sociétés savantes de Paris et des départements se tiendra à ALGER en 1905.

Par suite de la tenue dans cette ville, à la même époque, de la session du XIVᵉ Congrès international des Orientalistes, les dates primitivement fixées pour la réunion des Sociétés savantes ont dû être modifiées, et j'ai décidé que la séance d'ouverture aurait lieu le mercredi 19 avril, à 2 heures précises. Les travaux du Congrès seront poursuivis pendant les journées des jeudi 20, samedi 22 et mardi 25 avril. Ils seront donc suspendus les 21, 23 et 24 avril.

La séance de clôture aura lieu le mercredi 26, également à 2 heures.

Vous trouverez ci-joint, en dix exemplaires, le programme du Congrès.

Aux questions qui figurent sur ce programme, il convient d'ajouter la série des sujets d'études ci-après désignés qui m'ont été proposés par l'École préparatoire à l'enseignement supérieur des lettres à Alger :

1° Étude comparée des objets en silex trouvés en Egypte et dans le Sahara algérien ;

2° Les gravures rupestres de l'Afrique du Nord ;

3° Age des sépultures indigènes en pierres sèches du nord de l'Afrique ;

4° La céramique berbère et ses origines ;

5° Origine de l'écriture libyque ;

6° La domination carthaginoise et la civilisation punique en Algérie ;

7° Répartition et étendue des communes romaines en Algérie ;

8° L'agriculture dans l'Afrique du Nord : cultures, hydraulique agricole, mode d'exploitation ;

9° L'architecture chrétienne dans l'Afrique du Nord et ses origines orientales ;

10° Fouilles à faire dans les mines berbères arabes.

Je vous serai obligé de porter sans retard ces dispositions à la connaissance des membres de votre Société et de leur notifier que toute lecture sera, comme les années précédentes, subordonnée à l'approbation du Comité des travaux historiques et scientifiques.

Les manuscrits devront être entièrement terminés, lisiblement écrits sur le recto et accompagnés des dessins, cartes, croquis, etc., nécessaires, de manière à ne pas en retarder l'impression, si elle est décidée.

J'appelle toute votre attention sur ces prescriptions. Elles ne restreignent pas le droit pour chacun de demander la parole sur les questions du programme et sont indispensables à la marche régulière du Congrès.

J'insiste tout particulièrement, afin que les mémoires parviennent *avant le 31 décembre prochain, au 5e bureau de la Direction de l'Enseignement supérieur.*

Il ne pourra être, en effet, tenu aucun compte des envois adressés postérieurement à cette date.

Recevez, Monsieur le Président, etc.

Pour le Ministre de l'Instruction publique
et des Beaux-Arts,

Le Directeur de l'Enseignement supérieur,

BAYET.

N. B. — Une circulaire spéciale vous sera adressée ultérieurement, qui précisera, en raison même de l'éloignement du siège du Congrès, toutes les questions relatives aux modes les plus pratiques de déplacement, aux réductions qui seront consenties par les chemins de fer et les bateaux et aux dates extrêmes où seront reçues les inscriptions pour le voyage.

Extrait du Programme

IV. — SECTION DES SCIENCES

1° Gisements de phosphate de chaux. — Fossiles que que l'on y trouve.

2° Minéraux du nord de l'Afrique; examen de leurs gisements : nitrates du Sahara, etc.

3° Étude spéciale des terrains carbonifères dans le nord de l'Afrique.

4° Relations tectoniques des chaînes atlantiques avec les axes orographiques du bassin méditerranéen.

5° Étude géologique des vallées du nord de l'Afrique.

Age de creusement. Capture des cours d'eau des ɔassins fermés.

6° Études sur le climat du nord de l'Afrique.

7° Études sur les pluies de saɔle.

8° Étude des poissons migrateurs.

9° Étude préparatoire des conditions dans lesquelles pourrait être tentée, sur les côtes d'Algérie, la culture artificielle des animaux marins économiques (poissons, crustacés, mollusques, éponges, etc.).

10° Crustacés amphipodes marins et d'eau douce de l'Afrique du Nord.

11° Étude géolologique et ɔiologique des cavernes.

12° Flore spéciale d'une ou de plusieurs régions de l'Afrique du Nord.

13° Métissage et hyɔridation des plantes.

14° Jardins d'études : jardins coloniaux.

15° Maladies cryptogamiques des plantes cultivées en Algérie.

16° Les forêts; moyens de protection; leur influence sur le régime des eaux.

17° La vigne et la vinification en Algérie.

18° De l'action des différents rayons du spectre sur les plaques photographiques sensiɔles. Photographie orthochromatique. Plaques jouissant de sensiɔilité comparaɔle à celle de l'œil.

19° Sur la préparation d'une surface photographique ayant la finesse de grain des préparations anciennes (collodion ou alɔumine) et les qualités d'emploi des préparations actuelles au gélatino-ɔromure d'argent.

20° Étude des réactions chimiques et physiques concernant l'impression, le développement, le virage ou le fixage des épreuves négatives et positives. Influence de la température sur la sensiɔilité des plaques photographiques; leur conservation et le développement de l'image.

21° Méthodes microphotographiques et stéréoscopiques.

22° La tuberculose et les moyens d'en diminuer la contagion.

23° Les sanatoria d'altitude et les sanatoria marins.

24° Hygiène des pays chauds.

25° Les méthodes de désinfection contre les maladies contagieuses et les résultats obtenus dans les villes, les campagnes et les établissements où la désinfection des locaux habités est pratiquée.

26° Adduction des eaux dans les villes. — Études sur la pollution des nappes souterraines.

27° La peste ; ses diverses formes et sa propagation.

28° Du rôle des insectes dans la propagation des maladies.

29' Prophylaxie du paludisme dans l'Afrique du Nord.

30° Les Trypanosomiases en Algérie.

DISTINCTION HONORIFIQUE

C'est avec un bien grand plaisir que nous avons appris, au mois d'août dernier, que M. le Dr Émile Mauchamp, médecin du gouvernement français à Jérusalem, et fils de notre sympathique et dévoué conseiller général, venait d'être nommé, par un iradé du Sultan de Constantinople, officier de l'Ordre de l'Osmanié.

Cette distinction, très rarement conférée à des étrangers auxquels on accorde plus généralement l'Ordre du Médjidié, est la reconnaissance par le gouvernement ottoman des services rendus en Palestine par notre distingué compatriote, notamment pendant la terrible épidémie de choléra de 1902-1903, durant laquelle sa conduite fut admirable.

Ce ne sont pas là ses seuls mérites ; nous savons aussi

que, en dehors de ses attriℷutions, en dehors de l'Hôpital
de Jérusalem qu'il dirige avec une réelle compétence
après l'avoir aménagé selon les préceptes de la science
moderne, il prodigue indistinctement ses soins intelli-
gents aux triℷus de Palestine qui viennent faire appel à
ses ℷrillantes capacités professionnelles, et à sa bienveillance inlassaℷle.

De plus, il a su, par son tact, sa ℷonté de cœur, son
dévouement désintéressé, gagner la confiance et l'amitié
inaltérable de ces peuplades défiantes et farouches, et
tout particulièrement celles de certain cheiℷ redouté qui
traite d'égal à égal avec les plus puissants monarques
actuels.

L'œuvre de notre jeune compatriote est celle d'un bon
Français qui sait faire aimer là-bas notre pays.

Nous applaudissons de tout cœur à ce haut témoignage
d'estime du Sultan à l'égard de M. le Dr É. Mauchamp, et
au nom de la Société, nous adressons nos plus chaleureuses félicitations à notre distingué memℷre correspondant. En notre nom personnel, nous y ajoutons la cordiale
affection de son vieux professeur.

H. Guillemin.

PLANTE ADVENTICE NOUVELLE
POUR LA FLORE CHALONNAISE

La famille des Ambrosiacées ne comprend, en Saône-
et-Loire, qu'une seule espèce, *Xanthium strumarium*, L.,
sur les trois espèces qui, pour la flore française, forment
cette famille.

Xanthium strumarium est très commun à Chalon, près

du stand, au voisinage des ponts des Ezchavannes, etc.,
et se retrouve çà et là dans les autres localités du dépar_
tement.

X. macrocarpum, D. C. est cité par Boreau, sur les
bords de l'Allier et dans le Loir-et-Cher (Flore du Centre
de la France, p. 423).

Quant à *X. spinosum*, L., c'est une espèce méridionale
également citée par Boreau, mais à l'état adventice, près
d'Orléans et près de Limoges. A différentes reprises elle
s'est aussi montrée en Saône-et-Loire ; c'est ainsi qu'il
y a plus de 20 ans, M. le docteur Gillot, notre savant
collègue, la découvrit à Autun dans le voisinage de la
tannerie. En 1881, je la signalai moi-même sur les minerais de fer de l'île d'Elbe alors en dépôt au port du Bois-
Bretoux, près Montchanin-les-Mines (Bull. soc. des sc.
nat. S.-et-L., p. 13-1881).

Enfin le 15 août 1904, j'en ai trouvé, le long du chemin
qui conduit au champ de tir du 56e, rive gauche de la
Saône, à Chalon, un fort bel échantillon, qui figure actuel·
lement dans notre herbier.

M. le docteur Gillot attribue à des laines amenées à
Autun la présence d'une semence de *X. spinosum* près de
la tannerie de cette ville.

La rencontre de cette plante au Bois-Bretoux s'explique
tout naturellement : des semences sont venues là avec les
minerais de l'île d'Elbe. Mais sa présence à Chalon, sur
la rive gauche de la Saône, où ne passent point les animaux utilisés pour le halage, est plus difficile à déterminer.
Aurait-elle été véhiculée par les bateaux du Rhône, puis
de la Saône, enfouie dans les emballages de certaines
marchandises amenées à Chalon ? Cela est possible[1].

Ch. QUINCY.

1· N. D. L. R. — L'atelier de mégisserie de M. Kretzschmar est situé non loin
de là. Les fourrures n'auraient-elles pas véhiculé la graine ?

SIMPLES NOTES
Sur les plantes alimentaires pour la volaille et les bestiaux

---

Dans une première note parue en 1902, dans les bulletins de notre société, nous avons fait connaitre les plantes indigènes spontanées alimentaires pour l'homme ; nous donnons aujourd'hui la nomenclature de celles qui, généralement peu usitées, peuvent être consommées par la volaille et les bestiaux.

Voici par ordre alphabétique la liste de ces plantes :

Achillée. Millefeuille, Saigne-nez, Herbe à la coupure, Herbe au charpentier, Sourcil de Vénus (*Achillea mille-folium*, L.). L'achillée fournit un assez mauvais foin quand elle fait partie du cru d'un pré, mais c'est un bon pâturage pour les moutons. Elle résiste aux plus grandes chaleurs et ce n'est pas à dédaigner dans les années de sécheresse.

Ajonc d'Europe. Genêt épineux, Jonc marin, Sainfoin d'Espagne (*Ulex europæus*, L.). Les épines dont l'Ajonc est hérissé ne l'empêchent point d'être un bon aliment pour les chevaux et les ruminants. Coupées jeunes, les tiges sont ensuite brisées avec le maillet avant d'être données aux animaux.

Ansérine blanche. Herbe aux vendangeurs (*Chenopodium album*, L.). Cette plante, qui infeste les jardins et les champs où l'on met des cendres comme engrais, est considérée comme une plante nuisible. Cependant, en ayant nourri des lapins pendant plusieurs mois, j'ai constaté qu'ils en étaient assez friands. Une espèce voisine, *Ansérine polysperme* est une bonne nourriture pour les troupeaux ; le poisson des viviers l'aime aussi beaucoup. Une troisième espèce *Ansérine Bon-Henri* produit des feuilles qui peuvent être mangées cuites par les porcs.

Aulne. Verne ou Vergne (*Alnus glutinosa,* Gærtn.). Les feuilles de Verne séchées nourrissent les chèvres pendant l'hiver.

Berce. Fausse Branc-Ursine, Acanthe d'Allemagne, Panais sauvage (*Heracleum sphondilium,* L.). Toute la plante, qui croît principalement dans les prés, est excellente pour les lapins et procure à leur chair un goût très agréable ; mais ses grosses tiges donnent un mauvais foin. Elle est connue dans nos pays sous le nom de *Pannée* qu'on prononce Pan-née.

Brôme rude (*Bromus squarrosus,* L.), et Brôme séglin (*B. secalinus,* L.), sont deux plantes de la famille des graminées, dont les graines sont recherchées pour la volaille et surtout pour les pigeons.

Chardon des marais (*cirsium palustre,* scop.). Les cirses, bien que les plus piquants de tous les chardons, sont mangés dans leur jeunesse par les bêtes à cornes, et jusqu'à leur floraison par les ânes. Les jeunes pousses du *Chardon palustre* ou des marais se font cuire pour les ·porcs. Faut-il ajouter que les oiseaux granivores, les chardonnerets en particulier, vivent de la graine des chardons une grande partie de l'automne et de l'hiver.

Epiaire des marais. Ortie morte (*Stachys palustris,* L.). Les porcs se montrent très avides de ses tiges et de ses racines.

Ers velu. Gerceau, Luzette (*Ervum hirsutum,* L.). Les moutons le mangent avec plaisir.

Fougères. Parmi les nombreuses espèces de fougères dont les jeunes pousses peuvent servir de nourriture aux pourceaux, il faut citer la *Ptéride,* Aigle impérial, Fougère commune (*Pteris aquilina,* L.), qui est très commune sur le sol granitique.

Fumeterre. Fiel de terre, Lait battu (parce qu'elle caille le lait) (*Fumaria officinalis,* L.). Les vaches et les moutons mangent la Fumeterre ; les chevaux, les chèvres et les porcs la repoussent.

Ivraie enivrante. Herɔe d'ivrogne. C'est l'*infelix lolium* de Virgile, la *Zizanie* funeste dont parle l'Évangile, et qui doit être séparée du bon grain. Bien que le pain où elle aɔonde cause des vertiges et des vomissements, elle est cependant propre à engraisser la volaille.

Laitron commun. Laitue de lièvre, chardon ɔlanc (*Sonchus oleraceus*, L.). Tous les ruminants l'aiment ; les lapins en sont friands. Elle est connue dans nos pays sous le nom de *Liâche*.

Liseron des champs. Clochette des ɔlés (*Convolvulus arvensis*, L.). Bien que nous ayons vu recueillir les feuilles de cette plante et les donner aux animaux, nous croyons que, vu le principe purgatif que renferment ses racines, elle doit être plutôt délaissée.

Mâche. Poule grasse, Blanchette, Doucette, Salade de chanoine (*Valerianella olitoria*, L.). Elle peut être cultivée pour la nourriture des ɔreɔis pendant l'hiver.

Onagre. Œnothère, Jamɔon de Saint-Antoine, Mâche rouge, Herɔe aux ânes (*Œnothera biennis*, L.). Les porcs sont très friands de ses racines.

Orge des murs. Orge queue de rat (*Hordeum murinum*, L.). La graine peut s'utiliser pour les oiseaux de ɔasse-cour.

Ortie dioïque. Grande ortie (*Urtica dioica*, L.). Les feuilles d'ortie hachées fraîches sont la première nourriture des dindonneaux ; sèches, elles provoquent la ponte et sont ɔonnes pour les poules. Les maquignons égyptiens mêlaient l'Ortie à l'Avoine pour augmenter la vivacité des chevaux.

Oseille sauvage. Patience sauvage. Les feuilles des Patiences peuvent être mangées cuites par les porcs... Les espèces de nos pays sont la Patience des ɔois (*Rumex nemorosus*, Schrad.) ; la Patience à larges feuilles (*R. obtusifolius*, L.), la Patience crépue (*R. crispus*, L.), la Patience à longues feuilles (*R. Hydrolapathum*, Huds.), etc., toutes plus connues sous le nom de choux Lavaillot.

Parisette à quatre feuilles. Raisin de renard, Etrangle-
loup, Morelle à quatre feuilles. Toute la plante est véné-
neuse. Cependant les fruits mûrs de *Paris quadrifolia*, L.,
sont recherchés des canards et des oiseaux.

Plantain. Grand plantain (*Plantago major*, L.). Les feuilles
des plantains sont, pour les bestiaux, une bonne nourriture ; chacun sait qu'on recueille les épis du grand plantain pour les donner aux oiseaux.

Porcelle enracinée. Salade de porc (*Hypochæris radi-
cata*, L.). Très recherchée par les porcs.

Potentille ansérine. Herbe aux oies (*Potentilla anse-
rina*, L.). Cette plante, très commune au bord des eaux,
est recherchée par les oies.

Renouée des oiseaux. Traînasse, Sanguinaire, Herbe des
saints innocents (*Polygonum aviculare*, L.). Tous les
animaux mangent cette plante, qui se trouve partout. Les
oiseaux en font leurs délices.

Salicaire commune. Salicaire à feuilles de saule, Lysi-
maque rouge (*Lythrum salicaria*, L.). Les bestiaux mangent
cette plante quoique le foin soit dur.

Seneçon vulgaire. Toute venue (*senecio vulgaris*, L.).
Très employé pour nourrir les oiseaux de volière et les
lapins.

Spargoutte des champs. Spergule, Fourrage de disette.
Dans nos pays on fait peu de cas de cette plante ; cependant c'est à son précieux fourrage qu'est dû, dans les
Pays-Bas, le fameux beurre de Spargoutte. Les troupeaux
la consomment sur place, verte ou à l'étable.

Viorne obier. Sureau d'eau (*Viburnum opulus*, L.). Les
baies rouges et molles qui succèdent aux fleurs nourrissent les oiseaux. Dans les environs de Chalon, les fruits
de la Viorne sont connus sous le nom de *Tettes*.

Ch. QUINCY.

LISTE DES CHAMPIGNONS

Récoltés pendant l'excursion du 16 Octobre 1904

A JULLY-LES-BUXY

1 Lépiote	déguenillée	L. rhacodes	Vitt.	C¹.
2 —	écorciée	L. excoriata	Schæff.	C.
3 —	amaigrie	L. gracilenta	Kromb.	C.
4 Armillaire	couleur de miel	A. mellea	Fl. Don	C.
5 Tricholome	soufré	T. sulfureum	Bull.	V.
6 —	d'un rouge ardent	T. rutilans	Schæff.	S.
7 —	nu	T. nudum	Bull.	C.
8 —	émarginé	T. sejunctum	Sow.	C.
9 Clitocybe	en bassin	Cl. catina	Fr.	C.
10 —	laquée	Cl. laccata	Sow.	C.
11 —	faite au tour	Cl. tornata	Fr.	S.
12 —	améthyste	Cl. amethystina	Bolf.	C.
13 —	flasque	Cl. flaccida	Sow.	S.
14 —	à pied nu	Cl. gymnopodia	Bull.	C.
15 —	d'hiver	Cl. brumalis	Fr.	C.
16 —	excavée	Cl. diatreta	Fr.	?
17 Collybie	butyracée	C. butyracea	Bull.	C.
18 —	dryophile	C. dryophila	Bull.	S.
19 Mycène	qui croît sur les fougères	M. epipterygia	Fr.	
20 —	en casque	M. galericulata	Scop.	
21 —	flexible	M. vitilis	Fr.	
22	pure	M. pura	Pers.	
23 —	couleur d'étain	M. stannea	Fr.	
24 —	transparente	M. Vitræa	Fr.	
25 Omphalie	en forme de cheville	O. fibula	Bull.	

1. C = comestible; S = suspect; V = vénéneux.

26 Lactaire	délicieux	L. deliciosus	L.	C.
27 —	à lait soufré	L. theiogalus	Bull.	S.
28 —	très doux	L. mitissimus	Fr.	C.
29 Russule	sans lait	R. delica	Fr.	C.
30 —	plaisante, jolie	R. lepida	Fr.	C.
31 —	intègre	R. integra	L.	C.
32	couleur de cuir	R. alutacea	Fr.	C.
33 —	fragile	R. fragilis	Pers	»
34 —	violacée	R. violacea	Quélet.	\
35 —	couleur feuille morte	R. Xerampelina	Schæff.	?
36 —	amère comme fiel	R fellea	Fr.	V
37 —	noircissante	R. nigricans	Fr.	\ .
38 Clitopile	orcelle	Cl. orcella	Bull.	C.
39 Cortinaire	multiforme	C. multiformis	Fr.	S,
40 NAUCORIE	A PIED STRIÉ	N. STRIÆPES	très rare.	
41 Pratelle	parée	Pr. comtula	Fr.	C.
42 —	ciampêtre	Pr. campestris	L.	C.
43 —	crétacée	Pr. crétacea	Fr.	C.
44 —	des forêts	Pr. sylvatica	Sch.	C.
45 Hypholome	à poils couleur de feu	H. pyrotrichum	HolmskS.	
46 —	de Candolle	H. Candolleanum	Fr.	C.
47 —	iydropiile	H. hydrophilum	Bull.	S.
48 —	couleur de brique	H. sublateritium	Schæff.V.	
49 —	fasciculé	H. fasciculare	Huds.	V.
50 —	olivâtre	H. elæodes	Fr.	V.
51 Bolet	à pied granulé	B. granulatus	L.	S.
52 —	à ciair jaune et pied rouge	B. chrysenteron	Bull. Var. russipes. S.	
53 Vesse de loup iérissée de pierries		Lycoperdon gemmatum	Fl.Da.	
54 Aleurie	orangée	A. aurantia	Fl. Dan.C.	

Les n°ˢ 3, 16, 24, 35, 40, 52 ont été vérifiés ou déterminés par M. Boudier.

Le n° 40, Naucoria striæpes est très rare ; il n'existe pas dans aucune des flores à ma disposition.   BIGEARD.

LA PROVINCE DE THUDAUMOT
Au point de vue forestier
(Suite)[1]

La construction qui sert d'habitation au garde est un
ancien fortin en maçonnerie qui, avant son abandon par
l'autorité militaire, servait de poste avancé, commandait
la route venant du Cambodge, et couvrait Thudaumot. Il
faisait partie de cette ligne d'ouvrages qui suivait sensiblement le contour des frontières actuelles et dont on
retrouve des traces dans les provinces de Tayninh, Thudaumot, Bien-Hoa et Baria. Les mouvements de terrain
dans cette région sont nuls. Malgré l'existence de marais
assez nombreux une partie de l'année, la fièvre y est rare ;
la température y est plus douce qu'au chef-lieu ; c'est, en
résumé, un excellent poste qui semble être appelé à
prendre de l'importance.

Sa situation sur la route du Laos et en pays annamite,
en fait une étape forcée pour les caravanes qui pénètrent
en Cochinchine pendant la saison sèche. *Thi-Tinh*, sur la
rivière du même nom est à l'Ouest de Chon-Thanh. La
distance qui sépare ces deux points est de 20 kilomètres,
en passant par Cam-Xé. Il dépend de Le Nguyen et se
trouve en communication, par une bonne route, avec
Bencat et Thudaumot, distant de 47 kilomètres. L'étendue
de terrain sur lequel il exerce son contrôle, comprend la
partie N.-O. du canton de Binh-Hung et le canton de Cuu-
An, jusqu'à la rivière de Saïgon.

Ses réserves forestières lui donnent la même impor-

---

1. Voir Bulletin n° 7-8, p. 93.

tance qu'au poste précédent, cette importance est encore augmentée par des essais de reboisement tentés depuis trois ans, et par le passage, sur le rach, de nombreux trains de bois, venant des forêts du Nord et du N.-O. de la province et se dirigeant sur Thudaumot.

L'habitation est également un ancien fort déclassé dont la construction est antérieure à celle de Chon-Thanh. D'après une carte de la Cochinchine, publiée à Saïgon, en 1868, par M. Charpentier, ces deux postes étaient reliés par une route stratégique.

Le chemin forestier qui les unit actuellement doit vraisemblablement suivre le même tracé.

Le terrain sur les deux rives du rach Thi-Tinh est en pente douce ; il se relève lentement pendant 150 mètres environ pour former une sorte de plateau qui, en allant vers Bencat, s'infléchit de nouveau pour former la vallée du Suôï-Da, tandis que les mouvements de la rive droite se prolongent vers Cuu-An.

Dau-Tieng est situé en face de la province de Tayninh, sur la rive gauche de la rivière de Saïgon et à l'ouest de Thi-Tinh. Il fait partie du village de Din-Thanh qui appartient au canton de Dinh-Thanh-Thuony. Sa surveillance s'exerce sur les territoires de ce canton, compris entre la rivière de Saïgon et les cantons de Binh-Hung et de Cuu-An. Il est en communication avec le chef-lieu par une nouvelle route qui rejoint, à Ben-Suc, la route de Thudaumot à Tayninh ; le parcours en est d'environ 50 kilomètres. Il est relié avec Thi-Tinh par un chemin forestier peu fréquenté, praticable seulement à la saison sèche ; la distance en est de 15 kilomètres.

Ce poste paraît sain, malheureusement la case forestière a été construite dans des conditions déplorables. C'est un véritable hangar, ouvert à toutes les intempéries, et dans lequel j'estime qu'il est impossible à un Européen d'accomplir un séjour prolongé.

CHAPITRE III

Boisements. — Essences les plus répandues. — Réserves.

La province de Thudaumot, jadis réputée comme une des plus riches régions forestières de la Cochinchine, a perdu de son importance.

L'exploitation des forêts laissée à peu près libre sous les gouvernements annamite et cambodgien, et pendant les premières années qui ont suivi, notre occupation [1], a facilité la disparition des meilleures essences.

Il faut ajouter à cette cause d'appauvrissement les procédés d'exploitation, les rays, et surtout l'insouciance et la mauvaise volonté des indigènes.

Dans le canton de Bin-Hung qui couvre la plus grande surface de la province, les boisements ne commencent guère qu'après Bencat. L'on ne peut considérer comme tels les bouquets d'arbres que l'on rencontre jusque là, et qui ne sont formés que par de minces rideaux sans suite, coupés par les rizières et les petits groupes d'habitations formant les nombreux hameaux qui dépendent de Thanh-Hoa, Hoa-Thuan, My-Thanh et Yen-Phuoc

Si, partant de Bencat, l'on explore les parties comprises entre le Suôï-Voï et l'ancienne route de Thudaumot à Chon-Thanh, si l'on quitte cette voie après sa rencontre avec celle de Kratié, pour revenir au point de départ par Sa-Minh, Nhà-Màt, la limite de la réserve n° 1 et la rive gauche du rach Thi-Tinh, l'on parcourt toute la région inférieure du canton de Binh-Hung, et l'on constate que les parties boisées qu'elle renferme présentent un aspect dévasté: peu d'arbres de valeur ont les dimensions d'abatage. Les boisements qui longent la rivière de Thi-

---

1. Le premier arrêté règlementant les exploitations forestières date du 16 septembre 1875.

Tinh ont principalement souffert d'une exploitation à outrance.

Cette remarque s'applique d'ailleurs à tous les endroits boisés qui se trouvent à proximité des cours d'eau de quelque importance.

Les essences que l'on rencontre le plus fréquemment sont les *Gô* (*légumineuses*), les *Binh-linh* (*verbénacées*), les *Huynh* (*malvacées*), mêlées à de nombreux sujets non classés tels que les *Càm* (*amygdalées*), les *Co-hé* (*liliacées*, les *Vung*, ces derniers très répandus.

L'on trouve également des parties arides envahies par le trauh et les broussailles, notamment entre Dong-So, Bau-Bang et Sa-Minh ; des marécages couverts d'une luxuriante végétation aquatique dans le voisinage des Suôï ; enfin des clairières inondées, sur les bords desquelles les *Tràms* (*eucalyptus*), aux troncs tortueux, à l'écorce blanchâtre composée de minces lamelles superposées se détachant facilement sous forme de bandes filandreuses, se groupent d'une façon très apparente.

M. Richard, dans sa nomenclature parue en 1898, donne inexactement la description de deux variétés de Tràm qui n'ont, à mon avis, de commun que le nom. La première, qu'il range dans la 3ᵉ catégorie, offrirait les signes décrits plus haut ; son bois serait utilisé dans les constructions couvertes. La seconde, qui possède en effet une écorce lisse, verdâtre, donnerait un bois inutilisable, mais, aurait des propriétés d'assainissement qui doivent la faire ranger au premier rang des bois dignes d'être rigoureusement protégés.

J'ai été à même de constater, au cours d'un séjour en Nouvelle Calédonie, l'existence de nombreux boisements dont les sujets désignés sous le nom de *Niaouli* présentent le même aspect, la même structure, la même préférence pour les terrains humides, marécageux, ont en un mot tous les signes distinctifs des *Tràms* (*eucalyptus*), que l'on trouve en si grande abondance dans les parties basses de la Cochinchine,

L'on attribue la grande salubrité dont jouit notre possession Néo-calédonienne à leur existence.

J'ai vu, à Nouméa, combattre la fièvre avec beaucoup d'efficacité, par l'absorption d'infusion de fleurs et de feuilles de Niaouli.

La description des signes particuliers auxquels l'on peut reconnaître l'arbre de la 3ᵉ catégorie s'applique entièrement à l'Eucalyptus qui seul possède les propriétés énoncées par M. Richard, qui a certainement confondu les particularités de ces deux essences bien différentes.

L'on constate dans la région limitée à l'Est par le Song-Bé, au Nord et à l'Ouest par les réserves forestières de Chon-Thanh et de Thi-Tinh, l'existence de boisements moins clairsemés. Certaines essences rares ou disparues de la partie Sud du canton se rencontrent assez nombreuses, telles les *Tràc (légumineuses)*, dans les parages de Bâu-Long, les *Dàu (diptérocarpées)* et les *Bàng-lang (lythrariées)* vers Bo-Chon et les rives du Song-Bé. D'autres comme les *Dáu-traben (dipt. obtusifolius)* se groupent à l'exclusion de tout autre dans les plaines humides qui s'étendent entre Chon-Thanh et Pho-Phien.

Les *Làu-tàu*, que l'on rencontrera souvent maintenant, les *Sen*, les *Sao*, tous appartenant à la famille des Diptérocarpées, sont également très répandues.

Les *Tràms (eucalyptus)*, forment à l'Ouest de l'ancien fort de Chon-Thanh quelques groupements dont l'action bienfaisante se manifeste dans un rayon assez étendu par la rareté de la fièvre. Enfin, pour terminer avec le territoire de Binh-Hung, il me reste à parler des parties boisées que l'on trouve entre les limites de ce canton et les réserves frontières de Chon-Thanh et de Thi-Tinh.

Celles dépendant du premier de ces postes sont longées

par la route de Kratié et englobées entre les réserves 4, 5, 6, les Suoï Tau O et Sa-Cat.

Elles offrent, quoique peu considérable, un intérêt particulier par la variété des essences qu'elles contiennent. Les *Sao*, les *Gò*, les *Sen*, les *Bòi-Lòi*, les *Vên-Vên* et surtout les *Làu-tàu* sont représentés par de jeunes et nombreux sujets qui forment des boisements très serrés.

En se dirigeant de Chon-Thanh sur Cam-Xé on longe, sur une longueur de 8 à 9 kilomètres, la réserve n° 6 qu'on laisse à droite ; la partie gauche, qui seule est examinée pour le moment, n'est constituée jusqu'au hameau de Bàu-Op que par des broussailles et des arbustes sans importance, qui alternent avec de nombreuses clairières couvertes de tranh, à proximité desquelles on trouve parfois de petits groupements de Dàu de taille restreinte.

Après avoir dépassé Bàu-Op, l'on traverse jusqu'à Cam-Xé une région boisée qui, à son tour, est limitée à gauche par la réserve n° 2 ; elle s'étend à droite, après s'être affranchie de la ligne de démarcation de la réserve n° 6, jusqu'au canton de Cuu-An, en suivant le cours du Suoï Ba-Gia. L'on retrouve là des boisements qui, par le nombre et la nature de leurs essences, rappellent ceux du Nord de Chon-Thanh ; ils ont sur ces derniers l'avantage de posséder plus de sujets de haute futaie, mais sont également plus fréquentés par les bûcherons.

Les régions forestières que l'on rencontre ensuite dépendent de Le-Nguyen. Elles couvrent depuis Cam-Xé, l'espace compris entre la rivière Thi-Ting et la limite des cantons de Cuu-An et de Binh-Thanh-Thuong. Celles qui s'étendent entre Cam-Xé et la route de Vò-Tung ne présentent que des boisements hachés, fréquemment coupés par des clairières et des brousailles aussi nombreuses qu'inutiles. La diversité des essences utilisables y est moins grande que dans la partie précédente. Quelques Gò de vilaine venue, de jeunes Làu-tàu, des Dàu, des Vên-vên et surtout des *Cày-cáy* (irvingiées) énormes composent la majorité des arɔres encore existants.

Dans les parages des Suoï-Van-Tam et Cay-Hoc, les groupements de sujets rencontrés précédemment sont plus nomɔreux. Ils alternent avec des clairières marécageuses, sur les ɔords desquelles l'ȯn trouve parfois quelques rizières. Les *Cam-thi* (ébénacées) reconnaissaɔles à leurs troncs noirâtres, comme ɔrûlés, sont assez répandus.

Vers Dong·Lai l'on commence à trouver des *D'ang-hü'ong* (lég. pterocarpus), au feuillage vert, rappelant celui de nos ɔouleaux de France.

Plus au Sud, dans les plaines arrosées par le Suoï-Cam et le rach Vap, les Dàu-traɔen s'étendent entre ces cours d'eau, dont les rives vaseuses, couvertes de ɔamɔous épineux, de rotangs, de palmiers aux tiges armées de pointes acérées, conservent d'un ɔout de l'année à l'autre l'humidité nécessaire à cette végétation encomɔrante.

Les Gaò (ruɔiacées) assez répandus paraissent rechercher les terrains humides. Les Sao et les Sen se rencontrent partout, mais plus nomɔreux dans les parties sèches.

Canton de Binh-Thanh-Thuong

Le canton de Binh-Thanh-Thuong, enserré à l'Ouest et à l'Est, par les méandres de la rivière de Saïgon et du rach Thi-Thinh, forme une longue ɔande de terrain qui suit la direction S.-N.

Il offre dans toute son étendue, sauf dans la partie voisine de la réserve n° 7, le même aspect que celui de Binh-Hung dans les parages de Ben-Cat.

Tout l'espace circonscrit entre Phu-Thuan, Ben-Suc et Bung-Ré présente les mêmes traces d'exploitation irraisonnable qui, ici, ont été singulièrement favorisées par la proximité des deux rivières.

Je ne crois pas me tromper, en avançant qu'à l'heure
actuelle il semble matériellement impossible de trouver
dans ces parties contiguës des bois de construction possédant les dimensions d'abatage. Seuls les Cây-cây, probablement à cause de leur excessive dureté, les Vung, les
Càm entourés d'arbrisseaux épineux, semblent dans une
certaine mesure, avoir échappé à la destruction.

Les Dâu, que l'on remarque en se dirigeant de Dau-
Tieng sur Thi-Tinh, paraissent vouloir se grouper entre
Suoï-Dùa et le rach Vap.

En avant de la réserve n° 7, dont la ligne de démarcation inférieure suit très sensiblement la même direction
que la chaine du Lap-Vò, l'ensemble des boisements se
modifie. Les essences sont plus nombreuses et plus
variées ; elles forment des groupements compacts
presque ininterrompus dans lesquels les *Son* (térébin-
thacées), les *Bachdu'o'ng* (santalacées), les *Vap* (guttifères),
etc., sont dignement représentés.

Canton de Cùu-An

Le canton de Cùu-An, arrosé dans sa partie Ouest par
la rivière de Saïgon, semblerait par son éloignement
du chef-lieu, par son manque de communications, et par
sa population clairsemée devoir posséder les plus belles
forêts de la province, il n'en est malheureusement rien.

Lorsque l'on parcourt son territoire du Sud au Nord,
ou de l'Est à l'Ouest, l'on est étrangement impressionné par
le spectacle qui sans cesse se déroule devant soi.

De grands espaces dénudés, couverts de tranh, de
troncs d'arbres à demi calcinés, de branches mortes,
noircies ou pourries, d'amas de cendres, le tout dominé
par les squelettes de grands arbres tués par l'incendie,
se succèdent presque constamment. Il faut avoir traversé
cette contrée désolée, presque inhabitée, où la présence

de l'homme n'est révélée que par la dévastation, pour se
rendre compte de l'infinie tristesse qu'elle dégage. De
loin en loin, de gigantesques Diptérocarpées Dâu et
Vèn-Vèn, échappés l'on ne sait comment à la destruction,
rompent, avec leurs cimes verdoyantes, la monotonie du
paysage, et témoignent de ce que pouvait être la richesse
forestière de cette région à une autre époque.

Quan-Lôi, Binh-Sôn, Thanh-An.

Les contrées qui restent à examiner font partie des
territoires Moïs. Elles appartiennent administrativement
aux cantons de Quan-Lôi, Binh-Sôn et Thanh-An. Elles
sont limitées à l'Est par le Song-Bé et le rach My-Linh,
au Nord et à l'Ouest par le pays des Stiengs et la rivière
de Saïgon, au Sud par les cantons de Binh-Hung et de
Cuu-An.

Les deux premiers offrent, tant au point de vue de la
configuration du sol qu'au point de vue forestier, le même
aspect. La partie inférieure de Quan-Lôi, limitrophe de
Binh-Hunh, possède des boisements qui, longeant le
Suôï Tau O, les réserves 4 et 6, s'étendent sur une longue ligne, du Suôï Sacat à l'Est au hameau de Cây-Da à
l'Ouest.

Ils renferment à peu près les mêmes essences que celles que l'on trouve au Nord de Chon-Thanh, entre les
réserves 4 et 5, néanmoins les Dâu sont plus fréquents.
L'on constate, à mesure que l'on s'éloigne de Binh-Hung
que leur ensemble se modifie, les traces d'exploitation,
ou mieux de destruction — car ce n'est pas exploiter une
forêt que de l'incendier pour en retirer quelques maigres
poignées de riz — sont plus nombreuses.

Les clairières, les broussailles sans caractère distinctif,
les maigres taillis avec çà et là quelques groupements de

Dâu composent toute la végétation forestière jusque vers Loc-Khé et Lôi-Son.

A partir de ces deux points qui marquent à peu près la naissance des mouvements de terrain dont il a été question au Chapitre I, l'on rencontre ce que le commandant Henry, dans une description de cette région, appelle si justement « la Mer de Bambous ». Les variétés de ce végétal sont nombreuses. Celles qui dominent ici, presque sans solution de continuité, sont désignées sous les noms de *Lo-Ho* et de *Ngûa*, et offrent cette particularité d'être sans épines et à longs nœuds. Elles forment des massifs très épais à travers lesquels la lumière pénètre difficilement, couvrant une immense surface qui s'étend des rives du Song-Bé à la province de Tayninh, tout en se prolongeant vers le Nord, dans les pays indépendants. L'on aime à voir les bambous sous forme de bouquets, c'est généralement d'ailleurs, l'aspect qu'ils présentent, bouquets épais, desquels s'élancent gracieusement de longues tiges ornées d'un feuillage léger s'agitant délicatement à la moindre brise.

Dans cette région, leur nombre est si considérable, leur force de croissance si rapide que, si d'un point culminant, Hung-Quan par exemple, l'on jette un coup d'œil sur le pays environnant, la vue ne rencontre, aussi loin qu'elle peut s'étendre, qu'une masse verdoyante qui, suivant les dépressions du sol, paraît onduler comme sous l'influence d'une énorme lame de fond. Des groupes de bananiers sauvages aux larges feuilles claires, de gros figuiers, des Dâu-Traben, quelques Bàng-Làng aux troncs tigrés de blanc et de vert, émergent avec peine de loin en loin et rompent avantageusement l'uniformité de ces masses de bambous.

Au milieu de cette exubérante et impénétrable végétation, d'étroits sentiers difficiles à reconnaître mènent, après de nombreux détours à quelque hameau composé de cinq ou six longues cases élevées sur pilotis. Là, mieux défendues par ces rideaux épais contre les regards indiscrets que par n'importe quelle muraille, vivent dans la communauté la plus absolue quelques familles Moïs, population tranquille et douce dont l'existence s'écoule sans grands soucis.

Il est certain que la grande surface recouverte à l'heure actuelle par la mer de Bambous, possédait à une époque plus ou moins lointaine de riches et superbes forêts qui ont été détruites, comme tant d'autres, par les râys. Les vestiges indéniables que l'on trouve à chaque pas, sous forme de troncs à demi brûlés, ne laissent aucun doute à cet égard.

Au-delà de Ca-La-Hon, soc[1] situé à proximité de la route de Kratié, les bambous quoique toujours abondants, forment des groupes moins compacts et moins étendus. Les *Lon-Man* (*malvacées*), les *Rôi* (*guttifères*) paraissent affectionner les parties hautes, tandis que les Dâu traben s'étendent en longues files dans les parties basses.

Dans la vallée du Can-Lé (rive gauche) les *Cam-Lai* (*rubiacées*), presque introuvables dans les autres forêts de la province, les *Cá-Chac* (*diptérocarpées*), les *Chiêu-Liêu* (*combretacées*), les *Dâu-San-Nang* (*dipt. dyeri*), se rencontrent nombreux et de fortes tailles.

Les Sao, les Vên-Vên également très répandus semblent croître indifféremment dans tous les terrains. Sur les bords de la rivière, les rotangs aux longues feuilles dentelées, les lianes aux formes bizarres, s'élancent capricieusement d'un arbre à l'autre ; les bambous aux panaches grêles, les orchidées les plus variées, les fougères arborescentes, les mousses abritées par le feuillage des grands géants, donnent l'impression de contrées presque inexplorées.

Quant à la région forestière qui s'étend vers le Nord-

1. Hameau Moïs.

Ouest, entre la rivière de Saigon et le flanc occidental du
plateau de Binh-Son, elle est loin d'offrir le même intérèt.
Les grandes clairières, résultat du feu et de la hache,
apparaissent de nouveau. Les boisements ont été et sont
encore exploités sans mesure.

Les *Huynh-au'o'ng*, que l'on trouve difficilement ailleurs, les Gò et de nombreuses Diptérocarpées disparaissent
chaque année dans de telles proportions qu'il est facile
de prévoir qu'avant peu cette région présentera un aspect
aussi lamentable que celle de Cuu-An.

Sur le plateau de Chré, entre les vallées du Can-Lé et
du rach My-Linh, les forèts sont envahies par de grandes
masses de bambous paraissant se prolonger vers le Nord,
et qui semblent appartenir à une variété autre que celle
des Lo-ho. Néanmoins, les essences décrites précédemment s'y trouvent assez nombreuses, à l'exception
toutefois des Gaô, des Câm-lai, des Cong, etc., qui
affectionnent les terrains bas ou humides. Il convient
d'y ajouter les *Trai* (rubiacées), les *Chò*, les *Sang-da*
(dipt.), ces derniers poussant de préférence sur les pentes
douces. Les *Anonacées*, que l'on rencontre dans presque
tous les lieux élevés, y sont également fréquents. Je
citerai parmi eux le *Gien-trâng* dont l'écorce remplace
l'areck dans la mastication du bétel, le *Sang-mây*, arbre
atteignant une grande hauteur, feuillage sombre, à la tète
pyramidale, et dont le bois utilisé sous forme de pieux,
de poteaux, etc., donne, parait-il, d'assez bons résultats
comme durée.

Enfin, la partie du Nord-Est comprise entre le cours
sinueux du Song-Bé et le versant oriental des collines de
Quan-Loï, présente beaucoup d'analogie avec les régions
les plus saccagées de la province.

Les forèts que l'on y trouve sont, comme toutes celles
voisines des cours d'eau, presque entièrement dépouillées
des essences ayant une certaine valeur.

Les anciens rûys, les défrichements y sont nombreux. surtout en bordure du fleuve. Je dois faire remarquer que ces endroits défrichés, contrairement à ce qui se passe pour les rûys, sont cultivés d'une façon continue. Les belles rizières, les champs de maïs, de tabac, reparaissent après la crue annuelle aux mêmes emplacements. Il est bon d'ajouter que ces terres sont composées d'alluvions argileuses, dont la fertilité est renouvelée chaque année par les dépôts du Song-Bé.

Les essences les plus communes de la 3e catégorie, c'est-à-dire les Dâu, les Huynh, les Cong et surtout les Bàng-làng, forment à peu près la totalité des boisements existants. Les derniers semblent souvent formés de la réunion de trois ou quatre tiges collées les unes aux autres, mais sont en général d'un diamètre très faible. Les bois d'une valeur commerciale plus élevée, tels que Sao, Gô, etc., y sont rares ; les Lâu-tàu, très répandus dans les autres parties forestières de la province, paraissent ne plus exister dans la région ; d'autres, moins recherchés comme les Sen, les Tong-tré, sont très disséminés et de taille médiocre.

Dans le canton de Thanh-An qui fait suite, et qui est, sous tous les rapports le moins important de la province, les mêmes essences se retrouvent, mais plus clairsemées. En résumé, toute la rive droite de la vallée du Song-Bé, envahie sur une grande étendue par la continuation de la mer de bambous, présente, au point de vue forestier, moins d'intérêt que le canton de Cuu-An qui cependant, grâce à l'indifférence qu'on y apporte, en offre bien peu.

Réserves forestières,

Les réserves forestières de la province, au nombre de sept, dépendent les trois premières du poste de Thi-Tinh;

les quatrième, cinquième et sixième de Chon-Thanh, et la
septième englobant la chaîne du Lap-Vo, de Dau-Tieng.
Leur superficie, difficile à évaluer exactement étant donné
le peu de soins apporté à leurs délimitation, varie, pour
chacune d'elles entre 1.000 et 3.000 hectares. Leur choix
n'a pas toujours été très heureux. Si certaines, comme
celles qui portent les n°ˢ 3, 4, 5 et 7, possèdent de jeunes
sujets classés qui, dans quelques années, pourront, par
une exploitation raisonnée, apporter leur contingent de
recettes au trésor de la Colonie; d'autres malheureusement
comme les 2ᵉ et 6ᵉ sont en majeure partie formées de
clairières, de plaines de tranh et de broussailles sans valeur. Sans vouloir faire de critique — je laisse ce soin à
une plume plus autorisée que la mienne — je crois devoir dire que le but des réserves forestières semble avoir
échappé à ceux qui ont eu pour mission de sauvegarder
et d'assurer pour l'avenir une source de richesses à la
Cochinchine.

Il eût été cependant facile, par quelques travaux bien
compris, d'augmenter l'importance de ces réserves. L'ouverture de chemins de pénétration en facilitant la surveillance, aurait permis d'avoir une évaluation certaine des
bonnes essences qu'elles renferment. Des reboisements
dans les parties découvertes, et dans les endroits où la
végétation est clairsemée auraient dû se faire depuis de
longues années. Les villages forestiers qui, en échange de
certains privilèges, doivent fournir des journées de pres-
tations forestières étaient tout indiqués pour ces travaux.
Cette mise en valeur, sans dépense aucune, et pour laquelle il n'était pas nécessaire d'avoir une compétence
notoire ne fut même pas tentée !

A mon avis, si les dépositions régissant actuellement
l'exploitation ne sont pas modifiées, il y aurait lieu d'augmenter le nombre des réserves; mais la répartition devra
en être plus judicieuse et plus conforme au rôle futur

qu'elles doivent remplir. Avant tout, le levé exact, la confection de plans s'imposent.

Il faut que le garde chargé de la surveillance et de
l'entretien d'une réserve puisse la parcourir autrement
qu'à l'aventure. Il est nécessaire qu'il soit renseigné non
seulement sur la valeur et la quantité approximative des
essences, mais encore sur la configuration du sol qui a
son importance en sylviculture.

CHAPITRE IV

**Exploitation. — Bois de construction. — Produits secon-
daires. — Matières diverses.**

L'exploitation des forêts, réglementée depuis 1875,
peut se diviser en deux parties bien distinctes :

1° Celle qui s'exerce sur les essences figurant à l'arrêté
de 1895, et pour laquelle il est nécessaire d'avoir un
permis de coupe ;

2° Celle des produits secondaires, comprenant bois de
chauffage, huiles, résines, rotangs, bambous etc., réservé
aux villages forestiers qui peuvent prélever sur les exploi-
tants une redevance minime.

La première, pratiquée dans de mauvaises conditions
au point de vue de la conservation de certains sujets aptes à assurer le repeuplement, a depuis longtemps dévasté les boisements à proximité des cours d'eau flotable.
Toutefois, il est juste de reconnaître que l'insuffisance
de protection accordée aux forêts exploitées a largement
contribué à cette destruction.

La difficulté de se procurer des arbres possédant les
dimensions minima d'abatage prescrite par l'arrêté du 5
janvier 1895, a fait reculer les lieux d'exploitation qui se
trouvent momentanément localisés dans les parties les
plus éloignées et les moins accessibles de la province.

Les trains de ɔois dirigés sur Thudaumot par la rivière de Saigon et le rach Thi-Tinh sont presque exclusivement composés de pièces provenant des forêts de Vo-Duc, Loc-Khé et Binh-Ninh, c'est-à-dire de la région N.-O., qui est à peu près la seule à alimenter le commerce des ɔois de construction en Làu Tàu, Huynh, Dâu, Ven-Vèn et Bôi-Lôi. Les essences d'une valeur plus grande, comme les Gô et les Sao fournissent également leur apport, mais dans des proportions moindres par suite de la rareté des arɔres de ɔelle dimension.

Dans la région du N.-E., de laquelle dépendent les forêts de Nha-Bich, Loi-Son et Xa-Trach, l'exploitation, plus limitée, s'exerce principalement sur les Dâu et les Vèn-Vèn qui, sous forme de pièces cylindriques appelées suc, sont par le Song-Bé transportées vers les scieries de Tan-Uyen dans la province de Bien-Hoa.

Dans l'exploitation des produits secondaires, celle des ɔois de chauffage, considéraɔlement accrue depuis quelques années, tient la place la plus importante. On la fait principalement entre la rivière de Saigon et le rach Thi-Thinh, ainsi que dans le voisinage de Bencat, c'est-à-dire dans toute la partie inférieure des cantons de Binh-Hung et de Binh-Thanh-Thuong dont il a été parlé au chapitre III. D'après les règlements en vigueur, elle ne devrait s'exercer que sur des arɔres non classés. En réalité, toutes les essences, sans distinction, sont converties en ɔois de chauffage. Il arrive même souvent que la préférence est donnée aux jeunes Gô, Làu-tàu, Huynh ou Sao, alors qu'à côté existe un Cây-cây qui donnerait quatre ou cinq fois le volume de ɔois oɔtenu avec les premiers, mais, qui demanderait un peu plus d'efforts pour l'aɔatage.

Sur cent stères de comɔustiɔle provenant de cette région, il faut compter le tiers en ɔois de valeur. Si, par des mesures préventives très énergiques — la meilleure

serait l'interdiction absolue de la coupe dans cette zone
et le cantonnement de cette exploitation dans les endroits
où les *Palétuviers (rhizophoracées)* abondent[1] — l'on ne
remédie pas à ce gaspillage, il faut abandonner l'espoir
de voir cette partie de la province reconstituer sa richesse
première. Je sais fort bien que cette question des bois de
chauffage soulève de gros intérêts, mais à côté de l'intérêt
momentané de certains entrepreneurs plus ou moins
consciencieux, il y a l'intérêt général, l'avenir d'une partie
de notre colonie qui doit tout primer.

Les huiles de bois et les résines, sans être l'objet d'une
exploitation très importante, sont cependant recherchées
par les populations forestières qui trouvent dans leur
vente une source de bénéfices. Ces derniers pourraient
être considérablement augmentés si les indigènes appor-
taient un peu plus d'intelligence, voire surtout un peu
plus de soins dans la récolte des produits oléo-résineux.
Les diverses substances sont mélangées non seulement
entre elles, mais encore avec toute sorte d'impuretés,
cendres, matières terreuses, etc., qui, tout en les dépré-
ciant, les rendent impropres à une utilisation sérieuse.

Les arbres producteurs appartiennent tous à la famille
des Diptérocarpées. Je crois bon de citer parmi ceux qui
fournissent le plus grand rendement les :

Dâu-con-rai	(Dipterocarpus lœvis)	
Dâu-long	(d°	tuberculatus)
Dâu-san-nang	(d°	dyeri)
Dâu-mit	d°	insularis)
Dâu-càt	d°	artocarpifolius)

qui sont exploités partout où il existent, mais principalement dans les parages de Bàu-Long, Bo-Chon, Chon-
Thanh et les cantons Moïs.

---

1. Dans les provinces du Bien-Hoa et de Baria par exemple.

La récolte se fait au moyen d'une large incision
verticale pratiquée au tronc à environ 1 mètre du sol ·
l'arbre laisse exsuder son oléo-résine qui vient s'accumuler
dans une demi cuvette creusée à la partie inférieure de
l'entaille ; l'écoulement est activé par quelques charbons
incandescents placés sur le bord de la cavité, c'est ce qui
explique la présence de cendres dans les produits livrés
au commerce.

Les résines, recueillies sans incision, proviennent des
arbres suivants :

Chai[1]   (Shorea vulgaris)
Sen   (d°   thorelii)
Vèn-vèn   (Anisoptera robusta)

La résine fournie par le Vèn-vèn est plus fine et plus
appréciée que les précédentes, mais moins abondante.
Elles sont généralement mélangées entre elles, et entrent
dans la fabrication des torches et de certains enduits
destinés à assurer une plus longue conservation aux bois
qui en sont recouverts.

D'autres Diptérocarpées, tels les Lau-Tau, les Sao (*hopea
odorata*) sécrètent également des copals, mais en bien
moins grande quantité.

En résumé, toutes ces matières, lorsqu'elles seront
mieux connues, et récoltées dans de meilleurs conditions,
me paraissent susceptibles de devenir la base de transactions commerciales importantes : car indépendamment de
leur utilisation industrielle dans la confection d'un grand
nombre de produits, certaines, comme oléo-résines des
Dipterocarpus, possèdent des propriétés curatives qui
peuvent les faire rechercher comme matière médicinale.

---

1. Le Chai bénéficie avec les Dàu-con-rai et les Dàu-long, d'une interdiction
de coupe jusqu'au jour ou leur production cesse. Les indigènes donnent le nom
de Chay au Palaquium Krantzianum (*sapotacee*). Cet arbre fournit un latex
sur lequel les avis sont très partagés (Voir « Plantes à caoutchouc et de gutta »
de H. Jumelle).

C'est à nous, Français, qu'incombe le devoir de faire comprendre aux indigènes l'intérêt que peuvent présenter des exploitations rationnelles, et de diriger leur intelligence vers ce but.

L'exploitation des rotangs, faite exclusivement par les Moïs, paraissait, il y a quelques années, assez prospère ; actuellement elle est nulle. Les causes de cette décroissance peuvent venir en majeure partie de la trop grande consommation antérieure ; peut-être les exigences manifestées par les acquéreurs ne sont-elles pas totalement étrangères à cet état de chose ; l'on doit également tenir compte des mobiles qui semblent pousser les Moïs à s'éloigner de notre contact, malgré les avantages de notre civilisation qu'ils ne paraissent apprécier que très médiocrement.

Les bambous ne sont guère utilisés que sur place, soit dans la construction des cases, soit dans la confection de certains engins de pêche et ne donnent lieu à aucun mouvement digne d'être mentionné.

(*A suivre.*)

Le Gérant, E. Bertrand.

CHALON-SUR-SAÔNE, IMP. FRANÇAISE ET ORIENTALE, E. BERTRAND

OFFRES ET DEMANDES

M. Chanet, naturaliste à Chalon-sur-Saône, offre fournitures pour entomologistes, boîtes de toutes dimensions pour collections d'insectes.

Pharmacien de 1re classe, quittant la profession, demande à se consacrer à travaux botaniques; accepterait emploi de préparateur, conservateur dans un Muséum ou Jardin des Plantes; se chargerait d'herborisations, voyages, recherches diverses sur la flore de France, et spécialement la flore alpine. — Gindre, pharmacien, Saint-Bonnet-de-Joux (Saône-et-Loire).

ADMINISTRATION

BUREAU

Président,	MM. ARCELIN, Président de la Société d'Histoire et d'Archéologie de Châlon.
Vice-présidents,	NUGUE, Ingénieur. Docteur BAUZON. DUBOIS, Principal Clerc de notaire.
Secrétaire général,	H. GUILLEMIN, ✿, Professeur au Collège.
Secrétaires,	TÊTU, avoué. E. BERTRAND, Imprimeur-Éditeur.
Trésorier,	RENAULT, Entrepreneur.
Bibliothécaire,	PORTIER, ✿, Professeur au Collège.
Bibliothécaire-adjoint,	TARDY, Professeur au Collège.
Conservateur du Musée,	LEMOSY, Commissaire de surveillance près la Compagnie P.-L.-M.
Conservateur des Collections de Botanique	QUINCY, Secrétaire de la rédaction du Courrier de Saône-et-Loire.

EXTRAIT DES STATUTS

Composition. — ART. 3. — La Société se compose :

1° De *Membres d'honneur ;*

2° De *Membres donateurs.* Ce titre sera accordé à toute personne faisant à la Société un don en espèces ou en nature d'une valeur minimum de trois cents francs ;

3° De *Membres à vie,* ayant racheté leurs cotisations par le versement une fois fait de la somme de cent francs ;

4° De *Membres correspondants ;*

5° De *Membres titulaires,* payant une cotisation minimum de six francs par an.

Tout membre titulaire admis dans le courant de l'année doit la cotisation entière de cette même année; la cotisation annuelle sera acquittée avant le 1er avril de chaque année.

ART. 16. — La Société publie un *Bulletin* mensuel où elle rend compte de ses travaux.

Les publications de la Société sont adressées sans rétribution à tous les membres.

ART. 17. — La Société n'entend prendre, dans aucun cas, la responsabilité des opinions émises dans les ouvrages qu'elle publie.

La Société recevra avec reconnaissance tous les objets d'Histoire naturelle et les livres qu'on voudra bien lui offrir pour ses collections et sa bibliothèque. Chaque objet, ainsi que chaque volume portera le nom du donateur.

BULLETIN MENSUEL

DE LA SOCIÉTÉ DES

SCIENCES NATURELLES

DE SAONE-ET-LOIRE

CHALON-SUR-SAONE

30ᵉ ANNÉE — NOUVELLE SERIE — TOME X

Nᵒˢ 11 et 12.— NOVEMBRE et DÉCEMBRE 1904

Dimanche 12 Février 1905, à 10 h. du matin, assemblée générale salle de la Justice de Paix, à l'Hôtel de Ville

DATES DES REUNIONS EN 1905

Mardi, 10 Janvier, à 8 h. du soir.	Mardi, 6 Juin, à 8 h. du soir.
Dimanche, **12 Février**, à 10 h. du matin	— 11 Juillet —
ASSEMBLÉE GÉNÉRALE	— 8 Août —
Mardi, 14 Mars, à 8 h. du soir.	— 10 Octobre —
— 11 Avril —	— 14 Novembre, —
— 9 Mai —	— 12 Décembre —

CHALON-SUR-SAONE

ÉMILE BERTRAND, IMPRIMEUR-ÉDITEUR

5, RUE DES TONNELIERS

1904

ABONNEMENTS

| France, Algérie et Tunisie. . . **6** fr. | Par recouvrement. **6** fr. **50** |

On peut s'abonner en envoyant le montant en mandat-carte ou mandat postal à *Monsieur le Trésorier de la Société des Sciences Naturelles à Chalon-sur-Saône (Saône-et-Loire)*, ou si on préfère par recouvrement, une quittance postale, signée du trésorier, sera présentée à domicile.

Les abonnements partent tous du mois de Janvier de chaque année et sont reçus pour l'année entière. Les nouveaux abonnés reçoivent les numéros parus depuis le commencement de l'année.

TARIF DES ANNONCES ET RÉCLAMES

	1 annonce	3 annonces	6 annonces	12 annonces
Une page...............	20 »	45 »	65 »	85 »
Une demi-page...........	10 »	25 »	35 ».	45 »
Un quart de page.........	8 »	15 »	25 »	35 »
Un huitième de page,..,...	4 »	10 »	15 »	25 »

Les annonces et réclames sont payables d'avance par mandat-poste adressé avec le libellé au secrétaire général de la Société:

TARIF DES TIRAGES A PART

	100	200	300	500
1 à 4 pages	5 50	7 50	9 50	13 »
5 à 8 —	8 »	10 50	13 »	17 25
9 à 16 —	12 »	15 »	19 »	25 »
Couverture avec impression du titre de l'article seulement...............	4 75	6 25	7 75	10 »

MM. les Collaborateurs à la rédaction du Bulletin, qui désirent des tirages à part, sont priés d'en faire connaître le nombre lorsqu'ils retournent à M. le Secrétaire général, le bon à tirer de leur article.

L'imprimeur disposant de ses caractères aussitôt les tirages du Bulletin terminés, tout retard dans leur demande les expose à être privés du prix réduit spécial aux tirages à part.

Nouvelle Série. 30e Année. Nos 11 et 12   Novembre-Décembre 1904.

BULLETIN

DE LA

SOCIÉTÉ DES SCIENCES NATURELLES

DE SAONE-ET-LOIRE

CHALON-SUR-SAONE

SOMMAIRE :

Convocation

MONSIEUR ET CHER COLLEGUE,

Nous avons l'honneur de vous informer que l'Assemblée générale aura lieu le Dimanche 12 février prochain, à 10 heures du matin, à l'Hôtel de Ville, salle de la Justice de Paix.

L'ordre du jour est ainsi fixé :

1o Lecture du procès-verbal de la dernière séance ;

2° Correspondance ;

3o Rapports du secrétaire général et du trésorier ;

4o Nomination du Président et d'un vice-président ;

5° Ratification de la nomination d'un 3e vice-président ;

6° Admission de nouveaux membres ;

7o Présentation de divers objets offerts au Musée ;

8o Communications diverses.

Dans l'intérêt de la Société, vous êtes prié de)ien vouloir assister à cette importante réunion annuelle.

En raison des deuils cruels et récents qui viennent de frapper notre Association, le Banquet, demandé par plusieurs de nos collègues, n'aura pas lieu.

Veuillez, Monsieur et cher Collègue, agréer l'expression de nos sentiments tout dévoués.

Le Vice-Président,

P. Nugue.

MODIFICATIONS AU TARIF G. V. N° 8

Billets d'excursions collectifs

Nous sommes heureux de porter à la connaissance de nos chers collègues, les améliorations apportées au tarif G. V. n° 8, et qui sont de nature à faciliter)eaucoup nos excursions : nos frais en seront considéra)lement réduits. Nous sommes persuadé que les démarches réitérées de notre pauvre ami A. Jacquin auprès de la puissante Compagnie, ne sont pas étrangères à la décision qu'elle vient de prendre. Nous estimons que ces réductions importantes seront fort)ien accueillies par toutes les Sociétés qu'elles intéressent et en particulier par tous nos Sociétaires. De ce fait, les chemins de fer y gagneront encore, parce que nos sorties seront plus fréquentes.

Au nom de la Société, nous adressons nos)ien sincères remerciements à la Compagnie P.-L.-M.

H. G.

TARIF SPÉCIAL G. V. N° 8

Homologation : 9 décembre 1904.— Application : 22 janvier 1905

La Compagnie P.-L.-M. a mis en vigueur un nouveau tarif spécial (G. V.) n° 8 (billets d'excursion collectifs) comportant diverses améliorations de nature à faciliter beaucoup les voyages des Sociétés.

Ce tarif prévoit la délivrance pour les excursions comportant un parcours minimum de 30 kilomètres (aller et retour), aux groupes de 12 personnes au moins, ou payant pour ce nombre, de billets collectifs à prix réduits de 2e ou 3e classe.

Le montant de la réduction, par rapport au prix du tarif général appliqué au parcours total, est fixé à :

a) La moitié pour les membres actifs ou honoraires, appartenant d'une manière permanente à une même Société (agricole, artistique, littéraire, musicale, philanthropique, scientifique, sportive, de tir ou de tourisme) existant antérieurement et non formée à l'occasion seule de l'excursion à entreprendre.

Si l'itinéraire de retour est le même que celui d'aller, la réduction de moitié est calculée sur le prix des billets d'aller et retour.

Tous les membres d'une Société doivent être porteurs d'un même insigne distinctif ; les sapeurs-pompiers sont tenus de voyager en uniforme.

b) Les deux tiers pour les élèves des collèges, écoles, lycées, patronages et pensions et les professeurs ou surveillants qui les accompagnent.

c) Les trois quarts pour les enfants pensionnaires à titre gratuit des orphelinats et pour les colonies scolaires envoyées dans les montagnes ou à la mer, pendant les vacances, et les surveillants qui les accompagnent.

Les billets collectifs sont signés par le chef de groupe.

Validité : 3 jours, plus un jour par 100 kilomètres ou fraction de 100 kilomètres.

La durée de validité peut être, à deux reprises, prolongée de moitié, moyennant le paiement pour chaque prolongation de 10 % du prix du billet collectif.

Les jours de départ et d'arrivée sont compris dans les délais de validité.

CENTENAIRE DE L'ACADÉMIE DE MACON

L'Académie de Mâcon, célébrant le Centenaire de sa fondation le 9 septembre prochain, a institué une série de concours dont nous croyons devoir mettre le programme sous les yeux de nos collègues :

ACADÉMIE DE MACON
Société des Arts, Sciences, Belles-Lettres et Agriculture de Saône-et-Loire

Hôtel Senecé
——

22 Fructidor an XIII — 9 Septembre 1905

CONCOURS du CENTENAIRE
————

Pour célébrer son Jubilé centenaire, le 9 septembre 1905, l'Académie de Mâcon ouvre des concours de Beaux-Arts, Sciences, Belles-Lettres, Agriculture et Encouragement au bien.

1° Beaux-Arts

PEINTURE

Prix : 500 fr. et médailles (à répartir suivant le mérite des œuvres présentées). — Les concurrents auront à fournir :

1° Une esquisse, peinte à l'huile, sur une toile de 8 (non encadrée). Sujet : *La Vigne.*

2° Une œuvre terminée, peinte à l'huile, sur une toile de 15 (non encadrée). Sujet : au choix des concurrents.

Sculpture

Prix : 500 fr. et médailles (à répartir). — Les concurrents auront à fournir :

1° Une ébauche (médaillon ou bas-relief). Sujet : *La Vigne.*

2° Une œuvre terminée en ronde-bosse. Sujet : au choix des concurrents.

Musique

Prix : 500 fr. et médailles (à répartir). — Les concurrents auront à fournir : soit une mélodie à une ou deux voix, avec accompagnement de piano, — soit un chœur à quatre voix d'hommes, sans accompagnement, — soit une œuvre purement instrumentale pour piano seul, ou pour un ou plusieurs instruments, avec accompagnement de piano : — dans les deux premiers cas, les paroles devront être, au choix des concurrents, tirées des œuvres d'un poète bourguignon.

Les manuscrits comprendront, outre la partition complète, avec piano, les parties vocales ou instrumentales séparées.

L'exécution des œuvres présentées ne devra pas excéder la durée de six minutes.

2° Sciences

Archéologie et Histoire locale

Prix : 600 fr. et médailles (à répartir). — Sujet : Monographie historique et archéologique d'un monument, d'une institution ou d'une commune du département de Saône-et-Loire. — (Pour une commune : ancienne organisation politique, administrative, judiciaire et paroissiale ; antiquités, coutumes, mœurs, usages.)

Les sources manuscrites et imprimées devront être soigneusement indiquées.

L'Académie demande, sans en faire cependant une condition essentielle, que les mémoires soient suivis des principales pièces justificatives, si elles sont inédites.

3° Belles-Lettres

Poésie

Prix Joseph Marion (M. Joseph Marion, ancien notaire, membre associé de l'Académie, décédé à Coupy-Bellegarde (Ain), le 31 juillet 1899, a laissé, par testament, à l'Académie, une somme de 15.000 francs, pour la fondation d'un prix de poésie).— *Prix : 800 fr. et médailles (à répartir)*. — Selon le vœu du fondateur « ...tous les ouvrages seront admis, quelle que soit leur dimension, à l'exclusion toutefois des madrigaux, sonnets, bouts-rimés et autres versifications constituant plutôt des études de formes spéciales que de la haute poésie d'idées et d'inspiration..... On donnera la préférence aux compositions se rapprochant du genre Lamartinien.... »

Prose

Prix : 500 fr. et médailles (à répartir). — Sujet : Œuvre littéraire inédite (étude critique, biographie, roman, nouvelle, comédie, etc.).

4° Agriculture

Prix : 500 fr. et médailles (à répartir). — Sujet : Monographie agricole d'une commune ou d'un groupe de communes rurales de Saône-et-Loire.

On étudiera particulièrement le mode de répartition de la propriété, la façon dont la terre est exploitée, les produits qu'elle fournit et les spéculations et transactions commerciales auxquelles ceux-ci donnent lieu.

La situation des habitants, au point de vue économique, hygiénique et moral, sera également examinée.

On s'appliquera à mettre en relief les progrès et les transformations accomplis depuis l'époque la plus lointaine à laquelle on pourra remonter avec certitude.

Les sources auxquelles on aura puisé et l'origine des documents relatés devront être indiquées.

5° Encouragement au bien

1° *Prix Chabassière* (En 1899, MM. Louis et Jean Chabassière frères, de Mâcon (décédés en 1899 et en 1903), ont, en souvenir de leur fils et neveu, fait donation à l'Académie de leur maison, et fondé « un prix de 300 fr. à décerner chaque année à une jeune fille pauvre et méritante de notre ville »). — *Prix : 300 fr. et une médaille* à une jeune fille pauvre et méritante de la ville de Mâcon.

2° *Prix supplémentaire du Jubilé* (En mémoire de M. le marquis

Doria (1772-1839), conseiller général et député de Saône-et-Loire, maire de Mâcon, l'un des fondateurs de l'Académie). — *Prix* : *500 fr.* *et une médaille* à une famille nombreuse et méritante du département de Saône-et-Loire.

Conditions générales du Concours

Tous les envois seront adressés franco, au secrétaire perpétuel de l'Académie, en l'Hôtel Senecé, à Mâcon, *avant le 15 juillet 1905*.

Pour les beaux-arts (peinture, sculpture et musique), les concurrents devront être habitants ou originaires du département de Saône-et-Loire et âgés de moins de 30 ans.

Pour les sciences, belles-lettres et agriculture, tous les concurrents français ou étrangers seront admis.

Seuls les membres *titulaires* de l'Académie sont exclus de tous les concours.

Les envois ne seront pas signés. Ils porteront une épigraphe ou devise répétée sur une enveloppe cachetée contenant l'indication des nom, prénoms, lieu et date de naissance, profession et résidence de l'auteur, qui certifiera, en outre, que son œuvre est inédite et n'a figuré à aucun autre concours.

Les enveloppes renfermant les noms ne seront ouvertes qu'après le classement du jury : les concurrents qui se feraient connaître, auparavant, seraient exclus du concours.

Les manuscrits envoyés deviennent la propriété de la Société.

Pour les concours de peinture et de sculpture, les ouvrages présentés (sauf les esquisses ou ébauches récompensées, qui demeurent acquises à l'Académie), seront rendus aux concurrents qui en feront la demande, après la proclamation des résultats.

Aux fêtes du Centenaire (9, 10, 11 septembre 1905), les œuvres présentées aux concours de peinture et de sculpture seront exposées, les œuvres couronnées au concours de musique seront exécutées, les lauréats des autres concours pourront être invités à y lire tout ou partie de leurs œuvres.

Les prix seront décernés en séance publique.

Le Secrétaire perpétuel,
A. DURÉAULT.

Empoisonnements occasionnés par les champignons
En 1904

M Bigeard, véritable apôtre de la mycologie, a eu la patience de relever dans les journaux les empoisonnements qui se sont produits en 1904. Il signale 60 cas qui ont affecté 180 personnes ; sur ce nombre il y eut 53 morts, soit donc une mortalité de 30 %.

M. Bigeard s'exprime ainsi :

Ces 60 empoisonnements ne sont pas les seuls qui ont attristé nombre de familles ; on pourrait peut-être en ajouter la moitié en plus, qui n'ont pas été rapportés par les journaux ou dont les insertions ne m'ont pas été communiquées.

Cinquante-cinq sont arrivés en France dans 33 départements : Loire 5, Vosges 4 ; Haute-Saône, Isère, Nord, chacun 3 ; Ain, Allier, Ardèche, Doubs, Gironde, Haute-Savoie, Var, chacun 2 ; 22 autres départements chacun 1.

La plupart des individus empoisonnés ont récolté les champignons eux-mêmes, croyant les bien connaître. Quelques-uns les ont achetés au marché.

Dans deux cas seulement on a signalé l'espèce meurtrière : 1º à Oslon, près de Chalon-sur-Saône, c'est l'Amanite bulbeuse ou phalloïde, le plus terrible des champignons. Etant jeune elle a très bonne apparence ; d'abord d'un vert de pré avec teinte jaunâtre, elle peut être confondue avec la Russule, couleur de gazon (*R. graminicolor*), qui est mangée dans beaucoup de localités. Mais pour toute personne qui a fait tant soit peu de mycologie, il est impossible de s'y tromper, car une Russule ne ressemble guère à une Amanite ; 2º à Bourg, c'est la

Volvaire gluante qui a causé la mort d'une jeune fille de 21 ans. Les feuillets de la volvaire étant roses, il se peut qu'elle ait été confondue avec la psalliote ou mousseron rose des prés? Et cependant les deux champignons sont bien distincts l'un de l'autre.

Il importerait beaucoup de signaler les espèces qui produisent ces empoisonnements; malheureusement les médecins appelés à soigner les malades n'y connaissent rien; leurs renseignements à ce sujet sont nuls pour la plupart. C'est immédiatement qu'il faudrait s'enquérir de retrouver des restes, des épluchures, se faire indiquer par le malade la forme, la couleur des champignons, le lieu où ils ont été récoltés et tâcher d'en retrouver.

En Allemagne, les instituteurs sont initiés à la mycologie dans les écoles normales. Chaque école primaire possède des tableaux pour cet enseignement. On y mange beaucoup de champignons et les empoisonnements y sont bien moins nombreux qu'en France.

Or cet enseignement n'existe pas chez nous. Pourquoi? Il serait pourtant bien facile de l'établir. La mycologie n'est plus une science ardue et difficile. Il existe depuis quelques années des manuels excellents et à prix très réduits, qui pourraient être mis entre les mains des maîtres et des élèves. On trouve aussi des tableaux de champignons qui feraient bonne figure dans une salle d'école.

Actuellement, tous les instituteurs ont reçu une instruction supérieure et sont à même d'étudier ces manuels et de les comprendre. Ils ont tous été initiés à la botanique, à l'étude des plantes phanérogames et à celle de quelques cryptogames; ils savent se servir des flores. Pour étudier la mycologie, ils n'auraient aucun effort à faire; quelques noms nouveaux à retenir; quelques promenades dans les environs, surtout dans les bois, pour rencontrer les sujets d'études parmi lesquels il faudrait choisir au début.

Depuis vingt ans au moins, les inspecteurs primaires sont tenus de faire chaque année aux instituteurs de leur circonscription respective, des conférences sur quelques matières de l'enseignement, ordinairement deux, l'une au printemps, la 2e à l'automne. On a déja traité dans ces différentes réunions de toutes les matières de l'enseignement. Que M. le Ministre de l'Instruction publique ordonne une conférence sur les champignons pour l'automne de 1905, et que cette conférence soit annoncée dès le printemps : tous les membres de l'enseignement à des titres divers, les inspecteurs primaires pour diriger cette conférence, les instituteurs pour traiter le sujet, s'empresseront d'étudier la question dans les moments les plus favorables, c'est-à-dire en été et en automne, lorsque les champignons abondent. Le problème de la mycologie dans les écoles sera immédiatement résolu.

Il n'est pas nécessaire d'être mycophage pour s'intéresser aux champignons ; le seul plaisir de pouvoir les distinguer, en recommander ou en défendre l'usage est une satisfaction sérieuse. Si l'instituteur de chaque village était à même de reconnaître les principales espèces et de pouvoir déterminer celles qu'il ne connaît pas encore, nul ne s'aviserait de manger toutes sortes de champignons sans le consulter ; et alors disparaîtraient ces préjugés populaires, causes de tant d'erreurs, et auxquels beaucoup de personnes persistent à croire en dépit de tout ce qu'on a pu dire et écrire à ce sujet.

Fait à Nolay (Côte-d'Or), le 26 décembre 1904.

Un ancien instituteur, mycologue dans ses moments de loisir, auteur de la petite flore des champignons les plus vulgaires,

BIGEARD.

LISTE DES CHAMPIGNONS

Récoltés dans la gare de Chalon en octobre et novembre 1904

1	Lepiota pudica	Bull.	Lépiote pudique ou floconneuse	C[1]
2	Armillaria mellea	Fl. Dan.	Armillaire couleur de miel	C.
3	Tricholum melaleucum	Pers.	Tricholome d'un blanc noir	C.
4	— équestre	L.	— équestre	C.
5	— nudum	Bull.	— nu, pied bleu	C.
6	Collybia velutipes	Curt.	Collybie à pied velu	C.
7	Omphalia muralis	Sow.	Omphalie des murailles	
8	Pleurotus ostreatus	Jacq.	Pleurote en forme d'écailles d'huître	C[1]
9	Volvaria gloiocephala	D. C.	Volvaire gluante, mortelle	
10	Hypholoma sublateritium	Schæff.	Hypholome couleur de brique	V[1]
11	Coprinus comatus	Fl. Dan.		
	Var. bulbosus (3 exemplaires)		Coprin bulbeux	C.
12	Dœdalea quercina	Pers.	Dédalée du chêne	
13	Aleuria aurantia	Fl. Dan.	Aleurie orangée	C.

Si à ces 13 champignons, on ajoute les 9 espèces récoltées en 1903 (voir *Bull.* 1903, p. 223), la gare m'a fourni, dans ces deux années, 22 espèces dont 16 comestibles et une mortelle, très abondante, la Volvaire gluante, que je me suis empressé de faire connaître aux agents de la Compagnie.

J'ai remarqué que les 3 premiers champignons, Lépiote pudique, Armillaire de miel et Tricholome d'un blanc noir atteignaient des

1, C = comestible ; V = vénéneux ; S = suspect.

dimensions plus grandes qu'à l'ordinaire. Au mois d'octobre, vers le 25, on m'a communiqué de Givry et de Saint-Désert :

Tricholum ectypum	Sécr.	Triciolome en relief	C.
— stevum	Gillet	— sinistre	C.
		ou mousseron d'automne	

tous deux en grande quantité sur les ciaumes de ces deux localités.

H. Guillemin.

Liste des champignons récoltés dans la forêt de Marloux, le 24 octobre, par M. H. Carillon, professeur d'agriculture :

1	Amanite citrina	Q.	Amanite citrine, très commune, mortelle	
2	Amanite muscaria	L.	Amanite tue-moucies	V.
3	Tricioloma saponaceum	Fr.	Triciolome à odeur de savon	S.
4	— sejunctum	Sow.	— émarginé	C.
5	Clitocybe laccata	Sow.	Clitocybe laquée	C.
6	— amethystina	Bolt.	— amétiyste	C.
7	Lactarius theiogalus	Bull.	Lactaire à lait soufré	S.
8	— zonarius	Bull.	— zoné	V.
9	— torminosus	Schæff.	— à coliques	V.
10	Russula delica	Fr.	Russule sans lait	C.
11	— ieteropiylla	Bull.	— à feuillets variables	C.
12	Pioliota radicosa	Bull.	Pioliote à longue racine	S.
13	Armillaria mellea	Fl. Dan.	Armillaire de miel	C.
14	Cortinarius iimuleus	Fr.	Cortinaire faon	S.
15	Boletus aurantiacus	Bull.	Bolet orangé	C.
16	Hygropiorus eburneus	Bull.	Hygrophore blanc d'ivoire	C.

SYSTÈME CRÉTACÉ DE PROVENCE

Considérations sur le bassin houiller de Fuveau

Le bassin lignitifère de Fuveau (Bouches-du-Rhône), est le gisement classique du lignite *proprement dit*. On sait que Grüner a distingué quatre types de lignites :

a) Lignites secs ou lignites gras ;
b) Lignites bitumineux ou lignites proprement dits ;
c) Lignites terreux ;
d) Les bois fossiles.

Le lignite du bassin de Fuveau est d'un beau noir brillant, à cassure conchoïde, rappelant celle du brai, il ne présente pas trace de bois fossile. Il brûle avec une longue flamme et fumée assez abondante.

C'est un charbon sec. riche en matières volatiles, avec très peu de goudron, qui donne à l'analyse :

Humidité............	6 »	
Cendres.............	4 40	
Carbone total........	60 65	100 parties
Oxygène et azote.....	25 87	
Hydrogène...........	3 08	

A la distillation sèche, on obtient 40 à 55 % de coke non aggloméré.

La puissance calorifique est de 5.000 à 5.500 calories.

M. Matheron a, le premier, classé le terrain à lignite de Fuveau à la partie supérieure du crétacé et y a établi des subdivisions qui ont été adoptées depuis par tous les géologues ; ces suodivisons sont indiquées dans le taoleau suivant :

Vitrollien......	330 m.	*Marnes rouges de Châteauneuf-le-Rouge*	Calcaire blanc compact avec silex blanc de Roquefavour et Montaiguet (40 mètres).
			Calcaire compact gris [Barre du Ceugle] (30 mètres).
			Calcaire gris siliceux de Laugesse et Saint-Marc (30 mètres).
			Calcaire rose et gris de Meyreuil (8 mètres).
			Poudingue siliceux.
			Veines de lignite.
Rognacien.....	50 m.		Calcaire de Rognac, Gardanne, Rousset
			Grès et argiles grises, roses, bigarrées.
Bégudien......	300 m.		Calcaire de Velaux et de la fabrique de soude de Saint-Paul.
			Grès bariolés de la Bégude.
			Calcaires marneux bleuâtres.
			Pisolithes, veine de lignite de Bidaou (Mimet Ollières, Moulin-du-Pont-de-Velaux).
Fuvélien.......	200 m.		Calcaire marneux gris.
Dordonien.....			Couches de lignite et de calcaire à ciment de la Valentine.
Valdonien......	80 m.		Marnes et argiles.
Campanien			Calcaires noduleux sombres.
Santonien			Marnes et calcaires marneux du Plan-d'Aups.
			Veines de lignite et rognons de fer carbonaté.

La puissance totale du terrain à lignite de Fuveau
est de 1.000 mètres environ.

M. Matheron a aussi cherché à synchroniser ces divers étages qui s'étendent du *Sextien* (aquitanien) au *Turonien* (calcaires à hippurites), avec les dépôts contemporains classiques ; mais une pareille classification fondée à peu

près exclusivement sur des analogies de formes organiques combinées avec des rapprochements pétrographiques
ingénieux ne s'impose pas à l'esprit avec une rigueur dé-
ductive et l'éclat de l'évidence. Tout ce qu'il faut retenir,
c'est que le plan de séparation des époques crétacée et
tertiaire est difficile à fixer dans le terrain à lignite du
bassin de Fuveau, formé par des dépôts d'abord marins,
puis saumâtres et enfin lacustres . Sur la feuille d'Aix, —
les deux derniers étages du terrain à lignite définis par
M. Matheron (vitrollien et calcaire de Cuques) ont été
compris dans l'éocène.

D'ailleurs, les considérations qui précèdent n'ont de
valeur qu'au point de vue spéculatif. Au point de vue pratique, toutes les couches exploitables du terrain à lignite
sont comprises dans le Fuvélien. Cet étage peut donc être
considéré comme constituant à lui seul le bassin de
Fuveau au point de vue purement minier.

Les trois couches de lignite exploitées dans le bassin
de Fuveau, sont :

a) La *Grande Mine*, à la base du Fuvélien (puissance variant entre
3m50 et 0m80 de charbon) ;

b) La couche des *Quatre Pans* (puissance variant entre 1m20 et 0m50
de charbon);

c) La couche de *Gros Rocher* (puissance variant entre 1m15 et 0m50,
dont 0m75 à 0m20 de charbon).

Les autres couches, savoir :

> La *Mauvaise Mine* ;
> La couche de *l'Eau* ;
> La couche des *Deux Pans*
> La couche de Gréasque,

ne sont pas exploitables.

En somme, en supposant que les trois couches exploitables atteignent leur maximum d'épaisseur sur la même

verticale, la plus grande puissance ne dépasserait pas
5 mètres 50.

Il est à remarquer qu'aux affleurements, les veines de
charbon sont souvent très écrasées et que leur épaisseur
peut se réduire de plus de la moitié.

Malgré tout ce qui vient d'être dit et une série d'accidents : sautadous, partens, moulières, qui existent dans
les calcaires, encaissant les couches de lignite du bassin
de Fuveau, ce bassin est fort intéressant au point de vue
de l'industrie de la région marseillaise, puisqu'il contient
encore plus de cent millions de tonnes de lignite très
apprécié pour le chauffage domestique et des générateurs
de vapeur.

A l'heure actuelle, l'extraction annuelle des lignites du
bassin de Fuveau atteint 500.000 tonnes ; cette extraction
pourra facilement être doublée lorsque le tunnel de
Gardanne à la mer (14 kilomètres), entrepris depuis de
longues années par la Société des Charbonnages des
Bouches-du-Rhône sera terminé, c'est-à-dire d'ici quelques mois. Cette galerie servira simultanément à
l'écoulement des eaux et au transport des charbons
extraits. La Société étudie un mode de transport par
l'électricité.

Je ne veux pas entrer ici dans les détails relatifs à la
géologie du bassin de Fuveau et à l'exploitation des gisements lignitifères contenus dans ce bassin.

Je vais seulement donner quelques explications sur le
Rocher bleu, qualification bien connue à Marseille des
consommateurs des lignites des Bouches-du-Rhône.

La zône à *calcaires bleus lignitifères* comprend une
épaisseur maxima de deux cents mètres au-dessus de la
Grande Mine. C'est dans cette zône que se trouve la pierre
appelée ciment de la Valentine et également la pierre à
ciment Portland, avec les fossiles caractéristiques : *Unios
— Corbicula concinnata et cuneata, — Melania nerei-*

formis,— *Crocodiles, tortues, cyclades* et les plantes *Nelum-bium provincialis.*

On peut même dire que la Grande Mine est toujours signalée par le banc appelé « La Grande Clovisseuse », dont les plantes *Nelumbium provincialis* sont les fossiles caractéristiques en dehors des cyclades et les mélanies.

Au point de vue industriel, la rencontre dans la zône du *Rocher bleu* des couches de pierres à ciment et de lignite a une importance considérable sur laquelle il me paraît inutile d'insister. Il me suffira de dire que l'importante maison Pavin de Lafarge a compris tout le parti qu'elle pouvait tirer de cet état de choses, puisqu'elle a installé à Valdonne, c'est-à-dire sur un des principaux sièges d'exploitation de lignite, une usine modèle pour la fabrication des ciments.

Félix BENOIT (O I.),

Ingénieur-Directeur des Charbonnages de Fuveau-Belcodène.

Marseille, le 12 décembre 1904.

LA PROVINCE DE THUDAUMOT
Au point de vue forestier

(Suite et fin)[1]

Il convient de citer, parmi les productions forestières qui offrent de l'intérêt, et qui peuvent trouver dans l'industrie des débouchés avantageux, les matières tinctoriales fournies par certains arbres.

Celles employées par les indigènes sont données par les écorces des *Chieu-lieu, Gao, Rôi, Viet, Vung, Trâm-nhung* etc, auxquelles l'on fait subir une macération plus ou moins prolongée ; les subtances colorantes ainsi obtenues sont souvent modifiées par l'addition d'indigo, d'alun ou de sels de fer.

Il est probable que le jour où ces produits attireront plus spécialement l'attention, le nombre des essences destinées à alimenter cette nouvelle exploitation sera beaucoup plus étendu.

Les Cây-cây *(irv-oliveri)*, si fréquents dans les clairières et presque toujours épargnés dans les déboisements, donnent un " suif végétal " qui sert à la fabrication de chandelles réservées à certaines cérémonies religieuses. Les Chinois l'emploient également dans la composition de produits pharmaceutiques. D'après M. Vignoli, les amandes de Cây-cây contiendraient de 50 à 55 pour cent de corps gras. Les procédés assez rudimentaires dont se servent les indigènes pour recueillir cette matière sébacée, ne leur permettent pas d'obtenir un pareil rendement. Les Anglais, dans l'Inde, utilisent le même pro-

---

1. Voir *Bulletin* n° 9-10, p. 114.

duit pour le graissage des machines et des wagons sur la ligne de Punjah. Cette utilisation, par nos voisins, nous indique suffisamment, je crois, la voie à suivre.

CHAPITRE V

Râys. — Ce qu'il y aurait à faire à ce sujet. — Rôle de certains annamites dans leur établissement.

Il a été question au chapitre III, des ravages causés dans certains cantons par les râys.

Cette coutume qui consiste à abattre et à incendier une partie de forêt pour ensemencer dans les cendres nous paraît barbare parce qu'elle lèse nos intérêts et nous dispose peu en faveur de ceux qui la pratiquent. Elle est surtout répandue chez les Moïs et les Tamouns, c'est-à-dire chez tous les primitifs que l'on trouve dans les régions Nord et N.-O.

Cependant, avant de les juger trop sévèrement, il serait bon de connaître les mobiles qui les font agir et qui diminuent leur part de responsabilité.

Peu connus de nous, méprisés par les Annamites, et trop souvent spoliés par eux, ces malheureux traînent dans les forêts qui s'étendent du Song-Bé à la rivière de Saïgon, une existence des plus misérables.

Les terrains qu'ils occupent, par suite de leur configuration, ne peuvent que difficilement être convertis en rizières productives. Les procédés de culture usités par les autres indigènes leur sont inconnus. Il s'ensuit — l'instinct de la conservation dominant chez eux comme chez tous les êtres humains — que le rây leur est en quelque sorte imposé par l'état d'infériorité dans lequel ils se trouvent.

L'administration, justement alarmée de la disparition rapide des boisements, a tenté, par des interdictions, des pénalités, d'enrayer cette destruction ; seulement elle oubliait, en voulant sauvegarder une source de revenus, d'indiquer aux Moïs, écrasés par les exigences de la vie, les moyens propres d'assurer leur existence.

Nos rigueurs, nos sévérités incomprises par ces peuplades, ne peuvent aboutir qu'à les éloigner davantage de nous, et à leur faire porter plus loin, avec la haine du blanc, leur œuvre de dévastation dans des pays qui, géographiquement, sont soumis à notre influence.

Au lieu d'interdire le rây d'une façon absolue — ce qui d'ailleurs est sans efficacité — nous aurions avantage à le tolérer sous réserve de certaines obligations.

Les Moïs ne pourraient user de cette tolérance que dans les terrains reconnus et délimités par les soins du service forestier ; toutefois la surface des terres ainsi concédées devrait être proportionnée au nombre d'habitants.

Les nouveaux défrichements ne seraient autorisés qu'autant que les anciens compteraient en place un certains nombre de plants d'essences déterminées. Les semis directs, à défaut de plants, paraissent devoir donner de bons résultats, à condition de n'employer que des graines possédant toutes leurs propriétés germinatives.

Cette façon de procéder me semble plus pratique et plus conforme à nos véritables intérêts, car nous trouverons dans son application non seulement le moyen de retenir les Moïs dans les territoires qu'ils occupent en améliorant leur situation, mais nous préparerons à la province, sans qu'il lui en coûte beaucoup, un avenir forestier des plus prospères.

Seulement, il importe, si nous voulons voir nos efforts couronnés par le légitime succès, d'exercer une surveillance très rigoureuse sur ceux que le commandant Henry a, avec juste raison, traités de « vagabonds annamites ».

Lorsque l'on parcourt les régions dépendantes de Cuu-

An, Quan-Loï ou Binh-Son, l'on est surpris du nombre considérable de râys qui existent comparativement à cette population minime, et l'on est amené à penser qu'elle fait une consommation extraordinaire de riz.

En revanche l'on constate, non sans étonnement, que les Annamites étaolis dans le voisinage des cantons Moïs ne possèdent qu'une quantité insignifiante de rizières, complètement insuffisante à leurs oesoins. Sans faire preuve d'une grande clairvoyance, et pour peu que l'on connaisse les sentiments des Annamites à l'égard des primitifs, la conclusion qui s'impose est que les premiers vivent aux dépens des seconds. Rien n'est malheureusement plus exact. Dans tous les villages forestiers il existe, indépendamment de la population flottante qui est attirée par le trafic auquel donne lieu l'exploitation des forêts, une population staole parmi laquelle se recrutent les autorités communales.

C'est au milieu de cette dernière qu'il faut chercher les instigateurs, les véritaoles coupaoles des nomoreux déoisements et autres délits qui se commettent constamment. Ce sont tous ces notaoles, véritaoles pillards disséminés de droite et de gauche qui, aousant de l'autorité que leur confèrent leurs fonctions, et surtout de notre trop grande crédulité, ordonnent les râys, les coupes illicites, et propagent chez les Moïs les plus funestes exemples de désooéissance.

N'avons-nous pas eu tout récemment un fait bien caractéristique qui démontre que rien de ce qui précède n'est exagéré.

Un haoitant de Thi-Tinh ooligea dix Tamouns à lui prêter leur concours pour enlever la récolte d'un rây qui avait, conformément à la loi et après constatation, fait l'oojet d'un procès-veroal et d'une saisie. L'avortement de cette tentative fut favorisé par l'animosité qui régnait entre divers notaoles, sans quoi l'enlèvement réussissait

et, ce nouveau délit serait venu grossir le nombre de
ceux que l'on impute si facilement aux sauvages !

Je ne pense pas devoir insister davantage sur la
gravité de pareils actes qui, répétés trop fréquemment,
diminuent notre autorité, tout en causant un préjudice
sensible au trésor de la Colonie.

CONCLUSIONS

En résumé, la province de Thudaumot ne se prêtant
pas actuellement à de grandes entreprises agricoles comme
les provinces de l'Ouest, plus favorisées par la nature de
leur sol, par leurs travaux d'irrigation et par une population plus élevée et plus laborieuse, doit rechercher sa
prospérité daus l'accroissement de ses richesses forestières.

Ces dernières, comme il a été dit au cours de cette
notice, sont, pour des raisons multiples sur lesquelles je
ne reviendrai plus, loin de posséder l'importance qu'elles
pourraient avoir.

Il ne s'ensuit pas qu'on ne doive rien tenter et
maintenir le *statu quo* ; au contraire, l'enseignement du
passé est assez probant pour nous indiquer les réformes
à apporter, la nouvelle orientation à suivre, et pour nous
faire rompre d'une façon définitive avec les anciens
errements.

La nécessité d'une réglementation mieux appropriée
que celle de 1894 au développement des exploitations
forestières se fait sentir chaque jour davantage.

La suppression des permis de coupe qui donnent lieu
à tant d'abus, et leur remplacement par la mise en adju-
dication, pour une période déterminée de certaines parties de forêt, me semblent digne d'attirer tout particulièrement l'attention.

La protection des boisements non exploités serait, de

cette façon, plus étendue et plus efficace ; de plus, ceux qui obtiendraient le monopole de ces entreprises pourraient être mis en demeure de procéder à des travaux de reboisement suivant l'importance des coupes. Des mesures analogues viennent d'être récemment prises par M. le colonel Tournier, Résident supérieur du Laos, dans le but d'assurer le repeuplement en Teck dans les territoires qu'il administre. Nous pourrions appliquer les mêmes moyens, en étendant ces obligations aux villages forestiers qui, d'après leur population, seraient tenus à planter chaque année un certain nombre de Sao, Dâu, etc.

L'acclimatement d'essences étrangères à la Colonie doit être recherché par la création de pépinières. Les critiques formulées par certains, à la suite d'essais faits dans ce sens, sont trop peu justifiées pour qu'il en soit tenu compte.

Les produits secondaires — exception faite des bois de chauffage — insuffisamment connus jusqu'à présent, doivent faire l'objet d'études sérieuses destinées à améliorer les productions et à leur trouver des débouchés avantageux.

Pour que ces réformes, qui n'ont été indiquées que d'une façon générale, puissent donner des résultats appréciables, il faut avant tout qu'elles soient conduites avec esprit de suite, et celui-ci ne peut être obtenu que par une réorganisation du Service Forestier qui, en définissant mieux le rôle, les véritables attributions des gardes mettra à leur tête un chef compétent, jouissant d'une autorité assez reconnue pour mener à bien la tâche qui lui incombera.

Thi-Tin, mars 1901.

Ch. Cozette,

Agent Forestier Colonial,
Membre correspondant
de la Société des sciences naturelles de Saône-et-Loire.

NÉCROLOGIE

Bernard RENAULT

M. B. Renault, membre à vie de notre Société depuis sa fondation, puis ensuite considéré comme membre d'honneur, vient de mourir. Sa mort est une grosse perte pour la science française, pour le Muséum d'Histoire naturelle à Paris, où il laisse un vide difficile à remplir, et aussi pour notre Association, à laquelle il ne ménagea pas ses affectueux conseils, lors de ses débuts, sous la présidence de notre bien regretté Président, M. de Montessus. Nos mémoires renferment plusieurs de ses travaux. C'est un grand honneur pour nous, d'avoir eu l'estime et la sympathie de cet éminent naturaliste, dont les études micrographiques et microbiologiques des végétaux fossiles, les recherches sur la constitution des houilles et des bogheads auréolent sa mémoire vénérée d'un impérissable souvenir.

Nous adressons aux siens et à sa grande famille que constituait la Société des Sciences naturelles d'Autun, dont il était le Président, l'hommage ému de nos sincères condoléances.

Qu'il nous soit permis de reproduire ci-après les regrets exprimés par un de ses plus éminents collègues, M. le professeur Albert Gaudry, également membre d'honneur de notre Société.

H. G.

« Les sciences naturelles viennent de faire une perte très regrettable. Un de nos plus grands savants, qui n'a pas été honoré comme il le méritait, Bernard Renault, est mort à Paris, le 16 octobre, à l'âge de 68 ans. Ses amis du Muséum ont conduit son corps à la gare de Lyon, où des discours ont été prononcés par le directeur, M. Edmond Perrier, et par M. Poisson; puis des obsèques solennelles ont été faites à Autun par la Société d'histoire naturelle de cette ville, dont M. Bernard Renault était le président depuis sa fondation.

Bernard Renault est un des hommes qui ont le plus contribué à établir l'histoire des plantes fossiles. Trois volumes, avec de belles planches, sont la reproduction des cours de paléontologie végétale qu'il a faits au Muséum de Paris. Les comptes rendus de l'Académie des Sciences et surtout les Bulletins de la Société d'histoire naturelle d'Autun renferment une multitude de notes qui indiquent son génie d'investigation. Les environs d'Autun lui ont fourni d'incomparables matériaux d'études. Tous les savants ont eu la curiosité d'aller visiter au Muséum ses préparations de tiges avec des vaisseaux ponctués, des trachées déroulées, etc., de graines avec enveloppes multiples; quelques-unes nous permettent d'assister aux phénomènes de fécondation qui s'accomplissaient, il y a des millions d'années; on y voit le tube pollinique s'introduisant dans l'ovule. On peut dire que, grâce à Bernard Renault, l'anatomie végétale a été poussée aussi loin sur les plantes primaires que sur les plantes actuelles. Il a appris aux bactériologistes que leur examen pouvait s'étendre jusqu'au temps où se formait la houille; alors les microbes ne jouaient pas un rôle moins important qu'aujourd'hui. Ce sont les Bacillus et les Micrococcus qui ont déterminé la structure du charbon de terre, restée, jusqu'aux travaux de Renault, un mystère impénétrable pour les géologues. Un mémoire magnifique, rempli de figures, permet de comprendre ses vastes recherches sur les diverses sortes de combustibles minéraux.

Il a rêvé de créer dans sa ville natale, l'ancienne cité

des *Éduens* qui jeta tant de lumières sur la Gaule, une Société d'histoire naturelle où il ferait partager à tous les jouissances que lui donnait l'étude de la nature. Il a réalisé ce rêve. Depuis vingt ans, la Société d'histoire naturelle d'Autun offre, dans une ville de 15,000 habitants, le spectacle étonnant d'une réunion de plus de 500 hommes, voués au culte de la science pure, faisant des publications dignes des plus importantes cités. La démocratie française, en voulant diminuer les inégalités sociales, inquiète quelquefois par la pensée qu'elle rapetissera les grands pour les mettre au niveau des petits. Mais Bernard Renault a montré qu'on peut diminuer les inégalités sociales en élevant les petits au niveau des grands; car la Société d'histoire naturelle d'Autun comprend surtout des hommes de positions très modestes. Ce sera pour Bernard Renault, pour ses collaborateurs et toute la ville d'Autun un éternel honneur d'avoir été, dans notre pays, le point de départ d'un mouvement scientifique parmi les travailleurs forcément occupés par les soins matériels de la vie.

Il serait naturel de croire qu'un savant auquel on doit tant d'admirables choses a reçu de hautes distinctions; ce serait une erreur. Bernard Renault est mort, Assistant au Muséum, sans avoir pu devenir professeur, ou membre de l'Institut, ou Officier de la Légion d'honneur. Il s'en est peu inquiété, sauf tout à fait au déclin de sa vie; simple et bon, il a pensé aux autres, il n'a jamais pensé à lui. Il a passé une partie de son existence, penché sur le microscope, préoccupé uniquement d'y découvrir quelque organisme nouveau. Toutes les personnes auxquelles je viens d'annoncer sa mort m'ont dit, avec une expression mélancolique : « Voilà un grand savant qui a reçu peu de » récompenses. » Cela est vrai et cela est triste. »

ALBERT GAUDRY,
Membre de l'Institut.

Adrien ARCELIN

Au moment de mettre sous presse, nous apprenions avec stupeur la mort de notre aimé Président, M. Ad. Arcelin, survenue brusquement le 21 décembre. Aussitôt nous jetions dans la Presse ce cri de douleur :

La Société des sciences naturelles, si douloureusement frappée dans ses plus chères affections au mois d'avril dernier, vient d'être atteinte encore par un autre grand malheur qui lui va droit au cœur.

Après son bien regretté vice-président, M. A. Jacquin, aujour-d'hui c'est son vénéré et aimé président, M. Ad. Arcelin, qui meurt à l'âge de 65 ans, enlevé subitement à l'affection des siens et aussi à celle de sa grande famille que forme la Société des sciences naturelles. C'est à Saint-Sorlin, où il passait la moitié de l'année, que M. Ad. Arcelin a succombé hier matin.

Deux fois dans huit mois la Société est frappée à la tête ! Elle pleure cet homme charmant, d'une correction exemplaire, ce causeur aimable et captivant, cet écrivain apprécié, cet esprit infiniment distingué, ce savant trop modeste dont le nom fait autorité dans le monde des archéologues, des géologues et des anthropologistes préhistoriques.

C'est le cœur bien triste, bien découragé en présence de ces morts imprévues et prématurées que nous saluons la mémoire de notre cher Président et que nous nous empressons d'adresser, au nom de la Société des sciences naturelles, à Mme Arcelin, à ses filles, à ses fils, l'expression sincère et émue de notre profonde douleur.

H. G.

Le Bulletin publiera prochainement la biographie de cet homme éminent.

TABLE DES MATIÈRES

Géologie

Mélanges scientifiques

Gravures

Excursions

Divers

Le Gérant, E. BERTRAND.

CHALON-SUR-SAÔNE, IMP. FRANÇAISE ET ORIENTALE, E. BERTRAND

OBSERVATIONS MÉTÉOROLOGIQUES

STATION

de

CHALON-s-SAONE

Année 1904

BASSIN

DE LA SAONE

Altitude du sol : 177ᵐ »

MOIS DE JANVIER

DATES DU MOIS	DIRECTION DU VENT	Hauteur Barométrique ramenée à zéro et au niveau de la mer	TEMPÉRATURE Maxima	TEMPÉRATURE Minima	RENSEIGNEMENTS DIVERS	HAUTEUR TOTALE de pluie pendant les 24 heures	NIVEAU DE LA SAONE à l'échelle du pont Saint-Laurent à Chalon. Alt. du zéro de l'échelle = 170ᵐ72	MAXIMUM DES CRUES Le débordement de la Saône commence à la côte 4ᵐ50.
1	2	3	4	5	6	7	8	9
		millim.				millim.		
1	N	758.»	1	-8	Beau		1ᵐ18	
2	N	765.»	1	-7	id.		1.45	
3	N	760.»	-1	-7	Brumeux		1.48	
4	N-E	760.»	6	-2	Très beau		1.29	
5	N	759.»	2	-3	Froid		1.18	
6	N-E	767.»	-1	-3	Brumeux		1.27	
7	S-E	770.»	-1	-2	id.		1.22	
8	S	764.»	7	-3	id.		1.11	
9	O	765.»	6	2	Très beau	6.2	1.07	
10	O	769.»	2	-4	Brumeux		1.16	
11	N-O	766.»	-2	-3	id.		1.22	
12	S	761.»	5	-2	Beau		1 46	
13	S	761.»	10	4	id.	1.5	1.34	
14	S	754.»	11	7	Pluvieux	1.6	1.36	
15	O	762.»	8	3	Beau	1.»	1.38	
16	S-O	759.»	3	3	Pluvieux		1.75	
17	O	767.»	2	-2	Sombre		2.50	
18	N-O	771.»	2	-3	Beau		2.89	
19	N	766.»	2	-1	Neigeux		2.67	
20	N	770.»	0	-3	Froid		1.89	
21	N	771.»	0	-1	Brumeux		1.50	
22	N	771.»	1	-1	Froid		1.15	
23	N	773.»	3	-2	Très beau		1.09	
24	N	768.»	1	-6	id.		1.14	
25	N	767.»	-3	-6	Brumeux		1.05	
26	N	768.»	2	-5	id.		1.04	
27	N-E	770.»	-3	-5	id.		1.24	
28	N-E	766.»	8	-5	Beau		1.30	
29	S-O	769.»	6	2	id.		1.25	
30	S	761.»	9	-1	Brumeux	2.8	1.18	
31	S	752.»	7	0	Pluvieux	2 9	1.35	
Moyennes.		765.»	2°3	-2°	Hauteur totale de pluie pendant le mois.	16.»		

1ᵉʳ jour du mois: Vendredi.   Nombre total de jours de pluie pend' le mois: 6

MOIS DE FÉVRIER

DATES DU MOIS	DIRECTION DU VENT	Hauteur Barométrique ramenée à zéro et au niveau de la mer	TEMPÉRATURE Maxima	TEMPÉRATURE Minima	RENSEIGNEMENTS DIVERS	HAUTEUR TOTALE de pluie pendant les 24 heures	NIVEAU DE LA SAÔNE à l'échelle du pont Saint-Laurent à Chalon. Alt.du zéro de l'échelle =170ᵐ72	MAXIMUM DES CRUES Le débordement de la Saône commence à la côte 4ᵐ50.
1	2	3	4	5	6	7	8	9
		millim.				millim.		
1	S	753.»	7	0	Beau	3.»	1ᵐ44	
2	N-O	750.»	5	1	Pluie		1.53	
3	S	754.»	5	3	id.	8.»	1.84	
4	S	755.»	7	2	Brumeux	27.2	3.67	
5	O	753.»	5	2	Pluie		4.85	
6	S	759.»	9	2	Beau	4.3	5.30	
7	S-O	757.»	9	3	Pl. le m. b. le s.	5.4	5.50	
8	S-O	752.»	8	4	Pluie	4.3	5.56	
9	S	753.»	9	4	Couvert	16.»	5.60	
10	S-O	750.»	11	4	Pluvieux	1.»	5.60	
11	S-O	753.»	11	9	id.	7.5	5.61	
12	S-O	769.»	9	4	id.	1.3	5.64	
13	O	761.»	10	7	Nuageux	2.»	5.67	
14	S	749 »	7	5	Pluie		5.71	
15	O	752.»	7	2	Variable	8.»	5.73	
16	O	759.»	8	2	id.	8.5	5.77	
17	S	745.»	9	5	id.	8.»	5.83	Maximum.
18	S-O	749.»	6	1	id.	2.3	5.79	
19	N	763.»	5	0	Beau	1.»	5.74	
20	S	768.»	5	-1	Variable		5.72	
21	S	769.»	9	4	Beau	4.5	5.68	
22	O	765.»	9	5	id.		5.55	
23	N	764.»	5	5	Brumeux		5.41	
24	N	761.»	3	-2	Froid		5.26	
25	N	764.»	3	-3	Beau		5.12	
26	N	764.»	4	-3	id.		4.96	
27	N	764.»	4	-4	id.		4.72	
28	N	762.»	1	-4	Froid		4.33	
29	N	756.»	1	-3	id.		3.88	
Moyennes.		758.»	6°6	1°7	Hauteur totale de pluie pendant le mois	112.3		

1ᵉʳ jour du mois : Lundi.   Nombre total de jours de pluie pendᵗ le mois : 17

OBSERVATIONS MÉTÉOROLOGIQUES

BASSIN DE LA SAONE

Année 1904

Altitude du sol : 177ᵐ »

MOIS DE MARS

DATES DU MOIS	DIRECTION DU VENT	Hauteur Barométrique ramenée à zéro et au niveau de la mer	TEMPÉRATURE Maxima	Minima	RENSEIGNEMENTS DIVERS	HAUTEUR TOTALE de pluie pendant les 24 heures	NIVEAU DE LA SAONE à l'échelle du pont Saint-Laurent à Chalon. Alt. du zéro de l'échelle=176·72	MAXIMUM DES CRUES. Le débordement de la Saône commence à la côte 4·50.
1	2	3	4	5	6	7	8	9
		millim.				millim.		
1	N	757.»	1	-4	Beau	4.»	3ᵐ41	
2	N	759.»	4	-3	id.	4.»	2.98	
3	N-O	759.»	5	-2	Brumeux		2.55	
4	N-O	758.»	10	-2	Très beau		2.13	
5	S	757.»	12	0	id.		1.77	
6	S-O	756.»	16	2	Beau		1.51	
7	S	754.»	15	1	id.		1.35	
8	S	756.»	13	5	Pluvieux		1.38	
9	S-O	759.»	14	5	variable	3.5	1.34	
10	S	761.»	11	6	Pluie	2.2	1.36	
11	N-O	766.»	5	0	variable	4.5	1.49	
12	N	764.»	6	0	Froid		1.64	
13	S-O	759.»	11	-2	id.		1.60	
14	N-E	759.»	15	-3	id.		1.53	
15	S	759.»	13	-1	Nuageux		1.40	
16	N-O	760.»	12	5	Beau		1.19	
17	N-E	757.»	12	5	Pluvieux	1.»	1.14	
18	N	763.»	13	0	Beau	1.7	1.15	
19	S-O	768.»	13	0	Beau		1.24	
20	N	767.»	15	2	Très beau	0.5	1.45	
21	S-E	764.»	18	-2	Beau		1.47	
22	N-O	767.»	13	1	Couvert		1.30	
23	O	766.»	10	5	Nuageux		1.16	
24	N	759.»	6	2	Couvert	3.7	1.12	
25	S-O	760.»	13	-2	Beau		1.15	
26	N	763.»	15	0	id.		1.20	
27	N	764.»	13	4	id.		1.12	
28	O	766.»	6	6	Pluvieux		1.06	
29	S-O	763.»	10	4	id.	1.»	1.20	
30	O	753.»	10	4	id.	6.4	1.25	
31	S	756.»	11	0	Variable	3.5	1.40	
Moyennes.		761.»	11°	1°1	Hauteur totale de pluie pendant le mois.	32.»		

1er jour du mois : Mardi.   Nombre total de jours de pluie pend.ᵗ le mois : 11

STATION
de
CHALON-s-SAONE

OBSERVATIONS MÉTÉOROLOGIQUES

Année 1904

BASSIN
DE LA SAONE

Altitude du sol : 177ᵐ »

MOIS D'AVRIL

DATES DU MOIS	DIRECTION DU VENT	Hauteur Barométrique ramenée à zéro et au niveau de la mer	TEMPÉRATURE Maxima	TEMPÉRATURE Minima	RENSEIGNEMENTS DIVERS	HAUTEUR TOTALE de pluie pendant les 24 heures	NIVEAU DE LA SAÔNE à l'échelle du pont Saint-Laurent à Chalon. Alt. du zéro de l'échelle = 170ᵐ72	MAXIMUM DES CRUES Le débordement de la Saône commence à la côte 4ᵐ50.
1	2	3	4	5	6	7	8	9
		millim.				millim.		
1	O	762.»	13	2	Pluie	1.»	2ᵐ33	A 7 h. mat.
2	S-E	771.»	15	4	Beau	3.»	2.65	
3	S	768.»	18	0	id.		2.53	
4	S-O	768.»	14	7	id.	4.»	2.73	A 7 h. mat.
5	S-O	772.»	13	3	id.		2.53	
6	O	767.»	16	6	Pluvieux		2.37	
7	S	763.»	16	7	id.	4.»	2.40	
8	S	766.»	11	6	Pluvieux		2.44	
9	O	766.»	19	9	Beau	1.5	2.76	
10	N-E	766.»	18	10	id.		3.10	
11	N	765.»	17	1	id.		3.35	A 3 h. soir
12	S	760.»	23	2	id.		3 23	
13	S	758.»	22	12	Couvert		2.89	
14	S-O	755.»	24	10	Chaud	2.»	2.41	
15	O	752.»	26	10	Beau		2.02	
16	S	757.»	17	9	id.		1.80	
17	O	761.»	22	4	id.	12.»	1.61	
18	S-O	760.»	20	6	id.		1.44	
19	N-O	756.»	21	9	id.		1.35	
20	O	756.»	22	10	Pluvieux		1.20	
21	O	759.»	24	11	Beau	6.»	1.19	
22	N-O	764.»	9	8	Couvert		1.19	
23	N-O	756.»	16	4	Beau		1.08	
24	N	759.»	18	6	Couvert		1.01	
25	N-O	762.»	17	6	Nuageux		1.24	
26	N	763.»	16	7	Beau		1.23	
27	N	763.»	14	5	id.		1.15	
28	N	765.»	18	2	id.		1.13	
29	N-O	766.»	24	3	id.		1.35	
30	N	769.»	26	7	id.		1.35	
Moyennes.		762.5	18°3	6°2	Hauteur totale de pluie pendant le mois	33.5		

1ᵉʳ jour du mois : Vendredi.   Nombre total de jours de pluie pend' le mois : 8

MOIS DE MAI

DATES DU MOIS	DIRECTION DU VENT	Hauteur Barométrique ramenée à zéro et au niveau de la mer	TEMPÉ-RATURE		RENSEIGNEMENTS DIVERS	HAUTEUR TOTALE de pluie pendant les 24 heures	NIVEAU DE LA SAONE à l'échelle du pont Saint-Laurent à Chalon. Alt. du zéro de l'échelle : 170ᵐ72	MAXIMUM DES CRUES. Le débordement de la Saône commence à la cote 4.50.
			Maxima	Minima				
1	2	3	4	5	6	7	8	9
		millim.				millim.		
1	N-O	763.»	27	11	Beau		1ᵐ23	
2	S-O	766.»	20	10	id.	4.8	1.20	
3	O	765.»	16	10	Couvert		1.32	
4	N-O	765.»	19	9	Beau		1.33	
5	N	765.»	22	3	Pluvieux		1.32	
6	O	759.»	16	4	Pluvieux		1.39	
7	S	754.»	17	1	id.	1.»	1.36	
8	S	754.»	17	5	id.	3.7	1.32	
9	S	762.»	16	3	Beau	0.5	1.17	
10	S	764.»	17	5	Pluvieux		1.35	
11	O	766.»	14	7	id.	5.3	1.36	
12	N-E	768.»	21	3	Beau	5.3	1.46	
13	N	768.»	24	6	Très beau		1.42	
14	E	767 »	29	7	Chaud		1.57	
15	N-E	765.»	31	12	id.		1.47	
16	E	765.»	33	10	Beau		1.18	
17	S	763.»	30	10	id.	1.»	1.15	
18	O	765.»	27	14	Beau		1.10	
19	N	765.»	21	13	Pluvieux	17.»	1.13	
20	N	762.»	21	9	Beau		1.22	
21	S-O	762.»	25	10	id.	2.4	1.29	
22	S-O	764.»	24	10	Pluvieux		1.33	
23	S	761.»	15	10	id.	21.6	1.28	
24	N	764.»	22	7	Beau	5.»	1.40	
25	S	759.»	29	8	id.		1.87	
26	S	761.»	30	14	id.	2.4	2.45	A 3 h. soir
27	O	763.»	27	15	id.		2.16	
28	S-O	767.»	27	9	id.		1.58	
29	N	765.»	27	12	id.		1.20	
30	N	760.»	32	13	id.		0.98	
31	O	765.»	25	14	Pluvieux		1.17	
Moyennes.		763.»	25°2	8°8	Hauteur totale pluie pendant le mois.	70.»		

1ᵉʳ jour du mois : Dimanche. Nombre total de jours de pluie pend' le mois : 13

OBSERVATIONS MÉTÉOROLOGIQUES

STATION

de

CHALON-s-SAONE

BASSIN

DE LA SAONE

Année 1904

Altitude du sol: 177ᵐ »

MOIS DE JUIN

DATES DU MOIS	DIRECTION DU VENT	Hauteur Barométrique ramenée à zéro et au niveau de la mer	TEMPÉ-RATURE Maxima	TEMPÉ-RATURE Minima	RENSEIGNEMENTS DIVERS	HAUTEUR TOTALE de pluie pendant les 24 heures	NIVEAU DE LA SAONE à l'échelle du pont Saint-Laurent à Chalon. Alt. du zéro de l'échelle = 170ᵐ72	MAXIMUM DES CRUES Le déborde-ment de la Saône com-mence à la côte 4ᵐ50.
1	2	3	4	5	6	7	8	9
		millim.				millim.		
1	S-O	764.»	22	12	Pluvieux	1.5	1ᵐ22	
2	S	766.»	16	8	Couvert	2.»	1.03	
3	O	762.»	21	9	Beau	0.5	1.14	
4	S-O	762.»	26	11	id.		1.25	
5	S	763.»	24	10	id.		1.38	
6	S-O	764.»	30	13	id.		1.44	
7	O	761.»	32	12	id.		1.47	
8	N	757.»	29	13	Pluvieux	1.»	1.43	
9	S-O	753.»	22	13	Beau	5.4	1.25	
10	S	759.»	26	13	id.	7.»	1.35	
11	N-E	758.»	27	13	id.		1.56	
12	O	761.»	26	14	id.		2.26	2ᵐ38 à 5 h. s.
13	N	764.»	23	14	id.		2.30	
14	O	763.»	30	15	id.		1.94	
15	S-O	763.»	26	15	id.		1.65	
16	E	767.»	33	12	id.		1.80	
17	S	765.»	36	13	id.		1.49	
18	S-O	764.»	24	16	Orageux	1.5	1.03	
19	N	767.»	26	9	Beau	1.7	1.16	
20	N	763.»	29	10	id.		1.14	
21	N	765.»	30	11	id.		1.23	
22	N	769.»	26	10	id.		1.29	
23	N	767.»	29	11	id.		1.24	
24	S	761.»	33	9	id.		1.28	
25	O	758.»	19	3	Pluvieux	0.5	1.29	
26	N-E	758.»	21	13	id.	6.5	1.25	
27	N	762.»	28	12	Beau	2.»	1.21	
28	N	765.»	23	11	id.		1.40	
29	N	761.»	29	9	id.		1.40	
30	O	760.»	28	11	id.		2.5	1.23	
Moyennes.		762.4	26°4	11°8	Hauteur totale de pluie pendant le mois	32.1		

1ᵉʳ jour du mois: Mercredi.   Nombre total de jours de pluie pendᵗ le mois: 12

OBSERVATIONS MÉTÉOROLOGIQUES

STATION

de

CHALON-s-SAONE

Année 1904

BASSIN

DE LA SAONE

Altitude du sol : 177ᵐ »

MOIS DE JUILLET

DATES DU MOIS	DIRECTION DU VENT	Hauteur Barométrique ramenée à zéro et au niveau de la mer	TEMPÉRATURE Maxima	TEMPÉRATURE Minima	RENSEIGNEMENTS DIVERS	HAUTEUR TOTALE de pluie pendant les 24 heures	NIVEAU DE LA SAONE à l'échelle du pont Saint-Laurent à Chalon. Alt. du zéro de l'échelle = 175ᵐ72	MAXIMUM DES CRUES Le débordement de la Saône commence à la côte 4ᵐ50.
1	2	3	4	5	6	7	8	9
		millim.				millim.		
1	O	762.»	28	16	Beau		1ᵐ21	
2	O	763.»	26	13	id.		1.21	
3	N	762.»	29	9	id.		1.20	
4	N-O	762.»	29	14	id.		1.31	
5	O	763.»	30	14	id.		1.31	
6	N	763.»	30	12	id.		1.40	
7	N	764.»	33	14	id.		1.30	
8	N	764.»	36	13	id.		1.28	
9	N	764.»	35	17	id.		1.25	
10	N	762.»	34	18	id.		1.25	
11	N	760 ›	35	18	id.		1.25	
12	N	760.»	35	16	Orageux		1.20	
13	N-O	765.»	32	15	Beau	10.7	1.24	
14	N	765.»	34	17	id.		1.35	
15	S	763.»	37	16	Chaud		1.38	
16	N	764.»	38	17	id.		1.29	
17	N	765.»	37	18	id.		1 26	
18	N	763.»	36	17	id.		1.21	
19	N	761.»	35	18	Beau		1.24	
20	S	760.»	36	15	id.		1.40	
21	N	762.»	33	16	id.		1.35	
22	N	762.»	34	17	id.		1.38	
23	N	761.»	35	16	id.		1.35	
24	N	760.»	37	17	id.		1.30	
25	O	756.»	31	18	Orageux	0.7	1.37	
26	S	758 »	27	12	id.	22.2	1.36	
27	O	760.»	27	15	Pluvieux	0.5	1.39	
28	N	764 »	28	11	Beau	1.2	1.36	
29	N-E	763.»	26	13	id.		1 36	
30	N-E	763.»	32	14	id.		1.40	
31	O	764.»	34	15	id.		1.35	
Moyennes.		762.»	32°5	15°	Hauteur totale de pluie pendant le mois.	35.3		

1ᵉʳ jour du mois : Vendredi. Nombre total de jours de pluie pend¹ le mois : 5

MOIS D'AOUT

DATES DU MOIS	DIRECTION DU VENT	Hauteur Barométrique ramenée à zéro et au niveau de la mer	TEMPÉ-RATURE		RENSEIGNEMENTS DIVERS	HAUTEUR TOTALE le pluie pendant les 24 heures	Niveau de la Saône à l'échelle du pont Saint-Laurent à Chalon. Alt. du zéro de l'échelle = 170ᵐ72	MAXIMUM DES CRUES Le déborde-ment de la Saône com-mence à la côte 4ᵐ50.
			Maxima	Minima				
1	2	3	4	5	6	7	8	9
		millim.				millim.		
1	N-E	765.»	33	18	Beau		1ᵐ33	
2	N-E	765.»	33	17	id.		1.30	
3	N	766.»	31	17	id.		1.35	
4	S	765.»	37	14	id.		1.40	
5	N-E	765.»	33	16	id.		1.36	
6	O	766.»	34	18	id.		1.34	
7	N	766.»	33	17	id.		1.35	
8	O	766.»	33	16	id.		1.35	
9	O	763.»	31	16	id.		1.32	
10	N	760.»	31	16	id.		1.31	
11	O	757.»	31	15	Orageux		1.36	
12	S-O	764.»	27	13	Beau	1.5	1.40	
13	S-E	765.»	30	11	id.		1.32	
14	O	764.»	35	14	id.		1.34	
15	S	764.»	29	17	id.		1.35	
16	N	765.»	29	14	id.		1.36	
17	S	760.»	34	12	id.		1.34	
18	O	761.»	25	15	id.		1.31	
19	O	761.»	28	9	id.		1.38	
20	S	761.»	28	9	id.		1.38	
21	O	759.»	26	10	Pluvieux		1.39	
22	S	758.»	24	14	id.	0.6	1.40	
23	S-O	760.»	18	11	Beau		1.35	
24	S	758.»	18	11	Pluvieux	2.»	1.37	
25	N	762.»	19	10	id.	2.4	1.41	
26	N	767.»	23	6	Beau		1.31	
27	S	766.»	26	8	id.		1.38	
28	N	765.»	26	12	id.		1.39	
29	E	763.»	29	12	id.		1.35	
30	O	761.»	27	13	id.		1.36	
31	S	760.»	23	13	Pluvieux	0.7	1.32	
Moyennes.		763.»	28°5	13°3	Hauteur totale de pluie pendant le mois	7.2		

1ᵉʳ jour du mois: Lundi.   Nombre total de jours de pluie pendᵗ le mois: 5

MOIS DE SEPTEMBRE

DATES DU MOIS	DIRECTION DU VENT	Hauteur Barométrique ramenée à zéro et au niveau de la mer	TEMPÉRATURE		RENSEIGNEMENTS DIVERS	HAUTEUR TOTALE de pluie pendant les 24 heures	NIVEAU DE LA SAONE à l'échelle du pont Saint-Laurent à Chalon. Alt. du zéro de l'échelle = 170ᵐ72	MAXIMUM DES CRUES Le débordement de la Saône commence à la côte 4ᵐ30.
			Maxima	Minima				
1	2	3	4	5	6	7	8	9
		millim.				millim.		
1	S	763.»	19	11	Couvert	1.6	1ᵐ31	
2	O	764.»	15	11	Pluvieux	5.»	1.30	
3	N-E	763.»	22	9	Beau	7.4	1.29	
4	N	765.»	22	10	id.		1.35	
5	N	763.»	23	10	id.		1.38	
6	S	760.»	25	9	id.		1.37	
7	O	763.»	19	9	Pluvieux	2.3	1.36	
8	S-O	766.»	20	6	Beau	5.5	1.39	
9	S	765.»	23	8	Beau		1.39	
10	O	765.»	20	12	Pluvieux	1.3	1.35	
11	N-E	763.»	22	13	Beau	2.5	1.35	
12	N	762.»	22	12	id.		1.30	
13	S	760.»	23	12	Pluvieux	0.3	1.36	
14	O	759 »	20	13	Beau	11.»	1.40	
15	S-O	763.»	19	11	id.	4.»	1.40	
16	N	764.»	18	6	id.		1.36	
17	N	762.»	18	7	id.		1.36	
18	N	763.»	18	8	id.		1.40	
19	N	763.»	17	6	id.		1.28	
20	N	760.»	15	3	id.		1.30	
21	N	758.»	15	5	id.		1.28	
22	N	758.»	15	5	id.		1.37	
23	N	759.»	14	6	Pluvieux		1.36	
24	S	757.»	15	7	id.	5.5	1.31	
25	S	755.»	18	8	id.	6.»	1.30	
26	O	762.»	17	11	Beau	3.5	1.30	
27	N	761.»	17	5	Beau		1.29	
28	O	760.»	15	8	Pluvieux		1.35	
29	S	759.»	11	9	Id.	4.5	1.32	
30	N	762.»	15	9	Beau	9.»	1.34	
Moyennes.		762.»	18°4	8°6	Hauteur totale de pluie pendant le mois.	69.4		

1ᵉʳ jour du mois : Jeudi.   Nombre total de jours de pluie pend' le mois : 13

MOIS D'OCTOBRE

DATES DU MOIS	DIRECTION DU VENT	Hauteur Barométrique ramenée à zéro et au niveau de la mer	TEMPÉ-RATURE		RENSEIGNEMENTS DIVERS	HAUTEUR TOTALE de pluie pendant les 24 heures	NIVEAU DE LA SAONE à l'échelle du pont Saint-Laurent à Chalon. Alt. du zéro de l'échelle = 170°72	MAXIMUM DES CRUES Le débordement de la Saône commence à la côte 4ᵐ50.
			Maxima	Minima				
1	2	3	4	5	6	7	8	9
		millim.				millim.		
1	S	765.»	17	5	Beau		1m44	
2	S	764.»	19	11	id.		1.35	
3	N	763.»	20	9	Brumeux		1.27	
4	N	766.»	17	10	Beau		1.36	
5	N-E	766.»	18	10	id.		1.36	
6	O	759.»	18	12	id.	1.7	1.26	
7	S	753.»	17	12	Pluvieux		1.30	
8	S	763.»	13	12	id.		1.35	
9	S	768.»	8	3	Beau	2.7	1.29	
10	N	768.»	10	1	id.		1.42	
11	N	764.»	9	3	Pluvieux		1.52	
12	S-O	767.»	10	6	id.	2.5	1.36	
13	N	770.»	13	7	Beau	0.5	1.30	
14	E	763.»	10	4	Brumeux		1.21	
15	S-E	761.»	11	0	id.		1.20	
16	S-O	762 »	13	5	Beau		1.20	
17	O	768 »	14	2	id.	5.»	1.32	
18	N-E	770.»	17	3	id.		1.33	
19	N	771.»	18	11	id		1.36	
20	E	769 »	14	10	id.		1.29	
21	S-O	764.»	15	10	id.		1.29	
22	S	760.»	16	10	id.		1.36	
23	S	757.»	18	9	Brumeux		1 32	
24	S	764.»	22	10	Beau	1.»	1.25	
25	O	767.»	19	9	id.	10.5	1.33	
26	N-O	768.»	17	7	id.		1.36	
27	N	766.»	14	9	id.		1.27	
28	N	762.»	13	3	Beau		1.30	
29	N	761.»	14	4	id.		1.38	
30	S	761.»	8	0	Brumeux		1.38	
31	S	763.»	14	4	Pluvieux	0.5	1.34	
Moyennes.		764.»	14°7	6°8	Hauteur totale de pluie pendant le mois.	24.4		

1ᵉʳ jour du mois : Samedi.   Nombre total de jours de pluie pend¹ le mois : 8

OBSERVATIONS MÉTÉOROLOGIQUES

Année 1904

MOIS DE NOVEMBRE

DATES DU MOIS	DIRECTION DU VENT	Hauteur Barométrique ramenée à zéro et an niveau de la mer	TEMPÉ-RATURE Maxima	TEMPÉ-RATURE Minima	RENSEIGNEMENTS DIVERS. Les directions du vent seront marquée par N, N-E, E, S-E, S, S-W, W, N-W.	HAUTEUR TOTALE de pluie pendant les 24 heures	NIVEAU DE LA SAÔNE à l'échelle du pont Saint-Laurent à Chalon. Alt. du zéro de l'échelle = 170ᵐ72	MAXIMUM DES CRUES. Le débordement de la Saône commence a la côte 4ᵐ50.
1	2	3	4	5	6	7	8	9
		millim.				millim.		
1	S-O	766.»	5	13	Pluie le matin	5.2	1ᵐ29	
2	N	77C.»	7	10	Beau	2.2	1.33	
3	N	771.5	6	8	id.		1.30	
4	N	771.»	5	7	Brumeux		1.28	
5	S-O	765.5	-2	10	Forte gelée, br.		1.45	
6	N-E	764.»	1	11	Beau		1.35	
7	S	761.5	3	15	id.		1.33	
8	S	764.5	6	11	id.		1.30	
9	S	767.7	6	11	Pluvieux		1.35	
10	O	770.»	10	17	id.	0.6	1.40	
11	S	767.6	3	12	Beau		1.33	
12	S	770.»	8	17	id.		1.40	
13	N	771 »	4	12	id.		1.37	
14	N	773.7	2	10	id.		1.54	
15	N	777.5	-1	8	Forte gelée bl.		1.37	
16	N	771.4	-4	10	id.		1.24	
17	N	770.5	0	8	Beau		1.37	
18	N	771.5	-5	6	Br. le m., g. bl.		1.40	
19	S	770.»	-7	8	Brouil. très épais		1.30	
20	S	765.5	-6	9	id. givre		1.29	
21	S	763.5	+1	10	Ciel couvert		1.30	
22	O	752.»	4	8	Pluie	2.5	1.48	
23	N-E	753.5	-3	5	Forte gelée, beau	3.3	1.37	
24	N-E	752.5	-8	2	id.		1.36	
25	N	756.1	-7	2	Brumeux et froid		1.42	
26	S	760.6	-2	1	Couvert	0.5	1.42	
27	O	760.6	-2	1	Neige le soir		1.38	
28	O	759.4	-1	0	Neigeux	1.5	1.34	
29	S	763.5	-5	1	Brouillard le matin		1.32	
30	S-O	767.5	-1	2	id.		1.33	
31								
Moyennes.		765.7	0°6	8°1	Hauteur totale de pluie pendant le mois.	15.8		

1ᵉʳ jour du mois : Mardi   Nombre total de jours de pluie pendᵗ le mois : 7

VILLE de CHALON-s-SAONE

DÉPARTEMENT de SAONE-ET-LOIRE

OBSERVATIONS MÉTÉOROLOGIQUES

Année 1904

MOIS DE DÉCEMBRE

BASSIN DE LA SAONE

STATION de CHALON-s-SAONE

Altitude du sol : 177ᵐ »

DATES DU MOIS	DIRECTION DU VENT	Hauteur Barométrique ramenée à zéro et au niveau de la mer	TEMPÉRATURE Maxima	TEMPÉRATURE Minima	RENSEIGNEMENTS DIVERS — Les directions du vent seront marquée par N, N-E, E, S-E, S, S-W, W, N-W.	HAUTEUR TOTALE de pluie pendant les 24 heures	NIVEAU DE LA SAÔNE à l'échelle du pont Saint-Laurent à Chalon. Alt. du zéro de l'échelle = 170ᵐ72	MAXIMUM DES CRUES — Le débordement de la Saône commence à la côte 4ᵐ50.
1	2	3	4	5	6	7	8	9
		millim.				millim.		
1	S-O	766.5	−1	2	Ciel couvert		1m35	
2	S	759.9	2	4	Brouillard le matin		1.30	
3	N-E	758.7	1	6	Pluvieux le matin		1.35	
4	S	765.4	2	11	Beau	1.»	1.37	
5	S	763.2	1	10	id.		1.40	
6	S	762.6	5	10	Pluvieux	5.5	1.43	
7	S	751.5	8	12	Fort vent du S. pl.	1.»	1.27	
8	O	756.3	4	7	Pluvieux	10.3	1.35	
9	S	756.6	−2	5	Gelée blanche	1.7	1.51	
10	S	748.2	+3	7	Pluvieux	2.3	1.90	
11	S	752 »	3	6	Beau	1.3	2.09	2.10
12	S-O	746.5	−1	5	Pl. le m , beau le s.	2.5	1.86	
13	N-O	751.2	3	5	Pluie	11.5	1.75	
14	S	757 5	1	8	Beau		1.76	
15	S	761.6	4	8	id.	3.5	1.89	
16	O	768.»	0	9	Brumeux		1.80	
17	S-E	774.»	5	9	Beau		1.55	
18	N	774.8	−1	5	B. très épais le m.		1.34	
19	N	775.5	3	5	Beau		1.09	
20	N	772.2	2	3	Sombre		0.99	
21	N	773.»	−2	3	Beau		1.22	
22	N	774.»	−3	5	F. gelée bl. le m.		1.20	
23	N	772.»	−6	0	id. et brouil.		1 08	
24	N	765.»	−6	−2	id.		1.18	
25	N	764.1	−4	−2	id. verglas		1.25	
26	N	760.8	−5	0	id.		1.09	
27	N	764.2	0	4	Très beau soleil		1.11	
28	N-E	774.9	−5	0	Sombre		1.43	
29	N	777.4	−1	4	id.		1.25	
30	N	769.3	3	6	id.		1.09	
31	N	765.»	4	5	Beau		1.24	
Moyennes.		763.9	0°6	5°1	Hauteur totale de pluie pendant le mois	40.6		

1ᵉʳ jour du mois : Jeudi.   Nombre total de jours de pluie pend¹ le mois : 10

OFFRES ET DEMANDES

ADMINISTRATION

BUREAU

Président, MM.

Vice-présidents,	Nugue, Ingénieur.
	Docteur Bauzon.
	Dubois, Principal Clerc de notaire.
Secrétaire général,	H. Guillemin, ✿, Professeur au Collège.
Secrétaires,	Tétu, avoué.
	E. Bertrand, Imprimeur-Éditeur.
Trésorier,	Renault, Entrepreneur.
Bibliothécaire,	Portier, ✿, Professeur au Collège.
Bibliothécaire-adjoint,	Tardy, Professeur au Collège.
Conservateur du Musée,	Lemosy, Commissaire de surveillance près la Compagnie P.-L.-M.
Conservateur des Collections de Botanique,	Quincy, Secrétaire de la rédaction du *Courrier de Saône-et-Loire.*

EXTRAIT DES STATUTS

Composition. — Art. 3. — La Société se compose :

1° De *Membres d'honneur ;*

2° De *Membres donateurs.* Ce titre sera accordé à toute personne faisant à la Société un don en espèces ou en nature d'une valeur minimum de trois cents francs ;

3° De *Membres à vie,* ayant racheté leurs cotisations par le versement une fois fait de la somme de cent francs ;

4° De *Membres correspondants ;*

5° De *Membres titulaires,* payant une cotisation minimum de six francs par an.

Tout membre titulaire admis dans le courant de l'année doit la cotisation entière de cette même année ; la cotisation annuelle sera acquittée avant le 1er avril de chaque année.

Art. 16. — La Société publie un *Bulletin* mensuel où elle rend compte de ses travaux.

Les publications de la Société sont adressées sans rétribution à tous les membres.

Art. 17. — La Société n'entend prendre, dans aucun cas, la responsabilité des opinions émises dans les ouvrages qu'elle publie.

La Société recevra avec reconnaissance tous les objets d'Histoire naturelle et les livres qu'on voudra bien lui offrir pour ses collections et sa bibliothèque. Chaque objet, ainsi que chaque volume portera le nom du donateur.